オイラーの無限解析

レオンハルト・オイラー　高瀬正仁＊訳

オイラーの無限解析

海鳴社

INTRODUCTIO
IN ANALYSIN
INFINITORUM.
AUCTORE
LEONHARDO EULERO,
Professore Regio BEROLINENSI, *& Academiæ Imperialis Scientiarum* PETROPOLITANÆ *Socio.*

TOMUS PRIMUS.

LAUSANNÆ,
Apud MARCUM-MICHAELEM BOUSQUET & Socios.

MDCCXLVIII.

緒　言

　　数学を愛する人が無限解析を学ぶ際に直面せざるをえないさまざまな困難のうち，おおかたの部分は，通常のレベルの代数をほとんど習得しないうちに，あのはるかにレベルの高い技術に向かおうとする姿勢に起因する．私の目にはしばしばそのような情景が映じた．その結果がどのようになるかといえば，単にいわば敷居のところで立ちすくんでしまうというだけにとどまらず，補助手段たるべき概念である無限についてゆがんだ観念を形成するという成りゆきになってしまう．無限解析のためには通常のレベルの代数の完璧な知識が要請されているわけではないし，これまでに発見されてきた技巧の数々のすべてに通じることが求められているわけでもない．しかしまたそこには少なからぬ諸問題が存在し，それらの解明作業には，あのはるかに崇高な学問へと歩を進めていくうえで学ぶ者の心構えを作る力が備わっている．ところがそれらは通常の代数の教程ではすっかり省かれていたり，あるいは十分に念を入れて取り扱われていなかったりする．私がこの書物に集めた事どもには，この欠陥を補ってあまりある力が備わっていることを私は疑わない．実際，私は無限解析が絶対的に要請する事柄を，通常なされるよりもはるかに細密に，しかもはるかに明瞭に説明するように努めたが，そればかりではなく十分に多くの問題を解明した．この解明を通じて，読者は無限の観念に徐々に，それと気づかぬうちに親しみを寄せるようになっていくことであろう．私は通常のレベルの代数の諸規則に基づいて，普通なら無限解析で取り扱われることになっている多くの問題を解決した．これは，二通りの方法の最高の調和がいっそう容易に，交互に明るみに出されるようにするための処置である．

　　私はこの書物を二巻に分けた．第一巻には純粋解析に所属する事柄をまとめた．第二巻では幾何の領域で知っておくべき事柄を解説した．というのは，無限解析を叙述する際には，幾何への応用が同時に明示されるような仕方で語る習わしになっている

からである．第一巻においても第二巻においても初歩的な事柄は省略した．そうして他の書物ではまったく取り扱われることのない事柄，あるいはあまり適切な仕方で取り扱われているとは言えない事柄や，別の原理に基づいて追い求めることにより再発見にいたる事柄などをこそ取り上げて，説明を加えておくべきであると私は確信した．

　そこで第一巻では，無限解析というものの全体が変化量とその関数を考察の対象に据えているという事実に鑑みて，関数をテーマに取り上げてとりわけ詳細に説明を行なった．そうして関数の変換と分解，それに無限級数展開の様相を明らかにした．私は，高等解析の場において特別に考察を加えてしかるべき多くの種類の関数を列挙した．まず初めに関数を代数関数と超越関数に区分けした．通常のレベルの代数でごく普通に目に入る演算を変化量に施すと，代数関数が組み立てられる．超越関数のほうは，［代数的演算とは］別の種類の計算を行なって作り出されたり，代数的演算を無限に繰り返して施すことによって構成されたりする．真っ先に行なわれる代数関数の細分は有理関数と非有理関数への区分けである．有理関数は単純部分分数に分解されたり諸因子に分解されたりするが，私はその様子を明示した．この種の分解は積分計算の場においてきわめて大きな支柱になる．非有理関数のほうについては，それを適切な［変化量の］置き換えにより有理的な形状にもっていくのはいかにして可能か，という論点を明らかにした．無限級数による展開はこれらの二種類の関数の双方に等しく及ぼされるが，超越関数に対しても適用される習慣が確立されていて，大きな利益がもたらされる．無限級数の理論は高等解析の領域を著しく拡大したが，その様相がどれほどめざましかったか，知らない者はない．

　そこで私はひとつながりの数章をさいて，多くの無限級数の性質とその総和を探究した．それらの級数のうちのいくつかには，無限解析の支援を受けなければほとんど究明不能のように見えるというほどの性質が備わっている．たとえば，その総和を表示するのに対数や円弧が用いられるような級数はその種の級数の仲間である．対数や円弧は双曲線や円の面積を通じて表示されるのであるから，超越的な量であり，無限解析で取り扱われるのが普通の姿である．しかし私は冪から出発して指数量へと歩を進めた．指数量というのは，その冪指数が変化量である冪にほかならないが，これを逆転することにより，きわめて自然で，しかも豊饒な対数の観念が手に入ったのである．このような道を歩むと，対数というもののめざましい効用がおのずと明るみに出されるが，そればかりではない．普通，対数を表示するのに使われる習慣が確立され

緒　言

ているあらゆる無限級数もまた，この道筋の中から取り出されてくるのである．それに，対数表を作成する方法も，この道筋をたどることによりごく簡単に明らかになる．これと同様に，私は円弧の考察に向かった．この種の量は対数とはまったく別種のものではあるが，言わばぴんと張られたひもで［対数と］結ばれていて，一方の量が虚量になると見れば，即座にもう一方の量へと移っていくのである．幾何［三角法］を復習して，ある弧の倍数にあたる弧や，ある弧の何分の一かにあたる大きさの弧の正弦と余弦の見つけ方について報告した後に，私はある任意の弧の正弦や余弦を用いて，きわめて小さくて，ほとんど消失するとみてよいほどの弧の正弦と余弦を表示した．その表示式からさらに歩みを進めて無限級数へと導かれた．そうして消失する弧はその正弦に等しいし，消失する弧の余弦は［単位円周の］半径に等しいことに留意して，私は任意の弧と，その正弦と余弦とを，無限級数を用いて表示した．こんなふうにして私はこの種の量を対象にして多種多様な表示式 ——— それらは有限表示式だったり，無限表示式だったりする ——— を手に入れた．それゆえこれらの量の性質を究明するのに，無限小計算はもう不要である．ところで対数には固有のアルゴリズムが備わっていて，その有益なことは全解析学において際立っているが，それと同様に私は円量に対してもある一定のアルゴリズムを明らかにした．その結果，計算の際に円量を対数と同様に快適に，しかもそれ自身があたかも代数的量であるかのように取り扱うことができるようになる．そうするとむずかしい諸問題の解決にあたって多大な利益がもたらされるが，利益の大きさについてはこの書物の数章ではっきりと示されるし，そのうえ無限解析の領域からなお多くの範例が提供される可能性もある．ただし，それらの範例がすでに十分によく知られていて，しかも日に日にその数を増しているという状勢が認められる場合にはこの限りではない．

　このような探究は分数関数を実因子に分解する際にきわめて強力な支援をもたらしてくれた．この支援は積分計算では不可欠であるから，私はこれを細心の注意を払って説明した．それから次に分数関数を展開して生じる無限級数，すなわち回帰級数という名で知られる級数を調べ，そのような級数の総和と一般項を提出し，他の著しい諸性質を明らかにした．このような地点へと導かれたのは因子分解のおかげである．そこで今度は視点を変換し，無限に多くても意に介さないことにして，いくつかの因子を一堂に集めて掛け合わせて積を作り，それをいかにして無限級数に展開するかという問題を考察した．この研究は数えきれないほど多くの級数の発見への道を開いた

が，そればかりではない．級数はこんなふうにして無限個の因子から成る積へと分解されていくのであるから，正弦，余弦，それに正接の対数値の算出をきわめて容易に可能にしてくれる非常に快適な数値表示式がみいだされたことになるのである．これに加うるに私は同じ泉から，数の分割に関連して提出される多くの問題の解決を汲み上げた．この種の諸問題は，もしこのような手段を欠いたなら解析学の手にあまるのではないかと思われる．

素材はこのように多彩にそろっていて，やすやすといく冊もの書物ができあがってしまいかねないほどである．しかし私はあらゆる事柄を可能な限り簡潔に提示した．その結果，根底に横たわる事柄が随所できわめて明瞭に浮かび上がってくるようになったが，これ以上なお手を広げていっそう実り豊かな果実を摘む作業については，読者の努力をまちたいと思う．この努力を重ねることにより，読者にとっては力をみがく習練となるし，解析学の領域もまたいっそう広々と広がっていくのである．実際，私はためらうことなく言明したいと思う．この書物には明らかに新しい事物の数々がおさめられているが，そればかりではなく泉もまたあらわになっていて，そこからなお多くの際立った発見が汲まれるのである，と．

私は第二巻でも同じ方針で歩を進めた．第二巻では，通常高等幾何の仲間に入れる習わしになっている事柄を探究した．ただし，他の書物でならたいていの場合，真っ先に登場するのは円錐曲線だが，それについて論じる前に曲線の理論に関する一般的な事柄を提示した．そのようにしておくと，何かある曲線の性質の探究にあたり，一般理論を適用して多大な利益を確保することができるようになるのである．さらに言うと，曲線の性質を表わす方程式のほかには何も補助手段は使用せず，そのような方程式に基づいて，曲線の形状とともに，主だった諸性質をも導き出す手順を示したいと思う．そうしてそれは主として円錐曲線を対象とする場合において，首尾よく達成されたと私には思われた．従来，円錐曲線はただ幾何学の流れのみに沿って取り扱われてきた．解析学を用いて論じられることもあったが，その様相ははなはだしく不完全で，あまり自然な様式とは言えなかったりするのが常であった．第二目の線(二次曲線)を対象とする一般方程式から出発して，私はまずはじめに第二目の線(二次曲線)の一般的な諸性質を説明した．続いて第二目の線(二次曲線)を，無限遠に延びていく分枝をもつのか，それとも曲線全体が有限な範囲内におさまるのかどちらなのかという点に

緒　言

着目して，いくつかの種に分けた．第一の場合について言うと，どれほど多くの分枝が無限遠に延びていくのか，個々の分枝にはどのような性質が備わっているのか，直線を漸近線としてもつかどうかという点を識別しなければならなかった．このようにして私は三種類の通例の円錐曲線を獲得した．第一の円錐曲線は楕円であり，その全体が有限の範囲内におさまっている．第二の円錐曲線は双曲線である．これは，2本の漸近線に向かって収斂していく4本の無限分枝をもつ．第三番目の種類の円錐曲線は放物線で，漸近線を欠く2本の無限分枝をもっている．

　私は同様のやり方で第三目の線(三次曲線)を探究した．第三目の線(三次曲線)の一般的な諸性質を説明した後，私は第三目の線(三次曲線)を16個の種に小分けして，ニュートンの手になる72種類の第三目の線(三次曲線)をすべてそこに帰着させた．私はこの方法を明晰判明に記述した．そのようにすると，3よりも高い位数をもつ任意の曲線(次数が3以上の任意の高次曲線)を対象にする場合にも，きわめて容易に類別を行うことが可能になる．この作業を試みに第四目の線(四次曲線)の場合に遂行した．

　次に，曲線の位数に関する事柄を説明した後に，私はあらゆる曲線の一般的諸性質の探索へと立ち返った．曲線の接線，法線，それに，通常は接触円の半径を用いて測定する習わしになっている曲率を規定する方法を説明した．これらは今日ではたいてい微分計算の力を借りて遂行されるが，それにもかかわらず私はここでは通常のレベルの代数のみに依拠してこれを遂行した．それは，引き続いて有限解析から無限解析へと移行する手続きがいっそう楽になるようにするための配慮である．また，私は曲線の彎曲点，尖点，二重点およびもっと重複度の高い重複点について考察し，これらのすべてを方程式のみに基づいて困難なく規定する手順を説明した．ただし私は，微分計算の手を借りるならばこれらの問題ははるかに容易に解明されうることを否定するものではない．私はまた第二種の尖点，すなわちその尖点において出会う二本の弧が同じ方向に向きを変えていくという性質を備えた点に関する論争にも言及した．そうしてこれ以上何ら疑問が残らないまでに，この問題を十分よく処理しえたと私は思う．最後に数章を付け加え，与えられた諸性質をみたす曲線を見つける方法を示し，究極において円の分割に関する多くの問題を解決するに至った．

　以上の事柄は幾何の領域から採取して，無限解析の修得にあたって大きな支えをも

たらしてくれると思われるものを集めたのである．付録として，立体幾何から立体とその表面の理論を取り出して計算を用いて提示して，そのような曲面の性質を3個の変化量の間に成立する方程式に依拠して記述するのはいかにして可能か，という問題を解明した．その結果に基づいて，曲線の場合と同様に，方程式に見られる変化量の次元数に即して曲面を目(もく)に分け，位数1の目(もく)には平面が包摂されているにすぎないことを示した．位数2の目(もく)の曲面については，無限遠に伸展していく断片を考慮に入れて，6個の種に分けた．他の位数に対しても同様にして細分を企図することが可能である．私は二個の曲面の交叉も考察した．それは一般にあるひとつの平面内におさまることのない曲線である．そこで私は，その曲線を方程式を用いて表示するのはいかにして可能か，という論点を解明した．最後に私は接平面の位置と，曲面に垂直な直線，すなわち法線の位置を決定した．

　書き残した事柄を語っておきたいと思う．この書物に出ている事柄のうち少なからぬ部分は，すでに他の人々の手で究明がなされてきたものである．そこで私としてはひとこと弁明しておかなければならないのだが，私は私に先立って同じ領域で努力を重ねてきた人々について，ここかしこで名を挙げてほめたたえるようなことはしなかった．実際のところ，私はあらゆる事柄をできるかぎり簡潔に処理するよう企図したのである．個々の問題の来歴を語ったなら，この書物の規模は適切な度合いを越えて大きくなっていったことであろう．それに，他の人の手ですでに解答がみいだされているたいていの問題についても，ここでは別の原理に基づいて解決されたのである．それゆえ少なからぬ部分は私のものと見てよいと思う．これらの事柄にとどまらず，ここでまったく新たに公表される事柄については特に，この方面の研究に心を引かれているおおかたの人たちに不愉快な気持ちを起こさせたりすることのないよう，私は心から望んでいる．

目次

緒言　v

第 1 章　関数に関する一般的な事柄　1
第 2 章　関数の変換　16
第 3 章　変化量の置き換えによる関数の変換　41
第 4 章　無限級数による関数の表示　56
第 5 章　2 個またはそれ以上の個数の変化量の関数　71
第 6 章　指数量と対数　82
第 7 章　指数量と対数の級数表示　99
第 8 章　円から生じる超越量　108
第 9 章　三項因子の探索　126
第 10 章　無限冪級数の因子をみつけ，それらを利用して
　　　　　ある種の無限級数の総和を確定すること　149
第 11 章　弧と正弦の他の無限表示式　165
第 12 章　分数関数の実部分分数展開　180
第 13 章　回帰級数　195
第 14 章　角の倍化と分割　220
第 15 章　諸因子の積の展開を遂行して生成される級数　245
第 16 章　数の分割　271
第 17 章　回帰級数を利用して方程式の根を見つけること　295
第 18 章　連分数　316
　索引　344
　訳者あとがき　345

LIBER PRIMUS.

CAPUT PRIMUM.

DE FUNCTIONIBUS IN GENERE.

1. Uantitas conſtans eſt quantitas determinata, perpetuo eumdem valorem ſervans.

Ejuſmodi quantitates ſunt numeri cujuſvis generis, quippe qui eumdem, quem ſemel obtinuerunt, valorem conſtanter conſervant: atque ſi hujuſmodi quantitates conſtantes per characteres indicare convenit, adhibentur litteræ Alphabethi initiales a, b, c, &c. In Analyſi quidem communi, ubi tantum quantitates determinatæ conſiderantur, hæ litteræ Alphabethi priores quantitates cognitas denotare ſolent, poſteriores vero quantitates incognitas; at in Analyſi ſublimior hoc diſcrimen non tantopere ſpectatur, cum hic ad illud quantitatum diſcrimen præcipue reſpiciatur, quo aliæ conſtantes, aliæ vero variabiles ſtatuuntur.

原書本文第 1 ページ

内 容

変化量の関数というものの説明．関数の因子分解および無限級数展開．これに加うるに，対数，円弧，円弧の正弦と正接，および無限解析の理解を少なからず助けてくれる他の多くの事柄に関する理論．

第 1 章　関数に関する一般的な事柄

　1．　定量とは，一貫して同一の値を保持し続けるという性質をもつ，明確に定められた量のことをいう．

　このような定量というのは，任意の種類の数のことにほかならない．なぜなら，数というものは，ひとたびある定値を獲得したなら，その同じ値を一貫して保持し続けることになるからである．定量を記号を用いて明示するほうがよいと判断される場合には，アルファベットの初めのほうの文字 a, b, c などが利用される．明確に定められた量だけしか考察されることのない通常の解析学では，アルファベットの先頭に位置するこれらの文字は既知量を表わし，末尾の文字は未知量を表わすという習わしになっている．しかし高等的な解析学では，この区別はそれほど重要ではない．なぜなら，通常の解析学の場合に比して，高等解析学において特に意を用いられる事柄は，［既知量と未知量の区別ではなくて］定量と考えられる量と変化量と考えられる量とを識別することだからである．

　2．　変化量とは，一般にあらゆる定値をその中に包摂している不確定量，言い換えると，普遍的な性格を備えている量のことをいう．

　あらゆる定値は数として表わされるから，あるひとつの変化量の中には，任意の種類の数がことごとくみな包摂されていることになる．すなわち「個」の概念から「種」や「属」の概念が形成されるのと同様に，変化量というのは「属」なのであり，そこにはあらゆる定量が内包されているのである．このような変化量はアルファベットの末尾の文字を使って表記される習慣になっている．

　3．　変化量は，それに対してある定値が割り当てられるとき，確定する．

それゆえ変化量は無限に多くの仕方で確定可能である．なぜなら，変化量には，一般にあらゆる数を代入することが許されるからである．そうしてまた変化量という言葉の守備範囲は，あらゆる定値が変化量のところに代入されるまでは，汲み尽くされることがない．それゆえ変化量というものは，正の数も負の数も，整数も分数も，有理数も非有理数も超越数も，ありとあらゆる数をその中に包摂している．そればかりか，0と虚数さえ，変化量という言葉の及ぶ範囲から除外されていないのである．

4． ある変化量の関数というのは，その変化量といくつかの数，すなわち定量を用いて何らかの仕方で組み立てられた解析的表示式のことをいう．

それゆえ，もしある解析的表示式において，その表示式を構成する量は，変化量 z は別にするとすべて定量であるとするなら，そのような解析的表示式はどれも z の関数である．たとえば，
$$a+3z,\ az-4zz,\ az+b\sqrt{aa-zz},\ c^z$$
などは z の関数であることになる．

5． それゆえ，ある変化量の関数はそれ自身，変化量である．

実際，変化量にはあらゆる定値を代入することが許されるのであるから，関数は無限に多くの定値を受け入れる．しかもまた，たとえ関数が受け入れることのできない定値であっても，除外されることはない．なぜなら，変化量には虚値も包摂されているからである．たとえば関数
$$\sqrt{9-zz}$$
は，z に実数値を代入しても，決して3よりも大きな値を獲得することはない．だが，それはそうとしても，z に対して虚値，たとえば $5\sqrt{-1}$ のような虚値を与えることにするならば，式 $\sqrt{9-zz}$ から取り出すことのできない定値を指摘するのは不可能になってしまうのである．ただし，たとえば
$$z^0,\ 1^z,\ \frac{aa-az}{a-z}$$
のように，変化量がどのように変化しようとも，一貫して同じ値を保持し続ける見かけ倒しの関数がしばしば姿を見せることがある．これらは関数のような外見を装ってはいるが，本当のところは定量なのである．

第1章 関数に関する一般的な事柄

6. 変化量と定量を用いて関数が形成される際の構成様式に関連して，まず初めに行なわれるべき関数の区別が確立される．

この区別は，諸量を相互に組み合わせたり混ぜ合わせたりすることを可能にする演算の様式に基づいて遂行される．そのような演算とは，加法と減法，乗法と除法，それに冪（べき）を作ることと根号を開くこととを指すが，これに加えて方程式を解くことも考えに入れておかなければならない．これらの演算は代数的と称される習わしになっているが，これらのほかにも，たとえば指数，対数，それに積分計算が供給してくれる他の無数の演算のように，多くの超越的演算が存在する．

ここで，積
$$2z,\ 3z,\ \frac{3}{5}z,\ az$$
や，z の冪
$$z^2,\ z^3,\ z^{\frac{1}{2}},\ z^{-1}$$
のような，二，三の特定の種類の関数に着目するとよいと思う．これらの関数の場合には，単独の演算に基づいて作られるものが選択されたのである．そこでいくつかの任意の演算に由来して生じる表示式の場合には，関数という呼称を用いて明示する必要が出てくるわけである[1]．

7. 関数は代数関数と超越関数に分かれる．代数関数というのは，代数的演算のみを用いて組み立てられる関数のことである．超越関数というのは，その内部に超越的演算が見られる関数のことである．

z の倍数や冪は代数関数である．また，先ほど想起された代数的演算を用いて作られる表示式，たとえば
$$\frac{a+bz^n-c\sqrt{2z-zz}}{aaz-3bz^3}$$
のような表示式はことごとくみな代数関数である．代数関数はしばしば具体的な形に表示されないことがある．たとえば，
$$Z^5=azzZ^3-bz^4Z^2+cz^3Z-1$$
という方程式を通じて規定される z の関数 Z のように．たとえこの方程式は解けないとしても[2]，Z は変化量 z と定量を用いて組み立てられるある表示式と等置されること，したがって Z は z のなんらかの関数であることははっきりとわかっている[3]．な

お，超越関数に関して留意しておかなければならないことがある．すなわち，関数は，そこに単に超越的演算が介入しているというだけでは足りず，超越的演算が変化量に作用しているときに初めて超越的になるのである．実際，もし超越的演算の及ぶ範囲が定量のみにすぎないのであれば，その関数は代数的と見なければならない．たとえば，半径1の円の円周をcで表わすとすれば，cは確かに超越的な量である．だが，

$$c+z, \ cz^3, \ 4z^c, \ \cdots$$

のような表示式はzの代数関数なのである．なかには，たとえばz^cのような表示式も代数関数の仲間に数えられるのかどうかという疑問をもつ者もいるかもしれないが，これは取るに足りない問題である．$z^{\sqrt{2}}$のように，その冪指数が無理数になるようなzの冪については，代数関数というよりも，むしろ**内越的**[4)]な関数と呼ぶのを好む人もいる[5)]．

8． 代数関数は有理関数と非有理関数に分かれる．代数関数の非有理的部分のどこにも変化量が姿を見せないなら，そのような代数関数は有理関数である．他方，非有理関数というのは，冪根記号が実際に変化量に作用して，影響を及ぼしている代数関数のことである．

したがって有理関数には，加法，減法，乗法，除法および冪指数が整数の冪を作ること以外の演算は存在しない．たとえば，

$$a+z, \ a-z, \ az, \ \frac{aa+zz}{a+z}, \ az^3-bz^5, \ \cdots$$

などはzの有理関数である．これに対して，

$$\sqrt{z}, \ a+\sqrt{aa-zz}, \ \sqrt[3]{a-2z+zz}, \ \frac{aa-z\sqrt{aa+zz}}{a+z}$$

のような表示式はzの非有理関数である．

非有理関数は適宜，陽関数と陰関数に区別される．

陽関数というのは，上に例示されたように，冪根記号を用いて書き表わされる非有理関数のことである．他方，**陰関数**というのは，方程式を解くことを通じて生じる非有理関数のことである．たとえば，Zは方程式

$$Z^7 = azZ^2 - bz^5$$

によって規定されるとすると，このZはzの非有理陰関数である．なぜなら，冪根記号を許しても，Zに対して具体的な形に表示された値を与えることはできない[6)]からである．一般の代数学はまだ，そのようなことが可能になるまで完成度が高まって

第 1 章　関数に関する一般的な事柄

いない[7]のである．

9.　有理関数はさらに整関数と分数関数に分かたれる．

整関数では z は負の冪指数をもたないし，その表示式には，分母に変化量 z が入っている分数は含まれない．このことから諒解されるように，分数関数というのは，分母に z が含まれていたり，z の負の冪指数が実際に現われたりする関数のことなのである．それゆえ整関数というものの一般形は

$$a + bz + cz^2 + dz^3 + ez^4 + fz^5 + \cdots$$

というふうになる．なぜなら，この表示式に包摂されない z の整関数というものは考えられないからである．それに対して，分数はいくつあってもひとつの分数にまとめられるから，分数関数というものはことごくみな，

$$\frac{a + bz + cz^2 + dz^3 + ez^4 + fz^5 + \cdots}{\alpha + \beta z + \gamma z^2 + \delta z^3 + \varepsilon z^4 + \zeta z^5 + \cdots}$$

という式に包摂されることになる．ここで，定量 $a, b, c, d, \cdots, \alpha, \beta, \gamma, \delta, \cdots$ が正であっても負であっても，整数であっても分数であっても，有理数であっても無理数であっても超越数であっても，関数の性質は変わらないことに留意しなければならない．

10.　続いて，わけても関数の，一価関数と多価関数への区分けを行なわなければならない．

[変化量 z の] **一価関数** というのは，変化量 z に対してある任意の定値が与えられるとき，やはり一個の定値を獲得するような関数のことである．これに対して，**多価関数** というのは，変化量 z にある定値を代入するとき，そのつどいくつかの定値をもたらす関数のことである．

それゆえ有理関数は，整関数でも分数関数でも，ことごとくみな一価関数である．それに対して，非有理関数はすべて多価である．なぜなら，冪根記号は多義的であり，そこにはいくつもの値が包摂されているからである．他方，超越関数の中には，一価関数も多価関数も存在する．たとえば $\sin z$ に所属する円弧のように，無限多価関数さえ存在する．というのは，すべて同一の正弦をもつ，無限に多くの円弧が存在するからである．

z の個々の一価関数を表示するには，$P, Q, R, S, T, \cdots$ という文字を用いる．

11. z の二価関数というのは，z の各々の確定値に対して，一対の値を与える関数のことである．

このような関数としては，たとえば $\sqrt{2z+zz}$ のような平方根がある．というのは，z にどのような値をあてはめても，表示式 $\sqrt{2z+zz}$ は正の値と負の値という二通りの意味をもつからである．一般に，P と Q は z の一価関数として，Z は二次方程式
$$Z^2 - PZ + Q = 0$$
を通じて定められるとするなら，これは z の二価関数である．実際，
$$Z = \frac{1}{2}P \pm \sqrt{\frac{1}{4}P^2 - Q}$$
というふうになる．これより明らかなように，z のどの確定値に対しても，Z の二つの確定値が対応するのである．関数 Z の値は二つとも実量になるか，あるいは二つとも虚量になるかのいずれかであることに留意しなければならない．また，方程式の性質から判明するように，Z の二つの値の和はつねに P に等しく，積はつねに Q に等しい．

12. z の三価関数というのは，z の各々の値に対して，三つの確定値を与える関数のことである．

このような関数は，三次方程式の解法に由来して生じる．実際，P, Q および R は [z の] 一価関数として，
$$Z^3 - PZ^2 + QZ - R = 0$$
となるとすると，Z は z の三価関数である．というのは，z のどのような定値に対しても，Z は三つの値を獲得するからである．z の各々の値に対応するこのような Z の三つの値は，すべてが実量になるか，あるいはひとつは実量で，残る二つは虚量になるかのいずれかである．また，これらの三つの値の和はつねに P に等しいこと，二つずつの値の積の和は Q に等しいこと，すべての三つの値の積は R に等しいことはよく知られている．

13. z の四価関数というのは，z の各々の値に対して，四つの確定値を与える

関数のことである．

　このような関数は四次方程式の解法から生じる．実際，P, Q, R および S は z の一価関数を表わすとして，
$$Z^4 - PZ^3 + QZ^2 - RZ + S = 0$$
となるとすると，Z は z の四価関数になる．なぜなら，z の各々の値に対して，Z の四つの値が対応するからである．これらの四つの値はすべて実量になるか，あるいは二つは実量で，二つは虚量になるか，あるいは四つの値がすべて虚量になるかのいずれかである．また，Z のこれらの四つの値の和はつねに P に等しく，二つずつの値の積の和は Q に等しく，三つずつの値の積の和は R に等しく，すべての四つの値の積は S に等しい．

　五価関数や，それ以降の多価関数の性質についても状勢は同様である．

14. 今，Z は方程式
$$Z^n - PZ^{n-1} + QZ^{n-2} - RZ^{n-3} + SZ^{n-4} - \cdots = 0$$
によって定められるとしよう．このとき Z は，z の各々の値に対応して n 個の値を与える多価関数[8]である．

　ここで，n は整数でなければならないことに留意しなければならない．また，z の関数 Z はどの程度の多価性を示すのかという論点の判定が可能になるようにするために，Z を規定する方程式はつねに，既約方程式に帰着させておかなければならない．そのようにしておくとき，Z の最高次の冪の冪指数は，z の各々の値に対応する求める値の個数を明示していることになる．また，文字 P, Q, R, S, $\cdots$ は z の一価関数を表わすのでなければならないという点も心に留めておかなければならない．実際，もしこれらの文字のどれかが多価関数であるなら，そのとき関数 Z は，z の各々の値に対応する値を，Z の最大冪指数が示す個数よりも多く与えることになってしまうのである．もし Z の値のうちのいくつかが虚量になるとするなら，それらの虚量の個数はつねに偶数である．これより諒解されるように，もし n が奇数なら，Z の値のうちの少なくともひとつはつねに実量である．他方，もし n が偶数なら，Z のいかなる値も実量ではないという事態もありうる．

15.　Zは，つねにただひとつの実値を与えるという性質を備えたzの多価関数としよう．そのとき，Zはさながら一価関数であるかのようであり，たいていの場合，一価関数として利用することができる．

たとえば，Pはzの一価関数とすれば，
$$\sqrt[3]{P},\ \sqrt[5]{P},\ \sqrt[7]{P},\ \cdots$$
はそのような関数である．なぜなら，これらの関数はつねにただひとつの実値を与え，残る値はすべて虚値になるからである．このような状勢により，nが奇数のときは，$P^{\frac{m}{n}}$のような表示式は，mが偶数でも奇数でも，一価関数の仲間に数えられる．これに対し，もしnが偶数なら，$P^{\frac{m}{n}}$は実値をまったくもたないか，あるいはふたつしかもたないかのいずれかである．それゆえnが偶数のとき，$P^{\frac{m}{n}}$のような表示式は，もし分数$\frac{m}{n}$の表示をもっと小さな数による表示に還元するのは不可能とするなら，二価関数の仲間に加えられることになるのである．

16.　yはzの何らかの関数とすると，そのとき逆にzはyの関数である．

実際，yはzの関数であるから，それが一価関数であっても多価関数であっても，yをzおよびいくつかの定量とを用いて規定する働きを示す方程式が存在する[9]．その方程式により，逆にzがyおよびいくつかの定量を用いて規定されることになる．そうしてyは変化量であるから，zはyおよびいくつかの定量とを用いて組み立てられる表示式と等置される[10]．まさしくそれゆえに，zはyの関数なのである．このことから，zはyの関数としてどの程度の多価性をもつかという点も明らかになる．また，たとえyはzの一価関数であるとしても，zのほうはyの多価関数になるということはありうる．たとえばyは方程式
$$y^3 = ayz - bzz$$
を通じてzによって規定されるとすれば，yはzの三価関数である．だが，zのほうはといえば，yの二価関数にすぎないのである．

17.　yとxはzの関数とすると，yはxの関数でもある．また，逆にxはyの関数である．

実際，y は z の関数であるから，z のほうも y の関数である．同様に z は x の関数でもある．このような状勢により，y の関数は x の関数と等置されることになる．そうしてその［y と x の関係を定める］方程式[11]を通じて，y は x を通じて規定され，逆に x は y を通じて規定されるのである．それゆえ y は x の関数であること，および x は y の関数であることは明らかである．代数学の学問的成熟が不十分なため，これらの関数を具体的な形に提示することができないこともしばしばある．それにもかかわらず，これらの関数の相互依存関係は，まるであらゆる方程式が解けてしまいでもするかのように[12]，洞察される．そのうえ伝統的な代数学の方法を用いると，ふたつの方程式，すなわち y と z を包含する方程式と，x と z を包含するもうひとつの方程式から量 z を消去することにより，x と y の関係を表示する方程式を作ることもできるのである．

18. 最後に，二，三の特別の種類の関数に注目したいと思う．z の偶関数というのは，z に定値 $+k$ と $-k$ のどちらを代入しても同じ値を与えるという性質を備えている関数のことである．

このような z の偶関数のひとつの例は zz である．なぜなら，$z=+k$ と $z=-k$ のどちらを代入しても，表示式 zz は同じ値，すなわち $zz=+kk$ を与えるからである．同様に，z の冪 z^4, z^6, z^8，一般に，m は正でも負でもいいから偶数とするとき，冪 z^m はすべて z の偶関数である．また，もし n が奇数なら，$z^{\frac{m}{n}}$ は z の一価関数の仲間に入れてもさしつかえないから，m は偶数で，n は奇数とするとき，$z^{\frac{m}{n}}$ が z の偶関数になるのは明白である．このような次第であるから，これらの冪を素材にして何らかの仕方で組み立てられる表示式は z の偶関数を与えることになる．たとえば，

$$Z = a + bz^2 + cz^4 + dz^6 + \cdots$$

であれば，Z は z の偶関数である．また，

$$Z = \frac{a + bz^2 + cz^4 + dz^6 + \cdots}{\alpha + \beta z^2 + \gamma z^4 + \delta z^6 + \cdots}$$

とすれば，Z はやはり z の偶関数である．同様に，z の分数冪指数を取り入れることにして，もし

$$Z = a + bz^{\frac{2}{3}} + cz^{\frac{2}{5}} + dz^{\frac{4}{7}} + \cdots,$$

$$Z = a + bz^{-\frac{2}{3}} + cz^{-\frac{4}{3}} + dz^{-\frac{2}{5}} + \cdots$$

$$Z = \frac{a + b z^{\frac{2}{7}} + c z^{-\frac{4}{5}} + d z^{\frac{8}{3}} + \cdots}{\alpha + \beta z^{\frac{2}{3}} + \gamma z^{-\frac{2}{5}} + \delta z^{\frac{4}{7}} + \cdots}$$

というふうになれば，Z は z の偶関数である．これらの表示式はすべて z の一価関数であるから，これらを z の一価偶関数と呼んでもよい．

19. z の多価偶関数というのは，z の各々の値に対していくつかの[複数個の]定値を与えるとともに，しかも $z = +k$ と置いても，$z = -k$ と置いても，同じ諸値を供給するという性質を備えている関数のことである．

Z は z のそのような多価偶関数としよう．多価関数というものの本質をなす性質は Z と z に関するある[代数]方程式を通じて表明される．その方程式を見ると，Z の冪指数は，Z に包摂される値の個数に等しい．このような状勢を考慮に入れれば，Z の本質的性質を現わす方程式において，もし変化量 z がいたるところで偶冪指数をもつなら，その場合，Z が多価偶関数であるのは明白である．たとえば，
$$Z^2 = a z^4 Z + b z^2$$
となるなら，Z は z の二価偶関数である．また，
$$Z^3 - a z^2 Z^2 + b z^4 Z - c z^8 = 0$$
となるなら，Z は z の三価偶関数である．一般に P，Q，R，S，$\cdots$ は z の一価偶関数を表わすとして，
$$Z^2 - P Z + Q = 0$$
となるなら，Z は z の二価偶関数である．また，
$$Z^3 - P Z^2 + Q Z - R = 0$$
となるなら，Z は z の三価偶関数である．以下も同様である．

20. それゆえ z の偶関数というのは，一価であろうと多価であろうと，変化量 z といくつかの定量を素材にして作られた表示式であって，しかもそこに見られる z の冪指数がいたるところで偶数であるようなもののことなのである．

したがって偶関数というのは，以前すでに例示された一価関数は別にすると，
$$a + \sqrt{bb - zz}, \quad a z z + \sqrt[3]{a^6 z^4 - b z^2} \quad \text{および} \quad a z^{\frac{2}{3}} + \sqrt[3]{z^2 + \sqrt{a^4 - z^4}} \quad \text{等々}$$
のような表示式のことである．

第 1 章　関数に関する一般的な事柄

これより明らかなように，適切な仕方で規定することにすれば，zz の関数のことを偶感数と呼べるようになる．

実際，$y=zz$ と置くと，Z は y の関数に変換されるとしよう．このとき，随所で再度 y のところに zz を代入すれば Z は z の関数になり，しかもその関数では z はいたるところで偶冪指数をもつことになるのである．ただし，Z の表示式の中に $\sqrt{y}$ が入っていたり，$y=zz$ と置くと平方根が開かれてしまうような形状が見られたりする場合などは除外しなければならない．実際，$y+\sqrt{ay}$ は y の関数だが，$y=zz$ と置いても，この表示式は z の偶関数にはならない．というのは，
$$y+\sqrt{ay}=zz+z\sqrt{a}$$
となるからである．このような場合を除外しておくことにすれば，上記のような最終的に与えられた偶関数の定義[13]はよい定義であり，このような関数を作るのに適している．

21.　z の奇関数というのは，z に $-z$ を代入すると，その値にも負符号が付くような関数のことをいう．

したがって，$z^1, z^3, z^5, z^7, \cdots$ のように，冪指数が奇数の冪はすべて奇関数である．$z^{-1}, z^{-3}, z^{-5}, \cdots$ などもやはり奇関数である．また，二つの数 m と n がともに奇数なら，$z^{\frac{m}{n}}$ も奇関数である．一般に，このような冪を用いて組み立てられる表示式はすべて z の奇関数である．たとえば，
$$az+bz^3, \quad az+bz^{-1}, \quad z^{\frac{1}{3}}+az^{\frac{3}{5}}+bz^{-\frac{5}{3}}$$
などはこのようなタイプの奇関数である．だが，奇関数を見つけたり，その本質をなす性質を認識しようと試みたりするのは，偶関数の考察を通じて実行するほうがずっと容易である．

22.　z の偶関数に z もしくは z の任意の奇関数を乗じると，その積は z の奇関数である．

P は z の偶関数としよう．したがって，この関数は，z に $-z$ を代入しても形が保全される．それゆえ積 Pz において z に $-z$ を代入すれば，この積は $-Pz$ になる．よって Pz は z の奇関数である．さて，P は z の偶関数，Q は z の奇関数としよう．すると，定義から明らかなように，z に $-z$ を代入するとき，P の値は同一の値を保持す

るが，Q の値は負符号を付けた値 $-Q$ に変わる．それゆえ積 PQ は，z に $-z$ を代入すると $-PQ$ に変わる．すなわち，PQ に負符号を付けたものになる．よって PQ は z の奇関数である．たとえば $a+\sqrt{aa+zz}$ は z の偶関数であり，z^3 は z の奇関数であるから，それらの積
$$az^3+z^3\sqrt{aa+zz}$$
は z の奇関数である．同様に，
$$z \times \frac{a+bzz}{\alpha+\beta zz}=\frac{az+bz^3}{\alpha+\beta zz}$$
も z の奇関数である．

これらの事柄から認識されるように，二つの関数 P と Q のうち，一方の P は偶関数，もう一方の Q は奇関数として，一方を他方で割ると，その商は奇関数になる．それゆえ $\frac{P}{Q}$ と $\frac{Q}{P}$ はどちらも z の奇関数である．

23. ある奇関数に他の奇関数を乗じると，あるいはある奇関数を他の奇関数で割ると，その結果として得られるのは偶関数である．

実際，Q と S は z の奇関数としよう．したがって，z に $-z$ を代入すると，Q は $-Q$ になり，S は $-S$ になる．そうして積 QS も商 $\frac{Q}{S}$ もともに，z に $-z$ を代入しても同じ値を保持すること，したがってどちらも z の偶関数であることは明らかである．それゆえ，さらに，奇関数の平方は偶関数であること，三乗は奇関数であること，四乗は再び偶関数になること等々もまた明白である．

24. y は z の奇関数とすると，反対に z も y の奇関数である．

実際，y は z の奇関数であるから，z に $-z$ を代入すると，y は $-y$ になる．それゆえ，z は y によって定められるとするなら，y のところに $-y$ を代入するとき，z もまた $-z$ にならなければならない．したがって z は y の奇関数である．たとえば，
$$y=z^3$$
と置くと，y は z の奇関数である．よって，方程式
$$z^3=y \quad \text{あるいは} \quad z=y^{\frac{1}{3}}$$
により，z は y の奇関数になる．また，
$$y=az+bz^3$$
となるとすれば，z は y の奇関数である．反対に，方程式

第1章　関数に関する一般的な事柄

$$bz^3 + az = y$$

により，y を用いて表示された z の値は y の奇関数である．

25. 関数 y の本質をなす特徴は次のような方程式を通じて規定されるとする．すなわち，その方程式の個々の項における y と z の冪指数の総和は，いたるところで偶数であるか，あるいはいたるところで奇数であるかのいずれかである．このとき，y は z の奇関数である．

実際，このような方程式において，いたるところで z を $-z$ に書きなおし，それと同時に y を $-y$ に書きなおせば，この方程式の項はすべて同一のままに保持されるか，あるいはすべての項に負符号がつくかのいずれかである．どちらの場合にも，方程式は同じ形を保持することになる．このことから明らかになるように，$-y$ が $-z$ によって定められる様式と，$+y$ が $+z$ によって定められる様式とは同一である．このような状勢により，z を $-z$ に書きなおせば，y の値は $-y$ に変わる．言い換えると y は z の奇関数である．たとえば，

$$yy = ayz + bzz + c$$

あるいは

$$y^3 + ayyz = byzz + cy + dz$$

となるとすれば，どちらの方程式からも，y は z の奇関数として認識される．

26. Z は z の関数，Y は y の関数とし，しかも Y が変化量 y と定量を用いて定められる様式は，Z が変化量 z と定量とを用いて定められる様式と同じとしよう．このとき，これらの関数 Y，Z はそれぞれ y，z の**類似関数**と呼ばれる．

たとえば，

$$Z = a + bz + cz^2 \quad \text{および} \quad Y = a + by + cy^2$$

となるとすれば，Z と Y は z と y の類似関数である．多価関数についても事情は同様で，もし

$$Z^3 = azzZ + b \quad \text{および} \quad Y^3 = ayyY + b$$

となるとすれば，Z と Y は z と y の類似関数である．これより明らかになるように，今 Y と Z は y と z のこのような類似関数とすると，z を y に書きなおせば，関数 Z は関数 Y に変わる．この類似性は普通，こんなふうに表明される習わしになっている．

すなわち Y は，Z が z の関数であるのと同じ様式で y の関数になるというふうに言われるのである．このような言い回しは，変化量 z と y の間に相互依存関係があってもなくても，同様に行なわれる．たとえば，
$$ay + by^3$$
が y の関数であるのと同じ様式で，
$$a(y+n) + b(y+n)^3$$
は $y+n$ の関数になる．この事実は $z = y+n$ と置けば明白である．また，
$$\frac{a + bz + czz}{\alpha + \beta z + \gamma zz}$$
が z の関数であるのと同じ様式で，
$$\frac{azz + bz + c}{\alpha zz + \beta z + \gamma}$$
は $\frac{1}{z}$ の関数になる．この事実は，$y = \frac{1}{z}$ と置けば判明する．類似関数というものの考え方は高等的普遍解析のいたるところで使用されて，きわめて豊かな実りをもたらす．その様相は上記のような諸例からはっきりと見て取れる通りである．

　一個の変化量の関数の性質に関する一般的な事柄についてはこれで十分と思う．というのは，これ以上の詳しい説明は，これから遂行されるさまざまな応用の場において与えられていく予定だからである．

註記
　1）変化量 z の倍数を作ったり冪を作ったりすると，新しい変化量ができる．このような新しい変化量を作り出す演算の働きを一般的に把握して「解析的表示式」という概念を抽出し，それに「関数」という名称を与えた．「演算」という言葉の及ぶ範囲は限定されていないが，それをもってオイラーの関数概念をあいまいと見るには当たらない．
　2）「代数的に解けない」という意味と思われるが，そうすると Z は z の関数ではないことになってしまう．もし代数的に解けるなら，Z は変化量 z といくつかの定量に代数的演算を施すことにより，具体的な形に表示されることになる．そのような種類の表示式は「代数的表示式」と呼ぶのがよいと思う．代数的表示式は，「解析的表示式」というオイラーの関数概念の原像であろう．オイラーは代数的表示式を指して代数関数と呼んでいる．
　オイラーは代数方程式の代数的可解性の証明を試みて果たせなかったが，その正しさを確信していたのであろう．
　3）Z を代数的に表示するのは不可能としても，何らかの超越的演算を許すなら解析的表示式を受け入れる，と主張されている．このようなところには，代数方程式の代数的可解性に寄せる確信のゆらぎが見られるように思う．
　4）「内越的」とは珍しい言葉だが，「超越的」という言葉に「外側に超えていく」というニュアンスがあるのに対し，「内越的」には内側に向かっていくような感じがあるように思う．

第1章　関数に関する一般的な事柄

5）ライプニッツなど．

6）これでは Z は代数関数ではないことになってしまう．

7）このような言葉には，代数方程式の代数的可解性を確信する心情がにじんでいるように思う．

8）この種の多価関数は代数関数と呼ばれるのが普通である．ただしこの代数関数は必ずしも代数的に表示されるとは言えず，何らかの解析的表示式が存在するか否かも不明確なのであるから，オイラーの言う関数の仲間に加えてよいかどうか，疑問が残る場面である．他方，オイラーは代数的表示式を指して代数関数と呼んでいた．もし代数方程式の根の公式が成立するなら，二種類の代数関数は一致するが，根の公式の存在を否定するアーベルの定理により，これは望めない．上記註2）参照．

9）y が z の関数であるという状勢に依拠して，y と z の間の関係を規定する何らかの方程式の存在が主張されている．この論点は明晰さを欠いているが，ここでオイラーの念頭にあったのは，代数方程式と代数的表示式との相互関連であったであろう．

10）前記註9）参照．

11）このあたりの議論はいくぶん明晰さを欠く印象があるが，引き続く記述から見て，オイラーの念頭にあるのは消去法であろう．「y と x は z の関数」という前提から「y と z の関係を規定する方程式」と「x と z の関係を規定する方程式」の存在が帰結する（註記9）参照）．それらの二つの方程式から z を消去すれば，「y と x の関係を規定する方程式」が得られる．そのような方程式の存在に基づいて，y は x の関数であり，x は y の関数であるという言明が可能になるのである．

12）オイラーは初め，あらゆる方程式を解いて解析的表示式を見つけることの可能性に期待をかけていたように思う．しかし実際にはこれは不可能であるから，「解析的表示式」という関数概念だけでは，変化量の相互依存関係の様相をくまなく把握することはできない．そこでオイラーは関数概念そのものの変換を余儀なくされ，後になお二種類の関数概念を提示した．

13）一定の付加条件のもとで，z^2 の関数のことを z の偶関数とする定義．

第 2 章　関数の変換

27.　関数は，他の変化量を導入して変化量を取り換えると，別の形に変換される．同一の変化量がそのまま保存される場合にも，関数の形が変わることがある．

もし同じ変化量が保存されるのであれば，関数というものは本来，変化することはありえない．ただし，代数学でよく知られているように，同じ量であっても，いく通りものさまざまな形に書き表わされることはある．そこでこの場合には，［関数の］変換というものの実質的内容は，同じ関数を他の様式で表示する点に認められるのである．このような変換の様相は，たとえば，

関数 $2-3z+zz$ は $(1-z)(2-z)$ と表示され，

関数 $a^3+3aaz+3azz+z^3$ は $(a+z)^3$ と表示され，

関数 $\dfrac{2aa}{aa-zz}$ は $\dfrac{a}{a-z}+\dfrac{a}{a+z}$ と表示され，

関数 $\dfrac{1}{\sqrt{1+zz}-z}$ は $\sqrt{1+zz}+z$ と表示される

というふうである．これらの表示式は，形は異なっているにもかかわらず，実際には同等である．しかししばしば，眼前に提示されたねらいを遂行するには，このような同等の意味を有するいくつもの形状のうち，ある形状が他の形状よりも有効性を発揮することがある．そこでそのつど，状勢が有利になるように，最も相応しい形状を選定しなければならない．

もうひとつの変換様式は，変化量 z の代わりに，その変化量との間に，ある与えられた関係を保持する他の変化量 y を導入することによって実現される変換で，［変化量の］置き換えによって遂行されると言われる．この種の変換は，提示された関数をいっそう簡潔に，いっそう都合よく書き表わすことをねらって利用される．たとえば，z の関数

$$a^4-4a^3z+6aazz-4az^3+z^4$$

第 2 章　関数の変換

が提示された場合，$a-z$ の代わりに y を用いれば，はるかに簡単な形の y の関数

$$y^4$$

が生じる．また，z の非有理関数

$$\sqrt{aa+zz}$$

が手元にあるなら，

$$z = \frac{aa-yy}{2y}$$

と置けば，y を用いて表示された有理関数

$$\frac{aa+yy}{2y}$$

が生じることになる．この種の様式の変換については次章で取り扱うことにして，この章では，［変化量の］置き換えを行なわずに達成される変換について説明を加えたいと思う．

28.　　z の整関数はしばしば適切な仕方で因子分解されて，積の形に変換されることがある．

整関数がこのように分解されるとき，関数の性質を見るのはずっと簡単になる．なぜなら，そのとき，関数の値が 0 と等置される場合がすぐにわかるからである．たとえば，z の関数

$$6 - 7z + z^3$$

は，積

$$(1-z)(2-z)(3+z)$$

に変換されるが，これより即座に，提示された関数は三通りの場合，すなわち，$z=1$ と $z=2$ と $z=-3$ の場合に 0 になることが明らかになる．このような性質を $6-7z+z^3$ という形から見て取るのはそんなに簡単ではないのである．変化量 z の［一次よりも高い次数の］冪が見られないような因子は，**合成因子**，すなわち z の二次または三次またはもっと高い次数の冪をもつ因子と区別するために，**単純因子**と呼ばれる．したがって，一般に単純因子の形状は

$$f + gz$$

というふうになり，二次因子の形状は

$$f + gz + hzz$$

というふうになり，三次因子の形状は

$$f + gz + hzz + iz^3$$

というふうになる．以下も同様である．ところで，二次因子は二つの単純因子を包摂すること，三次因子は三つの単純因子を包摂すること，以下も同様であることは明白である．それゆえ，ある z の整関数において，z の最高の冪指数が n に等しいとき，その整関数には n 個の単純因子が包摂されていることになる．これより同時に，諸因子のうちのあるものが二次因子であったり，またあるものは三次因子などであったりする場合にも，因子の個数を調べることが可能になる．

29. ある z の整関数 Z の単純因子を見つけるには，関数 Z を 0 と等置して，その方程式の根をすべて探索すればよい．個々の根は，関数 Z の単純因子をそれぞれひとつずつ与える．

実際，もし方程式 $Z = 0$ からある根 $z = f$ が見つかったなら，そのとき $z - f$ は関数 Z の約数，したがって因子である．そこで方程式 $Z = 0$ のすべての根を求め，それらを

$$z = f, \quad z = g, \quad z = h, \cdots$$

とするとき，関数 Z は単純因子に分解されて，積

$$Z = (z-f)(z-g)(z-h)\cdots$$

に変換される．ここで，もし Z における z の最高次の冪指数をもつ冪の係数が $= +1$ ではないとするなら，その場合にはさらに積 $(z-f)(z-g)\cdots$ にその係数を乗じなければならないことに注意しなければならない．それゆえ，

$$Z = Az^n + Bz^{n-1} + Cz^{n-2} + \cdots$$

とすれば，

$$Z = A(z-f)(z-g)(z-h)\cdots$$

となる．また，

$$Z = A + Bz + Cz^2 + Dz^3 + Ez^4 + \cdots$$

として，しかも方程式 $Z = 0$ の根 z を求めると再び $f, g, h, i, \cdots$ が見つかったとするなら，

$$Z = A\left(1 - \frac{z}{f}\right)\left(1 - \frac{z}{g}\right)\left(1 - \frac{z}{h}\right)\cdots$$

というふうになることになる．このような状勢から逆に明らかになるように，もし $z - f$ または $1 - \frac{z}{f}$ が関数 Z の約数なら，z に f を代入するとき，この関数の値は 0

第 2 章　関数の変換

にならなければならない．なぜなら，$z = f$ と置くと，関数 Z のひとつの約数である $z - f$ または $1 - \frac{z}{f}$ は 0 になる．したがって関数 Z それ自身が 0 にならなければならないからである．

30.　単純因子のうち，あるものは*実因子*であり，あるものは*虚因子*である．もし関数 Z が虚因子をもつなら，その個数はつねに偶数である．

実際，単純因子は方程式 $Z = 0$ の根に起因して生じるから，実根は実因子を与え，虚根は虚因子を与える．ところがあらゆる方程式において，虚根の個数はつねに偶数である．それゆえ関数 Z は虚因子を全然もたないか，あるいは 2 個もつか，あるいは 4 個もつか，あるいは 6 個もつか・・・のいずれかである．もし関数 Z は虚因子を 2 個しかもたないとするなら，それらの因子の積は実因子になる．したがって関数 Z は 1 個の二重実因子を与えることになる．なぜなら，すべての実因子の積を P とすると，2 個の虚因子の積は $\frac{Z}{P}$ に等しい．したがってこの 2 個の虚因子の積は実因子だからである．同様に，もし関数 Z は 4 個，または 6 個，または 8 個・・・の虚因子をもつとするなら，それらの因子の積はつねに実因子である．すなわち，関数 Z を全ての実因子の積で割るときに生じる商に等しい．

31.　Q は 4 個の単純*虚因子*の実の積とすると，この積 Q は 2 個の二重実因子に分解される．

実際，Q は
$$z^4 + Az^3 + Bz^2 + Cz + D$$
という形状をもつとしよう．もしこれを 2 個の二重実因子に分解するのは不可能とするなら，これは，
$$zz - 2(p + q\sqrt{-1})z + r + s\sqrt{-1}$$
および
$$zz - 2(p - q\sqrt{-1})z + r - s\sqrt{-1}$$
という形の 2 個の二重虚因子に分解されなければならないことになる．なぜなら，これらのほかには，積が実になる，すなわち $z^4 + Az^3 + Bz^2 + Cz + D$ と等置されるという性格を備えた虚の形状は考えられないからである．ところで，これらの二重虚因子

から，下記のような4個の単純虚因子が生じる．

$$\text{I．} z-\left(p+q\sqrt{-1}\right)+\sqrt{pp+2pq\sqrt{-1}-qq-r-s\sqrt{-1}},$$
$$\text{II．} z-\left(p+q\sqrt{-1}\right)-\sqrt{pp+2pq\sqrt{-1}-qq-r-s\sqrt{-1}},$$
$$\text{III．} z-\left(p-q\sqrt{-1}\right)+\sqrt{pp-2pq\sqrt{-1}-qq-r+s\sqrt{-1}},$$
$$\text{IV．} z-\left(p-q\sqrt{-1}\right)-\sqrt{pp-2pq\sqrt{-1}-qq-r+s\sqrt{-1}}.$$

これらの因子のうち，第一因子と第三因子を相互に乗じてみよう．表示を簡潔にするために，

$$t=pp-qq-r \quad \text{および} \quad u=2pq-s$$

と置くと，これらの因子の積は

$$zz-\left(2p-\sqrt{2t+2\sqrt{tt+uu}}\right)z$$
$$+pp+qq-p\sqrt{2t+2\sqrt{tt+uu}}-q\sqrt{-2t+2\sqrt{tt+uu}}+\sqrt{tt+uu}$$

と等置される．これは実因子である．同様に，第二因子と第四因子の積も実因子である．すなわち，それは

$$zz-\left(2p+\sqrt{2t+2\sqrt{tt+uu}}\right)z$$
$$+pp+qq+p\sqrt{2t+2\sqrt{tt+uu}}+q\sqrt{-2t+2\sqrt{tt+uu}}+\sqrt{tt+uu}$$

と等置される．こうして，提示された積 Q は2個の二重実因子への分解の可能性を否定されたが，それにもかかわらず実際に2個の二重実因子に分解されたことになる．

32． z の整関数 Z は，どれほど多くてもさしつかえないが，任意個数の単純虚因子をもつとしよう．そのときつねに2個ずつの因子を適当に組み合わせて，それらの積が実因子になるようにすることができる．

虚因子の個数はつねに偶数であるから，それを $2n$ と等置しよう．まず初めに，それらの虚因子すべての積が実因子になることは明らかである［§30］．それゆえ，もし虚根がふたつしか存在しないとするなら，それらの積はなにはともあれ実因子である．もし4個の虚因子が存在するなら，すでに見たように，それらの積は $fzz+gz+h$ という形の2個の二重実因子に分解される．この証明の様式をいっそう高い次数の冪に及ぼすことはできないが，任意個数の虚因子に対してもこの性質は成

立すること，したがって $2n$ 個の単純虚因子を n 個の二重実因子に置き換えることはつねに可能である．これは疑いをさしはさむ余地なく明白である．こうして z の整関数はすべて，いくつかの単純実因子もしくは二重実因子に分解されることになる．この事実は完全な厳密さをもって証明されたというわけではないが，その正しさはこれからますます強まっていくであろう．後に，

$$a + bz^n, \quad a + bz^n + cz^{2n}, \quad a + bz^n + cz^{2n} + dz^{3n}, \quad \cdots$$

のような関数が，実際に上記のようにしていくつかの実二重因子に分解される様子を目の当たりにすることになるであろう．

33. 整関数 Z は $z = a$ と置くと値 A を取り，$z = b$ と置くと値 B を取るとしよう．そのとき，a と b の中間に位置する値を z に代入することにより，関数 Z は A と B の中間にある任意の値を受け入れる．

実際，Z は z の一価関数であるから，z のどのような実値に対しても，関数 Z はやはり実値を獲得しなければならない．そうして Z は前者の場合（すなわち $z = a$ の場合）には値 A を獲得し，後者の場合（すなわち $z = b$ の場合）には値 B を獲得するのであるから，Z は，A と B の中間に位置するあらゆる値の上を渡り歩いて推移していくのではないかぎり，A から B まで移行することはできない．それゆえ，方程式 $Z - A = 0$ は一つの実根を与えるとし，しかもそれと同時に方程式 $Z - B = 0$ もまたひとつの実根を与えるとするなら，そのとき，C は値 A と B の間にはさまれるとすると，方程式 $Z - C = 0$ もまたひとつの実根をもつことになる．これより，もし表示式 $Z - A$ と $Z - B$ があるひとつの実単純因子をもつなら，C は値 A と B の間にはさまれるとするとき，表示式 $Z - C$ もまたあるひとつの実単純因子をもつことになる．

34. z の整関数 Z において，z の最高次の冪の冪指数は奇数 $2n + 1$ としよう．そのとき関数 Z は少なくともひとつの実単純因子をもつ．

Z は

$$z^{2n+1} + \alpha z^{2n} + \beta z^{2n-1} + \gamma z^{2n-2} + \cdots$$

という形状をもつとしよう．ここで $z = \infty$ と置くと，

$$Z = (\infty)^{2n+1} = \infty$$

となる．というのは，[第二項以降の] 個々の項の値は第一項に比べると無視してもさしつかえないからである．よって $Z-\infty$ はあるひとつの実単純因子，すなわち $z-\infty$ をもつ．他方，$z=-\infty$ と置くと，
$$Z=(-\infty)^{2n+1}=-\infty$$
となる．よって $Z+\infty$ は実単純因子 $z+\infty$ をもつ．したがって $Z-\infty$ と $Z+\infty$ はいずれもひとつの実単純因子をもつことになる．これより明らかになるように，C は限界 $+\infty$ と $-\infty$ の間にはさまれるとするとき，すなわち C は正負の任意の実数とするとき，$Z-C$ もまたひとつの実単純因子をもつ．そこで $C=0$ とすると，関数 Z はあるひとつの実単純因子 $z-c$ をもつことになる．量 c は限界 $+\infty$ と $-\infty$ の間にはさまれる．したがって正の量，負の量，0 のいずれかである．

35. z の最高次の冪の冪指数が奇数である整関数 Z は，実単純因子をひとつまたは 3 個または 5 個または 7 個・・・もつ．

実際，関数 Z は確かにひとつの実単純因子 $z-c$ をもつことが証明された．そこで，この関数はほかにもなおひとつの因子 $z-d$ をもつとして，関数 Z を $(z-c)(z-d)$ で割ってみよう．すると，関数 Z における z の最高次の冪を z^{2n+1} とするとき，その商の最高次の冪は z^{2n-1} となる．この冪の冪指数は奇数であるから，再度，Z の実単純因子が与えられることが明らかになる．それゆえ，もし関数 Z は一個より多くの実単純因子をもつとするなら，この関数は 3 個または 5 個または 7 個・・・（というのは，同様にして歩を進めていくことができるから）の実単純因子をもつことになる．すなわち実単純因子の個数は奇数である．そうして単純因子の総数は $2n+1$ に等しいから，虚単純因子の個数は偶数であることになる．

36. z の最高次の冪の冪指数が偶数 $2n$ である整関数 Z は，2 個または 4 個または 6 個・・・の実単純因子をもつ．

Z の実単純因子の個数は奇数 $2m+1$ になるとしてみよう．それらの因子すべての積で関数 Z を割ると，その商の最高次の冪は $z^{2n-2m-1}$ となる．この冪の冪指数は奇数である．

それゆえ関数 Z はなおひとつの実単純因子をもつことになる．よって実単純因子の総個数は少なくとも $2m+2$ に等しい．したがって偶数であることになり，その結果，

第 2 章 関数の変換

虚因子の個数もまた偶数になる．それゆえどの整関数についても，すでに以前 [§30] 確立されたように，虚単純因子は偶数個である．

37. 整関数 Z において，z の最高次の冪の冪指数は偶数とし，しかも絶対項，すなわち定数項には負符号が付されているとしよう．そのとき，関数 Z は少なくとも二つの実単純因子をもつ．

ここで語られている状勢によれば，関数 Z は
$$z^{2n} \pm \alpha z^{2n-1} \pm \beta z^{2n-2} \pm \cdots \pm \nu z - A$$
という形状をもつことになる．そこで $z = \infty$ とすると，すでに見たように，$Z = \infty$ となる．また，$z = 0$ とすると，$Z = -A$ となる．それゆえ $Z - \infty$ は実因子 $z - \infty$ をもち，$Z + A$ は因子 $z - 0$ をもつ．そうして 0 は限界 $-\infty$ と $+A$ の間にはさまれるから，$Z + 0$ はある実単純因子 $z - c$ をもつことが明らかになる．ここで c は限界 0 と ∞ の間にはさまれる．次に，$z = -\infty$ と置くと $Z = \infty$ となるから，$Z - \infty$ は因子 $z + \infty$ をもつ．また，$Z + A$ は因子 $z + 0$ をもつ．これより明らかになるように，$Z + 0$ もまた実単純因子 $z + d$ をもつ．ここで d は限界 0 と ∞ の間にはさまれる．提示された命題はこれで確立された．そこで Z はここで記述されたような性質を備えた関数とすると，方程式 $Z = 0$ は少なくともふたつの実根，ひとつは正で，もうひとつは負，をもたなければならないことが明らかになる．たとえば，
$$z^4 + \alpha z^3 + \beta z^2 + \gamma z - aa = 0$$
のような方程式は二個の実根をもつ．ひとつは正の根で，もうひとつは負の根である．

38. ある分数関数において，変化量 z は分子において，分母におけるのと同じか，またはもっと高い次数の冪指数をもつとしよう．そのとき，この関数はふたつの部分に分解される．ひとつの部分は整関数である．もうひとつの部分は分数関数であり，しかもその分子において，変化量 z は分母におけるよりも低い次数の冪指数をもっている．

実際，もし z の最高次の冪指数は，分母におけるほうが分子におけるよりも小さいとするなら，通常のやり方で分子を分母で割っていくと，やがて商の中で z の負の冪指数に出会う．そこでその段階で割り算を中断すれば，商は整関数の部分と分数関数

の部分から成り，しかもその分数関数の分子において，z の次元数[1] は分母におけるよりも小さくなっている．この商は提示された関数に等しい．たとえば，分数関数
$$\frac{1+z^4}{1+zz}$$
が提示されたとしてみよう．割り算により，この関数は

$$zz+1 \overline{)\ z^4+1} \quad \left(zz-1+\frac{2}{1+zz}\right)$$
$$\underline{z^4+zz}$$
$$-zz+1$$
$$\underline{-zz-1}$$
$$+2$$

というふうに分解されていく．したがって，
$$\frac{1+z^4}{1+zz}=zz-1+\frac{2}{1+zz}$$
となる．

　変化量 z が分子において，分母におけるのと同一か，またはより大きな次元をもつような分数関数のことを，アリトメチカ［数論］との類比をたどって，**仮の分数**または仮の分数関数と呼んで，**真の分数関数**，すなわち変化量 z がその分子において，分母におけるよりも小さな次元をもつ分数関数と区別することも可能である．こうして仮の分数関数は整関数と真の分数関数とに分解される．しかもこの分解は通常の割り算の手順を経て遂行されるのである．

39.
ある分数関数の分母が，互いに素な二因子をもつとしよう．そのときこの分数関数は，それぞれそれらの二因子に等しい分母をもつ二個の分数に分解される．

　この分解は仮の分数関数に対しても真分数関数に対しても同様に行なわれるが，主として真分数関数を対象にして，この分解をあてはめてみたいと思う．このような分数関数の分母を互いに素な二因子に分解すると，この関数は，それらのふたつの因子に等しい分母をもつ他のふたつの真分数関数に分解される．しかもこの分解は，分数が真分数である以上，ただ一通りの仕方で可能なのである．この事実の正しさは，論証によるよりも例を通じて見るほうが，いっそう明瞭に見て取れるであろう．そこで分数関数

第2章 関数の変換

$$\frac{1-2z+3zz-4z^3}{1+4z^4}$$

が提示されたとしてみよう．この関数の分母 $1+4z^4$ は，積

$$(1+2z+2zz)(1-2z+2zz)$$

に等しいから，提示された分数はふたつの分数に分解されることになる．それらの分数のうち，一方の分母は $1+2z+2zz$ であり，もうひとつの分数の分母は $1-2z+2zz$ である．これらの分数を見つけるために，それらは真分数であることに留意して，一方の分数の分子を $\alpha+\beta z$ とし，もうひとつの分数の分母を $\gamma+\delta z$ としよう．すると仮定により，

$$\frac{1-2z+3zz-4z^3}{1+4z^4}=\frac{\alpha+\beta z}{1+2z+2zz}+\frac{\gamma+\delta z}{1-2z+2zz}$$

というふうになる．右辺のふたつの分数を実際に加えると，その和は

分子	分母
$+\alpha-2\alpha z+2\alpha zz$	
$+\beta z-2\beta zz+2\beta z^3$	$1+4z^4$
$+\gamma+2\gamma z+2\gamma zz$	
$+\delta z+2\delta zz+2\delta z^3$	

というふうになる．この分母は提示された分数の分母に等しいから，分子もまた等しくなければならない．未知の文字 $\alpha,\beta,\gamma,\delta$ は，等置するべき項の個数と同個数だけ存在するから，これらはつねにただ一通りの仕方で確定する．すなわち，四つの方程式

I. $\alpha+\gamma=1$, III. $2\alpha-2\beta+2\gamma+2\delta=3$,
II. $-2\alpha+\beta+2\gamma+\delta=-2$, IV. $2\beta+2\delta=-4$

が得られる．これより，

$$\alpha+\gamma=1, \quad \beta+\delta=-2.$$

よって，方程式IIとIIIは

$$\alpha-\gamma=0, \quad \delta-\beta=\frac{1}{2}$$

を与える．これらの方程式から，

$$\alpha=\frac{1}{2}, \quad \gamma=\frac{1}{2}, \quad \beta=-\frac{5}{4}, \quad \delta=-\frac{3}{4}.$$

したがって，提示された分数

$$\frac{1-2z+3zz-4z^3}{1+4z^4}$$

はふたつの分数［の和］に変換されて，

$$\frac{\frac{1}{2}-\frac{5}{4}z}{1+2z+2zz}+\frac{\frac{1}{2}-\frac{3}{4}z}{1-2z+2zz}$$

という形になる．

　容易に見て取れるように，この例と同様に，このような分解はつねに遂行される．なぜなら，導入される未知の文字はつねに，提示された分子を再現するのに必要な分だけの個数がそろっているからである．通分の理論からわかるように，このような分解は分母の因子が互いに素である場合のほかは遂行不能である．

40.　それゆえ分数関数 $\frac{M}{N}$ はつねに，分母 N がもつ互いに素な単純因子の個数と同個数の，$\frac{A}{p-qz}$ という形の単純分数に分解される．

　ここで分数 $\frac{M}{N}$ は真分数関数を表わす．すなわち，M と N は z の整関数であり，しかも M における z の最高次の冪は，N における z の最高次の冪よりも低い．そこで今，分母 N は単純因子に分解されたものとし，しかもそれらの因子は互いに異なっているとすると，表示式 $\frac{M}{N}$ は，分母 N に包摂されている単純因子の個数と同個数の分数に分解される．なぜなら，各々の因子が部分分数の分母になるからである．したがって，$p-qz$ は N の因子とすると，これは，あるひとつの部分分数の分母になる．そうしてその分数の分子において，z の次元は分母 $p-qz$ におけるよりも小さくなければならないのであるから，この分子は必然的に定量になる．よって分母 N の各々の単純因子から単純分数 $\frac{A}{p-qz}$ が生じ，しかもそれらの分数のすべての和は，提示された分数 $\frac{M}{N}$ に等しい．

例

　たとえば，

$$\frac{1+zz}{z-z^3}$$

という分数関数が提示されたとしよう．分母の単純因子は z，$1-z$ それに $1+z$ であるから，この関数は三つの単純分数に分解されて，

$$\frac{A}{z}+\frac{B}{1-z}+\frac{C}{1+z}=\frac{1+zz}{z-z^3}$$

という形になる．ここで，定数 A，B，C を決めなければならない．そのためにはこ

第 2 章　関数の変換

れらの分数を共通分母，すなわち $z-z^3$ に帰着させて，そのうえで分子の和を $1+zz$ と等置しなければならない．これより，方程式

$$\begin{aligned}A + Bz - Azz &= 1 + zz = 1 + 0z + zz \\ + Cz + Bzz & \\ - Czz & \end{aligned}$$

が生じる．両辺を比較すると，未知の文字 A，B，C と同個数の方程式，すなわち，

I．$A = 1$，
II．$B + C = 0$，
III．$-A + B - C = 1$

が与えられる．よって，

$$B - C = 2.$$

よって，

$$A = 1,\ B = 1,\ C = -1.$$

それゆえ提示された関数

$$\frac{1+zz}{z-z^3}$$

は

$$\frac{1}{z} + \frac{1}{1-z} - \frac{1}{1+z}$$

という形に分解される．

同様にして，分数 $\frac{M}{N}$ は，分母 N がもつ互いに異なる単純因子の個数と同個数の単純分数に分解されることがわかる．ただし，もしいくつかの因子が互いに等しいなら，その場合には他の方法を採用しなければならない．その方法については後ほど説明する．

41．　こうして，提示された関数 $\frac{M}{N}$ の分解にあたり，分母 N の単純因子はどれも，分解に必要な単純分数を与えることになる．それゆえ明らかにしなければならないのは，分母 N の既知の単純因子からどのようにして，対応する単純分数が生じるのかという論点である．

$p - qz$ は N の単純因子としよう．したがって，

$$N = (p - qz)S$$

という形になる．ここで，S は z の整関数である．因子 $p - qz$ から生じる分数を

と置き，分母Sの他の因子から生じる分数を
$$\frac{A}{p-qz}$$
と置こう．したがって§39で目にした事柄に基づいて，
$$\frac{P}{S}$$
$$\frac{M}{N} = \frac{A}{p-qz} + \frac{P}{S} = \frac{M}{(p-qz)S}$$
というふうに分解される．よって，
$$\frac{P}{S} = \frac{M-AS}{(p-qz)S}.$$
両辺のふたつの分数は一致しなければならないから，$M-AS$は$p-qz$で割り切れなければならず，整関数Pはその商に等しいことになる．ところが$p-qz$が$M-AS$の因子のとき，後者の$M-AS$において$z=\frac{p}{q}$と置くとき，$M-AS$の値は0になる．そこでMとSにおいていたるところで定値$\frac{p}{q}$を代入すると，$M-AS=0$となる．これより，
$$A = \frac{M}{S}.$$
こうして求める分数$\frac{A}{p-qz}$の分子Aが見つかる．そこで分母Nの単純因子はみな互いに異なるとすれば，それらの各々から単純分数が作られる．それらのすべての和は，提示された関数$\frac{M}{N}$に等しい．

例

前例
$$\frac{1+zz}{z-z^3}$$
では，
$$M = 1+zz \quad \text{および} \quad N = z-z^3$$
である．この例において，単純因子としてzを取り上げると，
$$S = 1-zz$$
となる．この因子から生じる単純分数$\frac{A}{z}$の分子は，
$$A = \frac{1+zz}{1-zz}$$
において$z=0$と置けば手に入り，$A=1$となる．この$z=0$という値は，単純因子zを0と等置して得られたのであった．

同様に，分母の因子として$1-z$を取り上げると，
$$S = z+zz$$

第 2 章　関数の変換

となる．そこで
$$A = \frac{1+zz}{z+zz}$$
において $1-z=0$ とすると，
$$A = 1$$
となる．こうして因子 $1-z$ から分数 $\frac{1}{1-z}$ が生じる．

最後に第三の因子 $1+z$ に対しては，
$$S = z - zz$$
および
$$A = \frac{1+zz}{z-zz}$$
となる．そこで A において $1+z=0$，すなわち $z=-1$ と置くと，
$$A = -1$$
と，対応する単純分数 $\frac{-1}{1+z}$ が与えられる．

それゆえこの規則により，前と同じく再び
$$\frac{1+zz}{z-z^3} = \frac{1}{z} + \frac{1}{1-z} - \frac{1}{1+z}$$
がみいだされる．

42. $\frac{P}{(p-qz)^n}$ という形の関数において，分子 P には，分母 $(p-qz)^n$ における z の最高次の冪の冪指数に比して，それよりも低い冪指数をもつ z の冪だけしか入っていないとしよう．このとき，この関数は，
$$\frac{A}{(p-qz)^n} + \frac{B}{(p-qz)^{n-1}} + \frac{C}{(p-qz)^{n-2}} + \frac{D}{(p-qz)^{n-3}} + \cdots + \frac{K}{p-qz}$$
という形の部分分数に変換される．ここで分子はすべて定量である．

P における z の最高次の冪は z^n よりも低次数であるから，高々 z^{n-1} である．したがって，P は
$$\alpha + \beta z + \gamma z^2 + \delta z^3 + \cdots + \kappa z^{n-1}$$
という形をもつ．項数は n に等しい．また，この表示式は，上記の部分分数をすべて加えて一個の分数を作るとき，その分数の分子に等しくなければならない．ただし，その際，個々の部分分数を前もって同一の分母 $(p-qz)^n$ をもつ分数に書き直しておくものとする．したがって，その分子は
$$A + B(p-qz) + C(p-qz)^2 + D(p-qz)^3 + \cdots + K(p-qz)^{n-1}$$

に等しい．z の最高次の冪はここでもまた z^{n-1} である．そうしてこの分子には，等置するべき諸項と同個数の未知の文字 A，B，C，D，$\cdots$，K（これらの個数は n に等しい）がある．それゆえ文字 A，B，C，$\cdots$ は決定可能であり，真分数関数は

$$\frac{P}{(p-qz)^n} = \frac{A}{(p-qz)^n} + \frac{B}{(p-qz)^{n-1}} + \frac{C}{(p-qz)^{n-2}} + \frac{D}{(p-qz)^{n-3}} + \cdots + \frac{K}{p-qz}$$

という形に変換される．まもなく，この分子の簡単な見つけ方が明らかにされるであろう．

43. 分数関数 $\frac{M}{N}$ の分母 N は因子 $(p-qz)^2$ をもつとしよう．このときこの因子から生じる部分分数が次のようにしてみいだされる．

分母の単純因子，すなわち自分自身に等しい他の因子をもたない単純因子の各々からどのような部分分数が生じるのかという論点は，すでに以前，明らかにされた．そこで今度は，ふたつの因子が互いに等しいとしよう．すなわち，それらをひとつにまとめて，$(p-qz)^2$ が分母 N の因子になるとしてみよう．前節で目にした事柄により，この因子に起因して，

$$\frac{A}{(p-qz)^2} + \frac{B}{p-qz}$$

というふたつの部分分数が生じる．ところで，

$$N = (p-qz)^2 S$$

と置くと，

$$\frac{M}{N} = \frac{M}{(p-qz)^2 S} = \frac{A}{(p-qz)^2} + \frac{B}{p-qz} + \frac{P}{S}$$

という形になる．ここで $\frac{P}{S}$ は，分母の因子 S に起因して生じるすべての単純分数をまとめたものを表わす．よって，

$$\frac{P}{S} = \frac{M - AS - B(p-qz)S}{(p-qz)^2 S}.$$

よって，

$$P = \frac{M - AS - B(p-qz)S}{(p-qz)^2} = 整関数$$

となる．それゆえ，

$$M - AS - B(p-qz)S$$

は $(p-qz)^2$ で割り切れなければならない．まず，$p-qz$ で割り切れることから，表示式 $M - AS - B(p-qz)S$ において $p-qz = 0$，すなわち $z = \frac{p}{q}$ と置けば，この式の値

は 0 になる．それゆえいたるところで z を $\frac{p}{q}$ に置き換えれば，$M - AS = 0$ となる．よって，

$$A = \frac{M}{S}.$$

すなわち，分数 $\frac{M}{S}$ においていたるところで z を $\frac{p}{q}$ に置き換えれば，定量 A の値が与えられるのである．

これで定量 A の値がみいだされたが，量 $M - AS - B(p - qz)S$ は $(p - qz)^2$ でも割り切れなければならないのであった．すなわち，

$$\frac{M - AS}{p - qz} - BS$$

は再度，$p - qz$ で割り切れなければならない．よって，いたるところで $z = \frac{p}{q}$ と置けば，

$$\frac{M - AS}{p - qz} = BS$$

となる．よって，

$$B = \frac{M - AS}{(p - qz)S} = \frac{1}{p - qz}\left(\frac{M}{S} - A\right).$$

ここで，$M - AS$ は $p - qz$ で割り切れるのであるから，z に $\frac{p}{q}$ を代入するのに先立って，あらかじめこの割り算を遂行しておかなければならないことに留意しなければならない．そこで，

$$\frac{M - AS}{p - qz} = T$$

と置けば，$z = \frac{p}{q}$ と置くとき，

$$B = \frac{T}{S}$$

となる．

これで分子 A と B が見つかった．こうして分母 N の因子 $(p - qz)^2$ に起因して生じる部分分数は，

$$\frac{A}{(p - qz)^2} + \frac{B}{p - qz}$$

という形になる．

例 1

提示された分数関数を

$$\frac{1 - zz}{zz(1 + zz)}$$

としよう．分母の平方因子 zz に着目すると，

$$S = 1 + zz, \quad M = 1 - zz$$
となる．zz から生じる部分分数を
$$\frac{A}{zz} + \frac{B}{z}$$
としよう．すると，因子 z を 0 と等置するとき，
$$A = \frac{M}{S} = \frac{1-zz}{1+zz}$$
となる．よって，
$$A = 1.$$
次に，$M - AS = -2zz$．これを単純因子 z で割ると，
$$T = -2z$$
が与えられる．よって，$z = 0$ と置くと，
$$B = \frac{T}{S} = \frac{-2z}{1+zz}$$
となる．よって，
$$B = 0.$$
こうして分母の因子 zz から，ただひとつの部分分数 $\frac{1}{zz}$ が生じる．

例 2

提示された分数関数を
$$\frac{z^3}{(1-z)^2(1+z^4)}$$
としよう．分母の平方因子 $(1-z)^2$ に起因する部分分数は，
$$\frac{A}{(1-z)^2} + \frac{B}{1-z}$$
という形になる．したがって，
$$M = z^3, \quad S = 1 + z^4.$$
そこで $1 - z = 0$，すなわち $z = 1$ と置くと，
$$A = \frac{M}{S} = \frac{z^3}{1+z^4}$$
となる．よって，
$$A = \frac{1}{2}.$$
したがって，
$$M - AS = z^3 - \frac{1}{2} - \frac{1}{2}z^4 = -\frac{1}{2} + z^3 - \frac{1}{2}z^4$$
となるが，これを $1 - z$ で割ると，
$$T = -\frac{1}{2} - \frac{1}{2}z - \frac{1}{2}zz + \frac{1}{2}z^3$$
が与えられる．よって，

第 2 章　関数の変換

$$B = \frac{T}{S} = \frac{-1-z-zz+z^3}{2+2z^4}$$

となる．よって，$z=1$ と置くとき，

$$B = -\frac{1}{2}.$$

こうして，求める部分分数は

$$\frac{1}{2(1-z)^2} - \frac{1}{2(1-z)}$$

という形になる．

44. 分数関数 $\frac{M}{N}$ の分母 N は因子 $(p-qz)^3$ をもつとしよう．このときこの因子から生じる部分分数

$$\frac{A}{(p-qz)^3} + \frac{B}{(p-qz)^2} + \frac{C}{p-qz}$$

が，下記のようにしてみいだされる．

今，

$$N = (p-qz)^3 S$$

と置いて，因子 S に起因して生じる分数を $\frac{P}{S}$ としよう．すると，

$$P = \frac{M - AS - B(p-qz)S - C(p-qz)^2 S}{(p-qz)^3} = \text{整関数}$$

となる．よって，分子

$$M - AS - B(p-qz)S - C(p-qz)^2 S$$

はなによりもまず $p-qz$ で割り切れなければならない．したがって，$p-qz=0$，すなわち $z=\frac{p}{q}$ と置くと，この分子の値は 0 にならなければならない．よって $M - AS = 0$．よって，$z = \frac{p}{q}$ と置くとき，

$$A = \frac{M}{S}$$

となる．

これで A が見つかった．次に $M - AS$ は $p-qz$ で割り切れる．そこで

$$\frac{M - AS}{p-qz} = T$$

と置くと，

$$T - BS - C(p-qz)S$$

は $(p-qz)^2$ で割り切れる．よってこの表示式は $p-qz=0$ と置くと値が 0 になる．よって，$z = \frac{p}{q}$ と置くとき，

$$B = \frac{T}{S}$$

となる.

　これで B が見つかった. 次に $T - BS$ は $p - qz$ で割り切れる. そこで
$$\frac{T - BS}{p - qz} = V$$
と置くと,
$$V - CS$$
は $p - qz$ で割り切れることになる. よって, $p - qz = 0$ と置くと, $V - CS = 0$. よって, $z = \frac{p}{q}$ と置くとき,
$$C = \frac{V}{S}$$
となる.

　こうして分子 A, B, C が見つかった. 分母 N の因子 $(p - qz)^3$ に起因して生じる部分分数は
$$\frac{A}{(p - qz)^3} + \frac{B}{(p - qz)^2} + \frac{C}{p - qz}$$
となる.

例

　提示された分数関数を
$$\frac{zz}{(1 - z)^3(1 + zz)}$$
としよう. このとき, 分母の 3 乗因子 $(1 - z)^3$ に起因して,
$$\frac{A}{(1 - z)^3} + \frac{B}{(1 - z)^2} + \frac{C}{1 - z}$$
という形の部分分数が生じる. この場合,
$$M = zz, \quad S = 1 + zz$$
である. よって, まず $1 - z = 0$, すなわち $z = 1$ と置くとき,
$$A = \frac{zz}{1 + zz}$$
となる. これより,
$$A = \frac{1}{2}$$
が生じる.

　そこで,
$$T = \frac{M - AS}{1 - z}$$
と置くと,

第 2 章　関数の変換

$$T = \frac{\frac{1}{2}zz - \frac{1}{2}}{1-z} = -\frac{1}{2} - \frac{1}{2}z$$

となる．これより，$z = 1$ と置くとき，

$$B = \frac{-\frac{1}{2} - \frac{1}{2}z}{1+zz}$$

となる．よって，

$$B = -\frac{1}{2}.$$

次に，

$$V = \frac{T - BS}{1-z} = \frac{T + \frac{1}{2}S}{1-z}$$

と置くと，

$$V = \frac{-\frac{1}{2}z + \frac{1}{2}zz}{1-z} = -\frac{1}{2}z$$

となる．これより，$z = 1$ と置くとき，

$$C = \frac{V}{S} = \frac{-\frac{1}{2}z}{1+zz}$$

となる．よって，

$$C = -\frac{1}{4}.$$

したがって，分母の因子 $(1-z)^3$ に起因して生じる部分分数は

$$\frac{1}{2(1-z)^3} - \frac{1}{2(1-z)^2} - \frac{1}{4(1-z)}$$

となる．

45. 　分数関数 $\dfrac{M}{N}$ の分母 N は因子 $(p - qz)^n$ をもつとしよう．このときこの因子に起因して生じる部分分数

$$\frac{A}{(p-qz)^n} + \frac{B}{(p-qz)^{n-1}} + \frac{C}{(p-qz)^{n-2}} + \cdots + \frac{K}{p-qz}$$

が，下記のようにしてみいだされる．

　分母を

$$N = (p - qz)^n Z$$

と置くと，先ほどと同様の推論を遂行して，以下のような事柄が判明する．まず初めに，$z = \dfrac{p}{q}$ と置くとき，

$$A = \frac{M}{Z}$$

となる．

そこで，
$$P = \frac{M - AZ}{p - qz}$$
と置こう．すると第二に，$z = \frac{p}{q}$ と置くとき，
$$B = \frac{P}{Z}$$
となる．

そこで
$$Q = \frac{P - BZ}{p - qz}$$
と置こう．すると第三に，$z = \frac{p}{q}$ と置くとき，
$$C = \frac{Q}{Z}$$
となる．

そこで
$$R = \frac{Q - CZ}{p - qz}$$
と置こう．すると第四に，$z = \frac{p}{q}$ と置くとき，
$$D = \frac{R}{Z}$$
となる．

そこで
$$S = \frac{R - DZ}{p - qz}$$
と置こう．すると第五に，$z = \frac{p}{q}$ と置くとき，
$$E = \frac{S}{Z}$$
となる．この手順は以下も同様に続いていく．

このようにして個々の定数 A, B, C, $D \cdots$ が定められたなら，これで分母 N の因子 $(p - qz)^n$ に起因して生じるすべての部分分数が見つかったことになる．

例

提示された分数関数を
$$\frac{1 + zz}{z^5 (1 + z^3)}$$
としよう．分母の因子 z^5 から，
$$\frac{A}{z^5} + \frac{B}{z^4} + \frac{C}{z^3} + \frac{D}{z^2} + \frac{E}{z}$$
という形の部分分数が生じる．この部分分数の定数分子を見つけなければならないが，この場合，

第 2 章　関数の変換

$$M = 1 + zz, \quad Z = 1 + z^3, \quad \frac{p}{q} = 0$$

となる．そこで下記のような計算が進行する．

まず，$z = 0$ と置くとき，
$$A = \frac{M}{Z} = \frac{1 + zz}{1 + z^3}$$

となる．よって，
$$A = 1.$$

そこで
$$P = \frac{M - AZ}{z} = \frac{zz - z^3}{z} = z - zz$$

と置こう．すると第二に，$z = 0$ と置くとき，
$$B = \frac{P}{Z} = \frac{z - zz}{1 + z^3}$$

となる．それゆえ，
$$B = 0$$

そこで
$$Q = \frac{P - BZ}{z} = \frac{z - zz}{z} = 1 - z$$

と置こう．すると第三に，$z = 0$ と置くとき，
$$C = \frac{Q}{Z} = \frac{1 - z}{1 + z^3}$$

となる．それゆえ，
$$C = 1.$$

そこで，
$$R = \frac{Q - CZ}{z} = \frac{-z - z^3}{z} = -1 - zz$$

と置こう．すると第四に，$z = 0$ と置くとき，
$$D = \frac{R}{Z} = \frac{-1 - zz}{1 + z^3}$$

となる．これより，
$$D = -1.$$

そこで，
$$S = \frac{R - DZ}{z} = \frac{-zz + z^3}{z} = -z + zz$$

と置こう．すると第五に，$z = 0$ と置くとき，
$$E = \frac{S}{Z} = \frac{-z + zz}{1 + z^3}$$

となる．よって，
$$E = 0.$$

したがって，求める部分分数は

$$\frac{1}{z^5} + \frac{0}{z^4} + \frac{1}{z^3} - \frac{1}{z^2} + \frac{0}{z}$$

というふうになる．

[45a] [2]．　それゆえどのような有理分数関数 $\frac{M}{N}$ が提示されたとしても，それは下記のような仕方でいくつかの部分分数に分解されて，一番簡単な形に変換される．

分母 N の単純因子を，実因子でも虚因子でも，すべて求めよう．それらの因子のうち，自分自身に等しい他の因子をもたないものについては個別に処理すると，§41 で見た事柄により，各々の因子から部分分数が見つかる．もし同一の単純因子が二回もしくはそれ以上の回数にわたって現われるなら，それらを一括して取り上げる．それらの積は $(p-qz)^n$ という形になるが，この積から出発して，§45 で見た手順を踏んで適合する部分分数を求めるのである．こんなふうにして分母の個々の単純因子から部分分数が取り出される．そこでそれらのすべてを加えると，その結果は提示された分数に等しい．ただし，これは提示された分数が仮分数ではない場合の話である．この分数が仮分数の場合には，［それを整関数と真分数の和の形に分解したうえで］あらかじめ整関数の部分を取りのけておいて，それを，部分分数がみいだされた後に付け加えなければならない．このようにすれば，関数 $\frac{M}{N}$ は一番簡単な形に表示される．ところで，その際，部分分数を求める作業は，整関数の部分を取りのける前でも後でもどちらでも同じ結果になる．なぜなら，分子 M 自身を使っても，分子 M に分母 N のある倍数を加えたり減じたりしたものを使っても，分母 N の個々の因子から生じる部分分数は同じものになるからである．この事実は，与えられた規則を精密に観察すれば，たやすく判明するであろう．

例

関数

$$\frac{1}{z^3(1-z)^2(1+z)}$$

の，一番簡単な表示形を求めてみよう．

まず，分母の単独因子 $1+z$ を取り上げよう．これは $\frac{p}{q} = -1$ を与える．この場合，

$$M = 1, \quad Z = z^3 - 2z^4 + z^5$$

となる．分数 $\frac{A}{1+z}$ を見つけなければならないが，$z = -1$ と置くとき，

第 2 章　関数の変換

$$A = \frac{1}{z^3 - 2z^4 + z^5}$$

となる．したがって，

$$A = -\frac{1}{4}$$

となる．よって，因子 $1+z$ から，部分分数

$$-\frac{1}{4(1+z)}$$

が生じる．

次に平方因子 $(1-z)^2$ を取り上げよう．これは

$$\frac{p}{q} = 1, \, M = 1, \, Z = z^3 + z^4$$

を与える．そこでこの因子から生じる部分分数を

$$\frac{A}{(1-z)^2} + \frac{B}{1-z}$$

と置こう．すると，$z = 1$ と置くとき，

$$A = \frac{1}{z^3 + z^4}$$

となる．それゆえ

$$A = \frac{1}{2}.$$

そうして

$$P = \frac{M - \frac{1}{2}Z}{1-z} = \frac{1 - \frac{1}{2}z^3 - \frac{1}{2}z^4}{1-z} = 1 + z + zz + \frac{1}{2}z^3.$$

よって，$z = 1$ と置くとき，

$$B = \frac{P}{Z} = \frac{1 + z + zz + \frac{1}{2}z^3}{z^3 + z^4}$$

となる．それゆえ

$$B = \frac{7}{4}$$

となって，求める部分分数は

$$\frac{1}{2(1-z)^2} + \frac{7}{4(1-z)}$$

となる．

最後に，3 乗因子 z^3 は

$$\frac{p}{q} = 0, \, M = 1, \quad Z = 1 - z - zz + z^3$$

を与える．そこで部分分数を

$$\frac{A}{z^3} + \frac{B}{z^2} + \frac{C}{z}$$

という形に設定すると，まず $z = 0$ と置くとき，

となる．よって，
$$A = \frac{M}{Z} = \frac{1}{1-z-zz+z^3}$$
$$A = 1.$$
そこで
$$P = \frac{M-Z}{z} = 1+z-zz$$
と置こう．すると，$z=0$ と置くとき，
$$B = \frac{P}{Z}$$
となる．それゆえ，
$$B = 1.$$
そこで
$$Q = \frac{P-Z}{z} = 2-zz$$
と置くと，$z=0$ と置くとき，
$$C = \frac{Q}{Z}$$
となる．それゆえ
$$C = 2.$$

このような状勢により，提示された関数
$$\frac{1}{z^3(1-z)^2(1+z)}$$
は，
$$\frac{1}{z^3} + \frac{1}{z^2} + \frac{2}{z} + \frac{1}{2(1-z)^2} + \frac{7}{4(1-z)} - \frac{1}{4(1+z)}$$
という形に分解される．ここには整関数部分は付加されない．なぜなら，提示された分数は仮分数ではないからである．

註記

1）変化量 z の分数関数の分子または分母において，z の「次元数」といえば，z の最高次の冪の冪指数のことにほかならない．

2）節番号「46」が重複し，この節と次節がともに「第46節」になっている．オイラー全集の流儀にならって第1回目の「46」を「45a」とした．

第3章　変化量の置き換えによる関数の変換

46. y は z の関数とし，しかも z は新たな変化量 x によって規定されるとしよう．そのとき y もまた x によって規定される．

y は初めから z の関数なのであるから，新しい変化量 x が導入されると，当初の変化量 y と z が双方ともに x によって規定されるという現象が見られるはずである．たとえば，
$$y = \frac{1-zz}{1+zz}$$
として，ここで
$$z = \frac{1-x}{1+x}$$
と置いてみよう．この値を［y の z による表示式において］z のところに代入すると，
$$y = \frac{2x}{1+xx}$$
となる．そこで x に任意の値を指定すると，その値から z と y の定値がみいだされる．しかもそのようにしてみいだされる y の値は，同時に得られる z の値に対応する値でもある．たとえば $x = \frac{1}{2}$ とすると，$z = \frac{1}{3}$ および $y = \frac{4}{5}$ となる．他方，y は表示式 $\frac{1-zz}{1+zz}$ に等しいが，この表示式において $z = \frac{1}{3}$ と置いてもやはり $y = \frac{4}{5}$ が見つかるのである．

このような新しい変化量の導入には二重のねらいがあって利用される．ひとつには，z を用いて与えられた y の表示式が甘受する非有理性が，このようにすることで除去される場合がある．またひとつには，y と z の間の関係を記述する方程式が高次であることに起因して，y を z の関数として明示的に表示することができないとき，新しい変化量 x を導入すると，それを用いて y と z の双方が適切に決定されるようになる場合がある．変化量の置き換えの著しい効用はこれだけで十分に明らかであろうと思われるが，これから引き続いて記述される事柄を通じて，はるかによく諒解されるであろう．

47. もし
$$y = \sqrt{a+bz}$$
なら，新しい変化量 x が次のようにみいだされ，それを用いると z と y の双方が有理的に書き表わされる．

z と y はともに x の有理関数でなければならないが，これは
$$\sqrt{a+bz} = bx$$
と置けば明らかに実現される．実際，まず
$$y = bx \quad \text{および} \quad a+bz = bbxx$$
となる．これより，
$$z = bxx - \frac{a}{b}.$$
したがって，ふたつの量 y と z はいずれも x の有理関数の形に表示される．すなわち，$y = \sqrt{a+bz}$ の場合
$$z = bxx - \frac{a}{b}$$
と置けば，
$$y = bx$$
となるのである．

48. もし
$$y = (a+bz)^{m:n}$$
なら，次のような手順を踏んで，y と z を有理的に書き表わすのに用いられる新しい変化量 x がみいだされる．

今，
$$y = x^m$$
と置くと，
$$(a+bz)^{m:n} = x^m. \quad \text{したがって} \quad (a+bz)^{1:n} = x. \quad \text{よって} \quad a+bz = x^n.$$
よって
$$z = \frac{x^n - a}{b}$$
となる．これでふたつの量 y と z は x を用いて，言い換えると置き換え
$$z = \frac{x^n - a}{b}$$

を行なうことにより，有理的に定められる．すなわち，この置き換えは
$$y = x^m$$
を与えるのである．y を z を用いて有理的に書き表わすことはできず，逆に z のほうを y を用いて有理的に書き表わすこともできないが，それにもかかわらず，これらの量はともに新しい変化量 x の有理関数に帰着された．その x は，置き換えをねらってきわめて適切に導入されたのである．

49. 今度は
$$y = \left(\frac{a + bz}{f + gz}\right)^{m:n}$$
としよう．このとき，新しい変化量 x を求めて，それを用いて y と z をともに有理的に書き表わしたいと思う．

まず初めに，
$$y = x^m$$
と置けば，要請されている事柄がみたされるのは明白である．実際，
$$\left(\frac{a + bz}{f + gz}\right)^{m:n} = x^m. \quad \text{したがって} \quad \frac{a + bz}{f + gz} = x^n.$$
この方程式から，
$$z = \frac{a - fx^n}{gx^n - b}$$
が取り出されるが，これを代入すれば，
$$y = x^m$$
が与えられるのである．

この事実からもうひとつの事実が判明する．すなわち，もし
$$\left(\frac{\alpha + \beta y}{\gamma + \delta y}\right)^n = \left(\frac{a + bz}{f + gz}\right)^m$$
なら，両辺の式を x^{mn} と等置すれば，y と z はともに x を用いて有理的に書き表わされるのである．実際，［そのように置くと］この場合，簡単に，
$$y = \frac{\alpha - \gamma x^m}{\delta x^m - \beta}$$
と
$$z = \frac{a - fx^n}{gx^n - b}$$
がみいだされる．

50. もし
$$y = \sqrt{(a+bz)(c+dz)}$$
なら，y と z を有理的に書き表わすのに適した置き換えが，次のようにしてみいだされる．

実際，
$$\sqrt{(a+bz)(c+dz)} = (a+bz)x$$
と置くと，簡単にわかるように z の有理値が与えられる．というのは，z の値は一次方程式によって定められるからである．すなわち，
$$c+dz = (a+bz)xx$$
となるが，これより
$$z = \frac{c-axx}{bxx-d}$$
が得られる．よって，さらに，
$$a+bz = \frac{bc-ad}{bxx-d}$$
となるが，$y = \sqrt{(a+bz)(c+dz)} = (a+bz)x$ であるから，
$$y = \frac{(bc-ad)x}{bxx-d}$$
が得られる．それゆえ非有理関数 $y = \sqrt{(a+bz)(c+dz)}$ は，置き換え
$$z = \frac{c-axx}{bxx-d}$$
の支援を受けて有理的な形状へと帰着されていく．というのは，この置き換えは
$$y = \frac{(bc-ad)x}{bxx-d}$$
という表示を与えるからである．

たとえば，
$$y = \sqrt{aa-zz} = \sqrt{(a+z)(a-z)}$$
としよう．この場合，$b = +1$，$c = a$，$d = -1$ であるから，
$$z = \frac{a-axx}{1+xx}$$
と置くことになるが，このとき
$$y = \frac{2ax}{1+xx}$$
となる．それゆえ記号 $\sqrt{\ }$ の中の量がふたつの実単純因子をもつなら，上述の通りの手順を踏むことにより，有理的形状への還元が実現される．もし平方根記号下のふたつの単純因子が虚因子なら，この還元はこれから述べる方法を用いて達成される．

第 3 章　変化量の置き換えによる関数の変換

51.　今,

$$y = \sqrt{p + qz + rzz}$$

としよう．このとき適切な置き換えを見つけて z に適用し，y の値が有理的に表示されるようにしたいと思う．

　これは，p と q が正の量であるか負の量であるかに応じて，いろいろな仕方でなされる．まず初めに p は正の量として，p の変わりに aa と置こう．［そのように置いてもさしつかえない．］実際，p が平方数ではないとしても，定量の非有理性は当面の問題に何も影響を及ぼさないのである．そこで,

I.　　　$y = \sqrt{aa + bz + czz}$ として,

$$\sqrt{aa + bz + czz} = a + xz$$

と置くと,

$$b + cz = 2ax + xxz.$$

となる．これより,

$$z = \frac{b - 2ax}{xx - c}.$$

このとき,

$$y = a + xz = \frac{bx - axx - ac}{xx - c}.$$

ここで z と y は x の有理関数になっている．

II.　　　$y = \sqrt{aazz + bz + c}$ として,

$$\sqrt{aazz + bz + c} = az + x$$

と置くと,

$$bz + c = 2axz + xx$$

となる．よって

$$z = \frac{xx - c}{b - 2ax}.$$

このとき,

$$y = az + x = \frac{-ac + bx - axx}{b - 2ax}$$

となる．

III.　　　p と r は負の量としよう．このとき，もし $q^2 > 4pr$ でなければ，y の値はつねに虚値である．他方，もし $q^2 > 4pr$ なら，式 $p + qz + rzz$ はふたつの因子に分解し，前節の状勢に帰着される．だが,

$$y = \sqrt{aa + (b + cz)(d + ez)}$$

という形にしておくと，しばしば好都合である．これを有理的形状にもっていくために，

$$y = a + (b + cz)x$$

と置くと，

$$d + ez = 2ax + bxx + cxxz$$

となる．よって，

$$z = \frac{d - 2ax - bxx}{cxx - e}.$$

よって

$$y = \frac{-ae + (cd - be)x - acxx}{cxx - e}$$

と表示される．

　ときには，

$$y = \sqrt{aazz + (b + cz)(d + ez)}$$

という形に還元しておくと，いっそう都合がよい．この場合，

$$y = az + (b + cz)x$$

と置くと，

$$d + ez = 2axz + bxx + cxxz.$$

よって，

$$z = \frac{bxx - d}{e - 2ax - cxx}.$$

よって

$$y = \frac{-ad + (be - cd)x - abxx}{e - 2ax - cxx}$$

と表示される．

例

z の非有理関数

$$y = \sqrt{-1 + 3z - zz}$$

は，

$$y = \sqrt{1 - 2 + 3z - zz} = \sqrt{1 - (1-z)(2-z)}$$

という形に帰着される．そこで

$$y = 1 - (1 - z)x$$

と置くと，

第 3 章　変化量の置き換えによる関数の変換

$$-2+z = -2x+xx-xxz.$$

よって，

$$z = \frac{2-2x+xx}{1+xx}$$

となる．そうして

$$1-z = \frac{-1+2x}{1+xx}.$$

よって，

$$y = 1-(1-z)x = \frac{1+x-xx}{1+xx}$$

となる．

　不定解析，すなわちディオファントスの方法[1]が供給してくれる事例は，これらでほぼ尽くされている．他の場合，すなわちここで考察がなされた事例に包摂されない場合については，有理的な置き換えによって有理的な形に帰着させるのは不可能である．そこでなお一歩を進めて，別の種類の置き換えを語りたいと思う．

52.　　y は z の関数で，

$$ay^\alpha + bz^\beta + cy^\gamma z^\delta = 0$$

という性質を備えているとしよう．このとき，新しい変化量 x を見つけて，それを用いて y と z の値が明示的に表示されるようにすることができる．

　方程式の一般的解法は存在しないから，提示された方程式 $ay^\alpha + bz^\beta + cy^\gamma z^\delta = 0$ から出発して y を z を用いて書き表わすことはできないし，逆に z のほうを y を用いて書き表わすこともできない．そこでこの不都合な状態を救うべく

$$y = x^m z^n$$

と置いてみよう．すると，

$$ax^{\alpha m} z^{\alpha n} + bz^\beta + cx^{\gamma m} z^{\gamma n + \delta} = 0$$

というふうになる．冪指数 n を適切に定めると，この方程式から z の値が定められる．これは三通りの仕方で達成される．

　I.　　$\alpha n = \beta$，したがって $n = \frac{\beta}{\alpha}$ として，[提示された] 方程式を $z^{\alpha n} = z^\beta$ で割ると，

$$ax^{\alpha m} + b + cx^{\gamma m} z^{\gamma n - \beta + \delta} = 0$$

となる．これより，

$$z = \left(\frac{-ax^{\alpha m} - b}{cx^{\gamma m}}\right)^{\frac{1}{\gamma n - \beta + \delta}} \quad \text{すなわち} \quad z = \left(\frac{-ax^{\alpha m} - b}{cx^{\gamma m}}\right)^{\frac{\alpha}{\beta\gamma - \alpha\beta + \alpha\delta}}$$

と
$$y = x^m \left(\frac{-a\,x^{\alpha m} - b}{c\,x^{\gamma m}} \right)^{\frac{\beta}{\beta\gamma - \alpha\beta + \alpha\delta}}$$
が生じる．

Ⅱ．$\beta = \gamma n + \delta$，すなわち $n = \frac{\beta - \delta}{\gamma}$ として，［提示された］方程式を z^β で割ると，
$$a\,x^{\alpha m} z^{\alpha n - \beta} + b + c\,x^{\gamma m} = 0$$
となる．これより，
$$z = \left(\frac{-b - c\,x^{\gamma m}}{a\,x^{\alpha m}} \right)^{\frac{1}{\alpha n - \beta}} = \left(\frac{-b - c\,x^{\gamma m}}{a\,x^{\alpha m}} \right)^{\frac{\gamma}{\alpha\beta - \alpha\delta - \beta\gamma}}$$
と
$$y = x^m \left(\frac{-b - c\,x^{\gamma m}}{a\,x^{\alpha m}} \right)^{\frac{\beta - \delta}{\alpha\beta - \alpha\delta - \beta\gamma}}$$
が生じる．

Ⅲ．$\alpha n = \gamma n + \delta$ すなわち $n = \frac{\delta}{\alpha - \gamma}$ として，［提示された］方程式を $z^{\alpha n}$ で割ると，
$$a\,x^{\alpha m} + b\,z^{\beta - \alpha n} + c\,x^{\gamma m} = 0$$
となる．これより，
$$z = \left(\frac{-a\,x^{\alpha m} - c\,x^{\gamma m}}{b} \right)^{\frac{1}{\beta - \alpha n}} = \left(\frac{-a\,x^{\alpha m} - c\,x^{\gamma m}}{b} \right)^{\frac{\alpha - \gamma}{\alpha\beta - \beta\gamma - \alpha\delta}}$$
と
$$y = x^m \left(\frac{-a\,x^{\alpha m} - c\,x^{\gamma m}}{b} \right)^{\frac{\delta}{\alpha\beta - \beta\gamma - \alpha\delta}}$$
が生じる．

これで，相異なる三通りの仕方で，z と y に等しい x の関数がみいだされたことになる．このようにしたうえでなお m を任意の数（ただし 0 は除外する）で置き換えてもさしつかえないのであるから，これを遂行して，上記のようにみいだされた表示式を適切な形に帰着させることが可能になる．

例

関数 y の性質は方程式
$$y^3 + z^3 - c\,y\,z = 0 \quad {}^{2)}$$
を通じて規定されるとして，y および z に等しい x の関数を求めてみよう．

この場合，

第 3 章　変化量の置き換えによる関数の変換

$$a = -1, \quad b = -1, \quad \alpha = 3, \quad \beta = 3, \quad \gamma = 1, \quad \delta = 1$$

である．

よって，第一の方法において $m=1$ と置くと，

$$z = \left(\frac{x^3+1}{cx}\right)^{-1}, \quad y = x\left(\frac{x^3+1}{cx}\right)^{-1}$$

すなわち

$$z = \frac{cx}{1+x^3}, \quad y = \frac{cxx}{1+x^3} \quad {}^{3)}$$

が与えられる．これらの表示式は双方ともに有理的である．

第二の方法は，

$$z = \left(\frac{cx-1}{x^3}\right)^{1:3}, \quad y = x\left(\frac{cx-1}{x^3}\right)^{2:3}$$

すなわち

$$z = \frac{1}{x}\sqrt[3]{cx-1}, \quad y = \frac{1}{x}\sqrt[3]{(cx-1)^2}$$

を与える．

第三の方法は，

$$z = (cx - x^3)^{2:3}, \quad y = x(cx - x^3)^{1:3}$$

と表示されるという事実を明らかにしてくれる．

53.　このような状勢により逆に，関数 y の値を z を用いて定めることを許す方程式のうち，新しい変化量 x を導入して解けるのはどのような方程式かという問題が解明される．

実際，解法が遂行されたとして，その結果，

$$z = \left(\frac{ax^\alpha + bx^\beta + cx^\gamma + \cdots}{A + Bx^\mu + Cx^\nu + \cdots}\right)^{p:r}$$

および

$$y = x\left(\frac{ax^\alpha + bx^\beta + cx^\gamma + \cdots}{A + Bx^\mu + Cx^\nu + \cdots}\right)^{q:r}$$

という表示式が生じたとしてみよう．このとき，

$$y^p = x^p z^q.$$

よって，

$$x = y z^{-q:p}$$

となる．そうして

$$z^{r:p} = \frac{a x^\alpha + b x^\beta + c x^\gamma + \cdots}{A + B x^\mu + C x^\nu + \cdots}.$$

そこでこの式において，x をその値 $y z^{-q:p}$ に置き換えると，方程式

$$z^{r:p} = \frac{a y^\alpha z^{-\alpha q:p} + b y^\beta z^{-\beta q:p} + c y^\gamma z^{-\gamma q:p} + \cdots}{A + B y^\mu z^{-\mu q:p} + C y^\nu z^{-\nu q:p} + \cdots}$$

が生じる．これを書き直すと，

$$A z^{r:p} + B y^\mu z^{(r-\mu q):p} + C y^\nu z^{(r-\nu q):p} + \cdots = a y^\alpha z^{-\alpha q:p} + b y^\beta z^{-\beta q:p} + c y^\gamma z^{-\gamma q:p} + \cdots$$

という方程式になる．これに $z^{\alpha q:p}$ を乗じると，

$$A z^{(\alpha q + r):p} + B y^\mu z^{(\alpha q - \mu q + r):p} + C y^\nu z^{(\alpha q - \nu q + r):p} + \cdots$$
$$= a y^\alpha + b y^\beta z^{(\alpha q - \beta q):p} + c y^\gamma z^{(\alpha q - \gamma q):p} + \cdots$$

という方程式に移行する．

そこで

$$\frac{\alpha q + r}{p} = m, \quad \frac{\alpha q - \beta q}{p} = n$$

と置くと，

$$p = \alpha - \beta, \quad q = n \quad \text{および} \quad r = \alpha m - \beta m - \alpha n$$

となる．そうして方程式

$$A z^m + B y^\mu z^{m - \mu n : (\alpha - \beta)} + C y^\nu z^{m - \nu n : (\alpha - \beta)} + \cdots$$
$$= a y^\alpha + b y^\beta z^n + c y^\gamma z^{(\alpha - \gamma) n : (\alpha - \beta)} + \cdots$$

が生じる．したがって，この方程式を解くと，

$$z = \left(\frac{a x^\alpha + b x^\beta + c x^\gamma + \cdots}{A + B x^\mu + C x^\nu + \cdots} \right)^{\frac{\alpha - \beta}{\alpha m - \beta m - \alpha n}},$$

$$y = x \left(\frac{a x^\alpha + b x^\beta + c x^\gamma + \cdots}{A + B x^\mu + C x^\nu + \cdots} \right)^{\frac{n}{\alpha m - \beta m - \alpha n}}$$

となることになる．

あるいは

$$\frac{\alpha q + r}{p} = m, \quad \frac{\alpha q - \mu q + r}{p} = n$$

と置くと，

$$m - n = \frac{\mu q}{p}, \quad \frac{q}{p} = \frac{m - n}{\mu}, \quad \frac{r}{p} = m - \frac{\alpha m - \alpha n}{\mu}$$

となる．よって，

$$p = \mu, \quad q = m - n, \quad r = \mu m - \alpha m + \alpha n$$

となり，これより方程式

$$A z^m + B y^\mu z^n + C y^\nu z^{m - \nu (m - n) : \mu} + \cdots$$

第3章 変化量の置き換えによる関数の変換

$$= a\, y^\alpha + b\, y^\beta z^{(\alpha-\beta)(m-n):\mu} + c\, y^\gamma z^{(\alpha-\gamma)(m-n):\mu} + \cdots$$

が帰結する．これを解くと，

$$z = \left(\frac{a x^\alpha + b x^\beta + c x^\gamma + \cdots}{A + B x^\mu + C x^\nu + \cdots} \right)^{\frac{\mu}{\mu m - \alpha m + \alpha n}}$$

および

$$y = x \left(\frac{a x^\alpha + b x^\beta + c x^\gamma + \cdots}{A + B x^\mu + C x^\nu + \cdots} \right)^{\frac{m-n}{\mu m - \alpha m + \alpha n}}$$

というふうになるわけである．

54. y は

$$a\, y y + b\, y z + c\, z z + d\, y + e\, z = 0$$

という様式で z に依存するとしよう．このとき，次のようにして y と z は双方ともに，ある新しい変化量 x を用いて有理的に書き表わされる．

$y = xz$ と置き，そのうえで z による割り算を遂行すると，

$$a\, x x z + b\, x z + c\, z + d\, x + e = 0$$

となる．これより，

$$z = \frac{-d x - e}{a x x + b x + c}$$

と

$$y = \frac{-d x x - e x}{a x x + b x + c}$$

がみいだされる．

y と z の間の方程式

$$a\, y y + b\, y z + c\, z z + d\, y + e\, z + f = 0$$

も，ふたつの変化量の各々からある一定の定量を引いたり加えたりすれば，上に提示されたような形に帰着される．よってこの方程式［をみたす変化量 y と z］も，ある新しい変化量 x を用いて有理的に書き表わされる．

55. y は

$$a\, y^3 + b\, y^2 z + c\, y z^2 + d\, z^3 + e\, y y + f\, y z + g\, z z = 0$$

という様式で z に依存しているとしよう．このとき，次のようにして y と z は双方ともに，ある新しい変化量 x を用いて有理的に書き表わされる．

$y=xz$ と置き，これを代入すると，方程式の全体は zz で割り切れる．この割り算を遂行すると，
$$ax^3z+bxxz+cxz+dz+exx+fx+g=0$$
が生じる．よって，
$$z=\frac{-exx-fx-g}{ax^3+bxx+cx+d}$$
となることが判明する．これより，
$$y=\frac{-ex^3-fxx-gx}{ax^3+bxx+cx+d}$$
となる．

このようなさまざまな場合を観察することにより，y を z を用いて定めるのに用いられる高次方程式を対象にする場合において上述の解法が成立するためには，方程式にどのような性質が備わっていなければならないかという論点が解明される．上に挙げたいろいろな場合はみな，いっそう一般的な §53 の公式に包摂されている．だが，ここに例示したようなひんぱんに見られる場合に対していちいち一般公式を適用するのは容易ではない．そこでそのような場合のうちのいくつかを，個別に取り上げて考察するほうが好都合なのではないかと考えたのである．

56. y は
$$ayy+byz+czz=d$$
という様式で z に依存しているとしよう．このとき次のようにして，y と z は双方ともにある新しい変化量 x を用いて書き表わされる．

$y=xz$ と置くと，
$$(axx+bx+c)zz=d$$
となる．したがって，
$$z=\sqrt{\frac{d}{axx+bx+c}}.$$
よって
$$y=x\sqrt{\frac{d}{axx+bx+c}}$$
となる．

同様に，もし
$$ay^3+by^2z+cyz^2+dz^3=ey+fz$$
なら，$y=xz$ と置いて，その後に方程式の全体を z で割ると，

第3章 変化量の置き換えによる関数の変換

$$\left(a\,x^3 + b\,x\,x + c\,x + d\right)z\,z = e\,x + f$$

が与えられる．これより

$$z = \sqrt{\frac{e\,x + f}{a\,x^3 + b\,x\,x + c\,x + d}}.$$

よって

$$y = x\sqrt{\frac{e\,x + f}{a\,x^3 + b\,x\,x + c\,x + d}}$$

となる．これらの場合や，これらと類似の解法を許す他のさまざまな場合は，次節で取り扱われる一般の場合に包摂されている．

57. y は，

$$a\,y^m + b\,y^{m-1}z + c\,y^{m-2}z^2 + d\,y^{m-3}z^3 + \cdots$$
$$= \alpha\,y^n + \beta\,y^{n-1}z + \gamma\,y^{n-2}z^2 + \delta\,y^{n-3}z^3 + \cdots$$

という様式で z に依存しているとしよう．このとき次のようにして，z と y はいずれも，ある新しい変化量 x を用いてうまく書き表わされる．

$y = xz$ と置くと，

$$\left(a\,x^m + b\,x^{m-1} + c\,x^{m-2} + d\,x^{m-3} + \cdots\right)z^{m-n} = \alpha\,x^n + \beta\,x^{n-1} + \gamma\,x^{n-2} + \delta\,x^{n-3} + \cdots$$

となる．これより

$$z = \left(\frac{\alpha\,x^n + \beta\,x^{n-1} + \gamma\,x^{n-2} + \delta\,x^{n-3} + \cdots}{a\,x^m + b\,x^{m-1} + c\,x^{m-2} + d\,x^{m-3} + \cdots}\right)^{1:(m-n)}$$

よって

$$y = x\left(\frac{\alpha\,x^n + \beta\,x^{n-1} + \gamma\,x^{n-2} + \delta\,x^{n-3} + \cdots}{a\,x^m + b\,x^{m-1} + c\,x^{m-2} + d\,x^{m-3} + \cdots}\right)^{1:(m-n)}$$

が得られる．

これを要するに，この種の解法が成立するのは，関数 y の性質を z を通じて表示する働きを示す方程式において，y と z の冪指数の総和として認識される数値がいたるところで二個しか見られないという場合なのである．先ほど取り扱われた場合で見ると，個々の項において，そのような冪指数の総和は m または n のどちらかになっている．

58. y と z の間に成立する方程式に3種類の冪指数の総和が現われるとし，

しかもそれらの総和のうち一番大きいものと中間のものとの差は，中間のものと一番小さいものとの差に等しいとしよう．このとき，ある2次方程式を解くことにより，変化量 y と z はある新しい変化量 x を用いて書き表わされる．

実際，$y = xz$ と置き，その後に z の最小冪による割り算を遂行すると，z の値が x を用いて平方根を開くことによって表示される．

例1

今，
$$ay^3 + byyz + cyzz + dz^3 = 2eyy + 2fyz + 2gzz + hy + iz$$
として，$y = xz$ と置いてみよう．z による割り算を遂行すると，
$$(ax^3 + bxx + cx + d)zz = 2(exx + fx + g)z + hx + i$$
となる．これより次のような z の値が得られる．
$$z = \frac{exx + fx + g \pm \sqrt{(exx + fx + g)^2 + (ax^3 + bxx + cx + d)(hx + i)}}{ax^3 + bxx + cx + d}.$$
これで z の値がみいだされた．そこでこの値を用いると $y = xz$ となる．

例2

今度は
$$y^5 = 2az^3 + by + cz$$
としよう．そうして $y = xz$ と置くと，
$$x^5 z^4 = 2azz + bx + c$$
となる．これより
$$zz = \frac{a \pm \sqrt{aa + bx^6 + cx^5}}{x^5}.$$
よって
$$z = \frac{\sqrt{a \pm \sqrt{aa + bx^6 + cx^5}}}{xx\sqrt{x}}.$$
よって
$$y = \frac{\sqrt{a \pm \sqrt{aa + bx^6 + cx^5}}}{x\sqrt{x}}$$
がみいだされる．

例3

第3章 変化量の置き換えによる関数の変換

今度は
$$y^{10} = 2ayz^6 + byz^3 + cz^4$$
としよう．この方程式では冪指数の総和は 10 と 7 と 4 である．そこで $y = xz$ と置き，その後に z^4 で割ると，方程式は
$$x^{10}z^6 = 2axz^3 + bx + c$$
すなわち
$$z^6 = \frac{2axz^3 + bx + c}{x^{10}}$$
に変わる．これより
$$z^3 = \frac{ax \pm x\sqrt{aa + bx^9 + cx^8}}{x^{10}}$$
がみいだされる．したがって，
$$z = \frac{\sqrt[3]{a \pm \sqrt{aa + bx^9 + cx^8}}}{x^3}.$$
よって
$$y = \frac{\sqrt[3]{a \pm \sqrt{aa + bx^9 + cx^8}}}{x^2}$$
となる．これらの例の観察を通じて，このような置き換えの効用は十分によく見て取れると思う．

註記

1) ディオファントスはギリシアの数学者で，3～4世紀ころの人と伝えられている．著作『アリトメチカ』（全13巻．そのうち現存するのは6巻のみ）がある．アリトメチカは数論の意だが，ディオファントスの著作のテーマは不定解析であり，不定方程式のさまざまな解法が紹介されている．

2) (y, z) 平面において，方程式 $y^3 + z^3 - cyz = 0$（c は定数）で定められる代数曲線は「デカルトの葉線」と呼ばれる．

3) デカルトの葉線の，有理関数によるパラメータ表示が求められた．

第4章　無限級数による関数の表示

59. z の分数関数と非有理関数は，項数が有限の $A + Bz + Cz^2 + Dz^3 + \cdots$ という整関数の形状には包摂されないから，分数関数や非有理関数の値を表示するためには，この種の表示式の中でも無限に続いていくものを探そうと試みる習わしになっている．たとえ限りなく続いていく形状によってではあっても，もし首尾よくこのような形に表示されたなら，超越関数の性質はいっそうよく理解されるであろうと考えられるのである．実際，整関数の性質は，z のさまざまな冪を用いて展開されて $A + Bz + Cz^2 + Dz^3 + \cdots$ という形に帰着されたとき，一番よく把握される．同様に他のあらゆる種類の関数についても，それらの性質を心に描くには，たとえ項数が実際に無限になるとしても，このような形状が最適であろうと思われる．z の非整関数はどれも，項数有限の $A + Bz + Cz^2 + Dz^3 + \cdots$ という形に表示されないのは明白である．なぜなら，そのような関数は整関数であることになってしまうから．ところでそのような［非整］関数は無限に多くの項をもつ級数を用いて表示される．この点に疑念が生じるかもしれないが，それはそのような関数を実際に展開してみせることによって払拭されるであろう．ところで今ここで進めている解明作業がより広い範囲に及ぶようにするためには，z の整正冪指数をもつ冪のほかに，任意の［冪指数をもつ］冪を許容しなければならない．その場合，z の関数はどれも，

$$Az^\alpha + Bz^\beta + Cz^\gamma + Dz^\delta + \cdots$$

という形の無限表示式に変換されることに疑いをはさむ余地はない．ここで $\alpha, \beta, \gamma, \delta, \cdots$ は何らかの数を表わしている．

60. 次々と割り算を遂行していくことにより，分数

$$\frac{a}{\alpha + \beta z}$$

は

$$\frac{a}{\alpha} - \frac{a\beta z}{\alpha^2} + \frac{a\beta^2 z^2}{\alpha^3} - \frac{a\beta^3 z^3}{\alpha^4} + \frac{a\beta^4 z^4}{\alpha^5} - \cdots$$

という無限級数に分解されることがわかる．この級数では，どの項も，すぐ次の項に

対して一定の比率 $1: -\dfrac{\beta z}{\alpha}$ をもっている．そこでこの級数は，幾何級数という名で呼ばれるのである．

　この級数は，初め，それを未知と見てもみいだされる．実際，
$$\dfrac{a}{\alpha+\beta z} = A + Bz + Cz^2 + Dz^3 + Ez^4 + \cdots$$
と置いて，［左辺の分数の分母と右辺との］積を［左辺の分数の分子と］等置すれば，係数 A, B, C, D, $\cdots$ が求められる．そこでこれを実行すると，
$$a = (\alpha+\beta z)\left(A + Bz + Cz^2 + Dz^3 + \cdots\right)$$
となる．掛け算を実際に遂行すると，
$$a = \alpha A + \alpha Bz + \alpha Cz^2 + \alpha Dz^3 + \alpha Ez^4 + \cdots$$
$$+ \beta Az + \beta Bz^2 + \beta Cz^3 + \beta Dz^4 + \cdots$$
となる．よって，
$$a = \alpha A. \quad \text{したがって} \quad A = \dfrac{a}{\alpha}$$
でなければならない．そうして z の各々の冪の係数の和は 0 に等しく設定しなければならない．これより方程式
$$\alpha B + \beta A = 0,$$
$$\alpha C + \beta B = 0,$$
$$\alpha D + \beta C = 0,$$
$$\alpha E + \beta D = 0,$$
$$\cdots\cdots$$
が生じる．それゆえある係数が判明したなら，それに続く係数も簡単にみいだされる．実際，ある項の係数は P に等しく，その次の項の係数は Q に等しいとすると，
$$\alpha Q + \beta P = 0 \quad \text{すなわち} \quad Q = -\dfrac{\beta P}{\alpha}$$
となるのである．第一項 A はすでに定められていて $\dfrac{a}{\alpha}$ に等しいが，この値を元にして，引き続く文字 B, C, D, $\cdots$ が順次定められていく．その決定様式は割り算に由来するものと同様である．また，一瞥すればわかるように，$\dfrac{a}{\alpha+\beta z}$ に対してみいだされた無限級数において，冪 z^n の係数は $\pm \dfrac{a\beta^n}{\alpha^{n+1}}$ に等しい．ここで，もし n が偶数なら符合＋が成立し，もし n が奇数なら，符合－が成立する．言い換えると，この係数は $\dfrac{a}{\alpha}\left(\dfrac{-\beta}{\alpha}\right)^n$ に等しい．

61. 　同様に，次々と続けて割り算を遂行することにより，分数関数

$$\frac{a+bz}{\alpha+\beta z+\gamma zz}$$
を無限級数に変えることができる．

　　割り算はめんどうだし，無限級数の本性を簡単に教えてくれるわけでもない．それゆえ求める級数をあらかじめ設定し，そのうえで前述の通りの方法に準拠してその級数を決定するというふうに進むほうが，時宜にかなっているように思う．そこで，
$$\frac{a+bz}{\alpha+\beta z+\gamma zz} = A + Bz + Cz^2 + Dz^3 + Ez^4 + \cdots$$
と置こう．両辺に $\alpha+\beta z+\gamma zz$ を乗じると，
$$a + bz = \alpha A + \alpha Bz + \alpha Cz^2 + \alpha Dz^3 + \alpha Ez^4 + \cdots$$
$$+ \beta Az + \beta Bz^2 + \beta Cz^3 + \beta Dz^4 + \cdots$$
$$+ \gamma Az^2 + \gamma Bz^3 + \gamma Cz^4 + \cdots$$
となる．これより
$$\alpha A = a, \quad \alpha B + \beta A = b.$$
よって，
$$A = \frac{a}{\alpha} \quad \text{および} \quad B = \frac{b}{\alpha} - \frac{a\beta}{\alpha\alpha}$$
となることがわかる．残る文字は次の方程式により定められる．
$$\alpha C + \beta B + \gamma A = 0,$$
$$\alpha D + \beta C + \gamma B = 0,$$
$$\alpha E + \beta D + \gamma C = 0,$$
$$\alpha F + \beta E + \gamma D = 0,$$
$$\cdots\cdots$$
したがって隣接するふたつの係数から，それに続く係数がみいだされることになる．隣接するふたつの係数を P, Q とし，それに続く係数を R とすると，
$$\alpha R + \beta Q + \gamma P = 0 \quad \text{すなわち} \quad R = \frac{-\beta Q - \gamma P}{\alpha}$$
というふうになるわけである．出だしのふたつの文字 A と B はすでにみつかっているから，それらを用いて，続く $C, D, E, F, \cdots$ がことごとくみな次々とみいだされていく．こんなふうにして，提示された分数関数 $\dfrac{a+bz}{\alpha+\beta z+\gamma z^2}$ に等しい無限級数 $A + Bz + Cz^2 + Dz^3 + \cdots$ が得られる．

例

分数関数

第 4 章　無限級数による関数の表示

$$\frac{1+2z}{1-z-zz}$$

が提示されたとして，これに等しい級数

$$A+Bz+Cz^2+Dz^3+\cdots$$

を確定してみよう．この場合，

$$a=1,\ b=2,\ \alpha=1,\ \beta=-1,\ \gamma=-1$$

であるから，

$$A=1,\ B=3$$

となる．そうして

$$C=B+A,$$
$$D=C+B,$$
$$E=D+C,$$
$$F=E+D,$$
$$\cdots\cdots$$

それゆえどの係数も，それに先行するふたつの係数の和に等しい．よって，隣接するふたつの係数 P と Q が判明したなら，それに続く係数は

$$R=P+Q$$

というふうに定められる．出だしのふたつの係数はわかっているから，提示された分数

$$\frac{1+2z}{1-z-zz}$$

は無限級数

$$1+3z+4z^2+7z^3+11z^4+18z^5+\cdots$$

に変換されることになる．この級数は難なく，どこまでも望むだけ延長していくことができる．

62.　上記の事柄により，提示された分数関数が変換されていく先の無限級数の性質は，すでに充分によく理解されると思う．実際，そのような級数では，どの項も，それに先行するいくつかの項から定められるという規則が守られている．
　すなわち，提示された分数の分母を

$$\alpha+\beta z$$

として，［対応する］無限級数を

$$A+Bz+Cz^2+\cdots+Pz^n+Qz^{n+1}+Rz^{n+2}+Sz^{n+3}+\cdots$$

と設定すると，どの係数 Q も，ひとつ手前の係数 P のみを用いて
$$\alpha Q + \beta P = 0$$
という様式で規定される．

　［提示された分数の］分母が三項式
$$\alpha + \beta z + \gamma z z$$
なら，どの係数 R も，それに先行するふたつの係数 P と Q を用いて，
$$\alpha R + \beta Q + \gamma P = 0$$
という様式で規定される．

　同様に，もし分母が
$$\alpha + \beta z + \gamma z z + \delta z^3$$
というような四項式であれば，［対応する無限］級数のどの係数 S も，それに先行する三つの項 R, Q, P により，
$$\alpha S + \beta R + \gamma Q + \delta P = 0$$
という様式のもとで決定される．以下も同様である．このような級数では，どの項も，それに先行するいくつかの項を用いて，ある一定の規則により定められる．しかもその規則は，この級数の母体である分数の分母からおのずと明らかになるのである．この種の級数は普通，その性質をきわめて深く究明したド・モアブル[1]にならって，**回帰級数**という名で呼ばれる習わしになっている．というのは，［このような級数では］もしある項の次の項を求めたいなら，それに先行するいくつかの項に回帰していかなければならないからである．

63. 　このような級数を作るには，［提示された分数の］分母の定数項 α が 0 ではないことが必要である．実際，その級数の初項は $A = \dfrac{a}{\alpha}$ であるから，もし $\alpha = 0$ なら，初項と初項以下の項はすべて無限大になってしまうのである．そこでこの場合については後述することにしてしばらく除外すると，無限回帰級数に変換されるべき分数関数は，
$$\frac{a + bz + cz^2 + dz^3 + \cdots}{1 - \alpha z - \beta z^2 - \gamma z^3 - \delta z^4 - \cdots}$$
という形状をもつことになる．ここで分母の初項を 1 と等置したが，その初項が 0 ではない場合にも，分数はつねにこのような形に帰着される．また，分母の残る項をあたかもすべて負であるかのように書いたが，そのようにしたのは，この分数から作られる級数の項がすべて正符合をもつようにするためである．実際，この分数から生じ

第4章　無限級数による関数の表示

る回帰級数を

$$A + Bz + Cz^2 + Dz^3 + Ez^4 + \cdots$$

と設定すると，諸係数は，

$$A = a,$$
$$B = \alpha A + b,$$
$$C = \alpha B + \beta A + c,$$
$$D = \alpha C + \beta B + \gamma A + d,$$
$$E = \alpha D + \beta C + \gamma B + \delta A + e,$$
$$\cdots\cdots$$

というふうに定められていく．すなわちどの係数も，それに先行するいくつかの係数の倍数の総和に，分子が提供するある定数を加えたものに等しい．分子がどこまでも限りなく延びていくのではない限り，数の添加はほどなく終焉する．その場合，各項はいくつかの先行する項を元にして，ある一定の規則に準拠して決定される．この進行規則がどこかで破綻したりしないようにするには，これを真分数関数を対象にして適用することにしておくとよい．実際，仮分数を取り上げると，そこに包摂されている整関数の部分を級数に付け加えなければならない．ところがその場合，ある量だけ加えられたり減じられたりする項が出てくるため，その位置において進行規則は破れてしまうのである．たとえば，仮分数

$$\frac{1 + 2z - z^3}{1 - z - zz}$$

は級数

$$1 + 3z + 4zz + 6z^3 + 10z^4 + 16z^5 + 26z^6 + 42z^7 + \cdots$$

を与える．この級数ではどの係数も，先行する二項の和になっているが，第四項 $6z^3$ はこの規則からはずれている．

64. 　分数の分母が冪になっている場合，その分数から生じる回帰級数については特別の考察に値する．たとえば，分数

$$\frac{a + bz}{(1 - \alpha z)^2}$$

を級数に展開すると，

$$a + 2\alpha a z + 3\alpha^2 a z^2 + 4\alpha^3 a z^3 + 5\alpha^4 a z^4 + \cdots$$
$$+ \quad bz + 2\alpha b z^2 + 3\alpha^2 b z^3 + 4\alpha^3 b z^4 + \cdots$$

という級数が生じる．この級数では，z^n の係数は

$$(n+1)\alpha^n a + n\alpha^{n-1}b$$

となる．それでもこの級数は回帰級数である．というのは，どの項も，先行する二項を用いて定められるから．この決定規則は，分母を $1-2\alpha z + \alpha\alpha zz$ と展開すれば，はっきりと見て取れる．

$\alpha = 1$ および $z = 1$ と置くと，上記の級数は一般のアリトメチカ的級数

$$a + (2a+b) + (3a+2b) + (4a+3b) + \cdots$$

になる．この級数の項差は一定である．それゆえアリトメチカ的級数はどれも回帰級数である．というのは，今，

$$A + B + C + D + E + F + \cdots$$

はアリトメチカ的級数とすると，

$$C = 2B - A,\quad D = 2C - B,\quad E = 2D - C, \cdots$$

というふうになるからである．

65.　次に，分数

$$\frac{a + bz + czz}{(1-\alpha z)^3}$$

は，

$$\frac{1}{(1-\alpha z)^3} = (1-\alpha z)^{-3} = 1 + 3\alpha z + 6\alpha^2 z^2 + 10\alpha^3 z^3 + 15\alpha^4 z^4 + \cdots$$

となることから，無限級数

$$\begin{aligned}&a + 3\alpha a z + 6\alpha^2 a z^2 + 10\alpha^3 a z^3 + 15\alpha^4 a z^4 + \cdots\\&\quad + bz + 3\alpha b z^2 + 6\alpha^2 b z^3 + 10\alpha^3 b z^4 + \cdots\\&\quad\quad\quad\quad + cz^2 + 3\alpha c z^3 + 6\alpha^2 c z^4 + \cdots\end{aligned}$$

に変換される．この級数において，冪 z^n は係数

$$\frac{(n+1)(n+2)}{1\cdot 2}\alpha^n a + \frac{n(n+1)}{1\cdot 2}\alpha^{n-1}b + \frac{(n-1)n}{1\cdot 2}\alpha^{n-2}c$$

をもつ．

$\alpha = 1$ および $z = 1$ と置くと，この級数は，二階項差が一定という性質を備えた一般二次級数になる．今，

$$A + B + C + D + E + F + \cdots$$

はそのような級数を表わすとすると，これは同時に回帰級数でもあり，どの項も，先行する三つの項により

$$D = 3C - 3B + A,\quad E = 3D - 3C + B,\quad F = 3E - 3D + C, \cdots$$

第 4 章　無限級数による関数の表示

というふうに定められる．アリトメチカ的級数の二階項差もまたつねに等しい．すなわち 0 に等しいから，上述の性質はアリトメチカ的級数にもあてはまる．

66. 同様に，分数

$$\frac{a+bz+czz+dz^3}{(1-\alpha z)^4}$$

が与える無限級数では，z の任意の冪 z^n は

$$\frac{(n+1)(n+2)(n+3)}{1\cdot 2\cdot 3}\alpha^n a + \frac{n(n+1)(n+2)}{1\cdot 2\cdot 3}\alpha^{n-1}b + \frac{(n-1)n(n+1)}{1\cdot 2\cdot 3}\alpha^{n-2}c$$
$$+ \frac{(n-2)(n-1)n}{1\cdot 2\cdot 3}\alpha^{n-3}d$$

という係数をもつ．

そこで $\alpha=1$ および $z=1$ と置くと，この級数には，三階項差が一定という性質を備えた 3 次の代数的級数がすべて包摂されている．それゆえ 3 次の代数的級数はどれも，同時に，分母 $1-4z+6zz-4z^3+z^4$ から生じる回帰級数でもある．今，

$$A+B+C+D+E+F+\cdots$$

はそのような級数とすると，

$$E=4D-6C+4B-A,\quad F=4E-6D+4C-B,\cdots$$

となる．この性質は同時に，低次数のあらゆる［代数的］級数にも備わっている．

67. こんなふうにして，［何回か項差を取る手順を繰り返すと］結局のところ定項差に帰着されるという性質を備えた級数，すなわちある次数の代数的級数はすべて，分母 $(1-z)^n$ によって規定される規則をもつ回帰級数であることが示される．ここで n は，級数の次数を明示する数よりも大きい数である．そこで今，

$$a^m + (a+b)^m + (a+2b)^m + (a+3b)^m + \cdots$$

は次数 m の［代数的］級数を表わすから，回帰級数の性質により，

$$0 = a^m - \frac{n}{1}(a+b)^m + \frac{n(n-1)}{1\cdot 2}(a+2b)^m - \frac{n(n-1)(n-2)}{1\cdot 2\cdot 3}(a+3b)^m$$
$$+ \cdots \mp \frac{n}{1}(a+(n-1)b)^m \pm (a+nb)^m$$

となる．ここで，もし n が偶数なら上側の符合が成立し，n が奇数なら，下側の符合が成立する．そうして n が m よりも大きい整数であれば，この方程式はつねに正しい．このような状勢により，回帰級数の理論はどの程度の範囲まで及ぼされるのか，

という論点が解明されると思う．

68. 分母が二項式の冪ではなくて，多項式の冪であるなら，［その分数に対応する］級数の性質は他の様式で解明される．これをもう少し詳しく見るために，分数

$$\frac{1}{\left(1-\alpha z-\beta z^2-\gamma z^3-\delta z^4-\cdots\right)^{m+1}}$$

が提示されたとしてみよう．この分数から生じる無限級数は

$$1+\frac{m+1}{1}\alpha z+\frac{(m+1)(m+2)}{1\cdot 2}\alpha^2 z^2+\frac{(m+1)(m+2)(m+3)}{1\cdot 2\cdot 3}\alpha^3 z^3+\cdots$$
$$+\frac{m+1}{1}\beta z^2+\frac{(m+1)(m+2)}{1\cdot 2}2\alpha\beta z^3+\cdots$$
$$+\frac{m+1}{1}\gamma z^3+\cdots$$
$$+\cdots$$

というふうになる．この級数の性質を精度を高めて究明するために，一般の文字を用いて，

$$1+Az+Bz^2+Cz^3+\cdots+Kz^{n-3}+Lz^{n-2}+Mz^{n-1}+Nz^n+\cdots$$

というふうに書き表わしてみよう．すると任意の係数 N は，それに先行する諸係数（それらの個数は文字 α，β，γ，δ，$\cdots$ の個数と同一である）を用いて定められて，

$$N=\frac{m+n}{n}\alpha M+\frac{2m+n}{n}\beta L+\frac{3m+n}{n}\gamma K+\frac{4m+n}{n}\delta I+\cdots$$

というふうになる．この場合，この係数の連結規則に不変性はなく，かえって該当する z の冪の冪指数への依存性が見られる．だが，この級数には，他の不変的な進行規則，すなわち分母を展開すると与えられ，しかも回帰級数の性質として相応しい規則があてはまる．ところでこの規則が成立するのは，分数の分子が 1 または定量であるときのみに限られている．実際，［分子に］何らかの z の冪が出てくる場合には，この規則ははるかに複雑になってしまう．それは，微分計算の初歩を述べた後からにしたほうが，ずっと容易に諒解されるであろう．

69. これまでのところでは分母の初項は 0 ではない定量であるものとして，1 と設定してきた．そこで今度は，分母において定数項が 0 になる場合には，どのような級数が生じるのかという論点を観察したいと思う．そこでこの場合，分数は

$$\frac{a+bz+czz+\cdots}{z\left(1-\alpha z-\beta zz-\gamma z^3-\cdots\right)}$$

という形をもつとしてみよう．分母の因子 z を取り去って，残る分数

$$\frac{a+bz+czz+\cdots}{1-\alpha z-\beta zz-\gamma z^3-\cdots}$$

を回帰級数

$$A+Bz+Cz^2+Dz^3+\cdots$$

に変えよう．すると明らかに，

$$\frac{a+bz+czz+\cdots}{z\left(1-\alpha z-\beta zz-\gamma z^3-\cdots\right)}=\frac{A}{z}+B+Cz+Dz^2+Ez^3+\cdots$$

となる．同様に，

$$\frac{a+bz+czz+\cdots}{z^2\left(1-\alpha z-\beta zz-\gamma z^3-\cdots\right)}=\frac{A}{zz}+\frac{B}{z}+C+Dz+Ez^2+\cdots$$

となる．一般に，冪指数 m がどのような数であっても，

$$\frac{a+bz+czz+\cdots}{z^m\left(1-\alpha z-\beta zz-\gamma z^3-\cdots\right)}=\frac{A}{z^m}+\frac{B}{z^{m-1}}+\frac{C}{z^{m-2}}+\frac{D}{z^{m-3}}+\cdots$$

というふうになる．

70. ある分数関数において変化量 z を［他の変化量 x に］置き換えることにより，他の変化量 x を導入することができる．そのようにすることにより，どの分数関数も，相異なる無限に多くの形に変換される．こうして同一の分数関数が，無限に多くの様式で回帰級数を用いて表示されることになる．たとえば，分数

$$y=\frac{1+z}{1-z-zz}$$

が提示されたとして，これを回帰級数を用いて

$$y=1+2z+3z^2+5z^3+8z^4+\cdots$$

と表示しよう．$z=\frac{1}{x}$ と置くと，

$$y=\frac{xx+x}{xx-x-1}=\frac{-x(1+x)}{1+x-xx}$$

となる．ところで今，

$$\frac{1+x}{1+x-xx}=1+0x+xx-x^3+2x^4-3x^5+5x^6-\cdots.$$

これより，

$$y=-x+0x^2-x^3+x^4-2x^5+3x^6-5x^7+\cdots$$

となる．
　あるいは

$$z=\frac{1-x}{1+x}$$

と置くと，
$$y = \frac{-2-2x}{1-4x-xx}$$
となる．これより，
$$y = -2 - 10x - 42xx - 178x^3 - 754x^4 - \cdots$$
となる．y に対して，このような回帰級数が無数にみいだされる．

71.　一般定理

$$(P+Q)^{\frac{m}{n}} = P^{\frac{m}{n}} + \frac{m}{n}P^{\frac{m-n}{n}}Q + \frac{m(m-n)}{n\cdot 2n}P^{\frac{m-2n}{n}}Q^2 + \frac{m(m-n)(m-2n)}{n\cdot 2n\cdot 3n}P^{\frac{m-3n}{n}}Q^3 + \cdots$$

により，非有理関数は無限級数に変換されるのが通例である．実際，もし $\frac{m}{n}$ が正整数でなければ，ここに見られる［右辺の級数の］諸項は限りなく続いていく．たとえば m と n のところにある定まった数値を書き入れると，

$$(P+Q)^{\frac{1}{2}} = P^{\frac{1}{2}} + \frac{1}{2}P^{-\frac{1}{2}}Q - \frac{1\cdot 1}{2\cdot 4}P^{-\frac{3}{2}}Q^2 + \frac{1\cdot 1\cdot 3}{2\cdot 4\cdot 6}P^{-\frac{5}{2}}Q^3 - \cdots,$$

$$(P+Q)^{-\frac{1}{2}} = P^{-\frac{1}{2}} - \frac{1}{2}P^{-\frac{3}{2}}Q + \frac{1\cdot 3}{2\cdot 4}P^{-\frac{5}{2}}Q^2 - \frac{1\cdot 3\cdot 5}{2\cdot 4\cdot 6}P^{-\frac{7}{2}}Q^3 + \cdots,$$

$$(P+Q)^{\frac{1}{3}} = P^{\frac{1}{3}} + \frac{1}{3}P^{-\frac{2}{3}}Q - \frac{1\cdot 2}{3\cdot 6}P^{-\frac{5}{3}}Q^2 + \frac{1\cdot 2\cdot 5}{3\cdot 6\cdot 9}P^{-\frac{8}{3}}Q^3 - \cdots,$$

$$(P+Q)^{-\frac{1}{3}} = P^{-\frac{1}{3}} - \frac{1}{3}P^{-\frac{4}{3}}Q + \frac{1\cdot 4}{3\cdot 6}P^{-\frac{7}{3}}Q^2 - \frac{1\cdot 4\cdot 7}{3\cdot 6\cdot 9}P^{-\frac{10}{3}}Q^3 + \cdots,$$

$$(P+Q)^{\frac{2}{3}} = P^{\frac{2}{3}} + \frac{2}{3}P^{-\frac{1}{3}}Q - \frac{2\cdot 1}{3\cdot 6}P^{-\frac{4}{3}}Q^2 + \frac{2\cdot 1\cdot 4}{3\cdot 6\cdot 9}P^{-\frac{7}{3}}Q^3 - \cdots,$$

$$\cdots\cdots\cdots\cdots$$

というふうになる．

72.　
このような級数の諸項が進んでいく様式は，どの項も，ひとつ手前の項を用いて作られるというふうになっている．実際，$(P+Q)^{\frac{m}{n}}$ から生じる級数の任意の項を

$$MP^{\frac{m-kn}{n}}Q^k$$

とすると，その次の項は

$$\frac{m-kn}{(k+1)n}MP^{\frac{m-(k+1)n}{n}}Q^{k+1}$$

となる．ここで，この次項では P の冪指数は 1 だけ減少するのに対し，Q の冪指数は 1 だけ増大するという点に留意しなければならない．この一般定理を個々の場合に

対していっそう簡便に適用するには，一般形 $(P+Q)^{\frac{m}{n}}$ を
$$P^{\frac{m}{n}}\left(1+\frac{Q}{P}\right)^{\frac{m}{n}}$$
という形に表示しておくとよい．実際，式
$$\left(1+\frac{Q}{P}\right)^{\frac{m}{n}}$$
を展開して生じる級数に $P^{\frac{m}{n}}$ を乗じると，前に与えられたものと同じ級数が生じるのである．また，m は整数のみならず分数をも表わすものとするなら，n は1と設定してさしつかえない．このようにしたうえで，z の関数である $\frac{Q}{P}$ の代わりに Z と置くと，
$$(1+Z)^m = 1 + \frac{m}{1}Z + \frac{m(m-1)}{1\cdot 2}Z^2 + \frac{m(m-1)(m-2)}{1\cdot 2\cdot 3}Z^3 + \cdots$$
が得られる．引き続く叙述において級数の進行規則をより精緻に観察するには，この一般公式を
$$(1+Z)^{m-1} = 1 + \frac{m-1}{1}Z + \frac{(m-1)(m-2)}{1\cdot 2}Z^2 + \frac{(m-1)(m-2)(m-3)}{1\cdot 2\cdot 3}Z^3 + \cdots$$
という形の級数に変えておくと都合がよい．

73. そこでまず初めに
$$Z = \alpha z$$
と置くと，
$$(1+\alpha z)^{m-1} = 1 + \frac{m-1}{1}\alpha z + \frac{(m-1)(m-2)}{1\cdot 2}\alpha^2 z^2 + \frac{(m-1)(m-2)(m-3)}{1\cdot 2\cdot 3}\alpha^3 z^3 + \cdots$$
というふうになる．この級数を，
$$1 + Az + Bz^2 + Cz^3 + \cdots + Mz^{n-1} + Nz^n + \cdots$$
という一般的な形に書くと，任意の係数 N はひとつ手前の係数 M を用いて，
$$N = \frac{m-n}{n}\alpha M$$
というふうに定められる．たとえば $n=1$ と置くと，$M=1$ であるから，
$$N = A = \frac{m-1}{1}\alpha$$
となる．次に $n=2$ とすると，$M = A = \frac{m-1}{1}\alpha$ により，
$$N = B = \frac{m-2}{2}\alpha M = \frac{(m-1)(m-2)}{1\cdot 2}\alpha^2$$
となる．同様に，
$$C = \frac{m-3}{3}\alpha B = \frac{(m-1)(m-2)(m-3)}{1\cdot 2\cdot 3}\alpha^3$$

となる．こうして前にみいだされたものと同じ級数が出る．

74. 今度は
$$Z = \alpha z + \beta zz$$
と置くと，
$$(1 + \alpha z + \beta zz)^{m-1} = 1 + \frac{m-1}{1}(\alpha z + \beta zz) + \frac{(m-1)(m-2)}{1 \cdot 2}(\alpha z + \beta zz)^2 + \cdots$$
となる．諸項を z の冪の順に配列すると，
$$(1 + \alpha z + \beta zz)^{m-1}$$
$$= 1 + \frac{m-1}{1}\alpha z + \frac{(m-1)(m-2)}{1 \cdot 2}\alpha^2 z^2 + \frac{(m-1)(m-2)(m-3)}{1 \cdot 2 \cdot 3}\alpha^3 z^3 + \cdots$$
$$+ \frac{m-1}{1}\beta z^2 + \frac{(m-1)(m-2)}{1 \cdot 2}2\alpha\beta z^3 + \cdots,$$
となる．この級数を
$$1 + Az + Bz^2 + Cz^3 + \cdots + Lz^{n-2} + Mz^{n-1} + Nz^n + \cdots$$
と，一般的な形に書くと，どの係数も，それに先行するふたつの項を用いて決定されて，
$$N = \frac{m-n}{n}\alpha M + \frac{2m-n}{n}\beta L$$
というふうになる．よってすべての項は初項（それは1であるが）により規定されることになる．すなわち，
$$A = \frac{m-1}{1}\alpha,$$
$$B = \frac{m-2}{2}\alpha A + \frac{2m-2}{2}\beta,$$
$$C = \frac{m-3}{3}\alpha B + \frac{2m-3}{3}\beta A,$$
$$D = \frac{m-4}{4}\alpha C + \frac{2m-4}{4}\beta B,$$
$$\cdots\cdots$$
となる．

75. 今度は
$$Z = \alpha z + \beta z^2 + \gamma z^3$$
と置くと，
$$(1 + \alpha z + \beta z^2 + \gamma z^3)^{m-1}$$

第4章　無限級数による関数の表示

$$= 1 + \frac{m-1}{1}\left(\alpha z + \beta z^2 + \gamma z^3\right) + \frac{(m-1)(m-2)}{1\cdot 2}\left(\alpha z + \beta z^2 + \gamma z^3\right)^2 + \cdots$$

となる．すべての項を z の冪の順に並べると，この式は

$$1 + \frac{m-1}{1}\alpha z + \frac{(m-1)(m-2)}{1\cdot 2}\alpha^2 z^2 + \frac{(m-1)(m-2)(m-3)}{1\cdot 2\cdot 3}\alpha^3 z^3 + \cdots$$
$$+ \frac{m-1}{1}\beta z^2 + \frac{(m-1)(m-2)}{1\cdot 2}2\alpha\beta z^3 + \cdots$$
$$+ \frac{m-1}{1}\gamma z^3 + \cdots$$

という級数に変わる．この級数の進行規則がいっそう明瞭になるようにするため，

$$1 + Az + Bz^2 + Cz^3 + \cdots + Kz^{n-3} + Lz^{n-2} + Mz^{n-1} + Nz^n + \cdots$$

と置いてみよう．するとこの級数の任意の係数は，それに先行する三つの項を用いて決定されて，

$$N = \frac{m-n}{n}\alpha M + \frac{2m-n}{n}\beta L + \frac{3m-n}{n}\gamma K$$

というふうになる．初項は 1 に等しく，そのひとつ前の項は 0 であるから，

$$A = \frac{m-1}{1}\alpha,$$
$$B = \frac{m-2}{2}\alpha A + \frac{2m-2}{2}\beta,$$
$$C = \frac{m-3}{3}\alpha B + \frac{2m-3}{3}\beta A + \frac{3m-3}{3}\gamma,$$
$$D = \frac{m-4}{4}\alpha C + \frac{2m-4}{4}\beta B + \frac{3m-4}{4}\gamma A,$$
$$E = \frac{m-5}{5}\alpha D + \frac{2m-5}{5}\beta C + \frac{3m-5}{5}\gamma B,$$
$$\cdots\cdots$$

というふうになる．

76.　そこで一般に

$$\left(1 + \alpha z + \beta z^2 + \gamma z^3 + \delta z^4 + \cdots\right)^{m-1} = 1 + Az + Bz^2 + Cz^3 + Dz^4 + Ez^5 + \cdots$$

と置くと，この級数の個々の項は，それに先行する項を用いて

$$A = \frac{m-1}{1}\alpha,$$
$$B = \frac{m-2}{2}\alpha A + \frac{2m-2}{2}\beta,$$
$$C = \frac{m-3}{3}\alpha B + \frac{2m-3}{3}\beta A + \frac{3m-3}{3}\gamma,$$

$$D = \frac{m-4}{4}\alpha C + \frac{2m-4}{4}\beta B + \frac{3m-4}{4}\gamma A + \frac{4m-4}{4}\delta,$$

$$E = \frac{m-5}{5}\alpha D + \frac{2m-5}{5}\beta C + \frac{3m-5}{5}\gamma B + \frac{4m-5}{5}\delta A + \frac{5m-5}{5}\varepsilon,$$

$$\cdots\cdots$$

というふうに表示される．すなわちどの係数も，それに先行するいくつかの項を用いて定められるが，その項数は，［級数を生み出した］zの関数（その冪が級数に転換された）に入っている文字$\alpha, \beta, \gamma, \delta, \cdots$と同個数である．また，この規則の様式は前に§68でみいだされた規則と一致する．§68では

$$\left(1 - \alpha z - \beta z^2 - \gamma z^3 - \delta z^4 - \cdots\right)^{-m-1}$$

という類似の形の式が無限級数に展開された．実際，［上記の級数において］mの代わりに$-m$と書き，文字$\alpha, \beta, \gamma, \delta, \cdots$を負に取れば，そのようにしてみいだされる級数はまさしく，§68の級数と同じものになるのである．ともあれここではこの進行規則を先天的に証明することはできない．というのは，これは微分計算の諸原理によりようやく適切に遂行される事柄なのであるから．それまでの間はいろいろな種類の例に適用して，正しいことを確認していけば十分である．

註記

1）ド・モアブル（1667～1754年）はパリ生まれの独学の数学者である．18歳以後はロンドンで生活した．

第5章　2個またはそれ以上の個数の変化量の関数

77.　我々はこれまでにも複数個の変化量を取り上げて考察を加えてきたが，それらの変化量は，どれもみなあるひとつの変化量の関数であって，しかも，そのひとつの変化量が定められたなら，残る変化量も同時に確定されるというふうに調整されて与えられていた．これに対し我々はここで，相互依存関係の存在が認められないいくつかの変化量，したがって，たとえあるひとつの変化量に定値が与えられたとしても，残る変化量は依然として不確定で，変化量のままであり続けるという性質を備えた複数個の変化量を考察したいと思う．これらの変化量は，たとえば x, y, z というように，記号を用いて表示されて一堂に会することになる．そのようにするのは，どの変化量も，その中にありとあらゆる定値を包摂しているからである．しかも，それらの変化量は，相互に比較してみると完全に相異なっている．なぜなら，あるひとつの変化量 z に任意の定値を代入しても，残る変化量 x と y は，その代入が行なわれる前と全く変わるところのない自由な振る舞いを示すからである．それゆえ相互依存関係の認められる変化量のシステムと，そのような関係の認められない変化量のシステムとの区別は，次のような点に基づいて行なわれることになる．すなわち，前者のシステムの場合には，あるひとつの変化量が定められたなら，残る変化量も同時に確定する．それに対して後者のシステムの場合には，ひとつの変化量が確定されたとしても，その事実は決して残る変化量の変化の自由を束縛しないのである．

78.　2個または2個以上の個数の変化量 x, y, z の関数というのは，これらの変化量を用いて自由に組み立てられた表示式のことである．

たとえば，
$$x^3 + xyz + az^2$$
は3個の変化量 x, y, z の関数である．この関数は，一個の変化量，たとえば z の値

が定められたとしても，すなわちzにある定数が代入されたとしても，依然として変化量であり続けている．すなわち，それはxとyの関数になる．そうしてzのほかにyの値も定められたとしても，それでもなおxの関数である．それゆえこのような多くの変化量の関数は，個々の変化量がみな確定したときに初めて定値を獲得するのである．一個の変化量の値の決定は無限に多くの仕方で可能であるから，2個の変化量の関数は，無限の無限倍の値の決定のすべてを受け入れる．なぜなら，ひとつの変化量の値が決定されたとき，[2個の変化量の]関数はそのつどなお無限に多くの値の決定を受け入れることが可能だからである．3個の変化量の関数の場合には，値の決定の仕方はなお無限である．もっと多くの変化量の関数の場合にも事情は同様で，値の決定の仕方はこんなふうにどんどん増えていく．

79. このような多くの変化量の関数は，一個の変化量の関数の場合と同様に，適宜代数関数と超越関数に二分される．

代数関数というのは，その作り方が代数的演算のみに基づいているような関数のことである．超越関数というのは，それを作るのに超越的演算も関わってくるような関数のことである．超越関数についてはさらに一歩を進めて，超越的演算が関わりをもつ範囲がすべての変化量に及んでいるのか，[全部ではなくて]一部分の複数個の変化量に及ぶだけなのか，ただひとつきりの変化量に関わるにすぎないのかという諸状勢に応じて，さまざまな種類の超越関数が区別される．たとえば，表示式
$$zz + y \log z$$
にはzの対数が入っているから，これは確かにyとzの超越関数と言える．だが，超越性の度合いは低いと見なければならない．なぜなら変化量zの値が確定されると，その後に残されるのはyの代数関数だからである．しかしこのような細分化を行なっても，究明を深めていくうえで何かの役に立つわけではない．

80. 代数関数は有理関数と非有理関数に分かれる．さらに有理関数は整関数と分数関数に分かれる．

このような命名の根拠は第一章の説明によりすでに十分によく諒解されると思う．有理関数について言えば，有理関数は，それを構成するのに使われる変化量に作用しうるあらゆる非有理性から，完全に解き放たれている．有理関数は，もしそこに分数

第 5 章　2 個またはそれ以上の個数の変化量の関数

が見られなければ整関数であり，そうでなければ分数関数である．2 個の変化量 y と z の整関数の一般形は，

$$\alpha + \beta y + \gamma z + \delta y^2 + \varepsilon y z + \zeta z^2 + \eta y^3 + \theta y^2 z + \iota y z^2 + \chi z^3 + \cdots$$

というふうになる．そこで P と Q はこのような 2 個またはもっと多くの変化量の整関数を表わすとすると，$\dfrac{P}{Q}$ は分数関数というものの一般形を与えている．

　最後に非有理関数は陽関数かまた陰関数のどちらかになる．陽関数というのは，冪根記号を用いて完全に表示が行なわれた関数のことである．それに対して，陰関数は［代数的に］解くことのできない方程式を通じて提示される．たとえば，もし方程式

$$V^5 = (a y z + z^3) V^2 + (y^4 + z^4) V + y^5 + 2 a y z^3 + z^5$$

が成立するなら，V は y と z の非有理陰関数である．

81．　次に，多価性については，このような［多くの変化量の］関数の場合にも，一個の変化量を元にして組み立てられる関数の場合と事情は同様であることに留意しなければならない．

　有理関数は一価である．というのは，個々の変化量の値が確定したとき，有理関数はただひとつの値を与えるからである．$P, Q, R, S, \cdots$ は変化量 x, y, z の有理関数もしくは何らかの一価関数を表わすとしよう．もし方程式

$$V^2 - P V + Q = 0$$

が成立するなら，V はこれらの変化量の二価関数である．なぜなら，量 x, y, z にある定値が割り当てられたとき，関数 V はつねに，一個ではなくて二個の定値をもつからである．同様に，もし方程式

$$V^3 - P V^2 + Q V - R = 0$$

が成立するなら，V は三価関数である．また，もし方程式

$$V^4 - P V^3 + Q V^2 - R V + S = 0$$

が成立するなら，V は四価関数である．五価，六価，$\cdots$ の多価関数についても事情は同様である．

82．　一個の変化量 z の関数を 0 と等値すると，［その方程式から］変化量 z のひとつまたはいくつかの定値が帰結する．それと同様に，二個の変化量 y と z の関数を 0 と等値すると，［その方程式を通じて］一方の変化量はもうひとつの変化量によって規定される．したがって，これらの二個の変化量の間には初めは何も相互依存関係

は存在しなかったにもかかわらず，一方の変化量はもうひとつの変化量の関数と見られるのである．同様に，三個の変化量 x, y, z の関数を 0 と等値すれば，ひとつの変化量は残る二個の変化量によって規定されて，それらの二個の変化量の関数になる．関数を 0 と等値しなくとも，ある定量と等値したり，他の関数と等値したりしても同じ現象が観察される．実際，いくつもの変化量を包摂するどの方程式からも，ひとつの変化量はつねに残る変化量によって規定される．したがってひとつの変化量は残る変化量の関数と見られることになるのである．いくつかの変化量の間に二個の異なる方程式が成立する場合には，ふたつの変化量が，残る変化量により規定される．方程式の個数がもっと多くなってもこの事情は同様に続いていく．

83. 二個またはそれ以上の個数の変化量の関数においてきわめて注目に値するのは，同次関数と非同次関数の区別である．

同次関数というのは，ある同一次元の変化量がすべて現われている関数のことである．それに対して**非同次関数**というのは，異なる次元数が見られる関数のことである．ここで，個々の変化量は次元 1 と見る．ある変化量の平方や，二個の変化量の積は次元 2 と見る．同じ変化量でも異なる変化量でもどちらでもかまわないが，三個の変化量の積は次元 3 と見る．次元 4, 5, $\cdots$ についても同様である．定量には次元数は割り当てられない．たとえば，式
$$\alpha y, \quad \beta z$$
は次元 1，式
$$\alpha y^2, \quad \beta y z, \quad \gamma z^2$$
は次元 2，式
$$\alpha y^3, \quad \beta y^2 z, \quad \gamma y z^2, \quad \delta z^3$$
は次元 3，式
$$\alpha y^4, \quad \beta y^3 z, \quad \gamma y^2 z^2, \quad \delta y z^3, \quad \varepsilon z^4$$
は次元 4 と言われる．この状勢はこれ以降も同様に続いていく．

84. この区分をまず初めに整関数に適用してみたいと思う．変化量の個数は何個でも同様であるから，ここでは二個とする．

整関数は，もし個々の項に同一の次元数が割り当てられているなら，同次関数である．

第 5 章　2 個またはそれ以上の個数の変化量の関数

そこでこのような関数は，随所で変化量に割り当てられている次元数に応じて，適宜さらに細かく区分けされていく．たとえば，
$$\alpha y + \beta z$$
は 1 次元整関数の一般形である．式
$$\alpha y^2 + \beta y z + \gamma z^2$$
は 2 次元整関数の一般形である．式
$$\alpha y^3 + \beta y^2 z + \gamma y z^2 + \delta z^3$$
は 3 次元整関数の一般形である．式
$$\alpha y^4 + \beta y^3 z + \gamma y^2 z^2 + \delta y z^3 + \varepsilon z^4$$
は 4 次元整関数の一般形である．以下も同様に続いていく．類比をたどると，定量 α は 0 次元の関数ということになる．

85.　分数関数は，もし分子と分母がともに同次関数なら，同次関数である．

たとえば，分数関数
$$\frac{a y z + b z z}{\alpha y + \beta z}$$
は y と z の同次関数である．分子の次元数から分母の次元数を差し引けば，この関数の次元数が得られる．これを計算すると，提示された関数は 1 次元になる．分数関数
$$\frac{y^5 + z^5}{y y + z z}$$
は 3 次元である．分子と分母において次元数が同一なら，その分数関数は 0 次元の関数である．たとえば関数
$$\frac{y^3 + z^3}{y y z}$$
や，関数
$$\frac{y}{z}, \quad \frac{\alpha z z}{y y}, \quad \frac{\beta y^3}{z^3}$$
において，そのような現象が観察される．もし分母における次元が分子における次元よりも高いなら，分数関数の次元数は負になる．たとえば，
$$\frac{y}{z z}$$
は -1 次元の関数であり，
$$\frac{y + z}{y^4 + z^4}$$
は -3 次元の関数である．また，
$$\frac{1}{y^5 + a y z^4}$$

は－5次元の関数である．というのは，分子は0次元であるから．また，これはおのずと明らかなことだが，各々みな同一の次元数をもついくつかの同次関数を加えたり引いたりしても，やはり同じ次元の同次関数が与えられる．たとえば，表示式

$$\alpha y + \frac{\beta z z}{y} + \frac{\gamma y^4 - \delta z^4}{y y z + y z z}$$

は1次元の関数である．また，

$$\alpha + \frac{\beta y}{z} + \frac{\gamma z z}{y y} + \frac{y y + z z}{y y - z z}$$

は0次元の関数である．

86. 同次性という関数の属性は非有理関数にも及ぼされる．実際，Pはある同次関数とし，たとえばn次元としてみよう．このとき$\sqrt{P}$は$\frac{1}{2}n$次元，$\sqrt[3]{P}$は$\frac{1}{3}n$次元である．一般に$P^{\frac{\mu}{\nu}}$は$\frac{\mu}{\nu}n$次元の関数である．たとえば$\sqrt{yy+zz}$は1次元の関数，$\sqrt[3]{y^9+z^9}$は3次元の関数，$(yz+zz)^{\frac{3}{4}}$は$\frac{3}{2}$次元の関数であり，$\frac{yy+zz}{\sqrt{y^4+z^4}}$は0次元の関数である．これを前節の事柄と組み合わせると，表示式

$$\frac{1}{y} + \frac{y\sqrt{yy+zz}}{z^3} - \frac{y}{\sqrt[3]{y^6-z^6}} + \frac{y\sqrt{z}}{zz\sqrt{y} + \sqrt{y^5+z^5}}$$

は－1次元の同時関数であることが諒解されると思う．

87. ここまでの事柄を踏まえると，非有理陰関数が同次か否かの判定を下すことも簡単にできるようになる．たとえばVは非有理陰関数とし，しかも方程式

$$V^3 + PV^2 + QV + R = 0$$

が成立するとしてみよう．ここでP, Q, Rはyとzの関数とする．まず初めに，もしP, Q, Rが同次関数でなければ，Vは同次関数ではありえない．さらにVはn次元の関数とすると，V^2は$2n$次元の関数，V^3は$3n$次元の関数である．そうして次元数はいたるところで同一であることが要請されているから，Pはn次元の関数，Qは$2n$次元の関数，Rは$3n$次元の関数でなければならない．逆に，もし文字P, Q, Rがそれぞれn次元，$2n$次元，$3n$次元の同次関数であれば，そのことからVはn次元の関数であるという事実が帰結する．たとえば方程式

$$V^5 + (y^4 + z^4)V^3 + \alpha y^8 V - z^{10} = 0$$

が成立するとすれば，Vはyとzの2次元の同次関数である．

88. Vはyとzのn次元の同次関数としよう．この関数においていたるところで$y = uz$という置き換えを行なうと，関数Vは冪z^nと，変化量uのある関数との積

第 5 章　2 個またはそれ以上の個数の変化量の関数

に変換される．

　実際，置き換え $y=uz$ を行なうと，個々の項において，y の冪次数の分に相当するだけの次元をもつ z の冪が新たに付け加わる．そうして個々の項において y と z の次元を併せると，次元数の総計は数 n に等しいのであるから，この置き換えの後には変化量 z が単独でいたるところで次元 n をもつ．したがっていたるところに冪 z^n が出現することになる．関数 V はこの冪で割り切れて，商は，変化量 u のみを含む関数になる．

　まず整関数の場合にはこれは明らかである．実際，たとえば
$$V = \alpha y^3 + \beta y^2 z + \gamma y z^2 + \delta z^3$$
の場合には，$y=uz$ と置くと
$$V = z^3 \left(\alpha u^3 + \beta u^2 + \gamma u + \delta \right)$$
となる．

　次に，分数関数に対しても同じことが成立するのは明らかである．実際，たとえば関数
$$V = \frac{\alpha y + \beta z}{y\,y + z\,z}$$
を考えてみよう．V は -1 次元の同次関数である．この場合には，$y=uz$ と置くと，
$$V = z^{-1} \cdot \frac{\alpha u + \beta}{u\,u + 1}$$
となる．

　非有理関数も例外ではない．実際，たとえば関数
$$V = \frac{y + \sqrt{y\,y + z\,z}}{z \sqrt{y^3 + z^3}}$$
を考えてみよう．これは $-\frac{3}{2}$ 次元の関数だが，$y=uz$ と置くと，
$$V = z^{-\frac{3}{2}} \cdot \frac{u + \sqrt{u\,u + 1}}{\sqrt{u^3 + 1}}$$
となる．こんなふうにして二個の変化量の同次関数は一個の変化量の関数に帰着されていく．というのは，z の冪は乗法因子として出てくるため，u の関数に何も影響を及ぼさないからである．

89.
　このような次第であるから，二個の変化量 y と z の 0 次元の同次関数 V は，$y=uz$ と置くと一個の変化量 u のみの関数に変換される．

　実際，次元数は 0 であるから，u の関数に乗じられている z の冪は $z^0 = 1$ である．

よってこの場合，変化量 z は完全に計算の場からはずれてしまうのである．たとえば関数
$$V = \frac{y+z}{y-z}$$
を考えると，$y = uz$ と置けば，
$$V = \frac{u+1}{u-1}$$
となる．また，非有理関数の場合，たとえば関数
$$V = \frac{y - \sqrt{yy - zz}}{z}$$
を考えると，$y = uz$ と置けば，
$$V = u - \sqrt{uu - 1}$$
となる．

90. 二個の変化量 y と z の同次整関数は，次元数と同個数の $\alpha y + \beta z$ という形の単純因子に分解される．

実際，［取り上げられている］関数は同次関数であるから，$y = uz$ と置くと，［関数の次元を n とするとき］z^n と，u のある整関数との積に変換される．後者の u の関数は $\alpha u + \beta$ という形の単純因子に分解される．個々の因子に z を乗じると，$uz = y$ より，各々の因子は $\alpha uz + \beta z = \alpha y + \beta z$ という形になる．乗法因子 z^n に起因して，このような単純因子は n 個作られる．これらの単純因子は実因子のこともあるし，虚因子であることもある．言い換えると，係数 α と β は実数であることもあるし，虚数になることもある．

この事実により，2次元の関数
$$ayy + byz + czz$$
は $\alpha y + \beta z$ という形の二個の単純因子をもつことが明らかになる．また，［3次元の同次］関数
$$ay^3 + by^2 z + cyz^2 + dz^3$$
は $\alpha y + \beta z$ という形の三個の単純因子をもつ．もっと高い次元の同次整関数についても事情は同様である．

91. 式 $\alpha y + \beta z$ は1次元の［同次］整関数の一般形を表わしているが，それと同様に，

第 5 章　2 個またはそれ以上の個数の変化量の関数

$$(\alpha y + \beta z)(\gamma y + \delta z)$$

は 2 次元の［同次］整関数の一般形である．また，

$$(\alpha y + \beta z)(\gamma y + \delta z)(\varepsilon y + \zeta z)$$

という形状には，3 次元の［同次］整関数がことごとくみな包摂されている．かくしてあらゆる同次整関数は，その次元数に等しい個数の $\alpha y + \beta z$ という形の因子の積として書き表わされる．これらの因子は方程式を解くことによりみいだされるが，その様子は一個の変化量の整関数の単純因子を見つける場合と同様で，前に［§29］報告した通りである．ただしこのような二個の変化量の同次関数の性質は，三個またはもっと多くの個数の変化量の同次関数には及ぼされない．というのは，その種の［三個の変化量の］2 次元整関数の一般形，すなわち式

$$a\,yy + b\,yz + c\,yx + d\,xz + e\,xx + f\,zz$$

は，一般的に見て

$$(\alpha y + \beta z + \gamma x)(\delta y + \varepsilon z + \zeta x)$$

という形の積に帰着されるとは言えないからである．関数の次元が高くなれば，このような形の積への還元はますます見込みがなくなっていくばかりである．

92.　同次関数をめぐって語られた事柄を基礎にすると，非同次関数とはいかなるものかという論点も同時に諒解される．非同次関数では，各項においていたるところで同一の次元数が見られるというふうにはなっていない．そこで非同次関数は，そこに観察されるいろいろな次元数の個数に応じて，種々の型に分けられていく．2 種類の次元数だけしか見られない関数は**二分裂関数**と呼ばれる　このような関数は，次元数の異なるふたつの同次関数の和の形になっている．たとえば，関数

$$y^5 + 2y^3 z^2 + yy + zz$$

は二分裂関数である．なぜなら，この関数には 5 次元の部分と 2 次元の部分が相俟って包摂されているからである．また，3 種類の異なる次元数が出ている関数，すなわち三個の同次関数に分けられる関数は**三分裂関数**と呼ばれる．たとえば関数

$$y^6 + y^2 z^2 + z^4 + y - z$$

は三分裂関数である．

　非同次分数関数や非同次非有理関数の中には，いろいろな型の関数が複雑に入り混じっているために，いくつかの同次関数に分解することのできないものも存在する．たとえば，関数

$$\frac{y^3+ayz}{by+zz},\quad \frac{a+\sqrt{yy+zz}}{yy-bz}$$

などがそうである.

93. ときには非同次関数は，ひとつまたはふたつの変化量に適切な置き換えを施すことにより，同次関数に帰着されることがある．どのような場合にそれが可能なのかということをはっきりと言明するのは，それほど簡単ではない．そこで二，三の例を挙げて，このような還元が生起する様子を観察するだけに甘んじることにしたいと思う．たとえば，関数

$$y^5+zzy+y^3z+\frac{z^3}{y}$$

が提示されたとしよう．少しだけ注意すれば明らかになるように，この関数は $z=xx$ と置けば同次関数に帰着される．実際，そのようにすると，関数

$$y^5+x^4y+y^3xx+\frac{x^6}{y}$$

が生じる．これは x と y の 5 次元の同次関数である．次に，関数

$$y+y^2x+y^3xx+y^5x^4+\frac{a}{x}$$

は， $x=\frac{1}{z}$ と置けば同次関数に帰着される．実際，そのようにすると，1 次元の関数

$$y+\frac{yy}{z}+\frac{y^3}{zz}+\frac{y^5}{z^4}+az$$

が生じる．このような単純な置き換えでは同次関数に帰着されない場合もある．そのような場合には，状勢ははるかに困難である．

94. 最後になったが，整関数をその次数に着目して区分けするという通常の分類も注目に値する．この分類法では，関数の次数というのは，その関数において観察される最大の次元数のことと規定される．たとえば，関数

$$xx+yy+zz+ay-aa$$

は 2 次の関数である．なぜなら，ここには 2 種類の次元が認められるが，最高次元は 2 次元であるから．また，

$$y^4+yz^3-ay^2z+abyz-aayy+b^4$$

は 4 次の関数の仲間である．この分類は特に曲線論において注目を集める習慣が確立されている．次節で言及される整関数の分類も同じ事情に由来する．

95. なお残されている整関数の分類は**被約関数**と**既約関数**への分類である．被約関数というのは，いくつかの有理因子に分解可能な関数のことである．言い換え

第 5 章　2 個またはそれ以上の個数の変化量の関数

ると，二個または二個以上の個数の有理関数の積になっている関数のことである．たとえば，

$$y^4 - z^4 + 2az^3 - 2byzz - aazz + 2abzy - bbyy$$

は二個の関数の積

$$(yy + zz - az + by)(yy - zz + az - by)$$

になっているから，被約関数である．先ほど目にしたように，変化量が二個しか入っていない同次整関数はどれも被約である．というのは，そのような関数は $\alpha y + \beta z$ という形の単純因子を，次元数に等しい個数だけもつからである．そうすると整関数は，もしどのようにしてもいくつかの有理因子に分解されえないなら，既約であるということになる．たとえば

$$yy + zz - aa$$

は既約な関数である．この関数の有理因子が存在しないことは簡単にわかると思う．因子の探索を通じて，提示された関数は既約なのか，それとも被約なのかという論点が解明されるであろう．

第6章　指数量と対数

96. 超越関数の概念は積分計算の場においてようやく考察がなされるようになる性質のものではあるが，積分計算に到達する前に，いくつかのごく手近な，しかもより多くの研究に道を開いてくれる関数について述べておくのがよいと思う．まず初めに，その冪指数がそれ自体，変化量であるような指数量，すなわち冪を考察しなければならない．実際，そのような量は代数関数の仲間に加えられないことは明白である．なぜなら，代数関数の世界で許されるのは，定冪指数だけであるからである．冪指数のみが変化量であるのか，あるいはそれに加えて，冪を取るべき量それ自体もまた変化量であるのかという状勢の変化に対応して，多種多様の冪指数量が存在する．前者の種類の冪指数量の例は a^z であり，後者の種類の冪指数量の例は y^z である．そればかりか $a^{a^z}, a^{y^z}, y^{a^z}, x^{y^z}$ のような形の冪指数量におけるように，冪指数自身が指数量であることもありうる．だが，我々はこれ以上，このような量の区分けを行なわない．というのは，これらの量の性質は，一番初めの種類の量 a^z だけを精密に考察しておけば，それを元にして十分明瞭に理解されるようになるからである．

97. そこで a^z のような指数量が提示されたとしてみよう．これは定量 a の，可変冪指数 z をもつ冪である．したがってこの冪指数 z の中にはあらゆる定数値が包摂されていることになる．それゆえまず初めに明らかになるように，z にあらゆる正整数を次々と代入していけば，a^z として，定値

$$a^1, a^2, a^3, a^4, a^5, a^6, \cdots$$

が生じる．他方，z に次々と負数 $-1, -2, -3, -4, \cdots$ をあてはめていけば，

$$\frac{1}{a}, \frac{1}{a^2}, \frac{1}{a^3}, \frac{1}{a^4}, \cdots$$

が生じる．また，もし $z = 0$ なら，つねに

$$a^0 = 1$$

が得られる．ところで，z に $\frac{1}{2}, \frac{1}{3}, \frac{2}{3}, \frac{1}{4}, \frac{3}{4}, \cdots$ のような分数をあてはめていけ

第6章　指数量と対数

ば，

$$\sqrt{a},\ \sqrt[3]{a},\ \sqrt[3]{aa},\ \sqrt[4]{a},\ \sqrt[4]{a^3},\ \cdots$$

という値が生じる．これらをそれ自体として考察すると，これらの各々から二個もしくはそれ以上の個数の値が与えられる．というのは，根号を開くとつねに，いくつもの値が生じるものだからである．しかしこのような場合には，主値，すなわち実であってしかも正でもある値のみを受け入れることにするのが習わしになっている．なぜなら量 a^z はあたかも z の一価関数であるかのように考えられているからである．たとえば $a^{\frac{5}{2}}$ は a^2 と a^3 の間にいわば中間の位置を占める．したがって同種の量であることになる．値 $a^{\frac{5}{2}}$ は $-aa\sqrt{a}$ と等値してもよいし，$+aa\sqrt{a}$ と等値してもよい．だが，たとえそうであっても，ここでは後者の値のみが考察の対象として設定されるのである．冪指数 z が非有理値を受け入れる場合にも事態は同様に進行する．そのような場合，冪に包摂されている数の個数を心に描くのは困難であるから，実数値のみを考えることにする．たとえば $a^{\sqrt{7}}$ は限界 a^2 と a^3 の間にはさまれる定値と理解される．

98. 指数量 a^z の値は主として定値 a の大きさに依存する．実際，もし $a=1$ なら，指数 z にどのような値が割り当てられても，つねに $a^z=1$ となる．だが，もし $a>1$ なら，a^z の値は z に代入される数値が大きければ大きいほど，それだけ大きくなっていく．そうして $z=\infty$ と置けば，a^z もまた無限大の大きさへと増大する．$z=0$ なら $a^z=1$．$z<0$ なら，値 a^z は 1 よりも小さい．$z=-\infty$ と置けば $a^z=0$ となるが，ここに至るまで z とともに減少していく．$a<1$，ただし a は正の量とすると，正反対の現象が起こる．すなわち，この場合には z が 0 を越えて増大していくのにつれて a^z の値は減少していくし，z に負値を代入していけば，a^z の値は増大していくのである．実際，$a<1$ であるから，$\frac{1}{a}>1$．そこで $\frac{1}{a}=b$ と置くと，$a^z=b^{-z}$ となる．それゆえ後者の場合の状勢は前者の場合の分析に基づいて決定されるのである．

99. $a=0$ の場合には，a^z の諸値の間に法外に大きなギャップが見られる．実際，z が正の数，言い換えると 0 より大きい数である限り，いつまでも $a^z=0$ であるままである．$z=0$ なら，$a^0=1$．だが，もし z が負の数なら，a^z は無限に大きな値を取る．実際，たとえば $z=-3$ としてみると，

$$a^z = 0^{-3} = \frac{1}{0^3} = \frac{1}{0}.$$

したがってこの値は無限大である．

定量 a が負の値，たとえば -2 をもつ場合には，はるかに大きなギャップが出現する．実際，この場合，z に整数をあてはめていくと，下に挙げる［$a=-2$ の場合の］系列を見れば諒解されるように，a^z の値は交互に正になったり負になったりする．

$$a^{-4}, \quad a^{-3}, \quad a^{-2}, \quad a^{-1}, \quad a^0, \quad a^1, \quad a^2, \quad a^3, \quad a^4, \cdots$$
$$+\frac{1}{16}, \quad -\frac{1}{8}, \quad +\frac{1}{4}, \quad -\frac{1}{2}, \quad 1, \quad -2, \quad +4, \quad -8, \quad +16, \cdots$$

そのうえ，冪指数 z に分数値を割り当てると，冪 $a^z = (-2)^z$ は実の値をもたらすかとおもえば虚の値をもたらしたりもする．実際，$a^{\frac{1}{2}} = \sqrt{-2}$ は虚値だが，$a^{\frac{1}{3}} = \sqrt[3]{-2} = -\sqrt[3]{2}$ は実値である．冪指数 z に非有理値が割り当てられる場合，冪 a^z は実量を与えるのであろうか．それとも虚量を与えるのであろうか．この点を明確に定めるのはまったく不可能である．

100. a に負数を割り当てることに伴う種々の不都合な状勢を想起して，a は正で，しかも 1 よりも大きい数と定めることにしよう．というのは，a が 1 より小さい正の数の場合を考えても，1 より大きい正数の場合にたやすく帰着されるからである．そこで $a^z = y$ と置き，z に限界 $+\infty$ と $-\infty$ の間にはさまれるあらゆる実数を代入していくと，y は限界 $+\infty$ と 0 の間にはさまれるあらゆる正値を獲得する．実際，$z = \infty$ とすると $y = \infty$．$z = 0$ なら $y = 1$．$z = -\infty$ なら $y = 0$ となる．逆に y としては任意の正値が許されて，それに対応する z の実数値で $a^z = y$ という性質を備えたものが存在する．しかし y に負値が割り当てられた場合には，冪指数 z は実数値をもつことはできない．

101. そこで $y = a^z$ と設定すると，y は z のある種の関数である．そうして y が z に依存する様式は，冪というものの性質から容易に諒解される．実際，z に任意の値を割り当てると y の値が定められる．ところで

$$yy = a^{2z}, \quad y^3 = a^{3z}.$$

一般に

$$y^n = a^{nz}$$

となる．以下も同様に続いていく．これより

$$\sqrt{y} = a^{\frac{1}{2}z}, \quad \sqrt[3]{y} = a^{\frac{1}{3}z} \quad \text{および} \quad \frac{1}{y} = a^{-z}, \quad \frac{1}{yy} = a^{-2z} \quad \text{および} \quad \frac{1}{\sqrt{y}} = a^{-\frac{1}{2}z}$$

となることが明らかになる．ここでさらに $v = a^x$ と置くと，

第 6 章　指数量と対数

$$vy = a^{x+z} \quad \text{よって} \quad \frac{v}{y} = a^{x-z}$$

となる．これらの公式の支援を受けると，ある与えられた z の値から y の値を見つける作業はいっそう容易になる．

例

$a = 10$ とすると，我々が常用する十進数の体系に基づいて，z に整数をあてはめていくときの y の値を明示する作業は容易に遂行される．実際，

$$10^1 = 10,\ 10^2 = 100,\ 10^3 = 1000,\ 10^4 = 10000 \quad \text{および} \quad 10^0 = 1.$$

同様に，

$$10^{-1} = \frac{1}{10} = 0.1,\ 10^{-2} = \frac{1}{100} = 0.01,\ 10^{-3} = \frac{1}{1000} = 0.001$$

となる．z に分数をあてはめていく場合には，根号を開くことにより y の値が判明する．たとえば，

$$10^{\frac{1}{2}} = \sqrt{10} = 3.162277$$

というふうになる．

102. 　ある与えられた数 a を設定しておくとき，z の任意の値を元にして，それに対応する y の値を見つけることができるのと同様に，逆に y の任意の正の値が与えられたとき，適合する z の値，すなわち $a^z = y$ となるような z の値が与えられる．この z の値は，y の関数と見る限りにおいて，y の**対数**という名で呼ぶ習わしになっている．だから，対数の理論では a にあてはめるべき確定した定数が，あらかじめ設定されているわけである．その定数は対数の**底**と呼ばれる．このように状勢を整えておくとき，数 y の対数というのは，その数 y に等しい冪 a^z の冪指数のことにほかならない．数 y の対数は普通 $\log y$ と表記する習わしになっている．それゆえ，もし

$$a^z = y$$

であれば，

$$z = \log y$$

というふうになることになる．これより諒解されるように，対数の底というものは，たとえ我々の意のままにまかされているとはいうものの，1 よりも大きい数でなければならない．そうして実在する数値を用いて表示されうるのは，正の数の対数のみなのである．

103. どのような数 a を対数の底に採っても，つねに
$$\log 1 = 0$$
となる．実際，方程式 $a^z = y$ ―― これは方程式 $z = \log y$ と同じものである ―― において $y = 1$ と置くと，$z = 0$ となる．

次に，1 よりも大きい数の対数は正であり，その大きさは底 a に依存する．たとえば，
$$\log a = 1, \quad \log aa = 2, \quad \log a^3 = 3, \quad \log a^4 = 4, \cdots$$
というふうになる．これより結果的に見て明らかになるように，どれほど大きな数を底に採ろうとも，その対数が 1 に等しい数は対数の底なのである．

1 よりも小さい正の数の対数は負である．実際，
$$\log \frac{1}{a} = -1, \quad \log \frac{1}{aa} = -2, \quad \log \frac{1}{a^3} = -3, \cdots$$
となる．

すでに注意を喚起したように，負の数の対数は実数ではありえず，虚数になる．

104. 同様に，もし $\log y = z$ なら，
$$\log yy = 2z, \quad \log y^3 = 3z$$
となる．一般に，
$$\log y^n = nz.$$
言い換えると，$z = \log y$ より，
$$\log y^n = n \log y$$
となる．それゆえ y の冪の対数は，y の対数に，その冪の冪指数を乗じた数値に等しい．たとえば，
$$\log \sqrt{y} = \frac{1}{2} z = \frac{1}{2} \log y, \quad \log \frac{1}{\sqrt{y}} = \log y^{-\frac{1}{2}} = -\frac{1}{2} \log y$$
等々となる．これより，ある数の与えられた対数を元にして，その数の任意の冪の対数を見つけることが可能になる．

ところで，もしふたつの対数，すなわち
$$\log y = z \quad \text{と} \quad \log v = x$$
がすでに見つかっているなら，$y = a^z$ および $v = a^x$ であるから，
$$\log vy = x + z = \log v + \log y$$
となる．よって，ふたつの数の積の対数は，積の因子の対数の和に等しい．同様に，
$$\log \frac{y}{v} = z - x = \log y - \log v.$$

第6章　指数量と対数

すなわち，分数の対数は，分子の対数から分母の対数を差し引いた差に等しい．これらの規則は，既知の二三の対数を元にして，もっと多くの数の対数を見つけるのに有効に使用される．

105. これらの事柄から明らかなように，底 a の冪は別にして，それ以外の数の対数で有理数になるものは存在しない．実際，ある数 b が底 a の冪ではないとすると，その対数を有理数で表示することはできない．そのような［a の冪ではないような］数 b の対数は非有理数でもない．実際，もし $\log b = \sqrt{n}$ となるとすると，$a^{\sqrt{n}} = b$ となるが，数 a と b が有理数と定められている場合には，このようなことは起こりえないのである．望まれる習わしになっているのは主として有理整数の対数である．というのは，それらを元にして，分数や非有理数の対数を見つけることが可能になるからである．このような次第で，底 a の冪ではない数の対数は有理的にも非有理的にも書き表わすことはできないから，正しく超越的な量とみなされる．したがって対数は超越量の仲間に数えるのが習わしになっている．

106. このようなわけで，数の対数は小数を用いて近似的に表示するだけにとどめる習慣である．近似値と真の値との食い違いは，より多くの数字を正確に書けば書くだけ小さくなっていく．これから述べるようなやり方で，平方根を開くだけで，ある数の対数を近似的に決定することができる．実際，

$$\log y = z \quad \text{および} \quad \log v = x$$

と置くと，

$$\log \sqrt{vy} = \frac{x+z}{2}$$

となる．提示された数 b は限界 a^2 と a^3 の間にはさまれるとしよう．これらの限界値の対数は 2 および 3 である．この場合には $a^{2\frac{1}{2}}$ すなわち $a^2 \sqrt{a}$ の値を求める．すると b は限界 a^2 と $a^{2\frac{1}{2}}$ の間にはさまれるか，限界 $a^{2\frac{1}{2}}$ と a^3 の間にはさまれるかのいずれかである．どちらの場合が起こるにしても，再度ふたつの限界値の中間に平均を取れば，［b の値に］いっそう近接する限界が手に入る．こんなふうに歩を進めていくと，ある与えられた量よりも小さい幅をもつふたつの限界，しかも提示された数 b そのものと思ってもさしつかえない限界に到達する．それらの限界の各々の対数は与えられているのであるから，結局のところ数 b の対数がみいだされることになるのである．

例

通常使用される対数表でそうするように，対数の底として $a = 10$ を取り，数 5 の対数を近似的に求めてみよう．この数は限界 1 と 10 の間にはさまれていて，それらの限界の対数は 0 と 1 である．そこで次のようにして次々と平方根を開いていって，提示された数 5 とそれほど食い違わない限界に達するまで続ける．

$$
\begin{aligned}
A &= 1.000000, & \log A &= 0.0000000, \\
B &= 10.000000, & \log B &= 1.0000000, & C &= \sqrt{AB}, \\
C &= 3.162277, & \log C &= 0.5000000, & D &= \sqrt{BC}, \\
D &= 5.623413, & \log D &= 0.7500000, & E &= \sqrt{CD}, \\
E &= 4.216964, & \log E &= 0.6250000, & F &= \sqrt{DE}, \\
F &= 4.869674, & \log F &= 0.6875000, & G &= \sqrt{DF}, \\
G &= 5.232991, & \log G &= 0.7187500, & H &= \sqrt{FG}, \\
H &= 5.048065, & \log H &= 0.7031250, & I &= \sqrt{FH}, \\
I &= 4.958069, & \log I &= 0.6953125, & K &= \sqrt{HI}, \\
K &= 5.002865, & \log K &= 0.6992187, & L &= \sqrt{IK}, \\
L &= 4.980416, & \log L &= 0.6972656, & M &= \sqrt{KL}, \\
M &= 4.991627, & \log M &= 0.6982421, & N &= \sqrt{KM}, \\
N &= 4.997242, & \log N &= 0.6987304, & O &= \sqrt{KN}, \\
O &= 5.000052, & \log O &= 0.6989745, & P &= \sqrt{NO}, \\
P &= 4.998647, & \log P &= 0.6988525, & Q &= \sqrt{OP}, \\
Q &= 4.999350, & \log Q &= 0.6989135, & R &= \sqrt{OQ}, \\
R &= 4.999701, & \log R &= 0.6989440, & S &= \sqrt{OR}, \\
S &= 4.999876, & \log S &= 0.6989592, & T &= \sqrt{OS}, \\
T &= 4.999963, & \log T &= 0.6989668, & V &= \sqrt{OT}, \\
V &= 5.000008, & \log V &= 0.6989707, & W &= \sqrt{TV}, \\
W &= 4.999984, & \log W &= 0.6989687, & X &= \sqrt{VW}, \\
X &= 4.999997, & \log X &= 0.6989697, & Y &= \sqrt{VX},
\end{aligned}
$$

第6章　指数量と対数

$$Y = 5.000003, \quad \log Y = 0.6989702, \quad Z = \sqrt{XY},$$
$$Z = 5.000000, \quad \log Z = 0.6989700$$

このように中間平均を取っていくと，最後に $Z = 5.000000$ に到達する．これより，数5の求める対数は，対数の底を10に設定するとき，0.698970 となる．それゆえ近似的に

$$10^{\frac{69897}{100000}} = 5$$

となる．こんなふうに計算を進めて，ブリッグス[1]とブラック[2]は常用対数表を作成した．その後，ずっと簡便な近道がいくつか見つかった．それらの助けを借りると，はるかに迅速に対数の計算を行なうことができるようになる．

107. 底として採ることができる数 a はいろいろあるが，それに見合うだけのさまざまな対数系が存在する．したがって無限に多くの対数系があることになる．だが，二種類の対数系において，同じ数の対数はつねに相互に同一の比率を保有する．一方の対数系の底を a とし，もう一方の対数系の底を b としよう．そうして数 n の，前者の対数系における対数を p と等値し，後者の対数系における対数を q と等値しよう．すると，

$$a^p = n \quad および \quad b^q = n$$

となる．これより，

$$a^p = b^q. \quad したがって \quad a = b^{\frac{q}{p}}.$$

それゆえ分数 $\dfrac{q}{p}$ は，n としてどのような数を取り上げても一定値をもたなければならないのである．この「黄金則」により，あるひとつの対数系についてすべての数の対数を計算しておけば，他の対数系の対数も簡単な作業で手に入れることができるのである．たとえば底10の対数が手元にあれば，それを利用して他の底，たとえば底2の対数を見つけることができる．実際，数 n の，底2に対する対数を求めたいとして，それを q と等値しよう．また，同じ数 n の，底10に対する対数を p と等値しよう．底10に対して $\log 2 = 0.3010300$ であり，底2に対しては $\log 2 = 1$ であるから，

$$0.3010300 : 1 = p : q$$

となる．したがって，

$$q = \frac{p}{0.3010300} = 3.3219280 \cdot p . \quad [3]$$

そこであらゆる常用対数に数 3.3219280 を乗じれば，底2に対する対数表ができるこ

とになる．

108． これより明らかになるように，ふたつの数の対数はどの対数系においても同一の比率を保持する．

実際，ふたつの数を M と N としよう．これらの数の，底 a に対する対数を m と n としよう．すると $M = a^m$，$N = a^n$ となる．よって $a^{mn} = M^n = N^m$．したがって，
$$M = N^{\frac{m}{n}}$$
となる．この方程式には底 a の姿はもう見られないから，分数 $\frac{m}{n}$ が底 a に依存しない値をもつのは明白である．実際，他の底 b に対して，同じ数 M と N は対数 μ および ν をもつとしよう．先ほどと同様にして，
$$M = N^{\frac{\mu}{\nu}}$$
となることが帰結する．よって，
$$N^{\frac{m}{n}} = N^{\frac{\mu}{\nu}}.$$
よって，
$$\frac{m}{n} = \frac{\mu}{\nu} \quad \text{すなわち} \quad m : n = \mu : \nu$$
となる．すでに見たように，あらゆる対数系において，ある同じ数の異なる冪，たとえば y^m と y^n のような冪の対数は冪指数の比に等しい比率 $m : n$ を保持する．

109． 任意の底 a に対する対数表を作成するには，前に述べた通りの方法もしくはもっと簡便な方法を駆使して，素数の対数値だけ算出しておけば十分である．実際，合成数の対数は個々の因子の対数の総和に等しいから，合成数の対数は足し算のみでみいだされるのである．たとえば，数 3 と 5 の対数が手元にあるとすれば，
$$\log 15 = \log 3 + \log 5, \quad \log 45 = 2\log 3 + \log 5$$
というふうになる．そうして以前，底 $a = 10$ に対して
$$\log 5 = 0.6989700$$
であることがわかった．しかも $\log 10 = 1$．よって，
$$\log \frac{10}{5} = \log 2 = \log 10 - \log 5.$$
したがって，
$$\log 2 = 1 - 0.6989700 = 0.3010300$$
となることが明らかになる．こんなふうにして素数 2 および 5 の対数が見つかったから，2 と 5 を用いて組み立てられるあらゆる数，たとえば $4, 8, 16, 32, 64 \cdots, 20,$

第6章 指数量と対数

40 , 80 , 25 , 50 ・・・の対数が手に入る．

110. ところで対数表は数値計算を遂行するうえできわめて有用である．というのは，対数表を見て発見することができるのは，与えられた数の対数だけにとどまらず，提示された対数に適合する数もまた見つかるからである．たとえば，c, d, e, f, g, h は何らかの数を表すものとするとき，表示式

$$\frac{c\, c\, d\, \sqrt{e}}{f\, \sqrt[3]{g\, h}}$$

の値を，掛け算を行なうことなく見つけることができる．実際，この表示式の対数は

$$2\log c + \log d + \frac{1}{2}\log e - \log f - \frac{1}{3}\log g - \frac{1}{3}\log h$$

に等しい．そこでこの対数に対応する数を探せば，求める値が得られるのである．対数表は，非常に繁雑な冪や根号の値を求める場合にはとりわけ有効である．対数に移行すると，冪を作ったり根号を開いたりする操作に代わって正面に出てくるのは，簡単な掛け算と割り算のみにすぎないからである．

例1

冪 $2^{\frac{7}{12}}$ の値を求めてみよう．

この冪の対数は $\frac{7}{12}\log 2$ に等しい．対数表を見ると，2の対数は 0.3010300 である．そこでこれに $\frac{7}{12}$ すなわち $\frac{1}{2}+\frac{1}{12}$ を乗じると，

$$\log 2^{\frac{7}{12}} = 0.1756008$$

となる．この対数に対応する数は，

$$1.498307$$

である．それゆえこの数値は値 $2^{\frac{7}{12}}$ を近似的に表わしていることになる．

例2

ある地域の人口は毎年三十分の一ずつ増加していくとしよう．初め，この地域には100000人の住民が住んでいたとして，100年後の人口を求めたいと思う．

表記を簡単にするために，初めの人口を n と等値しよう．したがって，

$$n = 100000$$

である．一年がすぎると，人口は

$$\left(1+\frac{1}{30}\right)n = \frac{31}{30}n$$

となる．二年後には $\left(\frac{31}{30}\right)^2 n$，三年後には $\left(\frac{31}{30}\right)^3 n$ になる．かくして100年後には，人口は

$$\left(\frac{31}{30}\right)^{100} n = \left(\frac{31}{30}\right)^{100} 100000$$

となる．この数値の対数は

$$100 \log \frac{31}{30} + \log 100000$$

である．ところが，

$$\log \frac{31}{30} = \log 31 - \log 30 = 0.014240439 .$$

よって，

$$100 \log \frac{31}{30} = 1.4240439 .$$

これに $\log 100000 = 5$ を加えると，求める人口の対数は

$$6.4240439$$

となる．これに対応する数は，

$$2654874$$

である．それゆえ100年後には，人口は26.5倍以上になることになる．

例3

洪水の後，6人の人間から始まって人類が繁殖したとして，200年後にはすでに1000000人に達したとしよう．この場合，人口は毎年どの程度の割合で増加していかなければならないのであろうか．

この期間にわたって人口は毎年 $\frac{1}{x}$ ずつ増加していったとしよう．すると200年後には，人口は

$$\left(\frac{1+x}{x}\right)^{200} 6 = 1000000$$

にならなければならないことになる．これより，

$$\frac{1+x}{x} = \left(\frac{1000000}{6}\right)^{\frac{1}{200}} .$$

よって，

$$\log \frac{1+x}{x} = \frac{1}{200} \log \frac{1000000}{6} = \frac{1}{200} \cdot 5.2218487 = 0.0261092 .$$

したがって，

$$\frac{1+x}{x} = \frac{1061963}{1000000} . \quad \text{よって，} \quad 1000000 = 61963 \, x .$$

よって，おおよそ

$$x = 16$$

となる．それゆえ所定の人口増加が実現するには，毎年16分の1ずつ増えていけば十分である．高齢者がいることでもあり，この程度の増加ぶりはそれほど大きすぎるとは思われない．だが，同じ割合で400年間にわたって増え続けたとしたら，その場合，人口は

$$1000000 \cdot \frac{1000000}{6} = 166666666666$$

にものぼるはずである．地球全体をもってしても，決してこれだけの人口を同等に支えるだけのゆとりはなかったであろう．

例4

一世紀ごとに人口が二倍になるとするとき，年間の人口増大率を求めたいと思う．

毎年 $\frac{1}{x}$ ずつ人口が増加していくものとして，初め，人口は n に等しいとしよう．すると百年後には人口は $\left(\frac{1+x}{x}\right)^{100} n$ になる．これは $2n$ に等しいはずであるから，

$$\frac{1+x}{x} = 2^{\frac{1}{100}}$$

となる．よって，

$$\log \frac{1+x}{x} = \frac{1}{100} \log 2 = 0.0030103.$$

よって，

$$\frac{1+x}{x} = \frac{10069555}{10000000}.$$

それゆえおおよそ

$$x = \frac{10000000}{69555} = 144$$

となる．こうして，毎年人口が $\frac{1}{144}$ ずつ増加していけば十分であることになる．このような次第であるから，かくも短期間に一人の人間に端を発して地球全体が人間で一杯になってしまう可能性を否定する，あの不信心な人々の非難は，はなはだばかげたものになってしまうのである．

111. 対数の利用が特に要請されるのは，冪指数の中に未知量が入っているようなタイプの方程式を解く場合である．たとえば，

$$a^x = b$$

という形の方程式に到達したとして，この方程式から未知量 x の値を探し当てなければならないものとしてみよう．これを遂行するには対数をもってするほかはない．実際，$a^x = b$ であるから，

$$\log a^x = x \log a = \log b.$$

したがって，
$$x = \frac{\log b}{\log a}$$
となる．この場合，どの対数系を使っても結果は同じである．というのは，あらゆる対数系において，数 a と b の対数は相互に同一の比率を保持するからである．

例 1

人口が毎年 100 分の 1 ずつ増加していくとするとき，人口が十倍になるのは何年後かと問うてみよう．

これが実現するのは x 年後とし，初め，人口は n 人であったとしよう．すると，x 年が経過した後の人口は $\left(\frac{101}{100}\right)^x n$ と等値されるが，これは $10n$ に等しいから，
$$\left(\frac{101}{100}\right)^x = 10$$
となる．したがって，
$$x \log \frac{101}{100} = \log 10 .$$
よって，
$$x = \frac{\log 10}{\log 101 - \log 100}$$
となる．こうして，おおよそ
$$x = \frac{10000000}{43214} = 231$$
が出る．それゆえ年々の人口増加が 100 分の 1 ずつにすぎない場合，人口が十倍になるのは 231 年後，百倍になるのは 462 年後，千倍になるのは 693 年後のことになる．

例 2

ある人が 400000 フローリン借りて，毎年 5 パーセントの利息を支払うという契約を結び，一年ごとに 25000 フローリンずつ返すものとする．このとき，借金が完全になくなるのは何年後になるかと問いたいと思う．

借金総額 400000 フローリンを a，年々の返済額 25000 フローリンを b と表記しよう．一年が経過すると，借金は
$$\frac{105}{100} a - b .$$
二年が経過すると，借金は
$$\left(\frac{105}{100}\right)^2 a - \frac{105}{100} b - b .$$
三年が経過すると，借金は
$$\left(\frac{105}{100}\right)^3 a - \left(\frac{105}{100}\right)^2 b - \frac{105}{100} b - b$$

となる．表記を簡単にするため，$\frac{105}{100}$ を n と書くことにすると，x 年後には借金は

$$n^x a - n^{x-1} b - n^{x-2} b - n^{x-3} b - \cdots - b = n^x a - b\left(1 + n + n^2 + \cdots + n^{x-1}\right)$$

となる．幾何級数の性質により，

$$1 + n + n^2 + \cdots + n^{x-1} = \frac{n^x - 1}{n - 1}$$

であるから，x 年後の借金は

$$n^x a - \frac{n^x b - b}{n - 1} \ \text{フローリン}$$

になる．この借金を 0 と等値すると，方程式

$$n^x a = \frac{n^x b - b}{n - 1}$$

すなわち

$$(n-1) n^x a = n^x b - b \quad \text{したがって} \quad (b - na + a) n^x = b$$

が与えられる．よって，

$$n^x = \frac{b}{b - (n-1) a}.$$

これより

$$x = \frac{\log b - \log\left(b - (n-1) a\right)}{\log n}$$

となる．

さて，

$$a = 400000, \ b = 25000, \ n = \frac{105}{100}$$

であるから，

$$(n-1) a = 20000 \quad \text{および} \quad b - (n-1) a = 5000.$$

よって，借金を完全に返済するのに要する年数は，

$$x = \frac{\log 25000 - \log 5000}{\log \frac{105}{100}} = \frac{\log 5}{\log \frac{21}{20}} = \frac{6989700}{211893}$$

となる．この x の数値は 33 よりもわずかに小さい．これを言い換えると，33 年の歳月が過ぎると，単に借金が完済されるばかりではなく，債権者のほうが債務者に対して

$$\frac{(n^{33} - 1) b}{n - 1} - n^{33} a = \frac{\left(\frac{21}{20}\right)^{33} 5000 - 25000}{\frac{1}{20}} = 100000 \left(\frac{21}{20}\right)^{33} - 500000 \ \text{フローリン}$$

の金額を支払う義務が生じるのである．ところで，

$$\log \frac{21}{20} = 0.0211892991$$

であるから，

$$\log \left(\frac{21}{20}\right)^{33} = 0.69924687 \quad \text{および} \quad \log 100000 \left(\frac{21}{20}\right)^{33} = 5.6992469$$

となる．この数値に対応する数は500318.8である．よって，33年後，債権者は債務者に$318\frac{4}{5}$フローリンを返還しなければならない．

112. 底10の常用対数は，一般に対数というものが供給してくれる利益のほかに，十進数のシステムの中で使用すると，特別の効果を発揮する．まさしくこの理由の故に，常用対数には他の対数系にまさる際立った利点が備わっているのである．実際，あらゆる数の対数は10の冪のほかに小数を用いて書き表わされるのであるから，1と10の間にはさまれる数の対数は限界0と1の間，10と100の間にはさまっている数の対数は限界1と2の間にはさまれる．これ以下の状勢も同様に推移する．それゆえ対数というものはどれも，整数と小数を用いて組み立てられていることになる．そこでその整数を**標数**と呼び，小数のほうは**仮数**という名で呼ぶ習わしである．したがって標数は，与えられた数を組み立てるのに使われる数字の個数より1だけ小さい数値になる．たとえば数78509の対数の標数は4である．なぜなら，この数は5個の数字を用いて組み立てられているからである．よって，ある数の対数を見れば即座に，その数は何個の数字を用いて作られているのかということが判明する．たとえば，対数7.5804631に対応する数は8個の数字を用いて作られている．

113. このような次第であるから，もしふたつの対数の仮数が一致して，標数だけが異なっているとすれば，それらの対数に対応する数は10の冪で表わされる比率をもつ．したがって，数を組み立てている数字の配列に着目する限り，それらのふたつの数は一致する．たとえば，対数4.9130187および対数6.9130187に対応する数は 81850と8185000である．また，対数3.9130187には数8185が適合し，対数0.9130187には8.185が適合する．だから，仮数というのは，数を記述するのに使われる数字を明示しているのである．それらの数字が見つかった後に，標数を見て明らかになるのは，左側から数えてどれだけの個数の数字を整数部分に参入するべきか，という一事である．その際，右方に残される数字は小数部分を与えているのである．たとえば，対数2.7603429が見つかったとしてみよう．この場合，仮数は，［この対数を与える数を組み立てるのに使われる］数字は5758945であることを示しているし，標数2のほうは，この対数に対応する数を575.8945と確定する役割を果たす．もし標数が0なら，［対数に対応する］数は5.758945となる．標数がさらに1だけ小さ

第6章　指数量と対数

くなって -1 になるとすれば，対応する数は十分の一に縮まる．すなわち 0.5758945 となる．また，標数 -2 には 0.05758945 が対応する．万事このような調子である．負の標数 $-1, -2, -3, \cdots$ の代わりに $9, 8, 7, \cdots$ を書く習慣も確立されているから，対数から 10 だけ差し引かなければならないことを念頭に置いておく必要がある．これらの事柄は普通，対数表の冒頭で詳しく説明がなされている．

例

各項が，ひとつ手前の項の平方になっている系列 $2, 4, 16, 256, \cdots$ が，第25番目の項に至るまで続いているとしよう．このとき，その一番最後の項の大きさを求めたいと思う．

この数列の諸項は，冪指数に着目すると，

$$2^1, \ 2^2, \ 2^4, \ 2^8, \ \cdots$$

というふうにいっそう適切な形に書き表わされる．このように書くと明らかなように，冪指数は幾何級数を作り，第25番目の項の冪指数は

$$2^{24} = 16777216$$

となる．したがって，求める項は

$$2^{16777216}$$

にほかならない．その対数は，

$$16777216 \log 2$$

である．

そうして

$$\log 2 = 0.30102999566398119 52 \ ^{4)}$$

であるから，求める数の対数は

$$5050445.25973367$$

となる．この対数の標数を見れば明らかなように，求める数を通常の様式で表記すると，

$$5050446$$

個の数字を用いて記述される．他方，仮数 259733675932 を対数表で探すと，求める数の冒頭のいくつかの数字が与えられる．それらは 181858 である．この数を明示することはどのようにしても不可能だが，それでもなお，それは 5050446 個の数字から成ることや，出だしの 6 個の数字は 181858 であり，その右方になお 5050440 個の数字が続いていくことなどは確実に言える．もっと規模の大きな対数表を参照すれば，

右方に続いていく数字のいくつかが確定される．たとえば冒頭の11個の数字は18185852986である．

註記

1）ヘンリー・ブリッグス（1556～1630年）はイギリスの数学者．対数のアイデアはスコットランドの数学者ジョン・ネイピア（1550～1617年）に始まるが，ブリッグスはネイピアの対数の価値を認め，ネイピアの後継者となった．底を10に取る対数を提案し，1から20000までと，90000から100000までの数の14桁の対数を計算した．

2）アドリアン・ブラック(1600？～1667？年)はオランダのグーダ生まれの数学者．対数の研究においてネイピアとブリッグスを継承し，1から100000までの数の対数表を作成した．20000と90000の間の数の対数はブリッグスの対数表には欠けていたが，ブラックはこれを補った．

3）原文では $3.3219277 \cdot p$ となっている．

4）原文には最後の数字「2」は欠けているが，オイラー全集にならって「2」を書き添えた．仮数259733675932の算出にあたって精度を高めるための処置である．

第7章　指数量と対数の級数表示

114. まず $a^0 = 1$. しかももし a が 1 よりも大きな数であれば，a の冪指数が増大するのにつれて，それに伴って［a の］冪の値もまた増大していく．これより明らかになるように，もし冪指数が無限小だけ 0 を越えたなら，冪もまた無限小だけ 1 を凌駕する．そこで ω は無限に小さい数，すなわち，どれほどでも小さくてしかも 0 とは異なる分数[1]としよう．すると，

$$a^\omega = 1 + \psi$$

と設定される．ここで ψ はやはり無限小数である．実際，前章で目にした事柄からわかるように，もし ψ が無限小数ではないとすると，ω もまた無限小数ではないことになってしまうのである．よって，$\psi = \omega$ となるか，または $\psi > \omega$ となるか，または $\psi < \omega$ となるかのいずれかである．この比は文字 a で表記された量に依存するが，今はまだ未知なのであるから，ともあれ $\psi = k\omega$ と置いてみよう．すると，

$$a^\omega = 1 + k\omega$$

となる．a を対数の底に取れば，

$$\omega = \log(1 + k\omega)$$

となる．

例

数 k が底 a に依存する様式をいっそう明瞭に理解するために，$a = 10$ と設定し，常用対数表を用いて，ごくわずかだけ 1 を越える数，たとえば $1 + \dfrac{1}{1000000}$ の対数を求めてみよう．この場合，$k\omega = \dfrac{1}{1000000}$. また，

$$\log\left(1 + \frac{1}{1000000}\right) = \log \frac{1000001}{1000000} = 0.00000043429 = \omega$$

となる．$k\omega = 0.00000100000$ であるから，

$$\frac{1}{k} = \frac{43429}{100000}.$$

よって，
$$k = \frac{100000}{43429} = 2.30258 \ .^{2)}$$
これより明らかになるように，k は底 a の値に依存する有限数である．実際，底として他の数を設定すると，同じ数 $1+k\omega$ の対数は，初めに取り上げられた対数値と比較してある与えられた比率を保有する．この事実から同時に，文字 k の別の値が生じる[3)] ことになるのである．

115. $a^\omega = 1 + k\omega$ であるから，i にどのような値を代入しても，
$$a^{i\omega} = (1+k\omega)^i$$
となる．よって，
$$a^{i\omega} = 1 + \frac{i}{1}k\omega + \frac{i(i-1)}{1\cdot 2}k^2\omega^2 + \frac{i(i-1)(i-2)}{1\cdot 2\cdot 3}k^3\omega^3 + \cdots$$
となる．そこで z はある有限数を表わすものとして，$i = \frac{z}{\omega}$ と定めると，ω は無限小数であるから，i は無限大数になる．これより $\omega = \frac{z}{i}$．したがって ω は無限に大きい分母をもつ分数である．すると ω は無限小であることになるが，これはあらかじめそのように設定されていた通りの状勢である．ω に $\frac{z}{i}$ を代入すると，
$$a^z = \left(1 + \frac{kz}{i}\right)^i = 1 + \frac{1}{1}kz + \frac{1(i-1)}{1\cdot 2i}k^2z^2 + \frac{1(i-1)(i-2)}{1\cdot 2i\cdot 3i}k^3z^3$$
$$+ \frac{1(i-1)(i-2)(i-3)}{1\cdot 2i\cdot 3i\cdot 4i}k^4z^4 + \cdots$$
となる．この方程式は，i に無限大数を代入しても正しい．だが，すでに見たように，k は a に依存する有限数なのである．

116. i は無限大数であるから，
$$\frac{i-1}{i} = 1$$
となる．実際，i に代入する数が大きければ大きいほど，分数 $\frac{i-1}{i}$ の値はそれだけ近く 1 に接近していくのは明白である．よって，もし i が指定可能なあらゆる数よりも大きいなら，分数 $\frac{i-1}{i}$ は 1 に等しくなるほかはないのである．同様の理由により，
$$\frac{i-2}{i} = 1, \quad \frac{i-3}{i} = 1 .$$
以下も同様である．これより明らかになるように，
$$\frac{i-1}{2i} = \frac{1}{2}, \quad \frac{i-2}{3i} = \frac{1}{3}, \quad \frac{i-3}{4i} = \frac{1}{4}$$
となる．以下も同様である．そこでこれらの値を代入すると，

$$a^z = 1 + \frac{kz}{1} + \frac{k^2 z^2}{1 \cdot 2} + \frac{k^3 z^3}{1 \cdot 2 \cdot 3} + \frac{k^4 z^4}{1 \cdot 2 \cdot 3 \cdot 4} + \cdots$$

となる.

この方程式は同時に，数 a と k の間の関係をはっきりと示している．実際，$z = 1$ と置けば，

$$a = 1 + \frac{k}{1} + \frac{k^2}{1 \cdot 2} + \frac{k^3}{1 \cdot 2 \cdot 3} + \frac{k^4}{1 \cdot 2 \cdot 3 \cdot 4} + \cdots$$

となる．たとえば，$a = 10$ であるためには，以前すでに見たように，だいたい $k = 2.30258$ でなければならない．

117.　今，

$$b = a^n$$

と設定して，数 a を対数の底に採ると，$\log b = n$ となる．そうして $b^z = a^{nz}$ であるから，無限級数を用いて，

$$b^z = 1 + \frac{knz}{1} + \frac{k^2 n^2 z^2}{1 \cdot 2} + \frac{k^3 n^3 z^3}{1 \cdot 2 \cdot 3} + \frac{k^4 n^4 z^4}{1 \cdot 2 \cdot 3 \cdot 4} + \cdots$$

と表示される．n の代わりに $\log b$ を用いれば，

$$b^z = 1 + \frac{kz}{1} \log b + \frac{k^2 z^2}{1 \cdot 2} (\log b)^2 + \frac{k^3 z^3}{1 \cdot 2 \cdot 3} (\log b)^3 + \frac{k^4 z^4}{1 \cdot 2 \cdot 3 \cdot 4} (\log b)^4 + \cdots$$

となる．したがって，底 a のある与えられた値から出発して文字 k の値が知られたなら，任意の指数量 b^z が，z の冪指数が増大していく方向に進行する諸項をもつ無限級数を用いて表示されることになる．以上の説明を踏まえて，対数はどのように無限級数に展開されるのかという論点も解明したいと思う．

118.　ω は無限に小さい分数を表わすとするとき，$a^\omega = 1 + k\omega$ となる．また，a と k の関係は

$$a = 1 + \frac{k}{1} + \frac{k^2}{1 \cdot 2} + \frac{k^3}{1 \cdot 2 \cdot 3} + \cdots$$

という方程式で規定される．よって，a を対数の底に採れば，

$$\omega = \log(1 + k\omega) \quad \text{および} \quad i\omega = \log(1 + k\omega)^i$$

となる．ところで明らかに，i として採用される数が大きければ大きいほど，冪 $(1 + k\omega)^i$ はいっそう遠く 1 を凌駕する．そうして i を無限大数と設定すれば，冪 $(1 + k\omega)^i$ の値は，1 よりも大きい任意の数に到達する．そこで

$$(1 + k\omega)^i = 1 + x$$

と置くと，

$$\log(1+x) = i\,\omega$$

となる．そうして $i\,\omega$ は有限数，すなわち数 $1+x$ の対数なのであるから，i は無限大数でなければならないのは明白である．なぜなら，もしそうでなければ，$i\,\omega$ は有限値をもちえないことになってしまうからである．

119. ところで，

$$(1+k\,\omega)^i = 1+x$$

と置いたのであるから，

$$1+k\,\omega = (1+x)^{\frac{1}{i}} \quad \text{よって} \quad k\,\omega = (1+x)^{\frac{1}{i}} - 1$$

となる．これより，

$$i\,\omega = \frac{i}{k}\left((1+x)^{\frac{1}{i}} - 1\right).$$

そうして $i\,\omega = \log(1+x)$ であるから，i として無限大数を設定するとき，

$$\log(1+x) = \frac{i}{k}(1+x)^{\frac{1}{i}} - \frac{i}{k}$$

となる．他方，

$$(1+x)^{\frac{1}{i}} = 1 + \frac{1}{i}x - \frac{1(i-1)}{i \cdot 2i}x^2 + \frac{1(i-1)(2i-1)}{i \cdot 2i \cdot 3i}x^3$$
$$- \frac{1(i-1)(2i-1)(3i-1)}{i \cdot 2i \cdot 3i \cdot 4i}x^4 + \cdots.$$

i は無限大数であるから，

$$\frac{i-1}{2i} = \frac{1}{2}, \quad \frac{2i-1}{3i} = \frac{2}{3}, \quad \frac{3i-1}{4i} = \frac{3}{4}, \quad \cdots.$$

よって，

$$i(1+x)^{\frac{1}{i}} = i + \frac{x}{1} - \frac{x\,x}{2} + \frac{x^3}{3} - \frac{x^4}{4} + \cdots$$

となる．したがって，

$$\log(1+x) = \frac{1}{k}\left(\frac{x}{1} - \frac{x\,x}{2} + \frac{x^3}{3} - \frac{x^4}{4} + \cdots\right)$$

となる．ここでは対数の底を a に設定している．また，k はその底に適合する数を表わす．すなわち，k は，

$$a = 1 + \frac{k}{1} + \frac{k^2}{1 \cdot 2} + \frac{k^3}{1 \cdot 2 \cdot 3} + \cdots$$

という関係で a と結ばれている数である．

120. このようにして数 $1+x$ の対数と等値される級数が得られる．そこでそ

の支援を受けると，ある与えられた底 a を元にして数 k の値を定めることが可能になる．実際，$1+x=a$ と置くと，$\log a = 1$ より，

$$1 = \frac{1}{k}\left(\frac{a-1}{1} - \frac{(a-1)^2}{2} + \frac{(a-1)^3}{3} - \frac{(a-1)^4}{4} + \cdots\right)$$

となる．よって，

$$k = \frac{a-1}{1} - \frac{(a-1)^2}{2} + \frac{(a-1)^3}{3} - \frac{(a-1)^4}{4} + \cdots$$

が得られるのである．この無限級数の値は，$a = 10$ と置けば，ほぼ 2.30258 に等しくなければならないはずである．だが，

$$2.30258 = \frac{9}{1} - \frac{9^2}{2} + \frac{9^3}{3} - \frac{9^4}{4} + \cdots$$

となりうる可能性を受け入れるのは困難である．というのは，この級数の項数は間断なく増大していくし，いくつかの項を取って総和を作っても，［この級数の］近似的な和を手にすることもまたできないからである．この不都合な状況に対処する救済策はまもなく与えられるであろう．

121. こうして

$$\log(1+x) = \frac{1}{k}\left(\frac{x}{1} - \frac{xx}{2} + \frac{x^3}{3} - \frac{x^4}{4} + \cdots\right)$$

となるが，ここで x を負と見ると，

$$\log(1-x) = -\frac{1}{k}\left(\frac{x}{1} + \frac{x^2}{2} + \frac{x^3}{3} + \frac{x^4}{4} + \cdots\right)$$

となる．後者の級数を前者の級数から引くと，

$$\log(1+x) - \log(1-x) = \log\frac{1+x}{1-x} = \frac{2}{k}\left(\frac{x}{1} + \frac{x^3}{3} + \frac{x^5}{5} + \frac{x^7}{7} + \cdots\right)$$

となる．そこで今，

$$\frac{1+x}{1-x} = a$$

と置くと，

$$x = \frac{a-1}{a+1}$$

となる．$\log a = 1$ により，

$$k = 2\left(\frac{a-1}{a+1} + \frac{(a-1)^3}{3(a+1)^3} + \frac{(a-1)^5}{5(a+1)^5} + \cdots\right).$$

この方程式により底 a から数 k の値を見つけることが可能になる．そこで底 a を 10

と等置すると，
$$k = 2\left(\frac{9}{11} + \frac{9^3}{3\cdot 11^3} + \frac{9^5}{5\cdot 11^5} + \frac{9^7}{7\cdot 11^7} + \cdots\right)$$
となる．この級数の諸項は際立った早さで減少していく．したがって k の値をすぐに，十分に高い精度で近似的に提供してくれるのである．

122. 対数系の作成にあたり，底 a は意のままに受け入れることができるから，$k=1$ となるように採ることも可能である．そこで $k=1$ としてみよう．するとすでにみいだされた級数（§116）により，
$$a = 1 + \frac{1}{1} + \frac{1}{1\cdot 2} + \frac{1}{1\cdot 2\cdot 3} + \frac{1}{1\cdot 2\cdot 3\cdot 4} + \cdots$$
となる．諸項を十進分数に変換して実際に加えると，a として，
$$2.71828\ 18284\ 59045\ 23536\ 028$$
という値が与えられる．この数値の一番最後の数字もまた正しい．

この底に基づいて対数を作成するとき，それらの対数は**自然対数**または**双曲線対数**という名で呼ぶ習わしになっている．というのは，双曲線［とその漸近線で囲まれた部分］の面積はこのような対数を用いて表示される[4]からである．表記を簡単にするために，この数 $2.71828\ 18284\ 59\cdots$ をつねに文字
$$e$$
を用いて表わすことにしよう．したがって，この数は自然対数もしくは双曲線対数の底[5]を表わしているわけであり，値 $k=1$ に対応することになる．言い換えると，この文字 e は無限級数
$$1 + \frac{1}{1} + \frac{1}{1\cdot 2} + \frac{1}{1\cdot 2\cdot 3} + \frac{1}{1\cdot 2\cdot 3\cdot 4} + \cdots$$
の和を表わしているのである．

123. それゆえ双曲線対数には，数 $1+\omega$ の対数が ω に等しくなるという性質が備わっている．ここで ω は無限小量を表わす．そうしてこの性質から k の値は 1 に等しいことが判明し，すべての数の双曲線対数を明示することが可能になる．上にみいだされた数をつねに e で表わすことにすると，
$$e^z = 1 + \frac{z}{1} + \frac{z^2}{1\cdot 2} + \frac{z^3}{1\cdot 2\cdot 3} + \frac{z^4}{1\cdot 2\cdot 3\cdot 4} + \cdots$$
となる．

双曲線対数自身は，級数

第 7 章　指数量と対数の級数表示

$$\log(1+x) = x - \frac{x^2}{2} + \frac{x^3}{3} - \frac{x^4}{4} + \frac{x^5}{5} - \frac{x^6}{6} + \cdots$$

と級数

$$\log\frac{1+x}{1-x} = \frac{2x}{1} + \frac{2x^3}{3} + \frac{2x^5}{5} + \frac{2x^7}{7} + \frac{2x^9}{9} + \cdots$$

からみいだされる．これらの級数は，x にごく小さな分数をあてはめたときでも，非常に早く収束する．後者の級数から，1 に比してそれほど大きくない数の対数が簡単にみいだされる．すなわち，$x = \frac{1}{5}$ と置くと，

$$\log\frac{6}{4} = \log\frac{3}{2} = \frac{2}{1\cdot 5} + \frac{2}{3\cdot 5^3} + \frac{2}{5\cdot 5^5} + \frac{2}{7\cdot 5^7} + \cdots$$

となる．また，$x = \frac{1}{7}$ とすると，

$$\log\frac{4}{3} = \frac{2}{1\cdot 7} + \frac{2}{3\cdot 7^3} + \frac{2}{5\cdot 7^5} + \frac{2}{7\cdot 7^7} + \cdots$$

となる．また，$x = \frac{1}{9}$ とすると，

$$\log\frac{5}{4} = \frac{2}{1\cdot 9} + \frac{2}{3\cdot 9^3} + \frac{2}{5\cdot 9^5} + \frac{2}{7\cdot 9^7} + \cdots$$

となる．これらの分数の対数を元にして，整数の対数がみいだされる．実際，対数の性質により，

$$\log\frac{3}{2} + \log\frac{4}{3} = \log 2$$

となる．次に，

$$\log\frac{3}{2} + \log 2 = \log 3 \quad \text{および} \quad 2\log 2 = \log 4$$

となる．さらに，

$$\log\frac{5}{4} + \log 4 = \log 5, \quad \log 2 + \log 3 = \log 6, \quad 3\log 2 = \log 8,$$

$$2\log 3 = \log 9, \quad \log 2 + \log 5 = \log 10$$

というふうになる．

例

1 から 10 までの双曲線対数は，

log 1 = 0.00000 00000 00000 00000 00000

log 2 = 0.69314 71805 59945 30941 72321

log 3 = 1.09861 22886 68109 69139 52452

log 4 = 1.38629 43611 19890 61883 44642

log 5 = 1.60943 79124 34100 37460 07593

log 6 = 1.79175 94692 28055 00081 24774 [6]

log 7 = 1.94591 01490 55313 30510 53527 [7]

$$\log 8 = 2.07944\ 15416\ 79835\ 92825\ 16964$$
$$\log 9 = 2.19722\ 45773\ 36219\ 38279\ 04905$$
$$\log 10 = 2.30258\ 50929\ 94045\ 68401\ 79915\ ^{8)}$$

というふうに得られる．これらの対数はすべて，$\log 7$ のほかは，上記の三つの級数から導かれる．$\log 7$ は次のような道筋を通って得られる．一番最後の級数において $x = \dfrac{1}{99}$ と置くと，

$$\log \frac{100}{98} = \log \frac{50}{49} = 0.02020\ 27073\ 17519\ 44840\ 80453\ ^{9)}$$

が得られる．これを

$$\log 50 = 2 \log 5 + \log 2 = 3.91202\ 30054\ 28146\ 05861\ 87508$$

から引くと，$\log 49$ が残るが，その半分が $\log 7$ を与えるのである．

124.

$1 + x$ の双曲線対数，すなわち $\log(1+x)$ を y と等置しよう．すると，

$$y = \frac{x}{1} - \frac{x^2}{2} + \frac{x^3}{3} - \frac{x^4}{4} + \cdots$$

となる．他方，数 a を対数の底に取り，同じ数 $1 + x$ の［この底に関する］対数を v と等置すると，すでに見たように，

$$v = \frac{1}{k}\left(x - \frac{xx}{2} + \frac{x^3}{3} - \frac{x^4}{4} + \cdots\right) = \frac{y}{k}$$

となる．よって，

$$k = \frac{y}{v}$$

となる．これより，底 a に対応する k の値が最も適切な仕方で規定され，それはある数の双曲線対数を，底 a から作られる同じ数の対数で割るときの商に等しいという結論に導かれる．そこでその「同じ数」として a を採ると，$v = 1$ となる．よって k は底 a の双曲線対数に等しい．それゆえ常用対数系 —— この系では $a = 10$ となる —— では，k は 10 の双曲線対数に等しく，

$$k = 2.30258\ 50929\ 94045\ 68401\ 79915$$

となる．この値はすでに以前，ある程度のところまで計算したことがある．そこで個々の双曲線対数をこの数 k で割れば，あるいは，同じことになるが，十進小数

$$0.43429\ 44819\ 03251\ 82765\ 11289$$

を乗じれば，底 $a = 10$ に適合する常用対数が生じる．

125.

さて，

$$e^z = 1 + \frac{z}{1} + \frac{z^2}{1 \cdot 2} + \frac{z^3}{1 \cdot 2 \cdot 3} + \cdots.$$

第 7 章 指数量と対数の級数表示

であった．$a^y = e^z$ と置いて［両辺の］双曲線対数を取れば，$\log e = 1$ より $y \log a = z$ となる．そこでこの値を z に代入すれば，

$$a^y = 1 + \frac{y \log a}{1} + \frac{y^2 (\log a)^2}{1 \cdot 2} + \frac{y^3 (\log a)^3}{1 \cdot 2 \cdot 3} + \cdots$$

となる．これより，任意の指数量が，双曲線対数の助けを借りて，無限級数を用いて書き表わされることになる．

また，i は無限大数を表わすとするとき，指数量と対数は双方ともに冪を用いて表示される．実際，

$$e^z = \left(1 + \frac{z}{i}\right)^i$$

であるから，

$$a^y = \left(1 + \frac{y \log a}{i}\right)^i$$

となる．さらに，双曲線対数に対して，

$$\log(1 + x) = i\left((1 + x)^{\frac{1}{i}} - 1\right)$$

という等式が得られる．双曲線対数の他の用法については，積分計算の場においていっそう詳しく示されるであろう．

註記

1）「無限小数」の定義．わざわざ「分数」と明記されている理由はわからないが，任意の無限小数が考えられていると見てよいと思う．

2）この数値は2.30260とするほうがより正確になる．

3）後に見るように，a と k は自然対数を用いて $k = \log a$ という関係で結ばれている．自然対数は「双曲線対数」とも呼ばれる対数である．これも少し後に登場する．

4）1647年，グレゴアール・サン・ヴァンサン（1584〜1667年．ベルギーの数学者．スペインの皇子の家庭教師になった）は，等辺双曲線のひとつの特性，すなわち双曲線とその漸近線で囲まれた部分の面積が自然対数と関係があることを発見した．この事実により，自然対数は双曲線対数と呼ばれることになった．

5）オイラーは1728年の時点ですでに，この文字を使って自然対数の底を表わした．

6）原文では末尾の数字「4」は「3」となっている．オイラー全集にならって訂正した．

7）原文では末尾の4個の数字は4639．

8）原文では末尾の数字「5」は「4」となっている．

9）原文では末尾の5個の数字は78230．

第8章　円から生じる超越量

126. 　対数と指数量に続いて，円弧および円弧の正弦と余弦を考察しなければならない．その理由は，ひとつにはそれらが他の種類の超越量を与えてくれるからではあるが，そればかりではない．対数と指数が虚量の世界へと広がっていくとき，対数と指数それ自身から正弦と余弦が生じる[1]が，そのようなところにも正弦や余弦を考察するべき理由が認められるのである．このことは引き続く記述の中でいっそう明瞭になっていくであろう．

　そこで円の半径すなわち全正弦を1と等置しよう．よく知られているように，この円の円周を有理数を用いてきっちりと書き表わすのは不可能である．この円の半周は

$$3.14159\ 26535\ 89793\ 23846\ 26433\ 83279\ 50288\ 41971\ 69399\ 37510$$
$$58209\ 74944\ 59230\ 78164\ 06286\ 20899\ 86280\ 34825\ 34211\ 70679$$
$$82148\ 08651\ 32823\ 06647\ 09384\ 46\cdots$$

である[2]ことが近似的にみいだされた．表記を簡単にするために，これを

$$\pi$$

と書くことにしよう．そうすると，πは半径1の円の半周に等しいことになる．言い換えると，πは180度の弧の弧長である．

127. 　円の任意の弧をzで表わそう．ただし，円の半径はつねに1に等しいという前提が設定されているものとする．普通，主としてこの弧zの正弦と余弦を考察するのが習わしになっている．そこで，今後，弧zの正弦を

$$\sin.\ A.\ z \quad \text{あるいは単に} \quad \sin z$$

というふうに表わすことにし，余弦のほうは，

$$\cos.\ A.\ z \quad \text{あるいは単に} \quad \cos z$$

というふうに表わすことにしよう．そうすると，πは180度の弧なのであるから，

$$\sin 0\pi = 0, \quad \cos 0\pi = 1$$

第 8 章　円から生じる超越量

となる．また，
$$\sin \tfrac{1}{2}\pi = 1, \qquad \cos \tfrac{1}{2}\pi = 0,$$
$$\sin \pi = 0, \qquad \cos \pi = -1,$$
$$\sin \tfrac{3}{2}\pi = -1, \qquad \cos \tfrac{3}{2}\pi = 0,$$
$$\sin 2\pi = 0, \qquad \cos 2\pi = 1$$

となる．よって，正弦と余弦はすべて，限界 $+1$ と -1 の間にはさまれる．ところで，さらに，
$$\cos z = \sin\left(\tfrac{1}{2}\pi - z\right), \quad \sin z = \cos\left(\tfrac{1}{2}\pi - z\right)$$

および
$$(\sin z)^2 + (\cos z)^2 = 1$$

が成立する．これらの記号のほかに，弧 z の正接を表わす
$$\tang z$$
という記号や，弧 z の余接を表わす
$$\cot z$$
という記号にも留意しておかなければならない．このような記号を導入すると，
$$\tang z = \frac{\sin z}{\cos z}$$

および
$$\cot z = \frac{\cos z}{\sin z} = \frac{1}{\tang z}$$

となるが，これらはすべて，三角法で周知の事柄である．

128.　ふたつの弧 y と z があるとき，
$$\sin(y+z) = \sin y \cos z + \cos y \sin z$$

および
$$\cos(y+z) = \cos y \cos z - \sin y \sin z$$

が成立すること，また，
$$\sin(y-z) = \sin y \cos z - \cos y \sin z$$

および
$$\cos(y-z) = \cos y \cos z + \sin y \sin z$$

が成立することも知られている．

　　ここで，y に弧 $\tfrac{1}{2}\pi$，π，$\tfrac{3}{2}\pi$，$\cdots$ を代入すると，

$$\sin\left(\frac{1}{2}\pi+z\right) = +\cos z \qquad \sin\left(\frac{1}{2}\pi-z\right) = +\cos z$$
$$\cos\left(\frac{1}{2}\pi+z\right) = -\sin z \qquad \cos\left(\frac{1}{2}\pi-z\right) = +\sin z$$

$$\sin(\pi+z) = -\sin z \qquad \sin(\pi-z) = +\sin z$$
$$\cos(\pi+z) = -\cos z \qquad \cos(\pi-z) = -\cos z$$

$$\sin\left(\frac{3}{2}\pi+z\right) = -\cos z \qquad \sin\left(\frac{3}{2}\pi-z\right) = -\cos z$$
$$\cos\left(\frac{3}{2}\pi+z\right) = +\sin z \qquad \cos\left(\frac{3}{2}\pi-z\right) = -\sin z$$

$$\sin(2\pi+z) = +\sin z \qquad \sin(2\pi-z) = -\sin z$$
$$\cos(2\pi+z) = +\cos z \qquad \cos(2\pi-z) = +\cos z$$

となる.

　よって，n は任意の整数を表わすとするとき，

$$\sin\left(\frac{4n+1}{2}\pi+z\right) = +\cos z \qquad \sin\left(\frac{4n+1}{2}\pi-z\right) = +\cos z$$
$$\cos\left(\frac{4n+1}{2}\pi+z\right) = -\sin z \qquad \cos\left(\frac{4n+1}{2}\pi-z\right) = +\sin z$$

$$\sin\left(\frac{4n+2}{2}\pi+z\right) = -\sin z \qquad \sin\left(\frac{4n+2}{2}\pi-z\right) = +\sin z$$
$$\cos\left(\frac{4n+2}{2}\pi+z\right) = -\cos z \qquad \cos\left(\frac{4n+2}{2}\pi-z\right) = -\cos z$$

$$\sin\left(\frac{4n+3}{2}\pi+z\right) = -\cos z \qquad \sin\left(\frac{4n+3}{2}\pi-z\right) = -\cos z$$
$$\cos\left(\frac{4n+3}{2}\pi+z\right) = +\sin z \qquad \cos\left(\frac{4n+3}{2}\pi-z\right) = -\sin z$$

$$\sin\left(\frac{4n+4}{2}\pi+z\right) = +\sin z \qquad \sin\left(\frac{4n+4}{2}\pi-z\right) = -\sin z$$
$$\cos\left(\frac{4n+4}{2}\pi+z\right) = +\cos z \qquad \cos\left(\frac{4n+4}{2}\pi-z\right) = +\cos z$$

となる．これらの公式は，n が正の整数であっても負の整数であっても正しい．

129.　今，

$$\sin z = p \quad \text{および} \quad \cos z = q$$

と置くと，

$$pp + qq = 1$$

となる．また，

$$\sin y = m, \quad \cos y = n$$

と置くと，

$$mm + nn = 1$$

となる．これらの弧を素材にして作られる他の弧の正弦と余弦は次のようにして手に入る．

$$\begin{aligned}
\sin z &= p \\
\sin(y+z) &= mq + np \\
\sin(2y+z) &= 2mnq + (nn - mm)p \\
\sin(3y+z) &= (3mn^2 - m^3)q \\
&\quad + (n^3 - 3m^2 n)p
\end{aligned} \quad \Big| \quad \begin{aligned}
\cos z &= q \\
\cos(y+z) &= nq - mp \\
\cos(2y+z) &= (nn - mm)q - 2mnp \\
\cos(3y+z) &= (n^3 - 3m^2 n)q \\
&\quad - (3mn^2 - m^3)p
\end{aligned}$$

　　　　　　……………　　　　　　　　　　……………

弧

$$z, \ y+z, \ 2y+z, \ 3y+z, \cdots$$

はアリトメチカ的数列を作りつつ進んでいくが，これらの弧の正弦と余弦はどちらも，分母

$$1 - 2nx + (mm + nn)xx$$

から生じる循環数列を形成する．実際，

$$\sin(2y+z) = 2n \sin(y+z) - (mm + nn)\sin z$$

すなわち，

$$\sin(2y+z) = 2\cos y \sin(y+z) - \sin z$$

となる．同様に，

$$\cos(2y+z) = 2\cos y \cos(y+z) - \cos z.$$

さらに，同様に

$$\sin(3y+z) = 2\cos y \sin(2y+z) - \sin(y+z)$$

および

$$\cos(3y+z) = 2\cos y \cos(2y+z) - \cos(y+z).$$

また，

$$\sin(4y+z) = 2\cos y \sin(3y+z) - \sin(2y+z)$$

および

$$\cos(4y+z) = 2\cos y \cos(3y+z) - \cos(2y+z)$$

等々となる．この法則のおかげで，アリトメチカ的数列の中を進んでいく弧の正弦と余弦を，どれほど遠くまででも好きなだけ，手早く作ることが可能になる．

130. さて，

$$\sin(y+z) = \sin y \cos z + \cos y \sin z$$

および

$$\sin(y-z) = \sin y \cos z - \cos y \sin z$$

が成立する．そこで，これらの式を足したり引いたりすることにより，

$$\sin y \cos z = \frac{\sin(y+z) + \sin(y-z)}{2},$$

$$\cos y \sin z = \frac{\sin(y+z) - \sin(y-z)}{2}$$

が得られる．さらに，

$$\cos(y+z) = \cos y \cos z - \sin y \sin z$$

および

$$\cos(y-z) = \cos y \cos z + \sin y \sin z$$

が成立するから，同様にして，

$$\cos y \cos z = \frac{\cos(y-z) + \cos(y+z)}{2},$$

$$\sin y \sin z = \frac{\cos(y-z) - \cos(y+z)}{2}$$

となる．そこで

$$y = z = \frac{1}{2}v$$

と置くと，後者の公式から，

$$\left(\cos \frac{1}{2}v\right)^2 = \frac{1+\cos v}{2}, \quad \text{よって} \quad \cos \frac{1}{2}v = \sqrt{\frac{1+\cos v}{2}}$$

第 8 章　円から生じる超越量

$$\left(\sin\tfrac{1}{2}v\right)^2 = \frac{1-\cos v}{2}, \qquad \text{よって}\quad \sin\tfrac{1}{2}v = \sqrt{\frac{1-\cos v}{2}}$$

となる．この公式により，ある角度の余弦が与えられたとき，その角度の半角の正弦と余弦を見つけることが可能になる．

131.　弧 $y+z$ と $y-z$ を

$$y+z = a, \qquad y-z = b$$

と置くと，

$$y = \frac{a+b}{2}, \qquad z = \frac{a-b}{2}$$

となる．これらを上記の公式に代入すると，

$$\sin a + \sin b = 2\sin\frac{a+b}{2}\cos\frac{a-b}{2},$$
$$\sin a - \sin b = 2\cos\frac{a+b}{2}\sin\frac{a-b}{2},$$
$$\cos a + \cos b = 2\cos\frac{a+b}{2}\cos\frac{a-b}{2},$$
$$\cos b - \cos a = 2\sin\frac{a+b}{2}\sin\frac{a-b}{2}$$

という，定理とも言うべき方程式が得られる．さらに歩を進めて割り算を遂行すると，これらの方程式から，

$$\frac{\sin a + \sin b}{\sin a - \sin b} = \operatorname{tang}\frac{a+b}{2}\cot\frac{a-b}{2} = \frac{\operatorname{tang}\frac{a+b}{2}}{\operatorname{tang}\frac{a-b}{2}},$$
$$\frac{\sin a + \sin b}{\cos a + \cos b} = \operatorname{tang}\frac{a+b}{2},$$
$$\frac{\sin a + \sin b}{\cos b - \cos a} = \cot\frac{a-b}{2},$$
$$\frac{\sin a - \sin b}{\cos a + \cos b} = \operatorname{tang}\frac{a-b}{2},$$
$$\frac{\sin a - \sin b}{\cos b - \cos a} = \cot\frac{a+b}{2},$$
$$\frac{\cos a + \cos b}{\cos b - \cos a} = \cot\frac{a+b}{2}\cot\frac{a-b}{2}$$

という定理が生じる．最後に，これらの定理から，

$$\frac{\sin a + \sin b}{\cos a + \cos b} = \frac{\cos b - \cos a}{\sin a - \sin b},$$
$$\frac{\sin a + \sin b}{\sin a - \sin b} \times \frac{\cos a + \cos b}{\cos b - \cos a} = \left(\cot\frac{a-b}{2}\right)^2,$$
$$\frac{\sin a + \sin b}{\sin a - \sin b} \times \frac{\cos b - \cos a}{\cos a + \cos b} = \left(\operatorname{tang}\frac{a+b}{2}\right)^2$$

という定理が導かれる．

132. さて,
$$(\sin z)^2 + (\cos z)^2 = 1$$
であるから,適切に因子を選ぶと,
$$\left(\cos z + \sqrt{-1} \cdot \sin z\right)\left(\cos z - \sqrt{-1} \cdot \sin z\right) = 1$$
と分解される.これらの因子は虚因子ではあるが,いくつかの弧を組み合わせたり,弧と弧を乗じたりする際にきわめて注目すべき役割を果たす.実際,このような因子の積
$$\left(\cos z + \sqrt{-1} \cdot \sin z\right)\left(\cos y + \sqrt{-1} \cdot \sin y\right)$$
を計算すると,
$$\cos y \cos z - \sin y \sin z + \sqrt{-1} \cdot \left(\cos y \sin z + \sin y \cos z\right)$$
が得られる.ところが,
$$\cos y \cos z - \sin y \sin z = \cos(y+z)$$
および
$$\cos y \sin z + \sin y \cos z = \sin(y+z)$$
であるから,上記の積は
$$\left(\cos y + \sqrt{-1} \cdot \sin y\right)\left(\cos z + \sqrt{-1} \cdot \sin z\right) = \cos(y+z) + \sqrt{-1} \sin(y+z)$$
と書くことができる.同様に,
$$\left(\cos y - \sqrt{-1} \cdot \sin y\right)\left(\cos z - \sqrt{-1} \cdot \sin z\right) = \cos(y+z) - \sqrt{-1} \sin(y+z)$$
となる.同様にして,
$$\left(\cos x \pm \sqrt{-1} \cdot \sin x\right)\left(\cos y \pm \sqrt{-1} \cdot \sin y\right)\left(\cos z \pm \sqrt{-1} \cdot \sin z\right)$$
$$= \cos(x+y+z) \pm \sqrt{-1} \sin(x+y+z)$$
というふうにもなる.

133. これより,
$$\left(\cos z \pm \sqrt{-1} \sin z\right)^2 = \cos 2z \pm \sqrt{-1} \sin 2z$$
および
$$\left(\cos z \pm \sqrt{-1} \sin z\right)^3 = \cos 3z \pm \sqrt{-1} \sin 3z$$
となることが明らかになる.したがって,一般に,
$$\left(\cos z \pm \sqrt{-1} \sin z\right)^n = \cos nz \pm \sqrt{-1} \sin nz$$
となる[3].これより,符号の二義性に起因して,

第8章　円から生じる超越量

$$\cos nz = \frac{\left(\cos z + \sqrt{-1}\sin z\right)^n + \left(\cos z - \sqrt{-1}\sin z\right)^n}{2}$$

および

$$\sin nz = \frac{\left(\cos z + \sqrt{-1}\sin z\right)^n - \left(\cos z - \sqrt{-1}\sin z\right)^n}{2\sqrt{-1}}$$

となる．そこで［右辺の分数の分子に出ている］二項式を展開すると，級数を用いて，

$$\begin{aligned}\cos nz &= (\cos z)^n - \frac{n(n-1)}{1\cdot 2}(\cos z)^{n-2}(\sin z)^2 \\ &\quad + \frac{n(n-1)(n-2)(n-3)}{1\cdot 2\cdot 3\cdot 4}(\cos z)^{n-4}(\sin z)^4 \\ &\quad - \frac{n(n-1)(n-2)(n-3)(n-4)(n-5)}{1\cdot 2\cdot 3\cdot 4\cdot 5\cdot 6}(\cos z)^{n-6}(\sin z)^6 \\ &\quad + \cdots\cdots\end{aligned}$$

および

$$\begin{aligned}\sin nz &= \frac{n}{1}(\cos z)^{n-1}\sin z - \frac{n(n-1)(n-2)}{1\cdot 2\cdot 3}(\cos z)^{n-3}(\sin z)^3 \\ &\quad + \frac{n(n-1)(n-2)(n-3)(n-4)}{1\cdot 2\cdot 3\cdot 4\cdot 5}(\cos z)^{n-5}(\sin z)^5 \\ &\quad - \cdots\cdots\end{aligned}$$

というふうになる．

134. 弧 z は無限に小さいとしよう．そのとき，$\sin z = z$ および $\cos z = 1$．ところで，n は無限大数で，しかも $nz = v$ は有限の大きさの弧に留まるという性質を備えているとしよう．$\sin z = z = \frac{v}{n}$ であるから，

$$\cos v = 1 - \frac{v^2}{1\cdot 2} + \frac{v^4}{1\cdot 2\cdot 3\cdot 4} - \frac{v^6}{1\cdot 2\cdot 3\cdot 4\cdot 5\cdot 6} + \cdots$$

および

$$\sin v = v - \frac{v^3}{1\cdot 2\cdot 3} + \frac{v^5}{1\cdot 2\cdot 3\cdot 4\cdot 5} - \frac{v^7}{1\cdot 2\cdot 3\cdot 4\cdot 5\cdot 6\cdot 7} + \cdots$$

となる．それゆえ弧 v が与えられたとき，これらの級数の助けを借りて，v の正弦と余弦を見つけることが可能になる．これらの公式の利点がいっそう明瞭に浮かび上がるようにするために，弧 v は四分円，すなわち 90° に対して，m が n に対するのと同

一の比率をもつとしよう．言い換えると $v=\frac{m}{n}\cdot\frac{\pi}{2}$ となるとしてみよう．π の値はわかっているから，それを随所で代入すると，

$$\sin . A . \tfrac{m}{n} 90°$$

$$= + \frac{m}{n} \cdot 1.57079\ 63267\ 94896\ 61923\ 13216\ 916$$

$$- \frac{m^3}{n^3} \cdot 0.64596\ 40975\ 06246\ 25365\ 57565\ 639 \text{ [4]}$$

$$+ \frac{m^5}{n^5} \cdot 0.07969\ 26262\ 46167\ 04512\ 05055\ 495 \text{ [5]}$$

$$- \frac{m^7}{n^7} \cdot 0.00468\ 17541\ 35318\ 68810\ 06854\ 639 \text{ [6]}$$

$$+ \frac{m^9}{n^9} \cdot 0.00016\ 04411\ 84787\ 35982\ 18726\ 609 \text{ [7]}$$

$$- \frac{m^{11}}{n^{11}} \cdot 0.00000\ 35988\ 43235\ 21208\ 53404\ 585 \text{ [8]}$$

$$+ \frac{m^{13}}{n^{13}} \cdot 0.00000\ 00569\ 21729\ 21967\ 92681\ 178 \text{ [9]}$$

$$- \frac{m^{15}}{n^{15}} \cdot 0.00000\ 00006\ 68803\ 51098\ 11467\ 232 \text{ [10]}$$

$$+ \frac{m^{17}}{n^{17}} \cdot 0.00000\ 00000\ 06066\ 93573\ 11061\ 957 \text{ [11]}$$

$$- \frac{m^{19}}{n^{19}} \cdot 0.00000\ 00000\ 00043\ 77065\ 46731\ 374 \text{ [12]}$$

$$+ \frac{m^{21}}{n^{21}} \cdot 0.00000\ 00000\ 00000\ 25714\ 22892\ 860 \text{ [13]}$$

$$- \frac{m^{23}}{n^{23}} \cdot 0.00000\ 00000\ 00000\ 00125\ 38995\ 405 \text{ [14]}$$

$$+ \frac{m^{25}}{n^{25}} \cdot 0.00000\ 00000\ 00000\ 00000\ 51564\ 552 \text{ [15]}$$

$$- \frac{m^{27}}{n^{27}} \cdot 0.00000\ 00000\ 00000\ 00000\ 00181\ 240 \text{ [16]}$$

$$+ \frac{m^{29}}{n^{29}} \cdot 0.00000\ 00000\ 00000\ 00000\ 00000\ 551 \text{ [17]}$$

および

$$\cos . A . \tfrac{m}{n} 90°$$

$$= + \quad 1.00000\ 00000\ 00000\ 00000\ 00000\ 000$$

$$- \frac{m^2}{n^2} \cdot 1.23370\ 05501\ 36169\ 82735\ 43113\ 750 \text{ [18]}$$

$$+ \frac{m^4}{n^4} \cdot 0.25366\ 95079\ 01048\ 01363\ 65633\ 664 \text{ [19]}$$

$$- \frac{m^6}{n^6} \cdot 0.02086\ 34807\ 63352\ 96087\ 30516\ 372 \text{ [20]}$$

$$+ \frac{m^8}{n^8} \cdot 0.00091\ 92602\ 74839\ 42658\ 02417\ 162\ ^{21)}$$

$$- \frac{m^{10}}{n^{10}} \cdot 0.00002\ 52020\ 42373\ 06060\ 54810\ 530\ ^{22)}$$

$$+ \frac{m^{12}}{n^{12}} \cdot 0.00000\ 04710\ 87477\ 88181\ 71503\ 670\ ^{23)}$$

$$- \frac{m^{14}}{n^{14}} \cdot 0.00000\ 00063\ 86603\ 08379\ 18522\ 411\ ^{24)}$$

$$+ \frac{m^{16}}{n^{16}} \cdot 0.00000\ 00000\ 65659\ 63114\ 97947\ 236\ ^{25)}$$

$$- \frac{m^{18}}{n^{18}} \cdot 0.00000\ 00000\ 00529\ 44002\ 00734\ 624\ ^{26)}$$

$$+ \frac{m^{20}}{n^{20}} \cdot 0.00000\ 00000\ 00003\ 43773\ 91790\ 986\ ^{27)}$$

$$- \frac{m^{22}}{n^{22}} \cdot 0.00000\ 00000\ 00000\ 01835\ 99165\ 216\ ^{28)}$$

$$+ \frac{m^{24}}{n^{24}} \cdot 0.00000\ 00000\ 00000\ 00008\ 20675\ 330\ ^{29)}$$

$$- \frac{m^{26}}{n^{26}} \cdot 0.00000\ 00000\ 00000\ 00000\ 03115\ 285$$

$$+ \frac{m^{28}}{n^{28}} \cdot 0.00000\ 00000\ 00000\ 00000\ 00010\ 168\ ^{30)}$$

$$- \frac{m^{30}}{n^{30}} \cdot 0.00000\ 00000\ 00000\ 00000\ 00000\ 029\ ^{31)}$$

が生じる．

　45°までの角度の正弦と余弦を知れば十分であるから，分数 $\frac{m}{n}$ はつねに $\frac{1}{2}$ よりも小さいとしてさしつかえない．それゆえ分数 $\frac{m}{n}$ の冪に起因して，ここに提示された級数もまた非常に早く収束する．その結果，たいていの場合，特に正弦と余弦の小数点以下の数字がそんなにたくさん要請されているわけではない場合には，わずかな項だけで十分であることになる．

135.　正弦と余弦が見つかったので，通例の公式[34)]を用いて，正接と余接を見つけることも可能になる．しかしきわめて大きな数のかけ算や割り算は極端にわずらわしい．それよりも，正接と余接を独自の方法で書き表わしておくほうがよい．今，

$$\operatorname{tang} v = \frac{\sin v}{\cos v} = \frac{v - \dfrac{v^3}{1\cdot 2\cdot 3} + \dfrac{v^5}{1\cdot 2\cdot 3\cdot 4\cdot 5} - \dfrac{v^7}{1\cdot 2\cdot 3\cdots 7} + \cdots}{1 - \dfrac{v^2}{1\cdot 2} + \dfrac{v^4}{1\cdot 2\cdot 3\cdot 4} - \dfrac{v^6}{1\cdot 2\cdot 3\cdot 4\cdots 6} + \cdots}$$

および

$$\cot v = \frac{\cos v}{\sin v} = \frac{1 - \frac{v^2}{1\cdot 2} + \frac{v^4}{1\cdot 2\cdot 3\cdot 4} - \frac{v^6}{1\cdot 2\cdot 3\cdots 6} + \cdots}{v - \frac{v^3}{1\cdot 2\cdot 3} + \frac{v^5}{1\cdot 2\cdot 3\cdot 4\cdot 5} - \frac{v^7}{1\cdot 2\cdot 3\cdot 4\cdots 7} + \cdots}$$

である．そこで弧 v を $v = \frac{m}{n} 90°$ と設定すると，前にそうしたのと同様にして，

$\tang. A . \frac{m}{n} 90°$	$\cot. A . \frac{m}{n} 90°$
$= + \frac{2mn}{nn - mm} \cdot 0.6366197723676$ [32]	$= + \frac{n}{m} \cdot 0.6366197723676$ [32]
$+ \frac{m}{n} \cdot 0.2975567820597$	$- \frac{4mn}{4nn - mm} \cdot 0.3183098861838$ [32]
$+ \frac{m^3}{n^3} \cdot 0.0186886502773$	$- \frac{m}{n} \cdot 0.2052888894145$
$+ \frac{m^5}{n^5} \cdot 0.0018424752034$	$- \frac{m^3}{n^3} \cdot 0.0065510747882$
$+ \frac{m^7}{n^7} \cdot 0.0001975800715$ [32]	$- \frac{m^5}{n^5} \cdot 0.0003450292554$
$+ \frac{m^9}{n^9} \cdot 0.0000216977373$ [33]	$- \frac{m^7}{n^7} \cdot 0.0000202791061$ [32]
$+ \frac{m^{11}}{n^{11}} \cdot 0.0000024011370$	$- \frac{m^9}{n^9} \cdot 0.0000012366527$
$+ \frac{m^{13}}{n^{13}} \cdot 0.0000002664133$ [32]	$- \frac{m^{11}}{n^{11}} \cdot 0.0000000764959$
$+ \frac{m^{15}}{n^{15}} \cdot 0.0000000295865$ [32]	$- \frac{m^{13}}{n^{13}} \cdot 0.0000000047597$
$+ \frac{m^{17}}{n^{17}} \cdot 0.0000000032868$ [32]	$- \frac{m^{15}}{n^{15}} \cdot 0.0000000002969$
$+ \frac{m^{19}}{n^{19}} \cdot 0.0000000003652$ [32]	$- \frac{m^{17}}{n^{17}} \cdot 0.0000000000185$
$+ \frac{m^{21}}{n^{21}} \cdot 0.0000000000406$ [32]	$- \frac{m^{19}}{n^{19}} \cdot 0.0000000000012$ [32]
$+ \frac{m^{23}}{n^{23}} \cdot 0.0000000000045$	
$+ \frac{m^{25}}{n^{25}} \cdot 0.0000000000005$	

というふうになる．これらの級数の導出の仕方については，後の記述［§198a］の中で詳しく説明する予定である．

136. 上記の事柄からわかるように，半直角よりも小さいすべての角度の正弦と余弦が判明したなら，それと同時に，もっと大きなすべての角度の正弦と余弦が得られる．ところがさらに，30°よりも小さい角度の正弦と余弦さえ得られたなら，そ

れらを元にして，足し算と引き算のみを用いてもっと大きいすべての角度の正弦と余弦をみいだすことが可能になる．実際，
$$\sin 30° = \frac{1}{2}$$
であるから，§130の公式において $y = 30°$ と置くと，
$$\cos z = \sin(30 + z) + \sin(30 - z)$$
および
$$\sin z = \cos(30 - z) - \cos(30 + z)$$
となる．したがって，角度 z と $30 - z$ の正弦と余弦から，
$$\sin(30 + z) = \cos z - \sin(30 - z)$$
と
$$\cos(30 + z) = \cos(30 - z) - \sin z$$
がみいだされる．これより 30° から 60° までの角度の正弦と余弦が定まるが，その結果に基づいてなお一歩を進めると，60° よりも大きいすべての角度の正弦と余弦が定まることになる．

137. 正接と余接の場合にも類似の補助手段が成立する．実際，
$$\tang(a + b) = \frac{\tang a + \tang b}{1 - \tang a \tang b}$$
であるから，
$$\tang 2a = \frac{2 \tang a}{1 - \tang a \tang a}, \qquad \cot 2a = \frac{\cot a - \tang a}{2}$$
となる．この公式により，30° より小さい角度の正接と余接から，60° までの角度の余接がみいだされる．

今，$a = 30 - b$ と置くと，$2a = 60 - 2b$ および $\cot 2a = \tang(30 + 2b)$ となる．よって，
$$\tang(30 + 2b) = \frac{\cot(30 - b) - \tang(30 - b)}{2}.$$
これより，30° より大きい角度の正接も得られる．

正割と余割は正接から引き算のみを用いてみいだされる．実際，
$$\cosec z = \cot \frac{1}{2} z - \cot z$$
となる．よって，
$$\sec z = \cot\left(45° - \frac{1}{2} z\right) - \tang z$$
となる．これらの事柄により，正弦表の作り方ははっきりと見て取れるであろう．

138. さて，あらためて§133の公式において弧 z は無限小としよう．また，n は無限大数 i で，しかも iz が有限値 v を保持するという性質を備えているとしよう．すると $nz = v$ および $z = \dfrac{v}{i}$．これより $\sin z = \dfrac{v}{i}$ および $\cos z = 1$ となる．これらを代入すると，

$$\cos v = \frac{\left(1 + \dfrac{v\sqrt{-1}}{i}\right)^i + \left(1 - \dfrac{v\sqrt{-1}}{i}\right)^i}{2}$$

および

$$\sin v = \frac{\left(1 + \dfrac{v\sqrt{-1}}{i}\right)^i - \left(1 - \dfrac{v\sqrt{-1}}{i}\right)^i}{2\sqrt{-1}}$$

となる．ところで，前章において，

$$\left(1 + \frac{z}{i}\right)^i = e^z$$

となることを見た．ここで，e は双曲線対数の底を表わす．そこで z の代わりに一方では $+v\sqrt{-1}$ と書き，他方では $-v\sqrt{-1}$ と書くと，

$$\cos v = \frac{e^{+v\sqrt{-1}} + e^{-v\sqrt{-1}}}{2}$$

および

$$\sin v = \frac{e^{+v\sqrt{-1}} - e^{-v\sqrt{-1}}}{2\sqrt{-1}}$$

となる．これらの公式により，虚指数量が実の弧の正弦と余弦に帰着される様式が理解される．すなわち，

$$e^{+v\sqrt{-1}} = \cos v + \sqrt{-1}\sin v$$

および

$$e^{-v\sqrt{-1}} = \cos v - \sqrt{-1}\sin v$$

というふうになるのである[35]．

139. さて，§133の同じ公式において，n は無限小数，すなわち i は無限大数として，$n = \dfrac{1}{i}$ としてみよう．すると，

$$\cos nz = \cos\frac{z}{i} = 1 \quad \text{および} \quad \sin nz = \sin\frac{z}{i} = \frac{z}{i}$$

となる．というのは，大きさが消滅する弧 $\dfrac{z}{i}$ の正弦はそれ自身に等しく，余弦は1に等しいからである．これらを代入すると，

第 8 章　円から生じる超越量

$$1 = \frac{\left(\cos z + \sqrt{-1}\sin z\right)^{\frac{1}{i}} + \left(\cos z - \sqrt{-1}\sin z\right)^{\frac{1}{i}}}{2}$$

と

$$\frac{z}{i} = \frac{\left(\cos z + \sqrt{-1}\sin z\right)^{\frac{1}{i}} - \left(\cos z - \sqrt{-1}\sin z\right)^{\frac{1}{i}}}{2\sqrt{-1}}$$

が得られる．双曲線対数を取ると，すでに示されたように（§125），

$$\log(1+x) = i(1+x)^{\frac{1}{i}} - i$$

となる．$1+x$ の代わりに y を用いると，

$$y^{\frac{1}{i}} = 1 + \frac{1}{i}\log y$$

となる．そこで今，y の代わりに一方では $\cos z + \sqrt{-1}\sin z$ を用い，他方では $\cos z - \sqrt{-1}\sin z$ を用いると，［上記の二公式のうち，第一の方程式より］

$$1 = \frac{1 + \frac{1}{i}\log\left(\cos z + \sqrt{-1}\sin z\right) + 1 + \frac{1}{i}\log\left(\cos z - \sqrt{-1}\sin z\right)}{2} = 1$$

が生じる．というのは，対数部分は消失してしまうからである．したがって，この手続きから新たに判明する事柄は何もない．だが，［上記の二公式のうちの］もうひとつの方程式は，正弦に対して

$$\frac{z}{i} = \frac{\frac{1}{i}\log\left(\cos z + \sqrt{-1}\sin z\right) - \frac{1}{i}\log\left(\cos z - \sqrt{-1}\sin z\right)}{2\sqrt{-1}}$$

を与える．したがって，

$$z = \frac{1}{2\sqrt{-1}}\log\frac{\cos z + \sqrt{-1}\sin z}{\cos z - \sqrt{-1}\sin z}.$$

これより，虚対数が円弧に帰着される様式は明瞭である．

140. $\frac{\sin z}{\cos z} = \tang z$ であるから，弧 z はその正接を用いて，

$$z = \frac{1}{2\sqrt{-1}}\log\frac{1 + \sqrt{-1}\cdot\tang z}{1 - \sqrt{-1}\cdot\tang z}$$

というふうに表示される．ところで，前に（§123）見たように，

$$\log\frac{1+x}{1-x} = \frac{2x}{1} + \frac{2x^3}{3} + \frac{2x^5}{5} + \frac{2x^7}{7} + \cdots.$$

それゆえ $x = \sqrt{-1}\,\tang z$ と置くと，

$$z = \frac{\tang z}{1} - \frac{(\tang z)^3}{3} + \frac{(\tang z)^5}{5} - \frac{(\tang z)^7}{7} + \cdots$$

となる[36]．そこで $\tang z = t$ と置こう．z は，その正接が t となる弧である．我々はこれを $A.\tang t$ と表記することにする．したがって，

$$z = A . \operatorname{tang} t .$$

よって，正接 t が既知のとき，対応する弧は

$$z = \frac{t}{1} - \frac{t^3}{3} + \frac{t^5}{5} - \frac{t^7}{7} + \frac{t^9}{9} - \cdots$$

と表示される．正接 t が半径 1 に等しいなら，弧 z は 45°の弧に等しい．すなわち $z = \frac{\pi}{4}$ となるから，

$$\frac{\pi}{4} = 1 - \frac{1}{3} + \frac{1}{5} - \frac{1}{7} + \cdots$$

となる．これは，ライプニッツによって初めて，円周の値の算出を目的にして提示された級数[37]である．

141. ところで，このような級数を用いて円弧の長さを迅速に定めることができるようにするためには，正接 t に，十分に小さい分数を代入しなければならない．この級数の助けを借りれば，その正接 t が $\frac{1}{10}$ に等しい弧 z の長さなどは簡単に求められる．実際，この弧は

$$z = \frac{1}{10} - \frac{1}{3000} + \frac{1}{500000} - \cdots$$

というふうに表示されるが，この級数の値は困難なく近似的に十進分数で明示されるのである．だが，このような弧を知っても，全弧の長さについては何も推し量ることはできない．というのは，その正接が $\frac{1}{10}$ に等しい弧が全円周に対してもつ比率は指定不能だからである．このような事情により，円周を求めるには，円周の通約可能な一部分であると同時に，その正接が十分に小さい量を用いて適切に表示されるような弧を探さなければならない．この目的のためには，通常，弧 30°—— その正接は $\frac{1}{\sqrt{3}}$ に等しい —— を取り上げるのが習わしになっている．というのは，30°以下で，しかも円周と通約可能な弧の正接は，非有理性の度合いがあまりにもはなはだしいからである．弧 30°は $\frac{\pi}{6}$ に等しいから，

$$\frac{\pi}{6} = \frac{1}{\sqrt{3}} - \frac{1}{3 \cdot 3\sqrt{3}} + \frac{1}{5 \cdot 3^2 \sqrt{3}} - \cdots$$

および

$$\pi = \frac{2\sqrt{3}}{1} - \frac{2\sqrt{3}}{3 \cdot 3} + \frac{2\sqrt{3}}{5 \cdot 3^2} - \frac{2\sqrt{3}}{7 \cdot 3^3} + \cdots$$

となる．この級数の助けを借りると，前に［§126］提示された π の値が，信じがたいほど大きな労力を払うことにより決定される．

142. この労力はあまりにも大きすぎるが，その理由はまず個々の項が非有理的であるためであり，それから次に，各項の大きさがひとつ手前の項に比べてほぼ三

第8章　円から生じる超越量

分の一程度しか小さくなっていないためである．このような都合の悪い状態は次のようにして除去される．弧 $45°$，すなわち $\frac{\pi}{4}$ を採ろう．この値は，かろうじて収束するにすぎない［ライプニッツの］級数

$$1 - \frac{1}{3} + \frac{1}{5} - \frac{1}{7} + \cdots$$

で表示されるが，この弧を，$a + b = \frac{\pi}{4} = 45°$ となるような他のふたつの弧 a と b に分けてみよう．すると

$$\tang(a+b) = 1 = \frac{\tang a + \tang b}{1 - \tang a \tang b}$$

であるから，

$$1 - \tang a \tang b = \tang a + \tang b.$$

よって，

$$\tang b = \frac{1 - \tang a}{1 + \tang a}$$

となる．そこで今，$\tang a = \frac{1}{2}$ としてみると，$\tang b = \frac{1}{3}$ となる．よって，これらの弧 a と b はともに，先ほどの級数よりもはるかに早く収束する有理級数[3 8)]を用いて表示され，しかもそれらの和は弧 $\frac{\pi}{4}$ の値を与えることになる．したがって，

$$\pi = 4 \cdot \left\{ \begin{array}{l} \dfrac{1}{1\cdot 2} - \dfrac{1}{3\cdot 2^3} + \dfrac{1}{5\cdot 2^5} - \dfrac{1}{7\cdot 2^7} + \dfrac{1}{9\cdot 2^9} - \cdots \\ \dfrac{1}{1\cdot 3} - \dfrac{1}{3\cdot 3^3} + \dfrac{1}{5\cdot 3^5} - \dfrac{1}{7\cdot 3^7} + \dfrac{1}{9\cdot 3^9} - \cdots \end{array} \right\}$$

というふうになる．こうして，前に挙げられた級数の支援を受けるよりもはるかに簡単に，半円周の長さ π を見つけることが可能になる．

註記
　1）オイラーの公式
$$e^{ix} = \cos x + i \sin x$$
が示唆されている．
　2）円周率．
　3）ド・モアブルの公式．
　4）原文では末尾の数字「9」は「6」となっている．オイラー全集にならって訂正した．
　5）原文では末尾の2個の数字は「88」．
　6）原文では末尾の数字は「2」．
　7）原文では末尾の数字は「5」．
　8）原文では末尾の数字は「0」．
　9）原文では末尾の数字は「1」．

10) 原文では末尾の2個の数字は「24」.
11) 原文では末尾の数字は「0」.
12) 原文では末尾の数字は「0」.
13) 原文では末尾の2個の数字は「56」.
14) 原文では末尾の数字は「3」.
15) 原文では末尾の数字は「0」.
16) 原文では末尾の2個の数字は「39」.
17) 原文では末尾の2個の数字は「49」.
18) 原文では末尾の2個の数字は「45」.
19) 原文では末尾の2個の数字は「59」.
20) 原文では末尾の2個の数字は「64」.
21) 原文では末尾の2個の数字は「58」.
22) 原文では末尾の2個の数字は「26」.
23) 原文では末尾の2個の数字は「65」.
24) 原文では末尾の2個の数字は「08」.
25) 原文では末尾の数字は「0」.
26) 原文では末尾の数字は「0」.
27) 原文では末尾の数字は「1」.
28) 原文では末尾の数字は「2」.
29) 原文では末尾の2個の数字は「27」.
30) 原文では末尾の数字は「5」.
31) 原文では末尾の数字は「6」.
32) 原文では末尾の数字は1だけ小さい.
33) 原文では末尾の3個の数字は「245」.
34) $\sin z$ と $\cos z$ の値がわかっていれば,表示式 $\mathrm{tang}\, z = \frac{\sin z}{\cos z}$, $\cot z = \frac{\cos z}{\sin z}$ を用いて,$\mathrm{tang}\, z$ と $\cot z$ の値を直接計算することができる.
35) オイラーの公式.ド・モアブルの公式から,無限に移行することによって導出された.1741年12月9日付のオイラーの友人ゴールドバッハ(1690~1746年)宛書簡に,
$$\frac{2^{+\sqrt{-1}} + 2^{-\sqrt{-1}}}{2} = \mathrm{Cos.Arc.}\, l\, 2$$
という公式が出ている.また,1742年5月8日付の手紙には,
$$a^{p\sqrt{-1}} + a^{-p\sqrt{-1}} = 2\, \mathrm{Cos.Arc.}\, p\, l\, 2$$
という公式が出ている.ここで $l\, 2$ は $\log 2$ を表わす.
36) グレゴリーの級数.この級数を初めて提示したのはジェームズ・グレゴリー(1638~1675)である.スコットランドの数学者,天文学者.その名を冠する反射望遠鏡の創案者である.グレゴリーの級数は1671年2月15日付のコリンズ(1625~1683)宛書簡の中で報告された.
37) ライプニッツの級数.ゴットフリート・ヴィルヘルム・ライプニッツ(1646~1716年)はドイツの数学者.ライプツィヒに生まれた.父はライプツィヒの道徳哲学の教授であった.ライプニッツはこの級数の和を友人に伝えた.1674年11月6日付のホイヘンス(クリスティアン・ホイヘンス.オランダの力学者,天文学者.1629~1695)の

第8章　円から生じる超越量

ライプニッツ宛書簡と，1675年4月12日付のオルデンブルク（H.オルデンブルク．1626～1678年．ドイツ人だが，イギリスに住んだ）のライプニッツ宛書簡参照．また，1676年8月27日付のライプニッツのオルデンブルク宛書簡参照．

38) 各項がみな有理数である級数という意味．

第 9 章　三項因子の探索

143.　整関数の単純因子を見つける方法については，すでに［§29］明示した通りであり，方程式を解くことを通じて遂行される．この様子をもう少し具体的に観察するために，ある整関数

$$\alpha + \beta z + \gamma z^2 + \delta z^3 + \varepsilon z^4 + \cdots$$

が提示されたとして，その $p-qz$ という形の単純因子を求めるという課題を考えよう．この場合，明らかに，もし $p-qz$ が関数 $\alpha + \beta z + \gamma z^2 + \cdots$ の因子なら，$z = \dfrac{p}{q}$ と置くとき，提示された関数の値は因子 $p-qz$ とともに0にならなければならない．これより明らかになるように，$p-qz$ が関数

$$\alpha + \beta z + \gamma z^2 + \delta z^3 + \varepsilon z^4 + \cdots$$

の因子，言い換えると除子である場合，表示式

$$\alpha + \frac{\beta p}{q} + \frac{\gamma p^2}{q^2} + \frac{\delta p^3}{q^3} + \frac{\varepsilon p^4}{q^4} + \cdots$$

の値は0に等しい．そこで逆に，もしこの方程式のすべての根 $\dfrac{p}{q}$ が見つかったなら，それらのひとつひとつは，提示された整関数

$$\alpha + \beta z + \gamma z^2 + \delta z^3 + \varepsilon z^4 + \cdots$$

の単純因子，すなわち $p-qz$ を与えるであろう．それらの因子の個数は根の個数と同一である．同時に明らかなように，このような単純因子の個数は z の最大冪指数によって規定される．

144.　普通，虚因子を見つけるのは困難である．そこで本章では，虚の単純因子を見つける作業をしばしば可能にしてくれる特別の方法を報告したいと思う．虚の単純因子には，適宜ふたつずつ組み合わせて積を作れば実因子になるという性質が備わっている．そこで，虚の単純因子を見つけるには，［実］二重因子，すなわち，

$$p - qz + rzz$$

という形の実因子であって，しかもその単純因子が虚因子になるものを探せばよいこ

第9章 三項因子の探索

とになる．実際，関数 $\alpha + \beta z + \gamma z^2 + \delta z^3 + \cdots$ の，$p - qz + rzz$ という三項式の形のすべての実二重因子がすべて判明したなら，それと同時に虚因子もまたすべて獲得されるのである．

145. 三項式 $p - qz + rzz$ は，もし $4pr > qq$ なら，言い換えると，もし
$$\frac{q}{2\sqrt{pr}} < 1$$
なら，虚の単純因子をもつ．そうして角の正弦と余弦は1よりも小さいのであるから，もし $\frac{q}{2\sqrt{pr}}$ がある角の正弦または余弦に等しいなら，式 $p - qz + rzz$ は虚の単純因子をもつことになる．そこで
$$\frac{q}{2\sqrt{pr}} = \cos\varphi \quad \text{すなわち} \quad q = 2\sqrt{pr}\cos\varphi$$
と置いてみよう．この場合，三項式 $p - qz + rzz$ は虚の単純因子をもつ．非有理性に起因する煩雑さから逃れるために，私は
$$pp - 2pqz\cos\varphi + qqzz$$
という形状を採用することにする．この式の虚単純因子は
$$qz - p(\cos\varphi + \sqrt{-1}\sin\varphi) \quad \text{と} \quad qz - p(\cos\varphi - \sqrt{-1}\sin\varphi)$$
である．$\cos\varphi = \pm 1$ の場合には $\sin\varphi = 0$ となる．その場合，これらの二因子は等しくなり，しかもともに実因子になることが明らかになる．

146. こうして，整関数 $\alpha + \beta z + \gamma z^2 + \delta z^3 + \cdots$ が提示されたとき，文字 p と q を角度 φ とともに適切に定めて，三項式 $pp - 2pqz\cos\varphi + qqzz$ が［提示された］関数の因子になるようにすれば，この関数の虚単純因子が見つかることになる．実際，そのとき，虚の単純因子
$$qz - p(\cos\varphi + \sqrt{-1}\sin\varphi) \quad \text{と} \quad qz - p(\cos\varphi - \sqrt{-1}\sin\varphi)$$
が存在する．したがって，
$$z = \frac{p}{q}(\cos\varphi + \sqrt{-1}\sin\varphi)$$
と置いても，
$$z = \frac{p}{q}(\cos\varphi - \sqrt{-1}\sin\varphi)$$
と置いても，提示された関数の値は0になる．この代入を遂行すれば，ふたつの方程式が生じる．それらの方程式により，分数 $\frac{p}{q}$ と角度 φ が規定される．

147. このような代入を実行するのは一見して困難に見えるかもしれないが，

前章で報告された事柄を利用すれば，十分に迅速に達成される．実際，
$$\left(\cos\varphi \pm \sqrt{-1}\sin\varphi\right)^n = \cos n\varphi \pm \sqrt{-1}\sin n\varphi$$
となることが明らかにされたのであるから，z の個々の冪に代入するべき下記のような式が得られる．

第一因子については，

$$z = \frac{p}{q}\left(\cos\varphi + \sqrt{-1}\sin\varphi\right)$$
$$z^2 = \frac{p^2}{q^2}\left(\cos 2\varphi + \sqrt{-1}\sin 2\varphi\right)$$
$$z^3 = \frac{p^3}{q^3}\left(\cos 3\varphi + \sqrt{-1}\sin 3\varphi\right)$$
$$z^4 = \frac{p^4}{q^4}\left(\cos 4\varphi + \sqrt{-1}\sin 4\varphi\right)$$
$$\cdots\cdots$$

もうひとつの因子については，

$$z = \frac{p}{q}\left(\cos\varphi - \sqrt{-1}\sin\varphi\right)$$
$$z^2 = \frac{p^2}{q^2}\left(\cos 2\varphi - \sqrt{-1}\sin 2\varphi\right)$$
$$z^3 = \frac{p^3}{q^3}\left(\cos 3\varphi - \sqrt{-1}\sin 3\varphi\right)$$
$$z^4 = \frac{p^4}{q^4}\left(\cos 4\varphi - \sqrt{-1}\sin 4\varphi\right)$$
$$\cdots\cdots$$

表示を簡単にするために $\frac{p}{q} = r$ と置いて，代入を実行すると，次のようなふたつの方程式が生じる．

$$0 = \left\{\begin{array}{l}\alpha + \beta r\cos\varphi + \gamma r^2\cos 2\varphi + \delta r^3\cos 3\varphi + \cdots \\ + \beta r\sqrt{-1}\sin\varphi + \gamma r^2\sqrt{-1}\sin 2\varphi + \delta r^3\sqrt{-1}\sin 3\varphi + \cdots\end{array}\right\},$$

$$0 = \left\{\begin{array}{l}\alpha + \beta r\cos\varphi + \gamma r^2\cos 2\varphi + \delta r^3\cos 3\varphi + \cdots \\ - \beta r\sqrt{-1}\sin\varphi - \gamma r^2\sqrt{-1}\sin 2\varphi - \delta r^3\sqrt{-1}\sin 3\varphi - \cdots\end{array}\right\}.$$

148. これらのふたつの方程式を交互に加えたり引いたりして和と差を作り，次いで，差を作った場合には［得られた差を］$2\sqrt{-1}$ で割ると，ふたつの実方程式

$$0 = \alpha + \beta r\cos\varphi + \gamma r^2\cos 2\varphi + \delta r^3\cos 3\varphi + \cdots,$$
$$0 = \beta r\sin\varphi + \gamma r^2\sin 2\varphi + \delta r^3\sin 3\varphi + \cdots$$

が生じる．これらの方程式は，提示された関数の形状

$$\alpha + \beta z + \gamma z^2 + \delta z^3 + \varepsilon z^4 + \cdots$$

を見れば，ただちに作ることができる．それには z の各々の冪に，まず初めに

$$z^n = r^n \cos n\varphi$$

第9章　三項因子の探索

を代入し，次に

$$z^n = r^n \sin n\varphi$$

を代入すればよい．実際，$\sin 0\varphi = 0$ および $\cos 0\varphi = 1$ であるから，定数項における z^0 すなわち 1 の代わりに，前者の場合には 1 と置き，後者の場合には 0 と置くことになるのである．

それゆえこれらのふたつの方程式から未知量 r と φ を定めれば，$r = \dfrac{p}{q}$ により，［提示された］関数の，ふたつの虚の単純因子を内包する三項因子

$$pp - 2pqz\cos\varphi + qqzz$$

が得られる．

149. 前者の方程式に $\sin m\varphi$ を乗じ，後者の方程式に $\cos m\varphi$ を乗じてから，加えたり引いたりすれば，ふたつの方程式

$$0 = \alpha \sin m\varphi + \beta r \sin(m+1)\varphi + \gamma r^2 \sin(m+2)\varphi + \delta r^3 \sin(m+3)\varphi + \cdots,$$
$$0 = \alpha \sin m\varphi + \beta r \sin(m-1)\varphi + \gamma r^2 \sin(m-2)\varphi + \delta r^3 \sin(m-3)\varphi + \cdots$$

が生じる．他方，前者の方程式に $\cos m\varphi$ を乗じ，後者の方程式には $\sin m\varphi$ を乗じてから足し算と引き算を行なえば，次のような方程式が出る．

$$0 = \alpha \cos m\varphi + \beta r \cos(m-1)\varphi + \gamma r^2 \cos(m-2)\varphi + \delta r^3 \cos(m-3)\varphi + \cdots,$$
$$0 = \alpha \cos m\varphi + \beta r \cos(m+1)\varphi + \gamma r^2 \cos(m+2)\varphi + \delta r^3 \cos(m+3)\varphi + \cdots$$

このようなふたつの方程式の組のどちらを用いても，未知量 r と φ が決定される．この決定は一般にいく通りもの仕方でなされるから，それに伴って同時にいくつもの三項因子が得られるが，それらはまさしく，提示された関数に包摂されるすべての三項因子なのである．

150. このような規則の用法をいっそう明確に把握するために，しばしば登場する二，三の関数の三項因子をここで求めておきたいと思う．それは，これから必要になったときにそのつど引用することができるようにするためでもある．そこで，関数

$$a^n + z^n$$

が提示されたとしよう．この関数の，

$$pp - 2pqz\cos\varphi + qqzz$$

という形の三項因子を決定しなければならない．$r = \dfrac{p}{q}$ と置くと，

$$0 = a^n + r^n \cos n\varphi \quad \text{および} \quad 0 = r^n \sin n\varphi$$

というふたつの方程式が得られる．これらのうち，後者の方程式は
$$\sin n\varphi = 0$$
を与える．よって，弧 $n\varphi$ は $(2k+1)\pi$ もしくは $2k\pi$ という形である．ここで k は整数を表わす．私はこれらの［二通りの］場合を区別したいと思う．なぜなら，これらの角度の余弦は異なるからである．実際，前者の場合には $\cos(2k+1)\pi = -1$ となるが，後者の場合には，$\cos 2k\pi = +1$ となるのである．ところが初めの形状
$$n\varphi = (2k+1)\pi$$
を選定しなければならないのは明白である．実際，このとき $\cos n\varphi = -1$ が与えられるが，これより，
$$0 = a^n - r^n$$
となる．よって，
$$r = a = \frac{p}{q}.$$
それゆえ
$$p = a, \quad q = 1$$
および
$$\varphi = \frac{2k+1}{n}\pi$$
となる．よって，関数 $a^n + z^n$ の因子は
$$aa - 2az\cos\frac{2k+1}{n}\pi + zz$$
という形になる．k には任意の整数をあてはめることができるから，こんなふうにしていくつもの因子が生じることになる．しかし無限に多いわけではない．なぜなら，もし $2k+1$ が n を越えて増大していくなら，$\cos(2\pi \pm \varphi) = \cos\varphi$ より，冒頭の諸因子が循環して現われてくるだけにすぎないからである．これは諸例の観察を通じていっそう明確になっていく事柄である．次に，もし n が奇数なら，$2k+1 = n$ と置くと，上記の因子は二次因子 $aa + 2az + zz$ になる．だが，ここから，平方 $(a+z)^2$ が関数 $a^n + z^n$ の因子になるという事実が導かれるわけではない．なぜなら，（§148において）生じるのはただひとつの方程式にすぎず，そこから明らかになるのは，$a+z$ が式 $a^n + z^n$ の除因子になるという一事のみだからである．この規則は，$\cos\varphi$ の値が $+1$ になったり -1 になったりするたびに，そのつど遵守しなければならない．

例

これらの因子がいっそうはっきりと目に映じるようにするために，若干の例を挙げたいと思う．それらの例は，n が偶数であるか，あるいは奇数であるのに応じて，二

第9章 三項因子の探索

通りの範疇に区分けされる．

$n = 1$

なら，式

$a + z$

の因子は

$a + z$

である．

$n = 2$

なら，式

$a^2 + z^2$

の因子は

$a^2 + z^2$

である．

$n = 3$

なら，式

$a^3 + z^3$

の因子は

$aa - 2az\cos\frac{1}{3}\pi + zz,$

$a + z$

である．

$n = 4$

なら，式

$a^4 + z^4$

の因子は

$aa - 2az\cos\frac{1}{4}\pi + zz,$

$aa - 2az\cos\frac{3}{4}\pi + zz$

である．

$n = 5$

なら，式

$a^5 + z^5$

の因子は

$aa - 2az\cos\frac{1}{5}\pi + zz,$

$aa - 2az\cos\frac{3}{5}\pi + zz,$

$a + z$

である．

$n = 6$

なら，式

$a^6 + z^6$

の因子は

$aa - 2az\cos\frac{1}{6}\pi + zz,$

$aa - 2az\cos\frac{3}{6}\pi + zz,$

$aa - 2az\cos\frac{5}{6}\pi + zz$

である．

　これらの例から明らかになるように，$2k+1$ のところに，指数 n を越えないすべての奇数を次々と代入していけば，すべての因子が得られるのである．ただし，平方因子が生じる場合には，その冪根のほうを因子の仲間に算入することにしなければならない．

151.　関数
$$a^n - z^n$$
が提示されたとしよう．この関数の三項因子は
$$pp - 2pqz\cos\varphi + qqzz$$
という形になる．$r = \dfrac{p}{q}$ と置けば，
$$0 = a^n - r^n \cos n\varphi \quad \text{および} \quad 0 = r^n \sin n\varphi$$
となる．それゆえ再び，
$$\sin n\varphi = 0$$
となる．したがって，$n\varphi = (2k+1)\pi$ または $n\varphi = 2k\pi$ となる．この場合には後者の値を取り上げなければならない．すると $\cos n\varphi = +1$ となるが，これは
$$0 = a^n - r^n$$
と
$$r = \dfrac{p}{q} = a$$
を与える．したがって，
$$p = a, \quad q = 1$$
と
$$\varphi = \dfrac{2k}{n}\pi$$
が得られる．よって，提示された式の三項因子は
$$aa - 2az\cos\dfrac{2k}{n}\pi + zz$$
という形になる．この形状において，$2k$のところにnを越えないすべての偶数を次々と代入していけば，すべての因子が与えられる．ここで，平方因子については，前述した通りの注意事項を遵守しなければならない．この点をもう少し詳しく言うと，まず$k = 0$と置くと因子$aa - 2az + zz$が生じるが，これについては冪根$a - z$を選定しなければならない．同様に，nは偶数として$2k = n$と置けば，$aa + 2az + zz$が生じる．これより，$a + z$は形式$a^n - z^n$の除因子である．

例

冪指数nについて先ほどと同様に考察を加えると，nが偶数であるか，あるいは奇数であるのに応じて，さまざまな場合が引き起こされる．

第 9 章　三項因子の探索

$n = 1$ なら，式 $a - z$ の因子は $a - z$ である．	$n = 2$ なら，式 $a^2 - z^2$ の因子は $a - z,$ $a + z$ である．
$n = 3$ なら，式 $a^3 - z^3$ の因子は $a - z,$ $aa - 2az\cos\frac{2}{3}\pi + zz$ である．	$n = 4$ なら，式 $a^4 - z^4$ の因子は $a - z,$ $aa - 2az\cos\frac{2}{4}\pi + zz,$ $a + z$ である．
$n = 5$ なら，式 $a^5 - z^5$ の因子は $a - z,$ $aa - 2az\cos\frac{2}{5}\pi + zz,$ $aa - 2az\cos\frac{4}{5}\pi + zz$ である．	$n = 6$ なら，式 $a^6 - z^6$ の因子は $a - z,$ $aa - 2az\cos\frac{2}{6}\pi + zz,$ $aa - 2az\cos\frac{4}{6}\pi + zz,$ $a + z$ である．

152. こうして，これは以前［§32］すでに注意を喚起したことのある事柄だが，あらゆる整関数は，たとえ実単純因子には分解されないとしても，いくつかの実二重因子には分解されることが確認される．実際，我々は今しがた，不定次元をもつ $a^n \pm z^n$ のような関数はつねに，実単純因子のほかにいくつかの実二重因子に分解さ

れていく様子を目の当たりにしたのである．

　$\alpha + \beta z^n + \gamma z^{2n}$ のようなもっと複雑な関数へと歩を進めよう．もしこの関数が $\eta + \theta z^n$ という形のふたつの因子をもつなら，この関数が分解されていく様子は，前述の事柄によりすでに十分に明らかである．そこで，遂行しなければならないのは，式 $\alpha + \beta z^n + \gamma z^{2n}$ が $\eta + \theta z^n$ という形のふたつの実因子をもたない場合に，単純因子でも二重因子でもどちらでもよいから，この式がいくつかの実因子に分解していく様相を伝えることのみである．

153.　そこで，関数
$$a^{2n} - 2a^n z^n \cos g + z^{2n}$$
を考察しよう．これは $\eta + \theta z^n$ という形のふたつの実因子に分解されないものとする．この関数の実二重因子を
$$pp - 2pqz\cos\varphi + qqzz$$
と設定し，$r = \dfrac{p}{q}$ と置くと，
$$0 = a^{2n} - 2a^n r^n \cos g \cos n\varphi + r^{2n} \cos 2n\varphi$$
および
$$0 = \phantom{a^{2n}} - 2a^n r^n \cos g \sin n\varphi + r^{2n} \sin 2n\varphi$$
という形のふたつの方程式を解かなければならないことになる．§149により（$m = 2n$ と置くと）前者の方程式の代わりに，
$$0 = a^{2n} \sin 2n\varphi - 2a^n r^n \cos g \sin n\varphi$$
という方程式を選択してもよい．これを後者の方程式と比較すると，
$$r = a$$
が与えられる．よって，
$$\sin 2n\varphi = 2\cos g \sin n\varphi.$$
ところが，
$$\sin 2n\varphi = 2\sin n\varphi \cos n\varphi$$
であるから，
$$\cos n\varphi = \cos g$$
となる．そうしてつねに $\cos(2k\pi \pm g) = \cos g$．これより，
$$n\varphi = 2k\pi \pm g.$$
よって

第9章 三項因子の探索

$$\varphi = \frac{2k\pi \pm g}{n}$$

が得られる．よって，提示された形式の一般の二重因子は

$$aa - 2az\cos\frac{2k\pi \pm g}{n} + zz$$

という形になる．しかも $2k$ のところに，n を越えないあらゆる偶数を次々と代入していけば，いく通りかの特別の場合にあてはめてみればわかるように，そのようにしてすべての因子が生じるのである．

例

このような諸因子の性質が明瞭に見て取れるようにするために，n が $1, 2, 3, 4,$ $\cdots$ の場合を考察しよう．式

$$aa - 2az\cos g + zz$$

は唯一の因子

$$aa - 2az\cos g + zz$$

をもつ．式

$$a^4 - 2a^2z^2\cos g + z^4$$

は二個の因子

$$aa - 2az\cos\frac{g}{2} + zz,$$

$$aa - 2az\cos\frac{2\pi \pm g}{2} + zz \quad \text{すなわち} \quad aa + 2az\cos\frac{g}{2} + zz$$

をもつ．式

$$a^6 - 2a^3z^3\cos g + z^6$$

は三個の因子

$$aa - 2az\cos\frac{g}{3} + zz,$$
$$aa - 2az\cos\frac{2\pi - g}{3} + zz,$$
$$aa - 2az\cos\frac{2\pi + g}{3} + zz$$

をもつ．式

$$a^8 - 2a^4z^4\cos g + z^8$$

は四個の因子

$$aa - 2az\cos\frac{g}{4} + zz,$$
$$aa - 2az\cos\frac{2\pi - g}{4} + zz,$$

$$aa - 2az\cos\frac{2\pi+g}{4} + zz,$$

$$aa - 2az\cos\frac{4\pi\pm g}{4} + zz \quad \text{すなわち} \quad aa + 2az\cos\frac{g}{4} + zz$$

をもつ．式

$$a^{10} - 2a^5 z^5 \cos g + z^{10}$$

は五個の因子

$$aa - 2az\cos\frac{g}{5} + zz,$$

$$aa - 2az\cos\frac{2\pi-g}{5} + zz,$$

$$aa - 2az\cos\frac{2\pi+g}{5} + zz,$$

$$aa - 2az\cos\frac{4\pi-g}{5} + zz,$$

$$aa - 2az\cos\frac{4\pi+g}{5} + zz$$

をもつ．

これらの例により，あらゆる整関数はいくつかの実単純因子もしくは実二重因子に分解される[1]という事実が確かめられる．

154.　このような歩みをさらに延長して，

$$\alpha + \beta z^n + \gamma z^{2n} + \delta z^{3n}$$

という関数に及ぶことも可能であろう．この関数は $\eta + \theta z^n$ という形のひとつの実因子をもつ．その実単純因子と実二重因子とを明示するのは可能である．もうひとつの $\iota + \chi z^n + \lambda z^{2n}$ という形の乗法子は，因子分解が可能な場合にはいつでも，前節で見た事柄に基づいて，これと同様の仕方で諸因子に分解される．

次に，関数

$$\alpha + \beta z^n + \gamma z^{2n} + \delta z^{3n} + \varepsilon z^{4n}$$

はつねに $\eta + \theta z^n + \iota z^{2n}$ という形のふたつの実因子をもつ．それゆえ同様にして，実単純因子もしくは実二重因子へと分解されていく．

さらに歩を進めて，式

$$\alpha + \beta z^n + \gamma z^{2n} + \delta z^{3n} + \varepsilon z^{4n} + \zeta z^{5n}$$

に及ぶことも可能である．この式は $\eta + \theta z^n$ という形の因子をまちがいなくひとつもつ．もうひとつの因子は，先ほど明記した通りの形状である．これより，この関数もまた実単純因子もしくは実二重因子への分解を許容する．

第 9 章　三項因子の探索

あらゆる整関数をこのように分解することに関してなお一抹の疑念が残されていたかもしれないが，今やほぼ完全に払拭されたと言えると思う．

155.　このような因子分解は無限級数にも移される．すなわち，すでに見たように [§123]，
$$1 + \frac{x}{1} + \frac{x^2}{1\cdot 2} + \frac{x^3}{1\cdot 2\cdot 3} + \frac{x^4}{1\cdot 2\cdot 3\cdot 4} + \cdots = e^x$$
となる．また，
$$e^x = \left(1 + \frac{x}{i}\right)^i.$$
ここで i は無限大数を表わす．よって明らかに，級数
$$1 + \frac{x}{1} + \frac{x^2}{1\cdot 2} + \frac{x^3}{1\cdot 2\cdot 3} + \cdots$$
は同一の単純因子，すなわち因子 $1+\frac{x}{i}$ を無限に多くもっている．ところがこの級数から第一項を取り去ると，
$$\frac{x}{1} + \frac{x^2}{1\cdot 2} + \frac{x^3}{1\cdot 2\cdot 3} + \cdots = e^x - 1 = \left(1 + \frac{x}{i}\right)^i - 1$$
となる．右辺の形を §151 で観察した状勢と比較してみよう．その際，
$$a = 1 + \frac{x}{i},\quad n = i,\quad z = 1$$
とするのである．するとどの因子も，
$$\left(1 + \frac{x}{i}\right)^2 - 2\left(1 + \frac{x}{i}\right)\cos\frac{2k}{i}\pi + 1$$
と等置される．ここで $2k$ にあらゆる偶数を代入していけば，それに伴ってすべての因子が生じることになる．

$2k = 0$ と置くと，平方因子 $\frac{x}{i}\frac{x}{i}$ が生じる．この因子については，既述の通りの理由により，平方根 $\frac{x}{i}$ のみを選定しなければならない．それゆえ，これはおのずと明らかなことではあるが，x は表示式 $e^x - 1$ の因子である．残る因子を見つけるには，弧 $\frac{2k}{i}\pi$ が無限小であることに起因して，
$$\cos\frac{2k}{i}\pi = 1 - \frac{2kk}{ii}\pi\pi$$
となる（§134）ことに注目しなければならない．右辺に引き続いて現われる諸項は，無限大数 i の影響を受けて消失してしまうのである．よって，どの因子も
$$\frac{xx}{ii} + \frac{4kk}{ii}\pi\pi + \frac{4kk\pi\pi}{i^3}x$$
という形になる．よって，形式 $e^x - 1$ は
$$1 + \frac{x}{i} + \frac{xx}{4kk\pi\pi}$$
で割り切れる．それゆえ表示式

$$e^x - 1 = x\left(1 + \frac{x}{1\cdot 2} + \frac{x^2}{1\cdot 2\cdot 3} + \frac{x^3}{1\cdot 2\cdot 3\cdot 4} + \cdots\right)$$

は，因子 x のほかに，無限に多くの因子

$$\left(1 + \frac{x}{i} + \frac{xx}{4\pi\pi}\right)\left(1 + \frac{x}{i} + \frac{xx}{16\pi\pi}\right)\left(1 + \frac{x}{i} + \frac{xx}{36\pi\pi}\right)\left(1 + \frac{x}{i} + \frac{xx}{64\pi\pi}\right)\cdots$$

をもつ．

156. これらの因子には無限に小さい部分 $\frac{x}{i}$ が入っているが，これを取りのけるのは許されない．というのは，これは個々の因子の中に存在し，しかもそれらのすべての因子 —— 総個数は $\frac{1}{2}i$ —— の和を作ると，項 $\frac{x}{2}$ が生じるのであるから．この不都合な状態を回避するために，表示式

$$e^x - e^{-x} = \left(1 + \frac{x}{i}\right)^i - \left(1 - \frac{x}{i}\right)^i = 2\left(\frac{x}{1} + \frac{x^3}{1\cdot 2\cdot 3} + \frac{x^5}{1\cdot 2\cdot 3\cdot 4\cdot 5} + \cdots\right)$$

を考察することにしよう．この方程式が成立するのは，

$$e^{-x} = 1 - \frac{x}{1} + \frac{x^2}{1\cdot 2} - \frac{x^3}{1\cdot 2\cdot 3} + \cdots$$

となるからである．これを §151 で見た事柄と比較すると，

$$n = i,\ a = 1 + \frac{x}{i} \quad \text{および} \quad z = 1 - \frac{x}{i}$$

が与えられる．よって上記の表示式の因子は，

$$\cos\frac{2k}{i}\pi = 1 - \frac{2kk}{ii}\pi\pi \quad {}^{2)}$$

により，

$$aa - 2az\cos\frac{2k}{n}\pi + zz$$
$$= 2 + \frac{2xx}{ii} - 2\left(1 - \frac{xx}{ii}\right)\cos\frac{2k}{i}\pi = \frac{4xx}{ii} + \frac{4kk}{ii}\pi\pi - \frac{4kk\pi\pi xx}{i^4}$$

となる．よって，関数 $e^x - e^{-x}$ は

$$1 + \frac{xx}{kk\pi\pi} - \frac{xx}{ii}$$

で割り切れる．ここで，項 $\frac{xx}{ii}$ は除去してもかまわない．というのは，この項は i を乗じてもなお無限に小さい状態に留まるからである．また，もし $k = 0$ なら，先ほどと同様に考察を加えて，第一因子は x となることがわかる．そこでこれらの因子を適切な順序に並べると，

$$\frac{e^x - e^{-x}}{2} = x\left(1 + \frac{xx}{\pi\pi}\right)\left(1 + \frac{xx}{4\pi\pi}\right)\left(1 + \frac{xx}{9\pi\pi}\right)\left(1 + \frac{xx}{16\pi\pi}\right)\left(1 + \frac{xx}{25\pi\pi}\right)\cdots$$

$$= x\left(1 + \frac{xx}{1\cdot 2\cdot 3} + \frac{x^4}{1\cdot 2\cdot 3\cdot 4\cdot 5} + \frac{x^6}{1\cdot 2\cdots 7} + \cdots\right)$$

第9章 三項因子の探索

となる．これを言い換えると，私はここで個々の因子に定数を乗じて適切な形状を与え，実際にそれらの積を作ると第一因子として x が生じるように調整したのである．

157. 同様に，
$$\frac{e^x + e^{-x}}{2} = 1 + \frac{xx}{1\cdot 2} + \frac{x^4}{1\cdot 2\cdot 3\cdot 4} + \cdots = \frac{\left(1+\frac{x}{i}\right)^i + \left(1-\frac{x}{i}\right)^i}{2}$$

であるから，この式を上述の［§150］$a^n + z^n$ と比較すると，
$$a = 1 + \frac{x}{i}, \quad z = 1 - \frac{x}{i}, \quad n = i$$

が与えられる．よって，$\dfrac{e^x + e^{-x}}{2}$ の任意の因子は

$$aa - 2az\cos\frac{2k+1}{n}\pi + zz = 2 + \frac{2xx}{ii} - 2\left(1 - \frac{xx}{ii}\right)\cos\frac{2k+1}{i}\pi$$

と等置される．ところが，
$$\cos\frac{2k+1}{i}\pi = 1 - \frac{(2k+1)^2}{2ii}\pi\pi.$$

よって因子の形状は，分母に i^4 が出てくる項は消失することに留意すると，
$$\frac{4xx}{ii} + \frac{(2k+1)^2}{ii}\pi\pi$$

というふうになる．ところが
$$1 + \frac{xx}{1\cdot 2} + \frac{x^4}{1\cdot 2\cdot 3\cdot 4} + \cdots$$

の因子はどれも $1 + \alpha xx$ という形をもたなければならない．そこで上記の因子をこの形に帰着させるためには，それを
$$\frac{(2k+1)^2\pi\pi}{ii}$$

で割らなければならない．これより，提示された式の因子は
$$1 + \frac{4xx}{(2k+1)^2\pi\pi}$$

という形になる．ここで $2k+1$ に次々とあらゆる奇数を代入していけば，無限に多くの因子がすべて見つかることになる．このような状勢により，

$$\frac{e^x + e^{-x}}{2} = 1 + \frac{xx}{1\cdot 2} + \frac{x^4}{1\cdot 2\cdot 3\cdot 4} + \frac{x^6}{1\cdot 2\cdot 3\cdot 4\cdot 5\cdot 6} + \cdots$$
$$= \left(1 + \frac{4xx}{\pi\pi}\right)\left(1 + \frac{4xx}{9\pi\pi}\right)\left(1 + \frac{4xx}{25\pi\pi}\right)\left(1 + \frac{4xx}{49\pi\pi}\right)\cdots$$

となる．

158. x が虚量なら，これらの指数公式は，実の弧の正弦と余弦に関する公式

に移行する．実際，$x = z\sqrt{-1}$ と置くと，
$$\frac{e^{z\sqrt{-1}} - e^{-z\sqrt{-1}}}{2\sqrt{-1}} = \sin z$$
$$= z - \frac{z^3}{1\cdot 2\cdot 3} + \frac{z^5}{1\cdot 2\cdot 3\cdot 4\cdot 5} - \frac{z^7}{1\cdot 2\cdot 3\cdots 7} + \cdots$$
となる．この表示式は無限に多くの因子をもち，
$$z\left(1 - \frac{zz}{\pi\pi}\right)\left(1 - \frac{zz}{4\pi\pi}\right)\left(1 - \frac{zz}{9\pi\pi}\right)\left(1 - \frac{zz}{16\pi\pi}\right)\left(1 - \frac{zz}{25\pi\pi}\right)\cdots$$
と等置される．言い換えると，
$$\sin z = z\left(1 - \frac{z}{\pi}\right)\left(1 + \frac{z}{\pi}\right)\left(1 - \frac{z}{2\pi}\right)\left(1 + \frac{z}{2\pi}\right)\left(1 - \frac{z}{3\pi}\right)\left(1 + \frac{z}{3\pi}\right)\cdots$$
となる．よって，もし弧 z に，これらの因子のうちのどれかの値が 0 になるという性質が備わっているなら，その弧の正弦の値も同時に 0 に等しくならなければならない．このような事態が起こるのは，$z = 0$，$z = \pm \pi$，$z = \pm 2\pi$ のとき，一般に $z = \pm k\pi$ のときである．ここで k は任意の整数を表わす．これは明白な事実であり，この事実から出発して逆向きの道筋をたどり，これらの因子を後天的に見つけることもできたのである．

同様に，
$$\frac{e^{z\sqrt{-1}} + e^{-z\sqrt{-1}}}{2} = \cos z$$
であるから，
$$\cos z = \left(1 - \frac{4zz}{\pi\pi}\right)\left(1 - \frac{4zz}{9\pi\pi}\right)\left(1 - \frac{4zz}{25\pi\pi}\right)\left(1 - \frac{4zz}{49\pi\pi}\right)\cdots$$
となる．あるいは，これらの因子の各々をふたつずつの組に分けると，
$$\cos z = \left(1 - \frac{2z}{\pi}\right)\left(1 + \frac{2z}{\pi}\right)\left(1 - \frac{2z}{3\pi}\right)\left(1 + \frac{2z}{3\pi}\right)\left(1 - \frac{2z}{5\pi}\right)\left(1 + \frac{2z}{5\pi}\right)\cdots$$
というふうになる．これより，これは先ほどと同様に明らかな事柄ではあるが，$z = \pm \frac{2k+1}{2}\pi$ のとき，$\cos z = 0$ となる．これは，円弧の性質から見ても明瞭な事実である．

159.
§153 で観察した事柄に基づいて，表示式
$$e^x - 2\cos g + e^{-x} = 2\left(1 - \cos g + \frac{xx}{1\cdot 2} + \frac{x^4}{1\cdot 2\cdot 3\cdot 4} + \cdots\right)$$
の諸因子を見つけることもできる．実際，この表示式は
$$\left(1 + \frac{x}{i}\right)^i - 2\cos g + \left(1 - \frac{x}{i}\right)^i$$
という形に移行する．これを前の［§153 の］形と比較すると，

第 9 章　三項因子の探索

$$2n = i, \quad a = 1 + \frac{x}{i}, \quad z = 1 - \frac{x}{i}$$

が与えられる．よって，この式の任意の因子は

$$aa - 2az\cos\frac{2k\pi \pm g}{n} + zz = 2 + \frac{2xx}{ii} - 2\left(1 - \frac{xx}{ii}\right)\cos\frac{2(2k\pi \pm g)}{i}$$

と等置される．ところが，

$$\cos\frac{2(2k\pi \pm g)}{i} = 1 - \frac{2(2k\pi \pm g)^2}{ii}.$$

よって，上の因子は $\dfrac{4xx}{ii} + \dfrac{4(2k\pi \pm g)^2}{ii}$ と等置される．あるいは，

$$1 + \frac{xx}{(2k\pi \pm g)^2}$$

という形になる．そこで［提示された］表示式を $2(1-\cos g)$ で割って，無限級数における定数項が 1 に等しくなるようにすると，すべての因子を取り上げるとき，

$$\frac{e^x - 2\cos g + e^{-x}}{2(1-\cos g)}$$

$$= \left(1 + \frac{xx}{gg}\right)\left(1 + \frac{xx}{(2\pi - g)^2}\right)\left(1 + \frac{xx}{(2\pi + g)^2}\right)\left(1 + \frac{xx}{(4\pi - g)^2}\right)\left(1 + \frac{xx}{(4\pi + g)^2}\right)$$

$$\left(1 + \frac{xx}{(6\pi - g)^2}\right)\left(1 + \frac{xx}{(6\pi + g)^2}\right)\cdots$$

というふうになる．そうして x に $z\sqrt{-1}$ を代入すれば，

$$\frac{\cos z - \cos g}{1 - \cos g}$$

$$= \left(1 - \frac{z}{g}\right)\left(1 + \frac{z}{g}\right)\left(1 - \frac{z}{2\pi - g}\right)\left(1 + \frac{z}{2\pi - g}\right)\left(1 - \frac{z}{2\pi + g}\right)\left(1 + \frac{z}{2\pi + g}\right)$$

$$\left(1 - \frac{z}{4\pi - g}\right)\left(1 + \frac{z}{4\pi - g}\right)\cdots$$

$$= 1 - \frac{zz}{1 \cdot 2(1-\cos g)} + \frac{z^4}{1 \cdot 2 \cdot 3 \cdot 4(1-\cos g)} - \frac{z^6}{1 \cdot 2 \cdots 6(1-\cos g)} + \cdots$$

となる．この無限に続いていく級数の因子がすべて判明したことは特筆に値する．

160.　関数

$$e^{b+x} \pm e^{c-x}$$

の因子も，適宜すべて見つけて指定することができる．実際，この関数は

$$\left(1+\frac{b+x}{i}\right)^i \pm \left(1+\frac{c-x}{i}\right)^i$$

と変形されるが，これを形式 $a^i \pm z^i$ と比較すると，因子

$$aa - 2az\cos\frac{m\pi}{i} + zz$$

が得られる．ここで m は，もし上側の符号［正符号］が成立するなら奇数を表わし，そうでなければ偶数を表わす［§150 と §151］．ところで，i は無限大数であるから，

$$\cos\frac{m\pi}{i} = 1 - \frac{mm\pi\pi}{2ii}.$$

よって，一般の因子は

$$(a-z)^2 + \frac{mm\pi\pi}{ii}az$$

と等置される．ところが，今の場合，

$$a = 1 + \frac{b+x}{i}, \quad z = 1 + \frac{c-x}{i}$$

である．よって，

$$(a-z)^2 = \frac{(b-c+2x)^2}{ii} \quad \text{および} \quad az = 1 + \frac{b+c}{i} + \frac{bc+(c-b)x - xx}{ii}$$

となる．そこで上記の一般因子に ii を乗じる．i で割ってある項と ii で割ってある項はすべての因子に見られるが，その大きさは他の項に比べると 0 に等しいと見てよいので無視することにする．すると一般因子は

$$(b-c)^2 + 4(b-c)x + 4xx + mm\pi\pi$$

と等置される．割り算を行なって定数項が 1 になるようにすると，この因子は

$$1 + \frac{4(b-c)x + 4xx}{mm\pi\pi + (b-c)^2}$$

という形になる．

161. このように処置しておくと，あらゆる因子において定数項は 1 に等しいことになる．そこで関数自身も適当な定数で割って，その定数項が 1 に等しくなるようにしておかなければならない．言い換えると，$x = 0$ と置くとき，その値が 1 に等しくなるようにしておかなければならない．そのような除因子とは $e^b \pm e^c$ にほかならない．こうして表示式

$$\frac{e^{b+x} \pm e^{c-x}}{e^b \pm e^c}$$

は無限に多くの個数の因子を用いて表示される．すなわち，もし上側の符号［正符号］が成立して，m は奇数を表わすなら，

$$\frac{e^{b+x} + e^{c-x}}{e^b + e^c}$$

第9章　三項因子の探索

$$= \left(1 + \frac{4(b-c)x + 4xx}{\pi\pi + (b-c)^2}\right)\left(1 + \frac{4(b-c)x + 4xx}{9\pi\pi + (b-c)^2}\right)\left(1 + \frac{4(b-c)x + 4xx}{25\pi\pi + (b-c)^2}\right)\cdots$$

となる．他方，下側の符号［負符号］が成立して，m は偶数を表わすなら，

$$\frac{e^{b+x} - e^{c-x}}{e^b - e^c}$$

$$= \left(1 + \frac{2x}{b-c}\right)\left(1 + \frac{4(b-c)x + 4xx}{4\pi\pi + (b-c)^2}\right)\left(1 + \frac{4(b-c)x + 4xx}{16\pi\pi + (b-c)^2}\right)\left(1 + \frac{4(b-c)x + 4xx}{36\pi\pi + (b-c)^2}\right)\cdots$$

となる．ただし $m=0$ の場合には平方因子が得られるが，この場合にはその平方根を使用した．

162.　これは一般性をそこなうことなくなしうる事柄だが，$b=0$ と置くと，

$$\frac{e^x + e^c e^{-x}}{1 + e^c}$$

$$= \left(1 - \frac{4cx - 4xx}{\pi\pi + cc}\right)\left(1 - \frac{4cx - 4xx}{9\pi\pi + cc}\right)\left(1 - \frac{4cx - 4xx}{25\pi\pi + cc}\right)\cdots,$$

$$\frac{e^x - e^c e^{-x}}{1 - e^c}$$

$$= \left(1 - \frac{2x}{c}\right)\left(1 - \frac{4cx - 4xx}{4\pi\pi + cc}\right)\left(1 - \frac{4cx - 4xx}{16\pi\pi + cc}\right)\left(1 - \frac{4cx - 4xx}{36\pi\pi + cc}\right)\cdots$$

となる．また，c を負と見ると，ふたつの方程式

$$\frac{e^x + e^{-c} e^{-x}}{1 + e^{-c}}$$

$$= \left(1 + \frac{4cx + 4xx}{\pi\pi + cc}\right)\left(1 + \frac{4cx + 4xx}{9\pi\pi + cc}\right)\left(1 + \frac{4cx + 4xx}{25\pi\pi + cc}\right)\cdots,$$

$$\frac{e^x - e^{-c} e^{-x}}{1 - e^{-c}}$$

$$= \left(1 + \frac{2x}{c}\right)\left(1 + \frac{4cx + 4xx}{4\pi\pi + cc}\right)\left(1 + \frac{4cx + 4xx}{16\pi\pi + cc}\right)\left(1 + \frac{4cx + 4xx}{36\pi\pi + cc}\right)\cdots$$

が得られる．第一の形の式に第三の形の式を乗じると，

$$\frac{e^{2x} + e^{-2x} + e^c + e^{-c}}{2 + e^c + e^{-c}}$$

が生じる．そこで $2x$ の代わりに y と書くと，

$$\frac{e^y + e^{-y} + e^c + e^{-c}}{2 + e^c + e^{-c}}$$

$$= \left(1 - \frac{2cy - yy}{\pi\pi + cc}\right)\left(1 + \frac{2cy + yy}{\pi\pi + cc}\right)\left(1 - \frac{2cy - yy}{9\pi\pi + cc}\right)\left(1 + \frac{2cy + yy}{9\pi\pi + cc}\right)$$
$$\left(1 - \frac{2cy - yy}{25\pi\pi + cc}\right)\left(1 + \frac{2cy + yy}{25\pi\pi + cc}\right)\cdots$$

となる．第一の形の式に第四の形の式を乗じると，その積は
$$\frac{e^{2x} - e^{-2x} + e^c - e^{-c}}{e^c - e^{-c}}$$
に等しい．そこで $2x$ の代わりに y と書くと，
$$\frac{e^y - e^{-y} + e^c - e^{-c}}{e^c - e^{-c}}$$
$$= \left(1 + \frac{y}{c}\right)\left(1 - \frac{2cy - yy}{\pi\pi + cc}\right)\left(1 + \frac{2cy + yy}{4\pi\pi + cc}\right)\left(1 - \frac{2cy - yy}{9\pi\pi + cc}\right)$$
$$\left(1 + \frac{2cy + yy}{16\pi\pi + cc}\right)\left(1 - \frac{2cy - yy}{25\pi\pi + cc}\right)\left(1 + \frac{2cy + yy}{36\pi\pi + cc}\right)\cdots$$

となる．第二の形の式に第三の形の式を乗じても同じ方程式が生じる．ただし，c は負に取らなければならない．すなわち，
$$\frac{e^c - e^{-c} - e^y + e^{-y}}{e^c - e^{-c}}$$
$$= \left(1 - \frac{y}{c}\right)\left(1 + \frac{2cy + yy}{\pi\pi + cc}\right)\left(1 - \frac{2cy - yy}{4\pi\pi + cc}\right)\left(1 + \frac{2cy + yy}{9\pi\pi + cc}\right)$$
$$\left(1 - \frac{2cy - yy}{16\pi\pi + cc}\right)\left(1 + \frac{2cy + yy}{25\pi\pi + cc}\right)\left(1 - \frac{2cy - yy}{36\pi\pi + cc}\right)\cdots$$

となる．最後に，第二の形の式に第四の形の式を乗じると，
$$\frac{e^y + e^{-y} - e^c - e^{-c}}{2 - e^c - e^{-c}}$$
$$= \left(1 - \frac{yy}{cc}\right)\left(1 - \frac{2cy - yy}{4\pi\pi + cc}\right)\left(1 + \frac{2cy + yy}{4\pi\pi + cc}\right)\left(1 - \frac{2cy - yy}{16\pi\pi + cc}\right)\left(1 + \frac{2cy + yy}{16\pi\pi + cc}\right)$$
$$\left(1 - \frac{2cy - yy}{36\pi\pi + cc}\right)\left(1 + \frac{2cy + yy}{36\pi\pi + cc}\right)\cdots$$

となる．

163. ところで，これらの四通りの組み合わせの各々において，
$$c = g\sqrt{-1}, \quad y = v\sqrt{-1}$$
と置けば，各々の式は適宜，円［から生じる超越量］へと移行する．実際，

第 9 章　三項因子の探索

$$e^{v\sqrt{-1}} + e^{-v\sqrt{-1}} = 2\cos v, \quad e^{v\sqrt{-1}} - e^{-v\sqrt{-1}} = 2\sqrt{-1}\sin v$$

および

$$e^{g\sqrt{-1}} + e^{-g\sqrt{-1}} = 2\cos g, \quad e^{g\sqrt{-1}} - e^{-g\sqrt{-1}} = 2\sqrt{-1}\sin g$$

となる．よって，一番初めの組み合わせは，

$$\frac{\cos v + \cos g}{1 + \cos g}$$

$$= 1 - \frac{vv}{1\cdot 2(1+\cos g)} + \frac{v^4}{1\cdot 2\cdot 3\cdot 4(1+\cos g)} - \frac{v^6}{1\cdot 2\cdots 6(1+\cos g)} + \cdots$$

$$= \left(1 + \frac{2gv - vv}{\pi\pi - gg}\right)\left(1 - \frac{2gv + vv}{\pi\pi - gg}\right)\left(1 + \frac{2gv - vv}{9\pi\pi - gg}\right)\left(1 - \frac{2gv + vv}{9\pi\pi - gg}\right)$$

$$\left(1 + \frac{2gv - vv}{25\pi\pi - gg}\right)\left(1 - \frac{2gv + vv}{25\pi\pi - gg}\right)\cdots$$

$$= \left(1 + \frac{v}{\pi - g}\right)\left(1 - \frac{v}{\pi + g}\right)\left(1 - \frac{v}{\pi - g}\right)\left(1 + \frac{v}{\pi + g}\right)$$

$$\left(1 + \frac{v}{3\pi - g}\right)\left(1 - \frac{v}{3\pi + g}\right)\left(1 - \frac{v}{3\pi - g}\right)\left(1 + \frac{v}{3\pi + g}\right)\cdots$$

$$= \left(1 - \frac{vv}{(\pi - g)^2}\right)\left(1 - \frac{vv}{(\pi + g)^2}\right)\left(1 - \frac{vv}{(3\pi - g)^2}\right)\left(1 - \frac{vv}{(3\pi + g)^2}\right)\left(1 - \frac{vv}{(5\pi - g)^2}\right)\cdots$$

を与える．

第四番目の組み合わせは，

$$\frac{\cos v - \cos g}{1 - \cos g}$$

$$= 1 - \frac{vv}{1\cdot 2(1-\cos g)} + \frac{v^4}{1\cdot 2\cdot 3\cdot 4(1-\cos g)} - \frac{v^6}{1\cdot 2\cdots 6(1-\cos g)} + \cdots$$

$$= \left(1 - \frac{vv}{gg}\right)\left(1 + \frac{2gv - vv}{4\pi\pi - gg}\right)\left(1 - \frac{2gv + vv}{4\pi\pi - gg}\right)\left(1 + \frac{2gv - vv}{16\pi\pi - gg}\right)\left(1 - \frac{2gv + vv}{16\pi\pi - gg}\right)\cdots$$

$$= \left(1 - \frac{v}{g}\right)\left(1 + \frac{v}{g}\right)\left(1 + \frac{v}{2\pi - g}\right)\left(1 - \frac{v}{2\pi + g}\right)\left(1 - \frac{v}{2\pi - g}\right)\left(1 + \frac{v}{2\pi + g}\right)$$

$$\left(1 + \frac{v}{4\pi - g}\right)\left(1 - \frac{v}{4\pi + g}\right)\cdots$$

$$= \left(1 - \frac{vv}{gg}\right)\left(1 - \frac{vv}{(2\pi - g)^2}\right)\left(1 - \frac{vv}{(2\pi + g)^2}\right)\left(1 - \frac{vv}{(4\pi - g)^2}\right)\left(1 - \frac{vv}{(4\pi + g)^2}\right)\cdots$$

を与える．

第二番目の組み合わせは，

$$\frac{\sin g + \sin v}{\sin g}$$

$$= 1 + \frac{v}{\sin g} - \frac{v^3}{1\cdot 2\cdot 3 \sin g} + \frac{v^5}{1\cdot 2\cdot 3\cdot 4\cdot 5 \sin g} - \cdots$$

$$= \left(1+\frac{v}{g}\right)\left(1+\frac{2gv-vv}{\pi\pi-gg}\right)\left(1-\frac{2gv+vv}{4\pi\pi-gg}\right)\left(1+\frac{2gv-vv}{9\pi\pi-gg}\right)\left(1-\frac{2gv+vv}{16\pi\pi-gg}\right)\cdots$$

$$= \left(1+\frac{v}{g}\right)\left(1+\frac{v}{\pi-g}\right)\left(1-\frac{v}{\pi+g}\right)\left(1-\frac{v}{2\pi-g}\right)\left(1+\frac{v}{2\pi+g}\right)$$

$$\left(1+\frac{v}{3\pi-g}\right)\left(1-\frac{v}{3\pi+g}\right)\left(1-\frac{v}{4\pi-g}\right)\cdots$$

を与える．そうしてこの公式において v を負に取れば，第三番目の組み合わせを与える公式が生じる．

164. §162でまず初めにみいだされた表示式自身も，次のようにして円弧に適用される．すなわち，

$$\frac{e^x + e^c e^{-x}}{1+e^c} = \frac{(1+e^{-c})(e^x + e^c e^{-x})}{2+e^c+e^{-c}} = \frac{e^x + e^{-x} + e^{c-x} + e^{-c+x}}{2+e^c+e^{-c}}$$

であるから，

$$c = g\sqrt{-1}, \quad x = z\sqrt{-1}$$

と置けば，この式は

$$\frac{\cos z + \cos(g-z)}{1+\cos g} = \cos z + \frac{\sin g \sin z}{1+\cos g}$$

となる．よって，$\dfrac{\sin g}{1+\cos g} = \tan\dfrac{1}{2}g$ より，

$$\cos z + \tan\tfrac{1}{2}g \sin z$$

$$= 1 + \frac{z}{1}\tan\tfrac{1}{2}g - \frac{zz}{1\cdot 2} - \frac{z^3}{1\cdot 2\cdot 3}\tan\tfrac{1}{2}g + \frac{z^4}{1\cdot 2\cdot 3\cdot 4} + \frac{z^5}{1\cdot 2\cdots 5}\tan\tfrac{1}{2}g - \cdots$$

$$= \left(1+\frac{4gz-4zz}{\pi\pi-gg}\right)\left(1+\frac{4gz-4zz}{9\pi\pi-gg}\right)\left(1+\frac{4gz-4zz}{25\pi\pi-gg}\right)\cdots$$

$$= \left(1+\frac{2z}{\pi-g}\right)\left(1-\frac{2z}{\pi+g}\right)\left(1+\frac{2z}{3\pi-g}\right)\left(1-\frac{2z}{3\pi+g}\right)\left(1+\frac{2z}{5\pi-g}\right)\left(1-\frac{2z}{5\pi+g}\right)\cdots$$

となる．

同様に，［§162の］もうひとつの表示式の分子と分母に $1-e^{-c}$ を乗じれば，

$$\frac{e^x + e^{-x} - e^{c-x} - e^{-c+x}}{2-e^c-e^{-c}}$$

となる．ここで $c=g\sqrt{-1}$，$x=z\sqrt{-1}$ と置けば，

第 9 章 三項因子の探索

$$\frac{\cos z - \cos(g-z)}{1-\cos g} = \cos z - \frac{\sin g \sin z}{1-\cos g} = \cos z - \frac{\sin z}{\tan\frac{1}{2}g}$$

が与えられる．よって，

$$\cos z - \cot\tfrac{1}{2}g \sin z$$
$$= 1 - \frac{z}{1}\cot\tfrac{1}{2}g - \frac{zz}{1\cdot 2} + \frac{z^3}{1\cdot 2\cdot 3}\cot\tfrac{1}{2}g + \frac{z^4}{1\cdot 2\cdot 3\cdot 4} - \frac{z^5}{1\cdot 2\cdot 3\cdot 4\cdot 5}\cot\tfrac{1}{2}g + \cdots$$
$$= \left(1 - \frac{2z}{g}\right)\left(1 + \frac{4gz-4zz}{4\pi\pi - gg}\right)\left(1 + \frac{4gz-4zz}{16\pi\pi - gg}\right)\left(1 + \frac{4gz-4zz}{36\pi\pi - gg}\right)\cdots$$
$$= \left(1 - \frac{2z}{g}\right)\left(1 + \frac{2z}{2\pi - g}\right)\left(1 - \frac{2z}{2\pi + g}\right)\left(1 + \frac{2z}{4\pi - g}\right)\left(1 - \frac{2z}{4\pi + g}\right)\cdots$$

となる．

そこで，さらに $v = 2z$ すなわち $z = \tfrac{1}{2}v$ と置けば，

$$\frac{\cos\tfrac{1}{2}(g-v)}{\cos\tfrac{1}{2}g} = \cos\tfrac{1}{2}v + \tan\tfrac{1}{2}g \sin\tfrac{1}{2}v$$
$$= \left(1 + \frac{v}{\pi - g}\right)\left(1 - \frac{v}{\pi + g}\right)\left(1 + \frac{v}{3\pi - g}\right)\left(1 - \frac{v}{3\pi + g}\right)\cdots,$$

$$\frac{\cos\tfrac{1}{2}(g+v)}{\cos\tfrac{1}{2}g} = \cos\tfrac{1}{2}v - \tan\tfrac{1}{2}g \sin\tfrac{1}{2}v$$
$$= \left(1 - \frac{v}{\pi - g}\right)\left(1 + \frac{v}{\pi + g}\right)\left(1 - \frac{v}{3\pi - g}\right)\left(1 + \frac{v}{3\pi + g}\right)\cdots,$$

$$\frac{\sin\tfrac{1}{2}(g-v)}{\sin\tfrac{1}{2}g} = \cos\tfrac{1}{2}v - \cot\tfrac{1}{2}g \sin\tfrac{1}{2}v$$
$$= \left(1 - \frac{v}{g}\right)\left(1 + \frac{v}{2\pi - g}\right)\left(1 - \frac{v}{2\pi + g}\right)\left(1 + \frac{v}{4\pi - g}\right)\left(1 - \frac{v}{4\pi + g}\right)\cdots,$$

$$\frac{\sin\tfrac{1}{2}(g+v)}{\sin\tfrac{1}{2}g} = \cos\tfrac{1}{2}v + \cot\tfrac{1}{2}g \sin\tfrac{1}{2}v$$
$$= \left(1 + \frac{v}{g}\right)\left(1 - \frac{v}{2\pi - g}\right)\left(1 + \frac{v}{2\pi + g}\right)\left(1 - \frac{v}{4\pi - g}\right)\left(1 + \frac{v}{4\pi + g}\right)\cdots$$

が得られる．これらの積を構成する諸因子がつながっていく様子を規定する規則は十分に単純であり，一定の様式に制御されている．また，これらの表示式を［ふたつず

つ組み合わせて］乗じると，前節でみいだされた公式と同じ公式が生じる．

註記
1 ）「代数学の基本定理」が主張されている．
2 ）x が無限小量のとき，無限小量の世界において，等式
$$\cos x = 1, \ \cos x = 1 - \frac{x}{2}$$
などが成立する．ここでは第二の等式が使われた．

第10章　無限冪級数の因子を見つけ，それらを利用してある種の無限級数の総和を確定すること

165. まず，
$$1 + Az + Bz^2 + Cz^3 + Dz^4 + \cdots = (1+\alpha z)(1+\beta z)(1+\gamma z)(1+\delta z)\cdots$$
と設定しよう．右辺の積の因子の個数は有限個でも無限個でもどちらでもかまわないが，それらを実際に相互に乗じると，再び式 $1 + Az + Bz^2 + Cz^3 + Dz^4 + \cdots$ が作り出されるというふうになっていなければならない．それゆえ係数 A は量 $\alpha, \beta, \gamma, \cdots$ のすべての和
$$\alpha + \beta + \gamma + \delta + \varepsilon + \cdots$$
と等置される．係数 B はふたつずつの量の積の和
$$\alpha\beta + \alpha\gamma + \alpha\delta + \beta\gamma + \beta\delta + \gamma\delta + \cdots$$
に等しい．係数 C は三つずつの量の積の和と等置される．すなわち，
$$C = \alpha\beta\gamma + \alpha\beta\delta + \alpha\gamma\delta + \beta\gamma\delta + \cdots$$
となる．これ以下も同様で，D は四つずつの量の積の和に等しく，E は五つずつの量の積の和に等しい，等々，というふうに進行する．これは通常の代数学により周知の事柄である．

166. 量の和 $\alpha + \beta + \gamma + \delta + \cdots$ が，ふたつずつの量の積の和とともに与えられているから，平方和 $\alpha^2 + \beta^2 + \gamma^2 + \delta^2 + \cdots$ を見つけることが可能になる．というのは，それは，量の和の平方から，二つずつの量の積の和の二倍を差し引いた量に等しいからである．同様にして，三乗の和，四乗の和，およびもっと高い次数の冪の和を定めることができる．実際，
$$\begin{aligned}P &= \alpha + \beta + \gamma + \varepsilon + \cdots, \\ Q &= \alpha^2 + \beta^2 + \gamma^2 + \varepsilon^2 + \cdots, \\ R &= \alpha^3 + \beta^3 + \gamma^3 + \varepsilon^3 + \cdots, \\ S &= \alpha^4 + \beta^4 + \gamma^4 + \varepsilon^4 + \cdots,\end{aligned}$$

$$T = \alpha^5 + \beta^5 + \gamma^5 + \varepsilon^5 + \cdots,$$
$$V = \alpha^6 + \beta^6 + \gamma^6 + \varepsilon^6 + \cdots,$$
$$\cdots\cdots$$

と置くと，$P, Q, R, S, T, V, \cdots$ の値は，既知の $A, B, C, D, \cdots$ を用いて次のように定められるのである．

$$P = A,$$
$$Q = AP - 2B,$$
$$R = AQ - BP + 3C,$$
$$S = AR - BQ + CP - 4D,$$
$$T = AS - BR + CQ - DP + 5E,$$
$$V = AT - BS + CR - DQ + EP - 6F,$$
$$\cdots\cdots$$

具体的に調べればこれらの公式[1])の正しさは簡単に承認されるが，完全に厳密な証明は微分計算の場において与えられるであろう．

167.
我々は以前（§156），

$$\frac{e^x - e^{-x}}{2} = x\left(1 + \frac{xx}{1\cdot 2\cdot 3} + \frac{x^4}{1\cdot 2\cdot 3\cdot 4\cdot 5} + \frac{x^6}{1\cdot 2\cdots 7} + \cdots\right)$$

$$= x\left(1 + \frac{xx}{\pi\pi}\right)\left(1 + \frac{xx}{4\pi\pi}\right)\left(1 + \frac{xx}{9\pi\pi}\right)\left(1 + \frac{xx}{16\pi\pi}\right)\left(1 + \frac{xx}{25\pi\pi}\right)\cdots$$

となることをみいだした．よって，

$$1 + \frac{xx}{1\cdot 2\cdot 3} + \frac{x^4}{1\cdot 2\cdot 3\cdot 4\cdot 5} + \frac{x^6}{1\cdot 2\cdots 7} + \cdots$$

$$= \left(1 + \frac{xx}{\pi\pi}\right)\left(1 + \frac{xx}{4\pi\pi}\right)\left(1 + \frac{xx}{9\pi\pi}\right)\left(1 + \frac{xx}{16\pi\pi}\right)\left(1 + \frac{xx}{25\pi\pi}\right)\cdots$$

そこで $xx = \pi\pi z$ と置くと，

$$1 + \frac{\pi\pi}{1\cdot 2\cdot 3}z + \frac{\pi^4}{1\cdot 2\cdot 3\cdot 4\cdot 5}z^2 + \frac{\pi^6}{1\cdot 2\cdots 7}z^3 + \cdots$$

$$= (1+z)\left(1 + \frac{1}{4}z\right)\left(1 + \frac{1}{9}z\right)\left(1 + \frac{1}{16}z\right)\left(1 + \frac{1}{25}z\right)\cdots$$

上述の規則をこの場合に適用すると，

$$A = \frac{\pi\pi}{6}, \quad B = \frac{\pi^4}{120}, \quad C = \frac{\pi^6}{5040}, \quad D = \frac{\pi^8}{362880}, \quad \cdots$$

となる．そこで，

$$P = 1 + \frac{1}{4} + \frac{1}{9} + \frac{1}{16} + \frac{1}{25} + \frac{1}{36} + \cdots,$$

第10章 無限冪級数の因子を見つけ，ある種の無限級数の総和を確定する

$$Q = 1 + \frac{1}{4^2} + \frac{1}{9^2} + \frac{1}{16^2} + \frac{1}{25^2} + \frac{1}{36^2} + \cdots,$$
$$R = 1 + \frac{1}{4^3} + \frac{1}{9^3} + \frac{1}{16^3} + \frac{1}{25^3} + \frac{1}{36^3} + \cdots,$$
$$S = 1 + \frac{1}{4^4} + \frac{1}{9^4} + \frac{1}{16^4} + \frac{1}{25^4} + \frac{1}{36^4} + \cdots,$$
$$T = 1 + \frac{1}{4^5} + \frac{1}{9^5} + \frac{1}{16^5} + \frac{1}{25^5} + \frac{1}{36^5} + \cdots,$$
$$\cdots\cdots$$

と置いて，これらの文字の値を A，B，C，D，$\cdots$ を用いて定めると，

$$P = \frac{\pi\pi}{6}\,{}^{2)},$$
$$Q = \frac{\pi^4}{90},$$
$$R = \frac{\pi^6}{945},$$
$$S = \frac{\pi^8}{9450},$$
$$T = \frac{\pi^{10}}{93555},$$
$$\cdots$$

というふうになる．

168.

このようにして明るみに出されるように，
$$1 + \frac{1}{2^n} + \frac{1}{3^n} + \frac{1}{4^n} + \cdots$$
という一般的な形状に包摂されるあらゆる無限級数の和は，n が偶数のとき，半円周 π の助けを借りて書き表わされる．実際，このような級数の和はつねに，π^n に対して有理比をもつのである．ところで，これらの和の値をもっとはっきりと見るために，このような級数の和を適切な様式に表示したものをいくつか書き添えておきたいと思う．

$$1 + \frac{1}{2^2} + \frac{1}{3^2} + \frac{1}{4^2} + \frac{1}{5^2} + \cdots = \frac{2^0}{1\cdot 2\cdot 3}\cdot\frac{1}{1}\pi^2,$$
$$1 + \frac{1}{2^4} + \frac{1}{3^4} + \frac{1}{4^4} + \frac{1}{5^4} + \cdots = \frac{2^2}{1\cdot 2\cdot 3\cdot 4\cdot 5}\cdot\frac{1}{3}\pi^4,$$
$$1 + \frac{1}{2^6} + \frac{1}{3^6} + \frac{1}{4^6} + \frac{1}{5^6} + \cdots = \frac{2^4}{1\cdot 2\cdot 3\cdots 7}\cdot\frac{1}{3}\pi^6,$$
$$1 + \frac{1}{2^8} + \frac{1}{3^8} + \frac{1}{4^8} + \frac{1}{5^8} + \cdots = \frac{2^6}{1\cdot 2\cdot 3\cdots 9}\cdot\frac{3}{5}\pi^8,$$
$$1 + \frac{1}{2^{10}} + \frac{1}{3^{10}} + \frac{1}{4^{10}} + \frac{1}{5^{10}} + \cdots = \frac{2^8}{1\cdot 2\cdot 3\cdots 11}\cdot\frac{5}{3}\pi^{10},$$

$$1+\frac{1}{2^{12}}+\frac{1}{3^{12}}+\frac{1}{4^{12}}+\frac{1}{5^{12}}+\cdots = \frac{2^{10}}{1\cdot 2\cdot 3\cdots 13}\cdot \frac{691}{105}\pi^{12},$$

$$1+\frac{1}{2^{14}}+\frac{1}{3^{14}}+\frac{1}{4^{14}}+\frac{1}{5^{14}}+\cdots = \frac{2^{12}}{1\cdot 2\cdot 3\cdots 15}\cdot \frac{35}{1}\pi^{14},$$

$$1+\frac{1}{2^{16}}+\frac{1}{3^{16}}+\frac{1}{4^{16}}+\frac{1}{5^{16}}+\cdots = \frac{2^{14}}{1\cdot 2\cdot 3\cdots 17}\cdot \frac{3617}{15}\pi^{16},$$

$$1+\frac{1}{2^{18}}+\frac{1}{3^{18}}+\frac{1}{4^{18}}+\frac{1}{5^{18}}+\cdots = \frac{2^{16}}{1\cdot 2\cdot 3\cdots 19}\cdot \frac{43867}{21}\pi^{18},$$

$$1+\frac{1}{2^{20}}+\frac{1}{3^{20}}+\frac{1}{4^{20}}+\frac{1}{5^{20}}+\cdots = \frac{2^{18}}{1\cdot 2\cdot 3\cdots 21}\cdot \frac{1222277}{55}\pi^{20},$$

$$1+\frac{1}{2^{22}}+\frac{1}{3^{22}}+\frac{1}{4^{22}}+\frac{1}{5^{22}}+\cdots = \frac{2^{20}}{1\cdot 2\cdot 3\cdots 23}\cdot \frac{854513}{3}\pi^{22},$$

$$1+\frac{1}{2^{24}}+\frac{1}{3^{24}}+\frac{1}{4^{24}}+\frac{1}{5^{24}}+\cdots = \frac{2^{22}}{1\cdot 2\cdot 3\cdots 25}\cdot \frac{1181820455}{273}\pi^{24},$$

$$1+\frac{1}{2^{26}}+\frac{1}{3^{26}}+\frac{1}{4^{26}}+\frac{1}{5^{26}}+\cdots = \frac{2^{24}}{1\cdot 2\cdot 3\cdots 27}\cdot \frac{76977927}{1}\pi^{26}.$$

ここまでのところでは，他の場所[3]で解明がなされるべき技巧を用いて，これらの［無限級数の和の値を与える数値における］π の冪の係数を書き並べていくことができた．私がこれをここに書き添えたのは，一見してきわめて不規則に見える分数の系列

$$1,\ \frac{1}{3},\ \frac{1}{3},\ \frac{3}{5},\ \frac{5}{3},\ \frac{691}{105},\ \frac{35}{1},\ \cdots$$

を使用すると，非常に多くの場合において際立った利益が得られるからである．

169.

§157でみいだされた方程式を同じように取り扱ってみよう．§157の方程式は，

$$\frac{e^x+e^{-x}}{2}=1+\frac{xx}{1\cdot 2}+\frac{x^4}{1\cdot 2\cdot 3\cdot 4}+\frac{x^6}{1\cdot 2\cdot 3\cdot 4\cdot 5\cdot 6}+\cdots$$

$$=\left(1+\frac{4xx}{\pi\pi}\right)\left(1+\frac{4xx}{9\pi\pi}\right)\left(1+\frac{4xx}{25\pi\pi}\right)\left(1+\frac{4xx}{49\pi\pi}\right)\cdots$$

というものであった．$xx=\dfrac{\pi\pi z}{4}$ と置くと，

$$1+\frac{\pi\pi}{1\cdot 2\cdot 4}z+\frac{\pi^4}{1\cdot 2\cdot 3\cdot 4\cdot 4^2}zz+\frac{\pi^6}{1\cdot 2\cdots 6\cdot 4^3}z^3+\cdots$$

$$=(1+z)\left(1+\frac{1}{9}z\right)\left(1+\frac{1}{25}z\right)\left(1+\frac{1}{49}z\right)\cdots$$

となる．これより，上記の規則をこの場合に対して適用すると，

$$A=\frac{\pi\pi}{1\cdot 2\cdot 4},\quad B=\frac{\pi^4}{1\cdot 2\cdot 3\cdot 4\cdot 4^2},\quad C=\frac{\pi^6}{1\cdot 2\cdot 3\cdots 6\cdot 4^3},\quad \cdots$$

となる．そこで

第10章 無限冪級数の因子を見つけ，ある種の無限級数の総和を確定する

$$P = 1 + \frac{1}{9} + \frac{1}{25} + \frac{1}{49} + \frac{1}{81} + \cdots,$$

$$Q = 1 + \frac{1}{9^2} + \frac{1}{25^2} + \frac{1}{49^2} + \frac{1}{81^2} + \cdots,$$

$$R = 1 + \frac{1}{9^3} + \frac{1}{25^3} + \frac{1}{49^3} + \frac{1}{81^3} + \cdots,$$

$$S = 1 + \frac{1}{9^4} + \frac{1}{25^4} + \frac{1}{49^4} + \frac{1}{81^4} + \cdots,$$

$$\cdots\cdots$$

と置けば，

$$P = \frac{1}{1} \cdot \frac{\pi^2}{2^3},$$

$$Q = \frac{2}{1 \cdot 2 \cdot 3} \cdot \frac{\pi^4}{2^5},$$

$$R = \frac{16}{1 \cdot 2 \cdot 3 \cdot 4 \cdot 5} \cdot \frac{\pi^6}{2^7},$$

$$S = \frac{272}{1 \cdot 2 \cdot 3 \cdots 7} \cdot \frac{\pi^8}{2^9},$$

$$T = \frac{7936}{1 \cdot 2 \cdot 3 \cdots 9} \cdot \frac{\pi^{10}}{2^{11}},$$

$$V = \frac{353792}{1 \cdot 2 \cdot 3 \cdots 11} \cdot \frac{\pi^{12}}{2^{13}},$$

$$W = \frac{22368256}{1 \cdot 2 \cdot 3 \cdots 13} \cdot \frac{\pi^{14}}{2^{15}},$$

$$\cdots\cdots$$

というふうになる．

170. 奇数の冪の和は，すべての数が登場する既出の和を元にして見つけることができる．実際，

$$M = 1 + \frac{1}{2^n} + \frac{1}{3^n} + \frac{1}{4^n} + \frac{1}{5^n} + \cdots$$

と置き，[両辺の]すべての項に $\frac{1}{2^n}$ を乗じると，

$$\frac{M}{2^n} = \frac{1}{2^n} + \frac{1}{4^n} + \frac{1}{6^n} + \frac{1}{8^n} + \frac{1}{10^n} + \cdots$$

となる．右辺の級数には偶数しか出ていない．これを前の級数から引くと，

$$M - \frac{M}{2^n} = \frac{2^n - 1}{2^n} M = 1 + \frac{1}{3^n} + \frac{1}{5^n} + \frac{1}{7^n} + \frac{1}{9^n} + \cdots$$

となる．他方，級数 $\frac{M}{2^n}$ の二倍を M から引くと，正負の符号が交互に現われて，

$$M - \frac{2M}{2^n} = \frac{2^{n-1} - 1}{2^{n-1}} M = 1 - \frac{1}{2^n} + \frac{1}{3^n} - \frac{1}{4^n} + \frac{1}{5^n} - \frac{1}{6^n} + \cdots$$

となる．それ故，少し前に報告された規則により，n が偶数のとき，級数

$$1 \pm \frac{1}{2^n} + \frac{1}{3^n} \pm \frac{1}{4^n} + \frac{1}{5^n} \pm \frac{1}{6^n} + \frac{1}{7^n} \pm \cdots,$$
$$1 + \frac{1}{3^n} + \frac{1}{5^n} + \frac{1}{7^n} + \frac{1}{9^n} + \frac{1}{11^n} + \cdots$$

の和を求めることが可能になる．しかもそれらの和は，A は有理数として，$A\pi^n$ という形の数値と等置される．

171. 同様に，§164 で提示された表示式からも，注目に値する級数がもたらされる．実際，

$$\cos \tfrac{1}{2}v + \mathrm{tang}\, \tfrac{1}{2}g \sin \tfrac{1}{2}v$$
$$= \left(1 + \frac{v}{\pi - g}\right)\left(1 - \frac{v}{\pi + g}\right)\left(1 + \frac{v}{3\pi - g}\right)\left(1 - \frac{v}{3\pi + g}\right)\cdots$$

であるから，$v = \frac{x}{n}\pi$，$g = \frac{m}{n}\pi$ と置くと，

$$\left(1 + \frac{x}{n-m}\right)\left(1 - \frac{x}{n+m}\right)\left(1 + \frac{x}{3n-m}\right)\left(1 - \frac{x}{3n+m}\right)\left(1 + \frac{x}{5n-m}\right)\left(1 - \frac{x}{5n+m}\right)\cdots$$
$$= \cos \frac{x\pi}{2n} + \mathrm{tang}\, \frac{m\pi}{2n} \sin \frac{x\pi}{2n}$$
$$= 1 + \frac{\pi}{2}\frac{x}{n} \mathrm{tang}\, \frac{m\pi}{2n} - \frac{\pi\,\pi\,x\,x}{2 \cdot 4\,n\,n} - \frac{\pi^3 x^3}{2 \cdot 4 \cdot 6\, n^3} \mathrm{tang}\, \frac{m\pi}{2n} + \frac{\pi^4 x^4}{2 \cdot 4 \cdot 6 \cdot 8\, n^4} + \cdots$$

となる．この無限表示式を §165 の方程式と比較すると，値

$$A = \frac{\pi}{2n} \mathrm{tang}\, \frac{m\pi}{2n},$$
$$B = \frac{-\pi\,\pi}{2 \cdot 4\, n\, n},$$
$$C = \frac{-\pi^3}{2 \cdot 4 \cdot 6\, n^3} \mathrm{tang}\, \frac{m\pi}{2n},$$
$$D = \frac{\pi^4}{2 \cdot 4 \cdot 6 \cdot 8\, n^4},$$
$$E = \frac{\pi^5}{2 \cdot 4 \cdot 6 \cdot 8 \cdot 10\, n^5} \mathrm{tang}\, \frac{m\pi}{2n},$$
$$\cdots\cdots$$

が与えられる．また，

$$\alpha = \frac{1}{n-m},\ \beta = -\frac{1}{n+m},\ \gamma = \frac{1}{3n-m},\ \delta = -\frac{1}{3n+m},$$
$$\varepsilon = \frac{1}{5n-m},\ \zeta = -\frac{1}{5n+m},\ \cdots$$

である．

172. それゆえ §166 の規則により，次のような級数が生じる．

$$P = \frac{1}{n-m} - \frac{1}{n+m} + \frac{1}{3n-m} - \frac{1}{3n+m} + \frac{1}{5n-m} - \cdots,$$

第10章　無限冪級数の因子を見つけ，ある種の無限級数の総和を確定する

$$Q = \frac{1}{(n-m)^2} + \frac{1}{(n+m)^2} + \frac{1}{(3n-m)^2} + \frac{1}{(3n+m)^2} + \frac{1}{(5n-m)^2} + \cdots,$$

$$R = \frac{1}{(n-m)^3} - \frac{1}{(n+m)^3} + \frac{1}{(3n-m)^3} - \frac{1}{(3n+m)^3} + \frac{1}{(5n-m)^3} - \cdots,$$

$$S = \frac{1}{(n-m)^4} + \frac{1}{(n+m)^4} + \frac{1}{(3n-m)^4} + \frac{1}{(3n+m)^4} + \frac{1}{(5n-m)^4} + \cdots,$$

$$T = \frac{1}{(n-m)^5} - \frac{1}{(n+m)^5} + \frac{1}{(3n-m)^5} - \frac{1}{(3n+m)^5} + \frac{1}{(5n-m)^5} - \cdots,$$

$$V = \frac{1}{(n-m)^6} + \frac{1}{(n+m)^6} + \frac{1}{(3n-m)^6} + \frac{1}{(3n+m)^6} + \frac{1}{(5n-m)^6} + \cdots,$$

$\cdots\cdots\cdots\cdots$

$\text{tang}\, \frac{m\pi}{2n} = k$ と置くと，すでに示したように，

$$P = A = \frac{k\pi}{2n} \qquad\qquad = \frac{k\pi}{2n},$$

$$Q = \frac{(kk+1)\pi\pi}{4nn} \qquad = \frac{(2kk+2)\pi^2}{2\cdot 4\, nn},$$

$$R = \frac{(k^3+k)\pi^3}{8n^3} \qquad = \frac{(6k^3+6k)\pi^3}{2\cdot 4\cdot 6\, n^3},$$

$$S = \frac{(3k^4+4kk+1)\pi^4}{48n^4} \qquad = \frac{(24k^4+32k^2+8)\pi^4}{2\cdot 4\cdot 6\cdot 8\, n^4},$$

$$T = \frac{(3k^5+5k^3+2k)\pi^5}{96n^5} \qquad = \frac{(120k^5+200k^3+80k)\pi^5}{2\cdot 4\cdot 6\cdot 8\cdot 10\, n^5},$$

$\cdots\cdots\cdots\cdots$

となる．

173.　同様に，§164の最後の公式

$$\cos \tfrac{1}{2}v + \cot \tfrac{1}{2}g \sin \tfrac{1}{2}v$$

$$= \left(1 + \frac{v}{g}\right)\left(1 - \frac{v}{2\pi - g}\right)\left(1 + \frac{v}{2\pi + g}\right)\left(1 - \frac{v}{4\pi - g}\right)\left(1 + \frac{v}{4\pi + g}\right)\cdots$$

において $v = \frac{x}{n}\pi$，$g = \frac{m}{n}\pi$，$\text{tang}\,\frac{m\pi}{2n} = k$ と置き，$\cot\frac{1}{2}g = \frac{1}{k}$ となるようにしておけば，

$$\cos \frac{x\pi}{2n} + \frac{1}{k}\sin \frac{x\pi}{2n}$$

$$= 1 + \frac{\pi x}{2nk} - \frac{\pi\pi xx}{2\cdot 4\, nn} - \frac{\pi^3 x^3}{2\cdot 4\cdot 6\, n^3 k} + \frac{\pi^4 x^4}{2\cdot 4\cdot 6\cdot 8\, n^4} + \frac{\pi^5 x^5}{2\cdot 4\cdot 6\cdot 8\cdot 10\, n^5 k} - \cdots$$

$$= \left(1 + \frac{x}{m}\right)\left(1 - \frac{x}{2n-m}\right)\left(1 + \frac{x}{2n+m}\right)\left(1 - \frac{x}{4n-m}\right)\left(1 + \frac{x}{4n+m}\right)\cdots$$

が与えられる．そこでこれを一般的な形状（§165）と比較すると，

$$A = \frac{\pi}{2nk}, \quad B = \frac{-\pi\pi}{2 \cdot 4 n^2}, \quad C = \frac{-\pi^3}{2 \cdot 4 \cdot 6 n^3 k}, \quad D = \frac{\pi^4}{2 \cdot 4 \cdot 6 \cdot 8 n^4},$$

$$E = \frac{\pi^5}{2 \cdot 4 \cdot 6 \cdot 8 \cdot 10 n^5 k}, \cdots$$

となる．因子に目をやると，

$$\alpha = \frac{1}{m}, \quad \beta = \frac{-1}{2n-m}, \quad \gamma = \frac{1}{2n+m}, \quad \delta = \frac{-1}{4n-m}, \quad \varepsilon = \frac{1}{4n+m}, \cdots$$

が得られる．

174. それ故，§166の規則により，次のような級数が作られて，しかも和の値も定められる．

$$P = \frac{1}{m} - \frac{1}{2n-m} + \frac{1}{2n+m} - \frac{1}{4n-m} + \frac{1}{4n+m} - \cdots,$$

$$Q = \frac{1}{m^2} + \frac{1}{(2n-m)^2} + \frac{1}{(2n+m)^2} + \frac{1}{(4n-m)^2} + \frac{1}{(4n+m)^2} + \cdots,$$

$$R = \frac{1}{m^3} - \frac{1}{(2n-m)^3} + \frac{1}{(2n+m)^3} - \frac{1}{(4n-m)^3} + \frac{1}{(4n+m)^3} - \cdots,$$

$$S = \frac{1}{m^4} + \frac{1}{(2n-m)^4} + \frac{1}{(2n+m)^4} + \frac{1}{(4n-m)^4} + \frac{1}{(4n+m)^4} + \cdots,$$

$$T = \frac{1}{m^5} - \frac{1}{(2n-m)^5} + \frac{1}{(2n+m)^5} - \frac{1}{(4n-m)^5} + \frac{1}{(4n+m)^5} - \cdots,$$

$$\cdots\cdots\cdots\cdots\cdots.$$

これらの和 $P, Q, R, S, \cdots$ は

$$P = A = \frac{\pi}{2nk} \qquad\qquad = \frac{1\pi}{2nk},$$

$$Q = \frac{(kk+1)\pi\pi}{4nnkk} \qquad\qquad = \frac{(2+2kk)\pi^2}{2 \cdot 4 n^2 k^2},$$

$$R = \frac{(kk+1)\pi^3}{8 n^3 k^3} \qquad\qquad = \frac{(6+6kk)\pi^3}{2 \cdot 4 \cdot 6 n^3 k^3},$$

$$S = \frac{(k^4+4kk+3)\pi^4}{48 n^4 k^4} \qquad\qquad = \frac{(24+32kk+8k^4)\pi^4}{2 \cdot 4 \cdot 6 \cdot 8 n^4 k^4},$$

$$T = \frac{(2k^4+5kk+3)\pi^5}{96 n^5 k^5} \qquad\qquad = \frac{(120+200kk+80k^4)\pi^5}{2 \cdot 4 \cdot 6 \cdot 8 \cdot 10 n^5 k^5},$$

第10章 無限冪級数の因子を見つけ，ある種の無限級数の総和を確定する

$$V = \frac{(2k^6 + 17k^4 + 30k^2 + 15)\pi^6}{960\,n^6 k^6} = \frac{(720 + 1440\,kk + 816\,k^4 + 96\,k^6)\pi^6}{2\cdot 4\cdot 6\cdot 8\cdot 10\cdot 12\,n^6 k^6},$$
....

というふうになる．

175. これらの一般的な級数の中から二，三の特別な場合を取り出すのは，それだけの値打ちのある作業である．m の n に対する比を具体的な数値を用いて定めれば，特別の場合が生じる．そこでまず初めに

$$m = 1, \quad n = 2$$

としてみよう．すると，

$$k = \mathrm{tang}\,\frac{\pi}{4} = \mathrm{tang}\,45° = 1$$

となる．そうして二種類の級数［すなわち，§166の記号を用いると，級数 $P, Q, R, S, \cdots$ と級数 $A, B, C, D, \cdots$］は相互に合致する．よって，

$$\frac{\pi}{4} = 1 - \frac{1}{3} + \frac{1}{5} - \frac{1}{7} + \frac{1}{9} - \cdots,$$

$$\frac{\pi\,\pi}{8} = 1 + \frac{1}{3^2} + \frac{1}{5^2} + \frac{1}{7^2} + \frac{1}{9^2} + \cdots,$$

$$\frac{\pi^3}{32} = 1 - \frac{1}{3^3} + \frac{1}{5^3} - \frac{1}{7^3} + \frac{1}{9^3} - \cdots,$$

$$\frac{\pi^4}{96} = 1 + \frac{1}{3^4} + \frac{1}{5^4} + \frac{1}{7^4} + \frac{1}{9^4} + \cdots,$$

$$\frac{5\pi^5}{1536} = 1 - \frac{1}{3^5} + \frac{1}{5^5} - \frac{1}{7^5} + \frac{1}{9^5} - \cdots,$$

$$\frac{\pi^6}{960} = 1 + \frac{1}{3^6} + \frac{1}{5^6} + \frac{1}{7^6} + \frac{1}{9^6} + \cdots,$$
....

となる．これらの級数のうち，一番初めのものは以前（§140）すでにみいだされた．残る級数のうち，偶数の冪指数をもつものの値は先ほどのようにして（§169）見つかった．ところが，冪指数が奇数の級数はここに初めて登場するのである．こうして，

$$1 - \frac{1}{3^{2n+1}} + \frac{1}{5^{2n+1}} - \frac{1}{7^{2n+1}} + \frac{1}{9^{2n+1}} - \cdots$$

という級数の和はすべて，π の値を用いて指定可能であるという事実が，ここで明るみに出されたのである．

176. 今度は

$$m = 1, \quad n = 3$$

と置くと，

$$k = \tang \frac{\pi}{6} = \tang 30° = \frac{1}{\sqrt{3}}$$

となる．そうして§172の級数は，

$$\frac{\pi}{6\sqrt{3}} = \frac{1}{2} - \frac{1}{4} + \frac{1}{8} - \frac{1}{10} + \frac{1}{14} - \frac{1}{16} + \cdots,$$

$$\frac{\pi\pi}{27} = \frac{1}{2^2} + \frac{1}{4^2} + \frac{1}{8^2} + \frac{1}{10^2} + \frac{1}{14^2} + \frac{1}{16^2} + \cdots,$$

$$\frac{\pi^3}{162\sqrt{3}} = \frac{1}{2^3} - \frac{1}{4^3} + \frac{1}{8^3} - \frac{1}{10^3} + \frac{1}{14^3} - \frac{1}{16^3} + \cdots,$$

$$\cdots\cdots\cdots$$

すなわち，

$$\frac{\pi}{3\sqrt{3}} = 1 - \frac{1}{2} + \frac{1}{4} - \frac{1}{5} + \frac{1}{7} - \frac{1}{8} + \cdots,$$

$$\frac{4\pi\pi}{27} = 1 + \frac{1}{2^2} + \frac{1}{4^2} + \frac{1}{5^2} + \frac{1}{7^2} + \frac{1}{8^2} + \cdots,$$

$$\frac{4\pi^3}{81\sqrt{3}} = 1 - \frac{1}{2^3} + \frac{1}{4^3} - \frac{1}{5^3} + \frac{1}{7^3} - \frac{1}{8^3} + \cdots,$$

$$\cdots\cdots\cdots$$

というふうになる．これらの級数［の各項の分母に出てくる数］には，3で割り切れる数がすべて欠けている．3で割り切れる数の，偶数の冪指数をもつ冪を用いて作られる級数は，すでにみいだされた級数を元にして次のように導出される．すなわち，

$$\frac{\pi\pi}{6} = 1 + \frac{1}{2^2} + \frac{1}{3^2} + \frac{1}{4^2} + \frac{1}{5^2} + \cdots$$

であるから［§167, 168］

$$\frac{\pi\pi}{6 \cdot 9} = \frac{1}{3^2} + \frac{1}{6^2} + \frac{1}{9^2} + \frac{1}{12^2} + \cdots = \frac{\pi\pi}{54}$$

となる．この後者の級数［の各項の分母に出てくる数］には，3で割り切れる数がすべて包摂されている．これを前者の級数から差し引くと，その後に残るのは，3で割り切れない数のすべてである．よって，すでに見たように，

$$\frac{8\pi\pi}{54} = \frac{4\pi\pi}{27} = 1 + \frac{1}{2^2} + \frac{1}{4^2} + \frac{1}{5^2} + \frac{1}{7^2} + \cdots$$

となる．

177. 同じ前提

$$m = 1, n = 3 \quad \text{および} \quad k = \frac{1}{\sqrt{3}}$$

を§174［の諸公式］に適用すると，和

$$\frac{\pi}{2\sqrt{3}} = 1 - \frac{1}{5} + \frac{1}{7} - \frac{1}{11} + \frac{1}{13} - \frac{1}{17} + \frac{1}{19} - \cdots,$$

第10章　無限冪級数の因子を見つけ，ある種の無限級数の総和を確定する

$$\frac{\pi}{9}\frac{\pi}{} = 1 + \frac{1}{5^2} + \frac{1}{7^2} + \frac{1}{11^2} + \frac{1}{13^2} + \frac{1}{17^2} + \frac{1}{19^2} + \cdots,$$

$$\frac{\pi^3}{18\sqrt{3}} = 1 - \frac{1}{5^3} + \frac{1}{7^3} - \frac{1}{11^3} + \frac{1}{13^3} - \frac{1}{17^3} + \frac{1}{19^3} - \cdots,$$

$$\cdots\cdots$$

が与えられる．これらの級数［を構成する各項］の分母には，3で割り切れる数は別にして，あらゆる奇数が姿を見せている．しかも3で割り切れる数の，偶数の冪指数をもつ冪を用いて作られる級数は，すでに承認された級数を元にして導き出すことができる．実際，

$$\frac{\pi}{8}\frac{\pi}{} = 1 + \frac{1}{3^2} + \frac{1}{5^2} + \frac{1}{7^2} + \frac{1}{9^2} + \cdots$$

であるから，

$$\frac{\pi}{8 \cdot 9}\frac{\pi}{} = \frac{1}{3^2} + \frac{1}{9^2} + \frac{1}{15^2} + \frac{1}{21^2} + \cdots = \frac{\pi}{72}\frac{\pi}{}$$

となる．この級数には，3で割り切れる奇数がすべて包摂されている．これを上の級数から差し引くと，3で割り切れない奇数の平方を用いて作られる級数が後に残されて，

$$\frac{\pi}{9}\frac{\pi}{} = 1 + \frac{1}{5^2} + \frac{1}{7^2} + \frac{1}{11^2} + \frac{1}{13^2} + \cdots$$

というふうになる．

178.　§172と§174で見いだされた級数を加えたり引いたりすると，他の注目すべき級数が得られる．たとえば，

$$\frac{k\pi}{2n} + \frac{\pi}{2nk} = \frac{1}{m} + \frac{1}{n-m} - \frac{1}{n+m} - \frac{1}{2n-m} + \frac{1}{2n+m} + \cdots = \frac{(kk+1)\pi}{2nk}$$

となる．ところが，

$$k = \tan\frac{m\pi}{2n} = \frac{\sin\frac{m\pi}{2n}}{\cos\frac{m\pi}{2n}} \quad \text{および} \quad 1 + kk = \frac{1}{\left(\cos\frac{m\pi}{2n}\right)^2}.$$

よって，

$$\frac{2k}{1+kk} = 2\sin\frac{m\pi}{2n}\cos\frac{m\pi}{2n} = \sin\frac{m\pi}{n}$$

となる．この値を代入すると，

$$\frac{\pi}{n\sin\frac{m\pi}{n}} = \frac{1}{m} + \frac{1}{n-m} - \frac{1}{n+m} - \frac{1}{2n-m} + \frac{1}{2n+m} + \frac{1}{3n-m} - \frac{1}{3n+m} - \cdots$$

となる．

　同様に，引き算を行なうと，

$$\frac{\pi}{2nk} - \frac{k\pi}{2n} = \frac{(1-kk)\pi}{2nk}$$

$$= \frac{1}{m} - \frac{1}{n-m} + \frac{1}{n+m} - \frac{1}{2n-m} + \frac{1}{2n+m} - \frac{1}{3n-m} + \frac{1}{3n+m} - \cdots$$

となる．ところで，

$$\frac{2k}{1-kk} = \tang 2\frac{m\pi}{2n} = \tang \frac{m\pi}{n} = \frac{\sin \frac{m\pi}{n}}{\cos \frac{m\pi}{n}}.$$

よって，

$$\frac{\pi \cos \frac{m\pi}{n}}{n \sin \frac{m\pi}{n}} = \frac{1}{m} - \frac{1}{n-m} + \frac{1}{n+m} - \frac{1}{2n-m} + \frac{1}{2n+m} - \frac{1}{3n-m} + \cdots$$

となる．

これらを元にして平方の級数，およびもっと高い冪指数をもつ級数が生じるが，それらは微分法を用いればずっと容易に導出される．

179. 我々はすでに $m=1$, $n=2$ または 3 の場合を考察した．そこで今度は

$$m=1, \quad n=4$$

と置くと，

$$\sin \frac{m\pi}{n} = \sin \frac{\pi}{4} = \frac{1}{\sqrt{2}} \quad \text{および} \quad \cos \frac{\pi}{4} = \frac{1}{\sqrt{2}}$$

となる．よって，

$$\frac{\pi}{2\sqrt{2}} = 1 + \frac{1}{3} - \frac{1}{5} - \frac{1}{7} + \frac{1}{9} + \frac{1}{11} - \frac{1}{13} - \frac{1}{15} + \cdots,$$

$$\frac{\pi}{4} = 1 - \frac{1}{3} + \frac{1}{5} - \frac{1}{7} + \frac{1}{9} - \frac{1}{11} + \frac{1}{13} - \frac{1}{15} + \cdots$$

が得られる．また，

$$m=1, \quad n=8$$

と置くと，

$$\frac{m\pi}{n} = \frac{\pi}{8}, \quad \sin \frac{\pi}{8} = \sqrt{\frac{1}{2} - \frac{1}{2\sqrt{2}}}, \quad \cos \frac{\pi}{8} = \sqrt{\frac{1}{2} + \frac{1}{2\sqrt{2}}}$$

となる．よって，

$$\frac{\cos \frac{\pi}{8}}{\sin \frac{\pi}{8}} = 1 + \sqrt{2}.$$

よって，

$$\frac{\pi}{4\sqrt{2-\sqrt{2}}} = 1 + \frac{1}{7} - \frac{1}{9} - \frac{1}{15} + \frac{1}{17} + \frac{1}{23} - \cdots,$$

$$\frac{\pi}{8(\sqrt{2}-1)} = 1 - \frac{1}{7} + \frac{1}{9} - \frac{1}{15} + \frac{1}{17} - \frac{1}{23} + \cdots.$$

続いて

$$m=3, \quad n=8$$

と置くと，
$$\frac{m\pi}{n} = \frac{3\pi}{8}, \quad \sin\frac{3\pi}{8} = \sqrt{\frac{1}{2} + \frac{1}{2\sqrt{2}}}, \quad \cos\frac{3\pi}{8} = \sqrt{\frac{1}{2} - \frac{1}{2\sqrt{2}}}$$
となる．これより，
$$\frac{\cos\frac{3\pi}{8}}{\sin\frac{3\pi}{8}} = \frac{1}{\sqrt{2}+1}$$
となり，級数
$$\frac{\pi}{4\sqrt{2+\sqrt{2}}} = \frac{1}{3} + \frac{1}{5} - \frac{1}{11} - \frac{1}{13} + \frac{1}{19} + \frac{1}{21} - \cdots,$$
$$\frac{\pi}{8(\sqrt{2}+1)} = \frac{1}{3} - \frac{1}{5} + \frac{1}{11} - \frac{1}{13} + \frac{1}{19} - \frac{1}{21} + \cdots$$
が生じる．

180.
これらの級数を組み合わせると，次のような公式が帰結する．

$$\frac{\pi\sqrt{2+\sqrt{2}}}{4} = 1 + \frac{1}{3} + \frac{1}{5} + \frac{1}{7} - \frac{1}{9} - \frac{1}{11} - \frac{1}{13} - \frac{1}{15} + \frac{1}{17} + \frac{1}{19} + \cdots,$$

$$\frac{\pi\sqrt{2-\sqrt{2}}}{4} = 1 - \frac{1}{3} - \frac{1}{5} + \frac{1}{7} - \frac{1}{9} + \frac{1}{11} + \frac{1}{13} - \frac{1}{15} + \frac{1}{17} - \frac{1}{19} - \cdots,$$

$$\frac{\pi\left(\sqrt{4+2\sqrt{2}} + \sqrt{2} - 1\right)}{8} = 1 + \frac{1}{3} - \frac{1}{5} + \frac{1}{7} - \frac{1}{9} + \frac{1}{11} - \frac{1}{13} - \frac{1}{15} + \frac{1}{17} + \frac{1}{19} - \cdots,$$

$$\frac{\pi\left(\sqrt{4+2\sqrt{2}} - \sqrt{2} + 1\right)}{8} = 1 - \frac{1}{3} + \frac{1}{5} + \frac{1}{7} - \frac{1}{9} - \frac{1}{11} + \frac{1}{13} - \frac{1}{15} + \frac{1}{17} - \frac{1}{19} + \cdots,$$

$$\frac{\pi\left(\sqrt{2} + 1 + \sqrt{4-2\sqrt{2}}\right)}{8} = 1 + \frac{1}{3} + \frac{1}{5} - \frac{1}{7} + \frac{1}{9} - \frac{1}{11} - \frac{1}{13} - \frac{1}{15} + \frac{1}{17} + \frac{1}{19} + \cdots,$$

$$\frac{\pi\left(\sqrt{2} + 1 - \sqrt{4-2\sqrt{2}}\right)}{8} = 1 - \frac{1}{3} - \frac{1}{5} - \frac{1}{7} + \frac{1}{9} + \frac{1}{11} + \frac{1}{13} - \frac{1}{15} + \frac{1}{17} - \frac{1}{19} - \cdots.$$

同様に，$n = 16$，$m = 1$ または 3 または 5 または 7 と取るとさらに歩を進めていくことができて，$1, \frac{1}{3}, \frac{1}{5}, \frac{1}{7}, \frac{1}{9}, \cdots$ を用いて作られる級数の和が見つかる．それらの級数では符号＋と－が交互に現われるが，その様式は［これまでの級数の場合とは］別の規則に準じている．

181.
§178でみいだされた級数において，ふたつずつの項をひとつにまとめると，
$$\frac{\pi}{n\sin\frac{m\pi}{n}} = \frac{1}{m} + \frac{2m}{nn-mm} - \frac{2m}{4nn-mm} + \frac{2m}{9nn-mm} - \frac{2m}{16nn-mm} + \cdots$$
となる．したがって，

$$\frac{1}{nn-mm} - \frac{1}{4nn-mm} + \frac{1}{9nn-mm} - \cdots = \frac{\pi}{2mn\sin\frac{m\pi}{n}} - \frac{1}{2mm}$$

となる．他方，他の級数は

$$\frac{\pi}{n\,\text{tang}\,\frac{m\pi}{n}} = \frac{1}{m} - \frac{2m}{nn-mm} - \frac{2m}{4nn-mm} - \frac{2m}{9nn-mm} - \cdots$$

を与える．これより，

$$\frac{1}{nn-mm} + \frac{1}{4nn-mm} + \frac{1}{9nn-mm} + \cdots = \frac{1}{2mm} - \frac{\pi}{2mn\,\text{tang}\,\frac{m\pi}{n}}$$

となる．これらを結び合わせると，

$$\frac{1}{nn-mm} + \frac{1}{9nn-mm} + \frac{1}{25nn-mm} + \cdots = \frac{\pi\,\text{tang}\,\frac{m\pi}{2n}}{4mn}$$

という級数が生じる．

この級数において $n=1$ と置いてみよう．また m はある偶数 $2k$ に等しいとしてみよう．この場合，つねに $\text{tang}\,k\pi = 0$ となるから，$k=0$ の場合を除いて，

$$\frac{1}{1-4kk} + \frac{1}{9-4kk} + \frac{1}{25-4kk} + \frac{1}{49-4kk} + \cdots = 0$$

となる．他方，上記の級数において $n=2$ と置き，しかも m はある奇数 $2k+1$ に等しいとしてみよう．そのとき $\dfrac{1}{\text{tang}\,\frac{m\pi}{n}} = 0$．よって，

$$\frac{1}{4-(2k+1)^2} + \frac{1}{16-(2k+1)^2} + \frac{1}{36-(2k+1)^2} + \cdots = \frac{1}{2(2k+1)^2}$$

となる．

182. このようにしてみいだされた級数に nn を乗じ，そのうえで $\frac{m}{n} = p$ と置こう．すると，

$$\frac{1}{1-pp} - \frac{1}{4-pp} + \frac{1}{9-pp} - \frac{1}{16-pp} + \cdots = \frac{\pi}{2p\sin p\pi} - \frac{1}{2pp},$$

$$\frac{1}{1-pp} + \frac{1}{4-pp} + \frac{1}{9-pp} + \frac{1}{16-pp} + \cdots = \frac{1}{2pp} - \frac{\pi}{2p\,\text{tang}\,p\pi}$$

という形の公式が得られる．そこで $pp = a$ と置けば，

$$\frac{1}{1-a} - \frac{1}{4-a} + \frac{1}{9-a} - \frac{1}{16-a} + \cdots = \frac{\pi\sqrt{a}}{2a\sin\pi\sqrt{a}} - \frac{1}{2a},$$

$$\frac{1}{1-a} + \frac{1}{4-a} + \frac{1}{9-a} + \frac{1}{16-a} + \cdots = \frac{1}{2a} - \frac{\pi\sqrt{a}}{2a\,\text{tang}\,\pi\sqrt{a}}$$

という級数が生じる．それゆえ，もし a が負数ではなく，しかもある整数の平方になることもないなら，このような級数の和は円［から生じる超越量］を用いて表示することができるのである．

第10章 無限冪級数の因子を見つけ，ある種の無限級数の総和を確定する

183. すでに［§138］報告がなされたように，虚指数量は円の余弦と正弦に帰着されるが，その事実を用いると，たとえ a が負数であっても，上記のような級数の和を決定することが可能になる．実際，

$$e^{x\sqrt{-1}} = \cos x + \sqrt{-1}\sin x, \quad e^{-x\sqrt{-1}} = \cos x - \sqrt{-1}\sin x$$

であるから，x に $y\sqrt{-1}$ を代入すると，逆に

$$\cos y\sqrt{-1} = \frac{e^{-y} + e^y}{2}, \quad \sin y\sqrt{-1} = \frac{e^{-y} - e^y}{2\sqrt{-1}}$$

となる．そこで $a = -b$ および $y = \pi\sqrt{b}$ と置くと，

$$\cos \pi\sqrt{-b} = \frac{e^{-\pi\sqrt{b}} + e^{\pi\sqrt{b}}}{2}, \quad \sin \pi\sqrt{-b} = \frac{e^{-\pi\sqrt{b}} - e^{\pi\sqrt{b}}}{2\sqrt{-1}}$$

となる．よって，

$$\tang \pi\sqrt{-b} = \frac{e^{-\pi\sqrt{b}} - e^{\pi\sqrt{b}}}{\left(e^{-\pi\sqrt{b}} + e^{\pi\sqrt{b}}\right)\sqrt{-1}}.$$

これより，

$$\frac{\pi\sqrt{-b}}{\sin \pi\sqrt{-b}} = \frac{-2\pi\sqrt{b}}{e^{-\pi\sqrt{b}} - e^{\pi\sqrt{b}}}, \quad \frac{\pi\sqrt{-b}}{\tang \pi\sqrt{-b}} = \frac{-\left(e^{-\pi\sqrt{b}} + e^{\pi\sqrt{b}}\right)\pi\sqrt{b}}{e^{-\pi\sqrt{b}} - e^{\pi\sqrt{b}}}.$$

これらの事柄に留意すると，

$$\frac{1}{1+b} - \frac{1}{4+b} + \frac{1}{9+b} - \frac{1}{16+b} + \cdots = \frac{1}{2b} - \frac{\pi\sqrt{b}}{\left(e^{\pi\sqrt{b}} - e^{-\pi\sqrt{b}}\right)b},$$

$$\frac{1}{1+b} + \frac{1}{4+b} + \frac{1}{9+b} + \frac{1}{16+b} + \cdots = \frac{\left(e^{\pi\sqrt{b}} + e^{-\pi\sqrt{b}}\right)\pi\sqrt{b}}{2b\left(e^{\pi\sqrt{b}} - e^{-\pi\sqrt{b}}\right)} - \frac{1}{2b}$$

というふうになる．これらの級数と同じ結果を，本章で用いられたのと同じ方法を適用することにより，§162で目にした事柄から導くことも可能である．しかし私は本章の説明のほうを優先させるべきだと考えた．なぜなら，このようにすれば，虚弧の正弦と余弦を指数量に還元する手続きが適切に例示されるからである．

註記

1) これらの公式はオイラー以来，「ニュートンの公式」と呼ばれる習慣になっているが，四次の冪までについては，フランドルの数学者アルベール・ジラール（1590〜1633年）が『代数学における新発明』（アムステルダム，1629年）という著作の中で記述したのが初出である．フランドルは中世のヨーロッパ西部にあった国で，ベルギー，オランダ南部，およびフランス北部を含んでいる．ルネッサンス期の音楽，美術の中心地のひとつである．

2) 1736年，オイラーは有名な公式

$$1 + \frac{1}{4} + \frac{1}{9} + \frac{1}{16} + \frac{1}{25} + \cdots = \frac{\pi^2}{6}$$

をダニエル・ベルヌイ（1700〜1782年）に報告した．
　3）オイラー『微分計算教程』(1755年)，第二部，第Ⅴ章，§121以下（オイラー全集Ⅰ－10，319頁以下）参照．

第11章　弧と正弦の他の無限表示式

184. すでに以前（§158）見たように，z はある円弧を表わすとするとき，

$$\sin z = z\left(1 - \frac{zz}{\pi\pi}\right)\left(1 - \frac{zz}{4\pi\pi}\right)\left(1 - \frac{zz}{9\pi\pi}\right)\left(1 - \frac{zz}{16\pi\pi}\right)\cdots$$

$$\cos z = \left(1 - \frac{4zz}{\pi\pi}\right)\left(1 - \frac{4zz}{9\pi\pi}\right)\left(1 - \frac{4zz}{25\pi\pi}\right)\left(1 - \frac{4zz}{49\pi\pi}\right)\cdots$$

となる．そこで弧 z を $z = \frac{m\pi}{n}$ と設定すると，

$$\sin\frac{m\pi}{n} = \frac{m\pi}{n}\left(1 - \frac{mm}{nn}\right)\left(1 - \frac{mm}{4nn}\right)\left(1 - \frac{mm}{9nn}\right)\left(1 - \frac{mm}{16nn}\right)\cdots$$

$$\cos\frac{m\pi}{n} = \left(1 - \frac{4mm}{nn}\right)\left(1 - \frac{4mm}{9nn}\right)\left(1 - \frac{4mm}{25nn}\right)\left(1 - \frac{4mm}{49nn}\right)\cdots$$

となる．あるいは，n の代わりに $2n$ を用いると，

$$\sin\frac{m\pi}{2n} = \frac{m\pi}{2n}\cdot\frac{4nn-mm}{4nn}\cdot\frac{16nn-mm}{16nn}\cdot\frac{36nn-mm}{36nn}\cdots,$$

$$\cos\frac{m\pi}{2n} = \frac{nn-mm}{nn}\cdot\frac{9nn-mm}{9nn}\cdot\frac{25nn-mm}{25nn}\cdot\frac{49nn-mm}{49nn}\cdots$$

という表示式が生じる．右辺の表示式を単純因子に分解すると，

$$\sin\frac{m\pi}{2n} = \frac{m\pi}{2n}\cdot\frac{2n-m}{2n}\cdot\frac{2n+m}{2n}\cdot\frac{4n-m}{4n}\cdot\frac{4n+m}{4n}\cdot\frac{6n-m}{6n}\cdots,$$

$$\cos\frac{m\pi}{2n} = \frac{n-m}{n}\cdot\frac{n+m}{n}\cdot\frac{3n-m}{3n}\cdot\frac{3n+m}{3n}\cdot\frac{5n-m}{5n}\cdot\frac{5n+m}{5n}\cdots$$

が与えられる．m の代わりに $n-m$ を用いれば，

$$\sin\frac{(n-m)\pi}{2n} = \cos\frac{m\pi}{2n}, \qquad \cos\frac{(n-m)\pi}{2n} = \sin\frac{m\pi}{2n}$$

であるから，

$$\cos\frac{m\pi}{2n} = \frac{(n-m)\pi}{2n}\cdot\frac{n+m}{2n}\cdot\frac{3n-m}{2n}\cdot\frac{3n+m}{4n}\cdot\frac{5n-m}{4n}\cdot\frac{5n+m}{6n}\cdots,$$

$$\sin\frac{m\pi}{2n} = \frac{m}{n}\cdot\frac{2n-m}{n}\cdot\frac{2n+m}{3n}\cdot\frac{4n-m}{3n}\cdot\frac{4n+m}{5n}\cdot\frac{6n-m}{5n}\cdots$$

という表示式が生じる．

185. こんなふうにして角度 $\frac{m\pi}{2n}$ の正弦と余弦に対して二通りの表示式が手に

入った．そこでそれらを相互に比較して，一方を他方で割ると，
$$1 = \frac{\pi}{2} \cdot \frac{1}{2} \cdot \frac{3}{2} \cdot \frac{3}{4} \cdot \frac{5}{4} \cdot \frac{5}{6} \cdot \frac{7}{6} \cdot \frac{7}{8} \cdot \frac{9}{8} \cdots$$
となる．したがって，
$$\frac{\pi}{2} = \frac{2 \cdot 2 \cdot 4 \cdot 4 \cdot 6 \cdot 6 \cdot 8 \cdot 8 \cdot 10 \cdot 10 \cdot 12 \cdot 12 \cdots}{1 \cdot 3 \cdot 3 \cdot 5 \cdot 5 \cdot 7 \cdot 7 \cdot 9 \cdot 9 \cdot 11 \cdot 11 \cdot 13 \cdots}.$$
これは，ウォリスが『無限のアリトメチカ』[1]においてみいだした円周の［四分の一の弧の］表示式である．正弦に対する第一表示式の助けを借りると，類似の表示式が無数に提示される．実際，その表示式から，
$$\frac{\pi}{2} = \frac{n}{m} \sin \frac{m\pi}{2n} \cdot \frac{2n}{2n-m} \cdot \frac{2n}{2n+m} \cdot \frac{4n}{4n-m} \cdot \frac{4n}{4n+m} \cdot \frac{6n}{6n-m} \cdots$$
が導かれる．ここで $\frac{m}{n} = 1$ と置くと，ウォリスの公式が与えられる．$\frac{m}{n} = \frac{1}{2}$ なら，$\sin \frac{1}{4}\pi = \frac{1}{\sqrt{2}}$ により，
$$\frac{\pi}{2} = \frac{\sqrt{2}}{1} \cdot \frac{4}{3} \cdot \frac{4}{5} \cdot \frac{8}{7} \cdot \frac{8}{9} \cdot \frac{12}{11} \cdot \frac{12}{13} \cdot \frac{16}{15} \cdot \frac{16}{17} \cdots$$
となる．$\frac{m}{n} = \frac{1}{3}$ なら，$\sin \frac{1}{6}\pi = \frac{1}{2}$ により，
$$\frac{\pi}{2} = \frac{3}{2} \cdot \frac{6}{5} \cdot \frac{6}{7} \cdot \frac{12}{11} \cdot \frac{12}{13} \cdot \frac{18}{17} \cdot \frac{18}{19} \cdot \frac{24}{23} \cdots$$
となる．ウォリスの表示式を，$\frac{m}{n} = \frac{1}{2}$ のときに得られる表示式で割ると，
$$\sqrt{2} = \frac{2 \cdot 2 \cdot 6 \cdot 6 \cdot 10 \cdot 10 \cdot 14 \cdot 14 \cdot 18 \cdot 18 \cdots}{1 \cdot 3 \cdot 5 \cdot 7 \cdot 9 \cdot 11 \cdot 13 \cdot 15 \cdot 17 \cdot 19 \cdots}$$
となる．

186. どの角度の正接も，その角度の正弦を余弦で割った商に等しいから，正接もまた，このような無限に多くの因子を用いて書き表わされる．すなわち正弦の第一表示式を余弦の第二表示式で割ると，
$$\operatorname{tang} \frac{m\pi}{2n} = \frac{m}{n-m} \cdot \frac{2n-m}{n+m} \cdot \frac{2n+m}{3n-m} \cdot \frac{4n-m}{3n+m} \cdot \frac{4n+m}{5n-m} \cdots,$$
$$\cot \frac{m\pi}{2n} = \frac{n-m}{m} \cdot \frac{n+m}{2n-m} \cdot \frac{3n-m}{2n+m} \cdot \frac{3n+m}{4n-m} \cdot \frac{5n-m}{4n+m} \cdots$$
となる．同様に，正割と余割は
$$\sec \frac{m\pi}{2n} = \frac{n}{n-m} \cdot \frac{n}{n+m} \cdot \frac{3n}{3n-m} \cdot \frac{3n}{3n+m} \cdot \frac{5n}{5n-m} \cdot \frac{5n}{5n+m} \cdots,$$
$$\operatorname{cosec} \frac{m\pi}{2n} = \frac{n}{m} \cdot \frac{n}{2n-m} \cdot \frac{3n}{2n+m} \cdot \frac{3n}{4n-m} \cdot \frac{5n}{4n+m} \cdot \frac{5n}{6n-m} \cdots$$
というふうに表示される．正弦と余弦を表示する別の公式を組み合わせると，
$$\operatorname{tang} \frac{m\pi}{2n} = \frac{\pi}{2} \cdot \frac{m}{n-m} \cdot \frac{1(2n-m)}{2(n+m)} \cdot \frac{3(2n+m)}{2(3n-m)} \cdot \frac{3(4n-m)}{4(3n+m)} \cdots,$$

第11章　弧と正弦の他の無限表示式

$$\cot \frac{m\pi}{2n} = \frac{\pi}{2} \cdot \frac{n-m}{m} \cdot \frac{1(n+m)}{2(2n-m)} \cdot \frac{3(3n-m)}{2(2n+m)} \cdot \frac{3(3n+m)}{4(4n-m)} \cdots,$$

$$\sec \frac{m\pi}{2n} = \frac{2}{\pi} \cdot \frac{m}{n-m} \cdot \frac{2n}{n+m} \cdot \frac{2n}{3n-m} \cdot \frac{4n}{3n+m} \cdot \frac{4n}{5n-m} \cdots,$$

$$\operatorname{cosec} \frac{m\pi}{2n} = \frac{2}{\pi} \cdot \frac{n}{m} \cdot \frac{2n}{2n-m} \cdot \frac{2n}{2n+m} \cdot \frac{4n}{4n-m} \cdot \frac{4n}{4n+m} \cdots$$

となる．

187. m の代わりに k と置けば，同様の手順を踏んで角度 $\frac{k\pi}{2n}$ の正弦と余弦が明示される．それらの表示式を用いて先ほど得られた表示式を割ると，

$$\frac{\sin \frac{m\pi}{2n}}{\sin \frac{k\pi}{2n}} = \frac{m}{k} \cdot \frac{2n-m}{2n-k} \cdot \frac{2n+m}{2n+k} \cdot \frac{4n-m}{4n-k} \cdot \frac{4n+m}{4n+k} \cdots,$$

$$\frac{\sin \frac{m\pi}{2n}}{\cos \frac{k\pi}{2n}} = \frac{m}{n-k} \cdot \frac{2n-m}{n+k} \cdot \frac{2n+m}{3n-k} \cdot \frac{4n-m}{3n+k} \cdot \frac{4n+m}{5n-k} \cdots,$$

$$\frac{\cos \frac{m\pi}{2n}}{\cos \frac{k\pi}{2n}} = \frac{n-m}{n-k} \cdot \frac{n+m}{n+k} \cdot \frac{3n-m}{3n-k} \cdot \frac{3n+m}{3n+k} \cdot \frac{5n-m}{5n-k} \cdots,$$

$$\frac{\cos \frac{m\pi}{2n}}{\sin \frac{k\pi}{2n}} = \frac{n-m}{k} \cdot \frac{n+m}{2n-k} \cdot \frac{3n-m}{2n+k} \cdot \frac{3n+m}{4n-k} \cdot \frac{5n-m}{4n+k} \cdots$$

という公式が生じる．そこで $\frac{k\pi}{2n}$ として，その正弦と余弦の数値が具体的に与えられるような特定の角度を取り上げれば，これらの公式により，他の角度 $\frac{m\pi}{2n}$ の正弦と余弦を決定することが可能になる．

188. 逆に，このような無限に多くの因子から作られる表示式の真の値を，円周の長さを用いたり，与えられた角度の正弦や余弦の数値を用いたりして指定することが可能である．このこと自体には意味がないわけではない．というのは，今でもなお，このような無限積の値を与えてくれる方法はほかには知られていないからである．他方，このような表示式は，π の値や，角度 $\frac{m\pi}{2n}$ の正弦や余弦の値を近似的に見つけるという点では，あまり利益をもたらしてはくれない．実際，積

$$\frac{\pi}{2} = 2\left(1 - \frac{1}{9}\right)\left(1 - \frac{1}{25}\right)\left(1 - \frac{1}{49}\right) \cdots$$

の因子を小数の形に表示しておけば，それらを相互に乗じることは困難なくできるが，もし π の値を表わす数値を，小数点以下10桁までだけでもよいから正確に見つけた

いと望むなら，きわめて多くの項の掛け算を遂行しなければならないのである．

189.　ところで，このような無限に続いていく表示式にはめざましい利点がある．それは，対数の値を見つけようとする場合に恵まれる利点である．この作業において，［表示式を構成する］因子が与えてくれる利益は大きく，それらの因子がなかったなら，対数の計算はきわめて困難になってしまうのである．まず初めに，

$$\pi = 4\left(1 - \frac{1}{9}\right)\left(1 - \frac{1}{25}\right)\left(1 - \frac{1}{49}\right)\cdots$$

であるから，対数を取ると，

$$\log \pi = \log 4 + \log\left(1 - \frac{1}{9}\right) + \log\left(1 - \frac{1}{25}\right) + \log\left(1 - \frac{1}{49}\right) + \cdots$$

あるいは

$$\log \pi = \log 2 - \log\left(1 - \frac{1}{4}\right) - \log\left(1 - \frac{1}{16}\right) - \log\left(1 - \frac{1}{36}\right) - \cdots$$

となる．ここで，対数は常用対数を取っても自然対数を取ってもどちらでもかまわない．しかし常用対数は自然対数を元にして簡単にみいだされる．そこで π の自然対数を見つけておけば，著しい利益がもたらされるであろう．

190.　そこで自然対数のほうを採用すると，

$$\log(1-x) = -x - \frac{xx}{2} - \frac{x^3}{3} - \frac{x^4}{4} - \cdots$$

となる．［$\log \pi$ の表示式の右辺の］個々の項をこのような形に展開すれば，

$$\log \pi = \log 4 - \frac{1}{9} - \frac{1}{2\cdot 9^2} - \frac{1}{3\cdot 9^3} - \frac{1}{4\cdot 9^4} - \cdots$$
$$- \frac{1}{25} - \frac{1}{2\cdot 25^2} - \frac{1}{3\cdot 25^3} - \frac{1}{4\cdot 25^4} - \cdots$$
$$- \frac{1}{49} - \frac{1}{2\cdot 49^2} - \frac{1}{3\cdot 49^3} - \frac{1}{4\cdot 49^4} - \cdots$$
$$\cdots\cdots$$

というふうになる．ここには無限に多くの無限級数が現われるが，垂直の方向に並んでいる諸項をまとめると，すでに以前［§169, 170］，和の値を見つけたことのある級数が生じる．表示を簡単にするために

$$A = 1 + \frac{1}{3^2} + \frac{1}{5^2} + \frac{1}{7^2} + \frac{1}{9^2} + \cdots,$$
$$B = 1 + \frac{1}{3^4} + \frac{1}{5^4} + \frac{1}{7^4} + \frac{1}{9^4} + \cdots,$$
$$C = 1 + \frac{1}{3^6} + \frac{1}{5^6} + \frac{1}{7^6} + \frac{1}{9^6} + \cdots,$$

第11章　弧と正弦の他の無限表示式

$$D = 1 + \frac{1}{3^8} + \frac{1}{5^8} + \frac{1}{7^8} + \frac{1}{9^8} + \cdots,$$
$$\cdots\cdots$$

と置くと，

$$\log \pi = \log 4 - (A-1) - \frac{1}{2}(B-1) - \frac{1}{3}(C-1) - \frac{1}{4}(D-1) - \cdots$$

となる．前に見つけた和を近似的に書き表わすと，

$A = 1.23370\ 05501\ 36169\ 82735\ 431$,

$B = 1.01467\ 80316\ 04192\ 05454\ 625$,

$C = 1.00144\ 70766\ 40942\ 12190\ 647$,

$D = 1.00015\ 51790\ 25296\ 11930\ 298$,

$E = 1.00001\ 70413\ 63044\ 82548\ 818$, [2]

$F = 1.00000\ 18858\ 48583\ 11957\ 590$,

$G = 1.00000\ 02092\ 40519\ 21150\ 010$,

$H = 1.00000\ 00232\ 37157\ 37915\ 670$,

$I = 1.00000\ 00025\ 81437\ 55665\ 977$,

$K = 1.00000\ 00002\ 86807\ 69745\ 558$,

$L = 1.00000\ 00000\ 31866\ 77514\ 044$,

$M = 1.00000\ 00000\ 03540\ 72294\ 392$,

$N = 1.00000\ 00000\ 00393\ 41246\ 691$,

$O = 1.00000\ 00000\ 00043\ 71244\ 859$,

$P = 1.00000\ 00000\ 00004\ 85693\ 682$,

$Q = 1.00000\ 00000\ 00000\ 53965\ 957$,

$R = 1.00000\ 00000\ 00000\ 05996\ 217$,

$S = 1.00000\ 00000\ 00000\ 00666\ 246$,

$T = 1.00000\ 00000\ 00000\ 00074\ 027$,

$V = 1.00000\ 00000\ 00000\ 00008\ 225$,

$W = 1.00000\ 00000\ 00000\ 00000\ 914$, [3]

$X = 1.00000\ 00000\ 00000\ 00000\ 102$, [4]

$\cdots\cdots$

となる．これより，やっかいな計算をせずに π の自然対数がみいだされる．それは
$$1.14472\ 98858\ 49400\ 17414\ 345^{5)}$$
に等しい．これに $0.43429\cdots$ を乗じると，π の常用対数が生じる．それは
$$0.49714\ 98726\ 94133\ 85435\ 128^{6)}$$
に等しい．

191. 角度 $\dfrac{m\pi}{2n}$ の正弦と余弦は，無限に多くの個数の因子を用いて作られている表示式をもつ．よってそのような正弦と余弦の対数は適切な様式で書き表わされる．一番初めに［§184］みいだされた公式より，

$$\log\sin\frac{m\pi}{2n} = \log\pi + \log\frac{m}{2n} + \log\left(1-\frac{mm}{4nn}\right) + \log\left(1-\frac{mm}{16nn}\right) + \log\left(1-\frac{mm}{36nn}\right) + \cdots,$$

$$\log\cos\frac{m\pi}{2n} = \log\left(1-\frac{mm}{nn}\right) + \log\left(1-\frac{mm}{9nn}\right) + \log\left(1-\frac{mm}{25nn}\right) + \log\left(1-\frac{mm}{49nn}\right) + \cdots$$

となる．これよりまず，自然対数は前のように，きわめて早く収束する級数を用いて簡単に書き表わされる．必要以上に無限級数を増やさないようにするために，第一項［すなわち $\log\sin\dfrac{m\pi}{2n}$ の表示式における $\log\left(1-\dfrac{mm}{4nn}\right)$ と，$\log\cos\dfrac{m\pi}{2n}$ の表示式における $\log\left(1-\dfrac{mm}{nn}\right)$］は対数のままにしておくと，

$$\log\sin\frac{m\pi}{2n} = \log\pi + \log m + \log(2n-m) + \log(2n+m) - \log 8 - 3\log n$$
$$-\frac{mm}{16nn} - \frac{m^4}{2\cdot 16^2 n^4} - \frac{m^6}{3\cdot 16^3 n^6} - \frac{m^8}{4\cdot 16^4 n^8} - \cdots$$
$$-\frac{mm}{36nn} - \frac{m^4}{2\cdot 36^2 n^4} - \frac{m^6}{3\cdot 36^3 n^6} - \frac{m^8}{4\cdot 36^4 n^8} - \cdots$$
$$-\frac{mm}{64nn} - \frac{m^4}{2\cdot 64^2 n^4} - \frac{m^6}{3\cdot 64^3 n^6} - \frac{m^8}{4\cdot 64^4 n^8} - \cdots$$
$$\cdots\cdots\cdots\cdots,$$

$$\log\cos\frac{m\pi}{2n} = \log(n-m) + \log(n+m) - 2\log n$$
$$-\frac{mm}{9nn} - \frac{m^4}{2\cdot 9^2 n^4} - \frac{m^6}{3\cdot 9^3 n^6} - \frac{m^8}{4\cdot 9^4 n^8} - \cdots$$
$$-\frac{mm}{25nn} - \frac{m^4}{2\cdot 25^2 n^4} - \frac{m^6}{3\cdot 25^3 n^6} - \frac{m^8}{4\cdot 25^4 n^8} - \cdots$$
$$-\frac{mm}{49nn} - \frac{m^4}{2\cdot 49^2 n^4} - \frac{m^6}{3\cdot 49^3 n^6} - \frac{m^8}{4\cdot 49^4 n^8} - \cdots$$
$$\cdots\cdots\cdots\cdots$$

というふうになる．

192. これらの級数に現われる $\dfrac{m}{n}$ の冪の冪指数は偶数のみであり，しかもそ

第11章 弧と正弦の他の無限表示式

れらの各々には，すでに和の値が求められた級数が乗じられている．すなわち，

$$\log \sin \frac{m\pi}{2n} = \log m + \log(2n-m) + \log(2n+m) - 3\log n + \log \pi - \log 8$$

$$- \frac{m}{n}\frac{m}{n}\left(\frac{1}{4^2} + \frac{1}{6^2} + \frac{1}{8^2} + \frac{1}{10^2} + \frac{1}{12^2} + \cdots\right)$$

$$- \frac{m^4}{2n^4}\left(\frac{1}{4^4} + \frac{1}{6^4} + \frac{1}{8^4} + \frac{1}{10^4} + \frac{1}{12^4} + \cdots\right)$$

$$- \frac{m^6}{3n^6}\left(\frac{1}{4^6} + \frac{1}{6^6} + \frac{1}{8^6} + \frac{1}{10^6} + \frac{1}{12^6} + \cdots\right)$$

$$- \frac{m^8}{4n^8}\left(\frac{1}{4^8} + \frac{1}{6^8} + \frac{1}{8^8} + \frac{1}{10^8} + \frac{1}{12^8} + \cdots\right)$$

$$\cdots\cdots,$$

$$\log \cos \frac{m\pi}{2n} = \log(n-m) + \log(n+m) - 2\log n$$

$$- \frac{m}{n}\frac{m}{n}\left(\frac{1}{3^2} + \frac{1}{5^2} + \frac{1}{7^2} + \frac{1}{9^2} + \cdots\right)$$

$$- \frac{m^4}{2n^4}\left(\frac{1}{3^4} + \frac{1}{5^4} + \frac{1}{7^4} + \frac{1}{9^4} + \cdots\right)$$

$$- \frac{m^6}{3n^6}\left(\frac{1}{3^6} + \frac{1}{5^6} + \frac{1}{7^6} + \frac{1}{9^6} + \cdots\right)$$

$$- \frac{m^8}{4n^8}\left(\frac{1}{3^8} + \frac{1}{5^8} + \frac{1}{7^8} + \frac{1}{9^8} + \cdots\right)$$

$$\cdots\cdots$$

というふうになる．後者の表示式に見られる級数の和の値は少し前に（§190）与えられたばかりである．前者の表示式に見られる級数の和は後者の級数の和から導かれるが，もっと簡単に使用できるようにするために，それらの和の値をここに書き添えておきたいと思う．

193. 表示を簡単にするため，

$$\alpha = \frac{1}{2^2} + \frac{1}{4^2} + \frac{1}{6^2} + \frac{1}{8^2} + \cdots,$$

$$\beta = \frac{1}{2^4} + \frac{1}{4^4} + \frac{1}{6^4} + \frac{1}{8^4} + \cdots,$$

$$\gamma = \frac{1}{2^6} + \frac{1}{4^6} + \frac{1}{6^6} + \frac{1}{8^6} + \cdots,$$

$$\delta = \frac{1}{2^8} + \frac{1}{4^8} + \frac{1}{6^8} + \frac{1}{8^8} + \cdots,$$
$$\cdots\cdots$$

と置くと，これらの和の数値は近似的に，

$\alpha = 0.41123\ 35167\ 12056\ 60911\ 810$,

$\beta = 0.06764\ 52021\ 06946\ 13696\ 975$,

$\gamma = 0.01589\ 59853\ 43507\ 01780\ 804$,

$\delta = 0.00392\ 21771\ 72648\ 22007\ 570$,

$\varepsilon = 0.00097\ 75337\ 64773\ 25984\ 896$, [7]

$\zeta = 0.00024\ 42007\ 04724\ 92872\ 273$, [8]

$\eta = 0.00006\ 10388\ 94539\ 49332\ 915$,

$\theta = 0.00001\ 52590\ 22251\ 27271\ 502$, [9]

$\iota = 0.00000\ 38147\ 11827\ 44318\ 008$,

$\chi = 0.00000\ 09536\ 75226\ 17534\ 053$,

$\lambda = 0.00000\ 02384\ 18635\ 95259\ 255$, [10]

$\mu = 0.00000\ 00596\ 04648\ 32831\ 556$, [11]

$\nu = 0.00000\ 00149\ 01161\ 41589\ 813$,

$\xi = 0.00000\ 00037\ 25290\ 31233\ 986$,

$o = 0.00000\ 00009\ 31322\ 57548\ 284$,

$\pi = 0.00000\ 00002\ 32830\ 64370\ 808$, [11]

$\rho = 0.00000\ 00000\ 58207\ 66091\ 686$, [11]

$\sigma = 0.00000\ 00000\ 14551\ 91522\ 858$,

$\tau = 0.00000\ 00000\ 03637\ 97880\ 710$,

$\upsilon = 0.00000\ 00000\ 00909\ 49470\ 177$,

$\varphi = 0.00000\ 00000\ 00227\ 37367\ 544$,

$\chi = 0.00000\ 00000\ 00056\ 84341\ 886$,

$\psi = 0.00000\ 00000\ 00014\ 21085\ 472$, [11]

$\omega = 0.00000\ 00000\ 00003\ 55271\ 368$ [11]

と表示される．残る和は四分の一ずつ減少していく．

第11章 弧と正弦の他の無限表示式

194. このような諸事実の支援により，

$$\log \sin \frac{m\pi}{2n} = \log m + \log(2n-m) + \log(2n+m) - 3\log n + \log \pi - \log 8$$

$$- \frac{m}{n}\frac{m}{n}\left(\alpha - \frac{1}{2^2}\right) - \frac{m^4}{2n^4}\left(\beta - \frac{1}{2^4}\right) - \frac{m^6}{3n^6}\left(\gamma - \frac{1}{2^6}\right) - \cdots,$$

$$\log \cos \frac{m\pi}{2n} = \log(n-m) + \log(n+m) - 2\log n$$

$$- \frac{m}{n}\frac{m}{n}(A-1) - \frac{m^4}{2n^4}(B-1) - \frac{m^6}{3n^6}(C-1) - \cdots$$

という表示式が得られる．対数 $\log \pi$ と $\log 8$ は与えられているから，

角度 $\frac{m}{n}90°$ の正弦の双曲線対数

$= \log m + \log(2n-m) + \log(2n+m) - 3\log n$

$-\quad\quad 0.93471\ 16558\ 30435\ 75411$ [12]

$-\dfrac{m^2}{n^2} \cdot 0.16123\ 35167\ 12056\ 60912$ [12]

$-\dfrac{m^4}{n^4} \cdot 0.00257\ 26010\ 53473\ 06848$

$-\dfrac{m^6}{n^6} \cdot 0.00009\ 03284\ 47835\ 67260$

$-\dfrac{m^8}{n^8} \cdot 0.00000\ 39817\ 93162\ 05502$ [12]

$-\dfrac{m^{10}}{n^{10}} \cdot 0.00000\ 01942\ 52954\ 65197$ [12]

$-\dfrac{m^{12}}{n^{12}} \cdot 0.00000\ 00100\ 13287\ 48812$

$-\dfrac{m^{14}}{n^{14}} \cdot 0.00000\ 00005\ 34041\ 35619$ [12]

$-\dfrac{m^{16}}{n^{16}} \cdot 0.00000\ 00000\ 29148\ 59659$ [12]

$-\dfrac{m^{18}}{n^{18}} \cdot 0.00000\ 00000\ 01617\ 97980$ [13]

$-\dfrac{m^{20}}{n^{20}} \cdot 0.00000\ 00000\ 00090\ 97691$ [12]

$-\dfrac{m^{22}}{n^{22}} \cdot 0.00000\ 00000\ 00005\ 16828$ [12]

$-\dfrac{m^{24}}{n^{24}} \cdot 0.00000\ 00000\ 00000\ 29608$ [12]

$-\dfrac{m^{26}}{n^{26}} \cdot 0.00000\ 00000\ 00000\ 01708$

$-\dfrac{m^{28}}{n^{28}} \cdot 0.00000\ 00000\ 00000\ 00099$

$-\dfrac{m^{30}}{n^{30}} \cdot 0.00000\ 00000\ 00000\ 00006$ [12]

となる. また,

$$\text{角度 } \frac{m}{n} 90° \text{ の余弦の双曲線対数}$$
$$= \log(n-m) + \log(n+m) - 2\log n$$
$$- \frac{m^2}{n^2} \cdot 0.23370\,05501\,36169\,82735$$
$$- \frac{m^4}{n^4} \cdot 0.00733\,90158\,02096\,02727$$
$$- \frac{m^6}{n^6} \cdot 0.00048\,23588\,80314\,04064 \text{[14)]}$$
$$- \frac{m^8}{n^8} \cdot 0.00003\,87947\,56324\,02983 \text{[14)]}$$
$$- \frac{m^{10}}{n^{10}} \cdot 0.00000\,34082\,72608\,96510$$
$$- \frac{m^{12}}{n^{12}} \cdot 0.00000\,03143\,08097\,18660 \text{[15)]}$$
$$- \frac{m^{14}}{n^{14}} \cdot 0.00000\,00298\,91502\,74450$$
$$- \frac{m^{16}}{n^{16}} \cdot 0.00000\,00029\,04644\,67239$$
$$- \frac{m^{18}}{n^{18}} \cdot 0.00000\,00002\,86826\,39518$$
$$- \frac{m^{20}}{n^{20}} \cdot 0.00000\,00000\,28680\,76975 \text{[14)]}$$
$$- \frac{m^{22}}{n^{22}} \cdot 0.00000\,00000\,02896\,97956$$
$$- \frac{m^{24}}{n^{24}} \cdot 0.00000\,00000\,00295\,06025 \text{[14)]}$$
$$- \frac{m^{26}}{n^{26}} \cdot 0.00000\,00000\,00030\,26250 \text{[16)]}$$
$$- \frac{m^{28}}{n^{28}} \cdot 0.00000\,00000\,00003\,12232$$
$$- \frac{m^{30}}{n^{30}} \cdot 0.00000\,00000\,00000\,32380 \text{[17)]}$$
$$- \frac{m^{32}}{n^{32}} \cdot 0.00000\,00000\,00000\,03373$$
$$- \frac{m^{34}}{n^{34}} \cdot 0.00000\,00000\,00000\,00353 \text{[14)]}$$
$$- \frac{m^{36}}{n^{36}} \cdot 0.00000\,00000\,00000\,00037$$
$$- \frac{m^{38}}{n^{38}} \cdot 0.00000\,00000\,00000\,00004$$

となる.

195. これらの正弦と余弦の自然対数に $0.43429\,44819\cdots$ を乗じると, 常用対数が生じる. ところで, 直角の正弦の対数は 10 と等置するのが習わしになっている

第11章 弧と正弦の他の無限表示式

から，数表に見られるような正弦と余弦の対数を得るためには，この掛け算を実行した後に 10 を加えておかなければならない．結果は次の通り．

角度 $\frac{m}{n}90°$ の正弦の，数表に記載されている対数

$= \log m + \log(2n-m) + \log(2n+m) - 3\log n$

$+ \quad 9.59405\ 98857\ 02190$

$- \frac{m^2}{n^2} \cdot 0.07002\ 28266\ 05902$ [18)]

$- \frac{m^4}{n^4} \cdot 0.00111\ 72664\ 41662$ [18)]

$- \frac{m^6}{n^6} \cdot 0.00003\ 92291\ 46454$ [18)]

$- \frac{m^8}{n^8} \cdot 0.00000\ 17292\ 70798$

$- \frac{m^{10}}{n^{10}} \cdot 0.00000\ 00843\ 62986$

$- \frac{m^{12}}{n^{12}} \cdot 0.00000\ 00043\ 48715$

$- \frac{m^{14}}{n^{14}} \cdot 0.00000\ 00002\ 31931$

$- \frac{m^{16}}{n^{16}} \cdot 0.00000\ 00000\ 12659$

$- \frac{m^{18}}{n^{18}} \cdot 0.00000\ 00000\ 00703$ [18)]

$- \frac{m^{20}}{n^{20}} \cdot 0.00000\ 00000\ 00040$ [19)]

角度 $\frac{m}{n}90°$ の余弦の，数表に記載されている対数

$= \log(n-m) + \log(n+m) - 2\log n$

$+ \quad 10.00000\ 00000\ 00000$

$- \frac{m^2}{n^2} \cdot 0.10149\ 48593\ 41893$ [20)]

$- \frac{m^4}{n^4} \cdot 0.00318\ 72940\ 65451$

$- \frac{m^6}{n^6} \cdot 0.00020\ 94858\ 00017$

$- \frac{m^8}{n^8} \cdot 0.00001\ 68483\ 48598$ [20)]

$- \frac{m^{10}}{n^{10}} \cdot 0.00000\ 14801\ 93987$ [20)]

$- \frac{m^{12}}{n^{12}} \cdot 0.00000\ 01365\ 02272$

$- \frac{m^{14}}{n^{14}} \cdot 0.00000\ 00129\ 81715$

$$-\frac{m^{16}}{n^{16}} \cdot 0.00000\,00012\,61471$$
$$-\frac{m^{18}}{n^{18}} \cdot 0.00000\,00001\,24567$$
$$-\frac{m^{20}}{n^{20}} \cdot 0.00000\,00000\,12456$$
$$-\frac{m^{22}}{n^{22}} \cdot 0.00000\,00000\,01258$$
$$-\frac{m^{24}}{n^{24}} \cdot 0.00000\,00000\,00128$$
$$-\frac{m^{26}}{n^{26}} \cdot 0.00000\,00000\,00013$$

196. これらの公式の支援を受けると，任意の角度の正弦と余弦の自然対数と常用対数を見つけることができる．これは，正弦と余弦それ自体を知らなくても可能である．また，正弦と余弦の対数を元にして，引き算を行なうだけで，正接，余接，正割，それに余割の対数が見つかる．したがってそれらの個々の公式をここに書き添えておく必要はない．ただし，求められているのが正弦と余弦の自然対数である場合には，数 m, n, $n-m$, $n+m$, $\cdots$ の自然対数を取らなければならない．逆に常用対数を与える公式の支援を受けて自然対数を見つけなければならないという場合には，数 m, n, $n-m$, $n+m$, $\cdots$ の常用対数を取らなければならない．この点に留意すべきである．提示された角度が直角に対して有する比率を $m:n$ で表わすとき，半直角よりも大きな角度の正弦は半直角よりも小さな角度の余弦に等しいから，分数 $\frac{m}{n}$ は $\frac{1}{2}$ よりも大きく取る必要はない．このような事情により，［上記の級数を構成する］諸項は非常に速く収束すると見てよいことになり，半分もあれば，十分に精度の高い近似値が求められるのである．

197. このテーマから離れる前に，ある任意の角度の正接と余接を見つけるための，いっそう適切な方法を示しておきたいと思う．実際，正接と余接は正弦と余弦を用いて決定されるとはいうものの，この計算では割り算が遂行されるのである．ところがこの計算は，大きな数を対象とする場合にはきわめてやっかいである．我々は以前（§135）すでに，正接と余接に対する公式を提示したことがあるが，そこでは公式の根拠を与えることはできなかった．我々はそれを本章まで保留しておいたのである．

198. まず初めに§181から角度 $\frac{m\pi}{2n}$ の正接に対する表示式が取り出される．

第11章　弧と正弦の他の無限表示式

実際，
$$\frac{1}{nn-mm} + \frac{1}{9nn-mm} + \frac{1}{25nn-mm} + \cdots = \frac{\pi}{4mn}\tang\frac{m\pi}{2n}$$

であるから，
$$\tang\frac{m\pi}{2n} = \frac{4mn}{\pi}\left(\frac{1}{nn-mm} + \frac{1}{9nn-mm} + \frac{1}{25nn-mm} + \cdots\right)$$

となる．次に，
$$\frac{1}{nn-mm} + \frac{1}{4nn-mm} + \frac{1}{9nn-mm} + \cdots = \frac{1}{2mm} - \frac{\pi}{2mn}\cot\frac{m\pi}{n}$$

であるから，n の代わりに $2n$ を書くと，
$$\cot\frac{m\pi}{2n} = \frac{2n}{m\pi} - \frac{4mn}{\pi}\left(\frac{1}{4nn-mm} + \frac{1}{16nn-mm} + \frac{1}{36nn-mm} + \cdots\right)$$

となる．これらの分数のうち，第一の分数は簡単に計算されるので除外して，その他の分数を無限級数に変換すると，

$$\begin{aligned}
\tang\frac{m\pi}{2n} = {} & \frac{mn}{nn-mm}\cdot\frac{4}{\pi} + \frac{4}{\pi}\left(\frac{m}{3^2 n} + \frac{m^3}{3^4 n^3} + \frac{m^5}{3^6 n^5} + \cdots\right) \\
& + \frac{4}{\pi}\left(\frac{m}{5^2 n} + \frac{m^3}{5^4 n^3} + \frac{m^5}{5^6 n^5} + \cdots\right) \\
& + \frac{4}{\pi}\left(\frac{m}{7^2 n} + \frac{m^3}{7^4 n^3} + \frac{m^5}{7^6 n^5} + \cdots\right) \\
& \cdots\cdots\cdots\cdots,
\end{aligned}$$

$$\begin{aligned}
\cot\frac{m\pi}{2n} = {} & \frac{n}{m}\cdot\frac{2}{\pi} - \frac{mn}{4nn-mm}\cdot\frac{4}{\pi} - \frac{4}{\pi}\left(\frac{m}{4^2 n} + \frac{m^3}{4^4 n^3} + \frac{m^5}{4^6 n^5} + \cdots\right) \\
& - \frac{4}{\pi}\left(\frac{m}{6^2 n} + \frac{m^3}{6^4 n^3} + \frac{m^5}{6^6 n^5} + \cdots\right) \\
& - \frac{4}{\pi}\left(\frac{m}{8^2 n} + \frac{m^3}{8^4 n^3} + \frac{m^5}{8^6 n^5} + \cdots\right) \\
& \cdots\cdots\cdots\cdots
\end{aligned}$$

となる．

198 [a]. [21]　よく知られた π の値から，
$$\frac{1}{\pi} = 0.31830\,98861\,83790\,67153\,77675\,26745\,028724\text{[22]}$$

がみいだされる．また，ここには我々が前に［§190と§193］文字 $A, B, C, D, \cdots$ および $\alpha, \beta, \gamma, \delta, \cdots$ で表示したものと同じ級数が現われる．これらの記号を用いると，

$$\operatorname{tang} \frac{m\pi}{2n} = \frac{mn}{nn-mm} \cdot \frac{4}{\pi}$$
$$+ \frac{m}{n} \cdot \frac{4}{\pi}(A-1) + \frac{m^3}{n^3} \cdot \frac{4}{\pi}(B-1) + \frac{m^5}{n^5} \cdot \frac{4}{\pi}(C-1) + \frac{m^7}{n^7} \cdot \frac{4}{\pi}(D-1) + \cdots$$

となる．また，余接については，

$$\cot \frac{m\pi}{2n} = \frac{n}{m} \cdot \frac{2}{\pi} - \frac{4mn}{4nn-mm} \cdot \frac{1}{\pi}$$
$$- \frac{m}{n} \cdot \frac{4}{\pi}\left(\alpha - \frac{1}{2^2}\right) - \frac{m^3}{n^3} \cdot \frac{4}{\pi}\left(\beta - \frac{1}{2^4}\right) - \frac{m^5}{n^5} \cdot \frac{4}{\pi}\left(\gamma - \frac{1}{2^6}\right) - \cdots$$

と表示される．これらの公式から，前に（§135）正接と余接に対して与えた表示式が生じる．同時に，我々は正接と余接を元にして足し算と引き算だけを用いて正割と余割をみいだす方法を示した（§137）．そこでこれらの規則の助けを借りると，正弦，正接，正割およびそれらの対数の一覧表が，初期の作成者たちの手でなされたよりもはるかに容易に作成される．

註記
1）ウォリス『無限のアリトメチカ，あるいは曲線の求積の新しい研究方法，およびそのほかのいっそう困難な数学の諸問題』（1655年）．オイラーの積公式からウォリスの公式が導かれた．ジョン・ウォリス（1616～1703年）はイギリスの数学者．
2）原文では末尾の5個の数字は「50816」となっている．ここではオイラー全集にならって訂正した．
3）原文では一番最後の数字は「3」．
4）原文では一番最後の数字は「1」．
5）原文では一番最後の数字は「2」．
6）原文では一番最後の数字は「6」．
7）原文では一番最後の数字は「8」．
8）原文では一番最後の数字は「4」．
9）原文では末尾の5個の数字は「69977」．
10）原文では末尾の3個の数字は「154」．
11）原文では末尾の数字は1だけ小さい．
12）原文では末尾の数字は1だけ小さい．
13）原文では末尾の2個の数字は「79」．
14）原文では末尾の数字は1だけ小さい．
15）原文では末尾の2個の数字は「59」．
16）原文では末尾の2個の数字は「49」．

第11章　弧と正弦の他の無限表示式

17）原文では末尾の2個の数字は「79」．
18）原文では末尾の数字は1だけ小さい．
19）原文では末尾の2個の数字は「39」．
20）原文では末尾の数字は1だけ小さい．
21）原文では節番号「198」が繰り返されている．オイラー全集の流儀にならって添字［a］を書き添えた．
22）原文では小数点以下第25番目の数字「5」は「9」と記されている．

第12章　分数関数の実部分分数展開

199. すでに以前，第2章において，分数関数を，分母がもつ単純因子と同個数の部分分数に分解する方法が報告された．もう少し詳しく言うと，それらの単純因子は部分分数の分母を提供するのである．これより明らかなように，もし［提示された分数関数の］分母が虚の単純因子をもつとするなら，その因子から生じる［部分］分数もまた虚である．このような場合，実分数を虚分数に分解するのは得策ではない．ところで，ある分数の分母になる整関数はどれも，たとえどれほど多くの虚単純因子をもつとしてもつねに二重の実因子，言い換えると二次元の実因子に分解されることが示された［第9章］．そこで部分分数の分母として主分母の単純因子ではなく実二重因子を採用することにすれば，分数の［部分分数への］分解において虚量の回避が可能になる．

200. 分数関数 $\frac{M}{N}$ が提示されたとしよう．前に［第2章］説明がなされた方法により，この関数から，分母 N がもつ実単純因子と同個数の単純分数が取り出される．虚因子の代わりに，

$$pp - 2pqz\cos\varphi + qqzz$$

という表示式を N の因子として取り上げよう．現に今ここで直面している局面では，分子と分母を部分分数に展開された形のもとで考察しなければならない．そこで，提示された分数関数を

$$\frac{A + Bz + Cz^2 + Dz^3 + Ez^4 + \cdots}{(pp - 2pqz\cos\varphi + qqzz)(\alpha + \beta z + \gamma zz + \delta z^3 + \cdots)}$$

という形に置き，分母の因子 $pp - 2pqz\cos\varphi + qqzz$ から，

$$\frac{\mathfrak{A} + \mathfrak{a}z}{pp - 2pqz\cos\varphi + qqzz}$$

という部分分数が生じるものとしてみよう．実際，変化量 z は分母において次元2をもつから，分子では次元1をもちうるが，1よりも高い次元をもつことはできない．

第12章　分数関数の実部分分数展開

なぜなら，もしそうでなければ，この分数にはある整関数が包摂されていることになるが，それは前もって別個に切り離しておくべきであるからである．

201.　表記を簡単にするために，分子を
$$A + Bz + Cz^2 + \cdots = M$$
と置こう．また，分母のもうひとつの因子を
$$\alpha + \beta z + \gamma z^2 + \cdots = Z$$
と置こう．分母の因子 Z から生じるもうひとつの部分分数を $\dfrac{Y}{Z}$ と等置しよう．すると，
$$Y = \frac{M - \mathfrak{A}Z - \alpha zZ}{pp - 2pqz\cos\varphi + qqzz}$$
となるが，この式は z の整関数でなければならない．したがって，
$$M - \mathfrak{A}Z - \alpha zZ$$
は $pp - 2pqz\cos\varphi + qqzz$ で割り切れなければならないことになる．それゆえ，$M - \mathfrak{A}Z - \alpha zZ$ は，
$$pp - 2pqz\cos\varphi + qqzz = 0$$
と置くとき，すなわち，
$$z = \frac{p}{q}\left(\cos\varphi + \sqrt{-1}\sin\varphi\right),$$
$$z = \frac{p}{q}\left(\cos\varphi - \sqrt{-1}\sin\varphi\right)$$
と置くとき，0 になる．$\dfrac{p}{q} = f$ と置くと，
$$z^n = f^n\left(\cos n\varphi \pm \sqrt{-1}\sin n\varphi\right)^{1)}$$
となる [§133]．そこで上記の二通りの z の値を代入すると，ふたつの方程式が与えられる．それらの方程式により，ふたつの未知定量 $\mathfrak{A}$ と α を定めることが可能になる．

202.　そこでこの代入を実行して，方程式
$$M = \mathfrak{A}Z + \alpha zZ$$
を展開すると，
$$A + Bf\cos\varphi + Cff\cos 2\varphi + Df^3\cos 3\varphi + \cdots$$
$$\pm \left(Bf\sin\varphi + Cff\sin 2\varphi + Df^3\sin 3\varphi + \cdots\right)\sqrt{-1}$$

$$= \mathfrak{A}\left(\alpha + \beta f \cos\varphi + \gamma f f \cos 2\varphi + \delta f^3 \cos 3\varphi + \cdots\right)$$
$$\pm \mathfrak{A}\left(\beta f \sin\varphi + \gamma f f \sin 2\varphi + \delta f^3 \sin 3\varphi + \cdots\right)\sqrt{-1}$$
$$+ \mathfrak{a}\left(\alpha f \cos\varphi + \beta f f \cos 2\varphi + \gamma f^3 \cos 3\varphi + \cdots\right)$$
$$\pm \mathfrak{a}\left(\alpha f \sin\varphi + \beta f f \sin 2\varphi + \gamma f^3 \sin 3\varphi + \cdots\right)\sqrt{-1}$$

となる．計算を簡単にするため，

$$A + B f \cos\varphi + C f f \cos 2\varphi + D f^3 \cos 3\varphi + \cdots = \mathfrak{P},$$
$$B f \sin\varphi + C f f \sin 2\varphi + D f^3 \sin 3\varphi + \cdots = \mathfrak{p},$$
$$\alpha + \beta f \cos\varphi + \gamma f f \cos 2\varphi + \delta f^3 \cos 3\varphi + \cdots = \mathfrak{Q},$$
$$\beta f \sin\varphi + \gamma f f \sin 2\varphi + \delta f^3 \sin 3\varphi + \cdots = \mathfrak{q},$$
$$\alpha f \cos\varphi + \beta f f \cos 2\varphi + \gamma f^3 \cos 3\varphi + \cdots = \mathfrak{R},$$
$$\alpha f \sin\varphi + \beta f f \sin 2\varphi + \gamma f^3 \sin 3\varphi + \cdots = \mathfrak{r}$$

と置き，代入すると，

$$\mathfrak{P} \pm \mathfrak{p}\sqrt{-1} = \mathfrak{A}\mathfrak{Q} \pm \mathfrak{A}\mathfrak{q}\sqrt{-1} + \mathfrak{a}\mathfrak{R} \pm \mathfrak{a}\mathfrak{r}\sqrt{-1}$$

という形になる．

203.　符号の重複に起因して，これよりふたつの方程式

$$\mathfrak{P} = \mathfrak{A}\mathfrak{Q} + \mathfrak{a}\mathfrak{R},$$
$$\mathfrak{p} = \mathfrak{A}\mathfrak{q} + \mathfrak{a}\mathfrak{r}$$

が生じる．これらから未知定量 $\mathfrak{A}$ と $\mathfrak{a}$ が，

$$\mathfrak{A} = \frac{\mathfrak{P}\mathfrak{r} - \mathfrak{p}\mathfrak{R}}{\mathfrak{Q}\mathfrak{r} - \mathfrak{q}\mathfrak{R}}, \quad \mathfrak{a} = \frac{\mathfrak{P}\mathfrak{q} - \mathfrak{p}\mathfrak{Q}}{\mathfrak{q}\mathfrak{R} - \mathfrak{Q}\mathfrak{r}}$$

と定められる．そこで分数

$$\frac{M}{\left(pp - 2pqz\cos\varphi + qqzz\right)Z}$$

が提示されたとすると，これから述べる規則に基づいて，この分数から生じる部分分数

$$\frac{\mathfrak{A} + \mathfrak{a}z}{pp - 2pqz\cos\varphi + qqzz}$$

が定められる．$f = \dfrac{p}{q}$ と置き，[$\mathfrak{P}, \mathfrak{Q}, \mathfrak{R}, \mathfrak{p}, \mathfrak{q}, \mathfrak{r}$ を表示する] 展開式の個々の項

第12章　分数関数の実部分分数展開

において

$$z^n = f^n \cos n\varphi \quad \text{と置けば}, \quad M = \mathfrak{P} \quad \text{となる}.$$
$$z^n = f^n \sin n\varphi \quad \text{と置けば}, \quad M = \mathfrak{p} \quad \text{となる}.$$
$$z^n = f^n \cos n\varphi \quad \text{と置けば}, \quad Z = \mathfrak{Q} \quad \text{となる}.$$
$$z^n = f^n \sin n\varphi \quad \text{と置けば}, \quad Z = \mathfrak{q} \quad \text{となる}.$$
$$z^n = f^n \cos n\varphi \quad \text{と置けば}, \quad zZ = \mathfrak{R} \quad \text{となる}.$$
$$z^n = f^n \sin n\varphi \quad \text{と置けば}, \quad zZ = \mathfrak{r} \quad \text{となる}.$$

こんなふうにして $\mathfrak{P}, \mathfrak{Q}, \mathfrak{R}, \mathfrak{p}, \mathfrak{q}, \mathfrak{r}$ の値が見つかったなら，そのとき

$$\mathfrak{A} = \frac{\mathfrak{P}\mathfrak{r} - \mathfrak{p}\mathfrak{R}}{\mathfrak{Q}\mathfrak{r} - \mathfrak{q}\mathfrak{R}}, \quad \mathfrak{a} = \frac{\mathfrak{p}\mathfrak{Q} - \mathfrak{P}\mathfrak{q}}{\mathfrak{Q}\mathfrak{r} - \mathfrak{q}\mathfrak{R}}$$

となる.

例 1

分数関数

$$\frac{zz}{(1 - z + zz)(1 + z^4)}$$

が提示されたとして，この分数から，分母の因子 $1 - z + zz$ に起因して生じる部分分数を定めなければならないものとしてみよう．その部分分数を

$$\frac{\mathfrak{A} + \mathfrak{a}z}{1 - z + zz}$$

と置こう．まず初めにこの因子を一般形 $pp - 2pqz\cos\varphi + qqzz$ と比較すると，

$$p = 1, \quad q = 1, \quad \cos\varphi = \frac{1}{2}$$

が与えられる．これより

$$\varphi = 60° = \frac{\pi}{3}.$$

そうして

$$M = zz, \quad Z = 1 + z^4, \quad f = 1$$

であるから，

$$\mathfrak{P} = \cos\frac{2\pi}{3} = -\frac{1}{2}, \quad \mathfrak{p} = \frac{\sqrt{3}}{2},$$
$$\mathfrak{Q} = 1 + \cos\frac{4\pi}{3} = \frac{1}{2}, \quad \mathfrak{q} = -\frac{\sqrt{3}}{2},$$
$$\mathfrak{R} = \cos\frac{\pi}{3} + \cos\frac{5\pi}{3} = 1, \quad \mathfrak{r} = 0$$

となる．これより

$$\mathfrak{A} = -1 \quad \text{および} \quad \mathfrak{a} = 0$$

がみいだされる．よって，求める部分分数は

であり，これを補完する部分分数は

$$\frac{1+z+zz}{1+z^4}$$

である．この分数の分母 $1+z^4$ は因子 $1+z\sqrt{2}+zz$ と $1-z\sqrt{2}+zz$ をもつから，新たに部分分数分解を遂行することが可能である．その際，$\varphi=\frac{\pi}{4}$ として，しかも前者の場合には $f=-1$ とし，後者の場合には $f=+1$ と置くのである．

例 2

分数

$$\frac{1+z+zz}{\left(1+z\sqrt{2}+zz\right)\left(1-z\sqrt{2}+zz\right)}$$

が提示されたとして，これを［部分分数に］分解するものとしてみよう．この場合，

$$M = 1+z+zz$$

である．第一因子については，

$$f=-1,\ \varphi=\frac{\pi}{4},\ Z=1-z\sqrt{2}+zz$$

よって，

$$\mathfrak{P} = 1 - \cos\frac{\pi}{4} + \cos\frac{2\pi}{4} = \frac{\sqrt{2}-1}{\sqrt{2}},$$
$$\mathfrak{p} = \ -\sin\frac{\pi}{4} + \sin\frac{2\pi}{4} = \frac{\sqrt{2}-1}{\sqrt{2}},$$
$$\mathfrak{Q} = 1 + \sqrt{2}\cos\frac{\pi}{4} + \cos\frac{2\pi}{4} = 2,$$
$$\mathfrak{q} = \ +\sqrt{2}\sin\frac{\pi}{4} + \sin\frac{2\pi}{4} = 2,$$
$$\mathfrak{R} = -\cos\frac{\pi}{4} - \sqrt{2}\cos\frac{2\pi}{4} - \cos\frac{3\pi}{4} = 0,$$
$$\mathfrak{r} = -\sin\frac{\pi}{4} - \sqrt{2}\sin\frac{2\pi}{4} - \sin\frac{3\pi}{4} = -2\sqrt{2}$$

となる．これより，

$$\mathfrak{Q}\mathfrak{r} - \mathfrak{q}\mathfrak{R} = -4\sqrt{2}$$

および

$$\mathfrak{A} = \frac{\sqrt{2}-1}{2\sqrt{2}},\ \mathfrak{a} = 0$$

となることが明らかになる．よって，分母の因子 $1+z\sqrt{2}+zz$ から，部分分数

$$\frac{\left(\sqrt{2}-1\right):2\sqrt{2}}{1+z\sqrt{2}+zz}$$

が生じる．同様に，もうひとつの因子は部分分数

第12章　分数関数の実部分分数展開

$$\frac{(\sqrt{2}+1):2\sqrt{2}}{1-z\sqrt{2}+zz}$$

を与える．よって，一番初めに提示された分数

$$\frac{zz}{(1-z+zz)(1+z^4)}$$

は，

$$\frac{-1}{1-z+zz}+\frac{(\sqrt{2}-1):2\sqrt{2}}{1+z\sqrt{2}+zz}+\frac{(\sqrt{2}+1):2\sqrt{2}}{1-z\sqrt{2}+zz}$$

というふうに［部分分数に］分解される．

例 3

分数

$$\frac{1+2z+zz}{\left(1-\frac{8}{5}z+zz\right)(1+2z+3zz)}$$

が提示されたとして，これを［部分分数に］分解するものとしよう．分母の因子 $1-\frac{8}{5}z+zz$ に対応して，分数

$$\frac{\mathfrak{A}+\mathfrak{a}z}{1-\frac{8}{5}z+zz}$$

が生じるとしよう．この場合，

$$p=1,\ q=1,\ \cos\varphi=\frac{4}{5}.$$

よって，

$$f=1,\ M=1+2z+zz,\ z=1+2z+3zz.$$

角度 φ の直角に対する比率はわかっていないから，その倍角の正弦と余弦を個別に求めなければならない．

$$\cos\varphi=\frac{4}{5}\quad \text{であるから}\ \sin\varphi=\frac{3}{5},$$
$$\cos 2\varphi=\frac{7}{25}\quad \text{であるから}\ \sin 2\varphi=\frac{24}{25},$$
$$\cos 3\varphi=-\frac{44}{125}\quad \text{であるから}\ \sin 3\varphi=\frac{117}{125}.$$

よって，

$$\mathfrak{P}=1+2\cdot\frac{4}{5}+\frac{7}{25}=\frac{72}{25},$$
$$\mathfrak{p}=2\cdot\frac{3}{5}+\frac{24}{25}=\frac{54}{25},$$
$$\mathfrak{Q}=1+2\cdot\frac{4}{5}+3\cdot\frac{7}{25}=\frac{86}{25},$$

$$q = 2 \cdot \frac{3}{5} + 3 \cdot \frac{24}{25} = \frac{102}{25},$$

$$\mathfrak{R} = \frac{4}{5} + 2 \cdot \frac{7}{25} - 3 \cdot \frac{44}{125} = \frac{38}{125},$$

$$\mathfrak{r} = \frac{3}{5} + 2 \cdot \frac{24}{25} + 3 \cdot \frac{117}{125} = \frac{666}{125}.$$

したがって，

$$\mathfrak{Q}\mathfrak{r} - q\mathfrak{R} = \frac{53400}{25 \cdot 125} = \frac{2136}{125}.$$

それゆえ，

$$\mathfrak{A} = \frac{1836}{2136} = \frac{153}{178}, \quad \mathfrak{a} = -\frac{540}{2136} = -\frac{45}{178}$$

となる．よって，因子 $1 - \frac{8}{5}z + zz$ から生じる［部分］分数は

$$\frac{9(17 - 5z) : 178}{1 - \frac{8}{5}z + zz}$$

となる．

同様にして，もうひとつの因子に対応する［部分］分数を求めよう．この場合，

$$p = 1, \quad q = -\sqrt{3}, \quad \cos\varphi = \frac{1}{\sqrt{3}}.$$

よって，

$$f = -\frac{1}{\sqrt{3}}, \quad M = 1 + 2z + zz, \quad Z = 1 - \frac{8}{5}z + zz.$$

そうして

$$\cos\varphi = \frac{1}{\sqrt{3}} \quad \text{であるから，} \quad \sin\varphi = \frac{\sqrt{2}}{\sqrt{3}}.$$
$$\cos 2\varphi = -\frac{1}{3} \quad \text{であるから，} \quad \sin 2\varphi = \frac{2\sqrt{2}}{3}.$$
$$\cos 3\varphi = -\frac{5}{3\sqrt{3}} \quad \text{であるから，} \quad \sin 3\varphi = \frac{\sqrt{2}}{3\sqrt{3}}.$$

よって，

$$\mathfrak{P} = 1 - \frac{2}{\sqrt{3}} \cdot \frac{1}{\sqrt{3}} + \frac{1}{3} \cdot -\frac{1}{3} = \frac{2}{9},$$

$$\mathfrak{p} = -\frac{2}{\sqrt{3}} \cdot \frac{\sqrt{2}}{\sqrt{3}} + \frac{1}{3} \cdot \frac{2\sqrt{2}}{3} = -\frac{4\sqrt{2}}{9},$$

$$\mathfrak{Q} = 1 + \frac{8}{5\sqrt{3}} \cdot \frac{1}{\sqrt{3}} + \frac{1}{3} \cdot -\frac{1}{3} = \frac{64}{45},$$

$$q = +\frac{8}{5\sqrt{3}} \cdot \frac{\sqrt{2}}{\sqrt{3}} + \frac{1}{3} \cdot \frac{2\sqrt{2}}{3} = \frac{34\sqrt{2}}{45},$$

$$\mathfrak{R} = -\frac{1}{\sqrt{3}} \cdot \frac{1}{\sqrt{3}} - \frac{8}{5 \cdot 3} \cdot -\frac{1}{3} - \frac{1}{3\sqrt{3}} \cdot -\frac{5}{3\sqrt{3}} = \frac{4}{135},$$

$$\mathfrak{r} = -\frac{1}{\sqrt{3}} \cdot \frac{\sqrt{2}}{\sqrt{3}} - \frac{8}{5 \cdot 3} \cdot \frac{2\sqrt{2}}{3} - \frac{1}{3\sqrt{3}} \cdot \frac{\sqrt{2}}{3\sqrt{3}} = -\frac{98\sqrt{2}}{135}.$$

第12章　分数関数の実部分分数展開

したがって，
$$\mathfrak{Q}\mathfrak{r} - \mathfrak{q}\mathfrak{R} = -\frac{712\sqrt{2}}{675}.$$

よって，
$$\mathfrak{A} = \frac{100}{712} = \frac{25}{178}, \quad \mathfrak{a} = \frac{540}{712} = \frac{135}{178}$$

となる．それゆえ提示された分数

$$\frac{1 + 2z + zz}{\left(1 - \frac{8}{5}z + zz\right)(1 + 2z + 3zz)}$$

は，

$$\frac{9(17 - 5z) : 178}{1 - \frac{8}{5}z + zz} + \frac{5(5 + 27z) : 178}{1 + 2z + 3zz}$$

と分解される．

204.

文字 $\mathfrak{R}$ と $\mathfrak{r}$ の値は $\mathfrak{Q}$ と $\mathfrak{q}$ を用いると定められる．実際，
$$\mathfrak{Q} = \alpha + \beta f \cos\varphi + \gamma f^2 \cos 2\varphi + \delta f^3 \cos 3\varphi + \cdots,$$
$$\mathfrak{q} = \beta f \sin\varphi + \gamma f^2 \sin 2\varphi + \delta f^3 \sin 3\varphi + \cdots$$

であるから，
$$\mathfrak{Q} \cos\varphi - \mathfrak{q} \sin\varphi = \alpha \cos\varphi + \beta f \cos 2\varphi + \gamma f^2 \cos 3\varphi + \cdots$$

となる．したがって，
$$\mathfrak{R} = f(\mathfrak{Q} \cos\varphi - \mathfrak{q} \sin\varphi).$$

次に，
$$\mathfrak{Q} \sin\varphi + \mathfrak{q} \cos\varphi = \alpha \sin\varphi + \beta f \sin 2\varphi + \gamma f^2 \sin 3\varphi + \cdots.$$

よって，
$$\mathfrak{r} = f(\mathfrak{Q} \sin\varphi + \mathfrak{q} \cos\varphi).$$

これより，
$$\mathfrak{Q}\mathfrak{r} - \mathfrak{q}\mathfrak{R} = (\mathfrak{Q}\mathfrak{Q} + \mathfrak{q}\mathfrak{q}) f \sin\varphi,$$
$$\mathfrak{P}\mathfrak{r} - \mathfrak{p}\mathfrak{R} = (\mathfrak{P}\mathfrak{Q} + \mathfrak{p}\mathfrak{q}) f \sin\varphi + (\mathfrak{P}\mathfrak{q} - \mathfrak{p}\mathfrak{Q}) f \cos\varphi$$

となり，ここから
$$\mathfrak{A} = \frac{\mathfrak{P}\mathfrak{Q} + \mathfrak{p}\mathfrak{q}}{\mathfrak{Q}\mathfrak{Q} + \mathfrak{q}\mathfrak{q}} + \frac{\mathfrak{P}\mathfrak{q} - \mathfrak{p}\mathfrak{Q}}{\mathfrak{Q}\mathfrak{Q} + \mathfrak{q}\mathfrak{q}} \cdot \frac{\cos\varphi}{\sin\varphi},$$
$$\mathfrak{a} = \frac{-\mathfrak{P}\mathfrak{q} + \mathfrak{p}\mathfrak{Q}}{(\mathfrak{Q}\mathfrak{Q} + \mathfrak{q}\mathfrak{q}) f \sin\varphi}$$

という帰結が導かれる．それゆえ分母の因子 $pp - 2pqz\cos\varphi + qqzz$ から，部分分

数

$$\frac{(\mathfrak{P}\mathfrak{Q}+\mathfrak{p}\mathfrak{q})f\sin\varphi+(\mathfrak{P}\mathfrak{q}-\mathfrak{p}\mathfrak{Q})(f\cos\varphi-z)}{(pp-2pqz\cos\varphi+qqzz)(\mathfrak{Q}\mathfrak{Q}+\mathfrak{q}\mathfrak{q})f\sin\varphi}$$

が生じることになる．あるいは，$f=\dfrac{p}{q}$ であるから，これを書き換えると，

$$\frac{(\mathfrak{P}\mathfrak{Q}+\mathfrak{p}\mathfrak{q})p\sin\varphi+(\mathfrak{P}\mathfrak{q}-\mathfrak{p}\mathfrak{Q})(p\cos\varphi-qz)}{(pp-2pqz\cos\varphi+qqzz)(\mathfrak{Q}\mathfrak{Q}+\mathfrak{q}\mathfrak{q})p\sin\varphi}$$

という形になる．

205.
それゆえこの部分分数は，提示された関数

$$\frac{M}{(pp-2pqz\cos\varphi+qqzz)Z}$$

の分母の因子 $pp-2pqz\cos\varphi+qqzz$ から生じる分数にほかならない．文字 $\mathfrak{P}$, $\mathfrak{p}$, $\mathfrak{Q}$, $\mathfrak{q}$ は次のようにして関数 M と Z を用いて次のようにしてみいだされる．すなわち，

$$z^n=\frac{p^n}{q^n}\cos n\varphi \quad \text{と置くと，} \quad M=\mathfrak{P} \quad \text{および} \quad Z=\mathfrak{Q} \quad \text{となる．}$$

また，

$$z^n=\frac{p^n}{q^n}\sin n\varphi \quad \text{と置くと，} \quad M=\mathfrak{p} \quad \text{および} \quad Z=\mathfrak{q} \quad \text{となる．}$$

ここで，関数 M と Z は，この代入を遂行する前に完全に展開しておかなければならないことに留意する必要がある．その展開式は

$$M=A+Bz+Cz^2+Dz^3+Ez^4+\cdots$$

および

$$Z=\alpha+\beta z+\gamma z^2+\delta z^3+\varepsilon z^4+\cdots$$

という形である．よって，

$$\mathfrak{P}=A+B\frac{p}{q}\cos\varphi+C\frac{p^2}{q^2}\cos 2\varphi+D\frac{p^3}{q^3}\cos 3\varphi+\cdots,$$

$$\mathfrak{p}=B\frac{p}{q}\sin\varphi+C\frac{p^2}{q^2}\sin 2\varphi+D\frac{p^3}{q^3}\sin 3\varphi+\cdots,$$

$$\mathfrak{Q}=\alpha+\beta\frac{p}{q}\cos\varphi+\gamma\frac{p^2}{q^2}\cos 2\varphi+\delta\frac{p^3}{q^3}\cos 3\varphi+\cdots,$$

$$\mathfrak{q}=\beta\frac{p}{q}\sin\varphi+\gamma\frac{p^2}{q^2}\sin 2\varphi+\delta\frac{p^3}{q^3}\sin 3\varphi+\cdots$$

というふうになる．

第12章　分数関数の実部分分数展開

206. 　前述した通りの事柄に基づいて諒解されるように，もし関数 Z の中に同一の因子 $pp-2pqz\cos\varphi+qqzz$ が一個よりも多く包摂されているなら，前記のような分解は成立しえない．実際，その場合，方程式

$$M = \mathfrak{A}Z + \mathfrak{a}zZ$$

において

$$z^n = f^n\left(\cos n\varphi \pm \sqrt{-1}\sin n\varphi\right)$$

という代入を行なうと，量 Z の値は 0 になってしまう．そのため，手に入れるものは何もなくなってしまうのである．それゆえ，もし分数関数 $\dfrac{M}{N}$ の分母が因子 $\left(pp-2pqz\cos\varphi+qqzz\right)^2$ をもつなら，あるいは [$pp-2pqz\cos\varphi+qqzz$ の] もっと高い冪指数の因子をもつとするなら，そのような因子に相応しい独自の分解の手法が必要になる．そこで，

$$N = \left(pp-2pqz\cos\varphi+qqzz\right)^2 Z$$

と設定して，分母の因子 $\left(pp-2pqz\cos\varphi+qqzz\right)^2$ から，ふたつの部分分数

$$\frac{\mathfrak{A}+\mathfrak{a}z}{\left(pp-2pqz\cos\varphi+qqzz\right)^2} + \frac{\mathfrak{B}+\mathfrak{b}z}{pp-2pqz\cos\varphi+qqzz}$$

が生じるとしてみよう．問題は，定量を表わす文字 $\mathfrak{A}$, $\mathfrak{a}$, $\mathfrak{B}$, $\mathfrak{b}$ を定めることである．

207. 　このように状勢を設定するとき，式

$$\frac{M-\left(\mathfrak{A}+\mathfrak{a}z\right)Z-\left(\mathfrak{B}+\mathfrak{b}z\right)Z\left(pp-2pqz\cos\varphi+qqzz\right)}{\left(pp-2pqz\cos\varphi+qqzz\right)^2}$$

は整関数でなければならない．すると，そのことに起因して，この式の分子は分母で割り切れるという事実が帰結する［§43］．それゆえまず初めに，式

$$M - \mathfrak{A}Z - \mathfrak{a}zZ$$

は $pp-2pqz\cos\varphi+qqzz$ で割り切れなければならない．この状勢は前述の通りであるから，先ほどと同様にして文字 $\mathfrak{A}$ と $\mathfrak{a}$ が決定される．

　これを詳しく言うと，

$$z^n = \frac{p^n}{q^n}\cos n\varphi \quad \text{と置けば，} \quad M = \mathfrak{P}, \quad Z = \mathfrak{N}$$

となり，

$$z^n = \frac{p^n}{q^n}\sin n\varphi \quad \text{と置けば，} \quad M = \mathfrak{p}, \quad Z = \mathfrak{n}$$

となる．これを実行すると，上に与えられた規則により，
$$\mathfrak{A} = \frac{\mathfrak{P}\mathfrak{N}+\mathfrak{p}\mathfrak{n}}{\mathfrak{N}^2+\mathfrak{n}^2} + \frac{\mathfrak{P}\mathfrak{n}-\mathfrak{p}\mathfrak{N}}{\mathfrak{N}^2+\mathfrak{n}^2} \cdot \frac{\cos\varphi}{\sin\varphi},$$
$$\mathfrak{a} = \frac{-\mathfrak{P}\mathfrak{n}+\mathfrak{p}\mathfrak{N}}{\mathfrak{N}^2+\mathfrak{n}^2} \cdot \frac{q}{p\sin\varphi}$$
となるのである．

208.
こうして $\mathfrak{A}$ と $\mathfrak{a}$ が見つかったが，そのとき
$$\frac{M-(\mathfrak{A}+\mathfrak{a}z)Z}{pp-2pqz\cos\varphi+qqzz}$$
は整関数になる．これを P と等置しよう．すると，
$$P - \mathfrak{B}Z - \mathfrak{b}zZ$$
は $pp-2pqz\cos\varphi+qqzz$ で割り切れることなる．この式は先ほどの式と類似の形であり，
$$z^n = \frac{p^n}{q^n}\cos n\varphi \quad \text{と置けば，} \quad P = \mathfrak{R}$$
となり，
$$z^n = \frac{p^n}{q^n}\sin n\varphi \quad \text{と置けば，} \quad P = \mathfrak{r}$$
となるから，
$$\mathfrak{B} = \frac{\mathfrak{R}\mathfrak{R}+\mathfrak{r}\mathfrak{n}}{\mathfrak{N}^2+\mathfrak{n}^2} + \frac{\mathfrak{R}\mathfrak{n}-\mathfrak{r}\mathfrak{R}}{\mathfrak{N}^2+\mathfrak{n}^2} \cdot \frac{\cos\varphi}{\sin\varphi},$$
$$\mathfrak{b} = \frac{-\mathfrak{R}\mathfrak{n}+\mathfrak{r}\mathfrak{R}}{\mathfrak{N}^2+\mathfrak{n}^2} \cdot \frac{q}{p\sin\varphi}$$
というふうになる．

209.
このような手続きを踏むと，提示された関数 $\frac{M}{N}$ の分母が因子
$$\left(pp-2pqz\cos\varphi+qqzz\right)^k$$
をもつとき，分解を遂行するべき手順について，一般的に結論を下すことが可能になる．

実際，
$$N = \left(pp-2pqz\cos\varphi+qqzz\right)^k Z$$
として，分数関数

第12章　分数関数の実部分分数展開

$$\frac{M}{\left(pp-2pqz\cos\varphi+qqzz\right)^k Z}$$

を［部分分数に］分解することを考えてみよう．分母の因子

$$\left(pp-2pqz\cos\varphi+qqzz\right)^k$$

は部分分数

$$\frac{\mathfrak{A}+\mathfrak{a}z}{\left(pp-2pqz\cos\varphi+qqzz\right)^k}+\frac{\mathfrak{B}+\mathfrak{b}z}{\left(pp-2pqz\cos\varphi+qqzz\right)^{k-1}}$$
$$+\frac{\mathfrak{C}+\mathfrak{c}z}{\left(pp-2pqz\cos\varphi+qqzz\right)^{k-2}}+\frac{\mathfrak{D}+\mathfrak{d}z}{\left(pp-2pqz\cos\varphi+qqzz\right)^{k-3}}+\cdots$$

を与える．さて，

$$z^n=\frac{p^n}{q^n}\cos n\varphi \quad \text{と置けば，} \quad M=\mathfrak{M} \quad \text{および} \quad Z=\mathfrak{N}$$

となり，

$$z^n=\frac{p^n}{q^n}\sin n\varphi \quad \text{と置けば，} \quad M=\mathfrak{m} \quad \text{および} \quad Z=\mathfrak{n}$$

となる．このとき，

$$\mathfrak{A}=\frac{\mathfrak{M}\mathfrak{N}+\mathfrak{m}\mathfrak{n}}{\mathfrak{N}^2+\mathfrak{n}^2}+\frac{\mathfrak{M}\mathfrak{n}-\mathfrak{m}\mathfrak{N}}{\mathfrak{N}^2+\mathfrak{n}^2}\cdot\frac{\cos\varphi}{\sin\varphi},$$

$$\mathfrak{a}=\frac{-\mathfrak{M}\mathfrak{n}+\mathfrak{m}\mathfrak{N}}{\mathfrak{N}^2+\mathfrak{n}^2}\cdot\frac{q}{p\sin\varphi}$$

となる．

次に，

$$\frac{M-(\mathfrak{A}+\mathfrak{a}z)Z}{pp-2pqz\cos\varphi+qqzz}=P$$

と置こう．すると，

$$z^n=\frac{p^n}{q^n}\cos n\varphi \quad \text{と置けば，} \quad P=\mathfrak{P}$$

となり，

$$z^n=\frac{p^n}{q^n}\sin n\varphi \quad \text{と置けば，} \quad P=\mathfrak{p}$$

となる．よって，

$$\mathfrak{B}=\frac{\mathfrak{P}\mathfrak{N}+\mathfrak{p}\mathfrak{n}}{\mathfrak{N}^2+\mathfrak{n}^2}+\frac{\mathfrak{P}\mathfrak{n}-\mathfrak{p}\mathfrak{N}}{\mathfrak{N}^2+\mathfrak{n}^2}\cdot\frac{\cos\varphi}{\sin\varphi},$$

$$\mathfrak{b}=\frac{-\mathfrak{P}\mathfrak{n}+\mathfrak{p}\mathfrak{N}}{\mathfrak{N}^2+\mathfrak{n}^2}\cdot\frac{q}{p\sin\varphi}$$

となる．

今度は

と置こう．すると，
$$\frac{P-(\mathfrak{B}+\mathfrak{b} z)Z}{pp-2pqz\cos\varphi+qqzz}=Q$$
となり，
$$z^n = \frac{p^n}{q^n}\cos n\varphi \quad \text{と置けば，} \quad Q=\mathfrak{Q}$$
となる．よって，
$$z^n = \frac{p^n}{q^n}\sin n\varphi \quad \text{と置けば，} \quad Q=\mathfrak{q}$$

$$\mathfrak{C} = \frac{\mathfrak{Q}\mathfrak{N}+\mathfrak{q}\mathfrak{n}}{\mathfrak{N}^2+\mathfrak{n}^2} + \frac{\mathfrak{Q}\mathfrak{n}-\mathfrak{q}\mathfrak{N}}{\mathfrak{N}^2+\mathfrak{n}^2}\cdot\frac{\cos\varphi}{\sin\varphi},$$
$$\mathfrak{c} = \frac{-\mathfrak{Q}\mathfrak{n}+\mathfrak{q}\mathfrak{N}}{\mathfrak{N}^2+\mathfrak{n}^2}\cdot\frac{q}{p\sin\varphi}$$

となる．さらに
$$\frac{Q-(\mathfrak{C}+\mathfrak{c} z)Z}{pp-2pqz\cos\varphi+qqzz}=R$$
と置こう．すると，
$$z^n = \frac{p^n}{q^n}\cos n\varphi \quad \text{と置けば，} \quad R=\mathfrak{R}$$
となり，
$$z^n = \frac{p^n}{q^n}\sin n\varphi \quad \text{と置けば，} \quad R=\mathfrak{r}$$
となる．よって，
$$\mathfrak{D} = \frac{\mathfrak{R}\mathfrak{N}+\mathfrak{r}\mathfrak{n}}{\mathfrak{N}^2+\mathfrak{n}^2} + \frac{\mathfrak{R}\mathfrak{n}-\mathfrak{r}\mathfrak{N}}{\mathfrak{N}^2+\mathfrak{n}^2}\cdot\frac{\cos\varphi}{\sin\varphi},$$
$$\mathfrak{d} = \frac{-\mathfrak{R}\mathfrak{n}+\mathfrak{r}\mathfrak{N}}{\mathfrak{N}^2+\mathfrak{n}^2}\cdot\frac{q}{p\sin\varphi}$$
となる．

こんなふうにして，分母 $pp-2pqz\cos\varphi+qqzz$ をもつ最後の分数の分子が定量になる段階に至るまで歩を進めていかなければならない．

例

分数関数
$$\frac{z-z^3}{(1+zz)^4(1+z^4)}$$
が提示されたとしよう．この関数の分母の因子 $(1+zz)^4$ から，
$$\frac{\mathfrak{A}+\mathfrak{a} z}{(1+zz)^4}+\frac{\mathfrak{B}+\mathfrak{b} z}{(1+zz)^3}+\frac{\mathfrak{C}+\mathfrak{c} z}{(1+zz)^2}+\frac{\mathfrak{D}+\mathfrak{d} z}{1+zz}$$
という部分分数が生じる．

第12章 分数関数の実部分分数展開

そこで比較を行なうと，
$$p = 1, \quad q = 1, \quad \cos\varphi = 0.$$
したがって
$$\varphi = \frac{\pi}{2}$$
となる．さらに，
$$M = z - z^3, \quad Z = 1 + z^4.$$
よって，
$$\mathfrak{M} = 0, \quad \mathfrak{m} = 2, \quad \mathfrak{N} = 2, \quad \mathfrak{n} = 0, \quad \sin\varphi = 1$$
となる．これより，
$$\mathfrak{A} = -\frac{4}{4} \cdot 0 = 0, \quad \mathfrak{a} = 1$$
となることが明らかになる．よって，
$$\mathfrak{A} + \mathfrak{a}z = z.$$
よって，
$$P = \frac{z - z^3 - z - z^5}{1 + zz} = -z^3.$$
また，
$$\mathfrak{P} = 0, \quad \mathfrak{p} = 1.$$
これより，
$$\mathfrak{B} = 0 \quad \text{および} \quad \mathfrak{b} = \frac{1}{2}$$
となることがわかる．よって，
$$\mathfrak{B} + \mathfrak{b}z = \frac{1}{2}z.$$
また，
$$Q = \frac{-z^3 - \frac{1}{2}z - \frac{1}{2}z^5}{1 + zz} = -\frac{1}{2}z - \frac{1}{2}z^3.$$
これより，
$$\mathfrak{Q} = 0, \quad \mathfrak{q} = 0.$$
したがって，
$$\mathfrak{C} = 0, \quad \mathfrak{c} = 0.$$
よって，
$$R = \frac{-\frac{1}{2}z - \frac{1}{2}z^3}{1 + zz} = -\frac{1}{2}z.$$
したがって，
$$\mathfrak{R} = 0, \quad \mathfrak{r} = -\frac{1}{2}.$$

これより，
$$\mathfrak{D} = 0, \quad \mathfrak{d} = -\frac{1}{4}$$
となる．こうして，求める分数は
$$\frac{z}{(1+zz)^4} + \frac{z}{2(1+zz)^3} - \frac{z}{4(1+zz)}$$
というふうになる．残る分数の分子は，
$$S = \frac{R - (\mathfrak{D} + \mathfrak{d}z)Z}{1+zz} = -\frac{1}{4}z + \frac{1}{4}z^3$$
である．よって，その分数は
$$\frac{-z + z^3}{4(1+z^4)}$$
である．

210. この方法により同時に，補完分数，すなわち，みいだされた分数と併せて提示された分数を構成するという性質を備えた分数も判明する．もう少し詳しく言うと，分数
$$\frac{M}{(pp - 2pqz\cos\varphi + qqzz)^k Z}$$
の，因子 $(pp - 2pqz\cos\varphi + qqzz)^k$ から生じる部分分数がすべて見つかったとして，関数 P, Q, R, S, T の値が作られたとしてみよう．この文字の系列がなお続いていくのであれば，分子を見つけるのに必要な関数のうち，最後に登場する関数のその次にくる関数が，分母 Z をもつ剰余分数の分子になるのである．つまり，もし $k = 1$ なら，剰余分数は $\frac{P}{Z}$ である．もし $k = 2$ なら，剰余分数は $\frac{Q}{Z}$ である．もし $k = 3$ なら，剰余分数は $\frac{R}{Z}$ である．以下も同様に続いていく．この，分母 Z をもつ剰余分数がみいだされたなら，それはそれ自身，指定された規則にしたがってさらに［部分分数への］分解が進んでいく．

註記
1) ド・モアブルの公式．

第13章　回帰級数

211. 私はここで，分数関数の割り算を実際に遂行して展開すると生じるタイプのあらゆる級数に立ち返りたいと思う．それは，ド・モアブルが常々**回帰的**と呼んでいた種類の級数のことである．実際，以前［第４章］すでに明るみに出されたように，この種の級数には，どの項も，それに先行するいくつかの項を元にしてある一定の規則，すなわち分数関数の分母に依拠するある規則により定められるという性質が備わっている．ところで我々は先ほど，任意の分数関数を，他のいくつかの単純な形の分数に分解する方法を示した．そこから明らかになるように，回帰級数もまた，他のいくつかの単純な形の回帰級数に分解される．そこでこの章では，ある次数の回帰級数を，いくつかのいっそう簡単な形の回帰級数に分解する手順の解明をめざしたいと思う．

212. 真分数関数

$$\frac{a + bz + czz + dz^3 + \cdots}{1 - \alpha z - \beta zz - \gamma z^3 - \delta z^4 - \cdots}$$

が提示されたとしよう．割り算を実行して，これを回帰級数

$$A + Bz + Cz^2 + Dz^3 + Ez^4 + Fz^5 + \cdots$$

に展開しよう．この級数の係数が配列されていく様式については，すでに明示された通りである．ところで上記の分数関数を単純分数に分解して，そのうえでさらに各々の単純分数を回帰級数に展開したとしよう．そのとき明らかに，部分分数から生じる回帰級数の総和は，元の回帰級数

$$A + Bz + Cz^2 + Dz^3 + Ez^4 + Fz^5 + \cdots$$

に等しくなるはずである．それゆえ部分分数［すなわち，元の分数の一部分にあたる分数］は部分級数［すなわち，元の級数の一部分を占める級数］を与えることになるが，部分分数の性質は，その単純さの故にたやすく見て取れるのである．部分分数の見つけ方は既述のとおりである．すべての部分分数を併せて取り上げると，初めに提

示された回帰級数が作られる．このような事情のために，元の回帰級数の性質はいっそう深く認識されるようになるのである．

213. 個々の部分分数から生じる回帰級数を
$$a + bz + czz + dz^3 + ez^4 + \cdots,$$
$$a' + b'z + c'zz + d'z^3 + e'z^4 + \cdots,$$
$$a'' + b''z + c''zz + d''z^3 + e''z^4 + \cdots,$$
$$a''' + b'''z + c'''zz + d'''z^3 + e'''z^4 + \cdots,$$
$$\cdots\cdots\cdots\cdots$$
としよう．これらの級数を併せると，元の級数
$$A + Bz + Cz^2 + Dz^3 + \cdots$$
に等しい級数が作られるはずであるから，必然的に
$$A = a + a' + a'' + a''' + \cdots,$$
$$B = b + b' + b'' + b''' + \cdots,$$
$$C = c + c' + c'' + c''' + \cdots,$$
$$D = d + d' + d'' + d''' + \cdots,$$
$$\cdots\cdots\cdots$$
となる．それゆえ，もし部分分数から生じる個々の級数の冪 z^n の係数を定めることができたなら，そのときそれらの総和は，回帰級数 $A + Bz + Cz^2 + Dz^3 + Ez^4 + Fz^5 + \cdots$ における冪 z^n の係数を与えることになるのである．

214. ここでひとつの疑問が起こるかもしれない．それは，ふたつの級数が互いに等しいとして，
$$A + Bz + Cz^2 + Dz^3 + \cdots = \mathfrak{A} + \mathfrak{B}z + \mathfrak{C}z^2 + \mathfrak{D}z^3 + \cdots$$
となるとするとき，ここから必然的に z の同一の冪の係数は相互に等しいという事実が導き出されるのだろうか，言い換えると $A = \mathfrak{A}, B = \mathfrak{B}, C = \mathfrak{C}, D = \mathfrak{D}$ となるのだろうかという疑問である．だが，上記の等式は変化量 z がどんな値を取っても成立しなければならないのである．この一点に思いをはせれば，この疑いは簡単に除去される．$z = 0$ と置けば，$A = \mathfrak{A}$ となるのは明らかである．この等しい項を両辺から差し引いて，残る方程式を z で割れば，方程式
$$B + Cz + Dz^2 + \cdots = \mathfrak{B} + \mathfrak{C}z + \mathfrak{D}z^2 + \cdots$$
が得られる．これより $B = \mathfrak{B}$ が出る．同様にして $C = \mathfrak{C}, D = \mathfrak{D}$ が示される．これ以

第13章　回帰級数

降も同様にしてどこまでも限りなく続いていく．

215.　そこで，提示された分数の部分分数分解を与える各々の部分分数から生じる級数を考察しよう．まず初めに，分数

$$\frac{\mathfrak{A}}{1-pz}$$

が級数

$$\mathfrak{A}+\mathfrak{A}pz+\mathfrak{A}p^2z^2+\mathfrak{A}p^3z^3+\cdots$$

を与えるのは明白である．この級数の一般項は

$$\mathfrak{A}p^n z^n$$

である．この表示式は**一般項**という名で呼ばれる習わしになっている．そのわけは，nに次々とあらゆる数値を代入していくことにより，この表示式から級数のすべての項が生じるからである．次に，分数

$$\frac{\mathfrak{A}}{(1-pz)^2}$$

から級数

$$\mathfrak{A}+2\mathfrak{A}pz+3\mathfrak{A}p^2z^2+4\mathfrak{A}p^3z^3+\cdots$$

が生じる．この級数の一般項は

$$(n+1)\mathfrak{A}p^n z^n$$

である．次いで，分数

$$\frac{\mathfrak{A}}{(1-pz)^3}$$

から，級数

$$\mathfrak{A}+3\mathfrak{A}pz+6\mathfrak{A}p^2z^2+10\mathfrak{A}p^3z^3+\cdots$$

が生じる．この級数の一般項は

$$\frac{(n+1)(n+2)}{1\cdot 2}\mathfrak{A}p^n z^n$$

である．一般に，分数

$$\frac{\mathfrak{A}}{(1-pz)^k}$$

は級数

$$\mathfrak{A}+k\mathfrak{A}pz+\frac{k(k+1)}{1\cdot 2}\mathfrak{A}p^2z^2+\frac{k(k+1)(k+2)}{1\cdot 2\cdot 3}\mathfrak{A}p^3z^3+\cdots$$

を与える．この級数の一般項は

$$\frac{(n+1)(n+2)(n+3)\cdots(n+k-1)}{1\cdot 2\cdot 3\cdots(k-1)}\mathfrak{A}p^n z^n$$

である．ところで級数が進行していく状勢それ自体の観察の中から帰結するように，この一般項は

$$\frac{k(k+1)(k+2)\cdots(k+n-1)}{1\cdot 2\cdot 3\cdots n}\mathfrak{A}p^n z^n$$

に等しい．この表示式は先ほどの表示式と等しい．これは交叉積を作れば明らかになる事柄である．実際，そのようにすると式

$$1\cdot 2\cdot 3\cdots n(n+1)\cdots(n+k-1)=1\cdot 2\cdot 3\cdots(k-1)k\cdots(k+n-1)$$

が得られるが，これは恒等式である．

216. このように手順を進めて分数関数を部分分数に分解し，$\dfrac{\mathfrak{A}}{(1-pz)^k}$ という形のいくつかの部分分数に到達したなら，提示された分数関数から生じる回帰級数

$$A+Bz+Cz^2+Dz^3+\cdots$$

の一般項が指定される．というのは，その一般項は，各々の部分分数から生じる級数の一般項の総和になるからである．

例1

分数関数

$$\frac{1-z}{1-z-2zz}$$

から生じる回帰級数の一般項を求めてみよう．

この分数から生じる級数は

$$1+0z+2zz+2z^3+6z^4+10z^5+22z^6+42z^7+86z^8+\cdots$$

である．一般の冪 z^n の係数を見つけるために，分数 $\dfrac{1-z}{1-z-2zz}$ を

$$\frac{\frac{2}{3}}{1+z}+\frac{\frac{1}{3}}{1-2z}$$

と分解しよう．これより，求める一般項

$$\left(\frac{2}{3}(-1)^n+\frac{1}{3}\cdot 2^n\right)z^n=\frac{2^n\pm 2}{3}z^n$$

が生じる．ここで n が偶数なら符号＋が成立し，n が奇数なら符号－が成立する．

例2

分数関数

$$\frac{1-z}{1-5z+6zz}$$

第13章　回帰級数

から生じる回帰級数，すなわち級数
$$1 + 4z + 14z^2 + 46z^3 + 146z^4 + 454z^5 + \cdots$$
の一般項を見つけよう．

［提示された分数関数の］分母は $(1-2z)(1-3z)$ に等しいから，［提示された］分数関数は
$$\frac{-1}{1-2z} + \frac{2}{1-3z}$$
と分解される．これより一般項は
$$2 \cdot 3^n z^n - 2^n z^n = (2 \cdot 3^n - 2^n) z^n$$
となる．

例 3

分数
$$\frac{1+2z}{1-z-zz}$$
を展開して生じる級数
$$1 + 3z + 4z^2 + 7z^3 + 11z^4 + 18z^5 + 29z^6 + 47z^7 + \cdots$$
の一般項を見つけよう．

分母の因子は
$$1 - \frac{1+\sqrt{5}}{2}z \quad \text{と} \quad 1 - \frac{1-\sqrt{5}}{2}z$$
であるから，［提示された分数関数を部分分数に］分解すると，
$$\frac{\frac{1+\sqrt{5}}{2}}{1-\frac{1+\sqrt{5}}{2}z} + \frac{\frac{1-\sqrt{5}}{2}}{1-\frac{1-\sqrt{5}}{2}z}$$
が与えられる．これより，一般項は
$$\left(\frac{1+\sqrt{5}}{2}\right)^{n+1} z^n + \left(\frac{1-\sqrt{5}}{2}\right)^{n+1} z^n$$
となる．

例 4

分数関数
$$\frac{a+bz}{1-\alpha z - \beta zz}$$
を展開して生じる級数
$$a + (\alpha a + b)z + (\alpha^2 a + \alpha b + \beta a)z^2 + (\alpha^3 a + \alpha^2 b + 2\alpha\beta a + \beta b)z^3 + \cdots$$

の一般項を見つけよう．

［提示された分数関数を部分分数に］分解すると，ふたつの分数

$$\frac{\left(a\left(\sqrt{\alpha\alpha+4\beta}+\alpha\right)+2b\right):2\sqrt{\alpha\alpha+4\beta}}{1-\dfrac{\alpha+\sqrt{\alpha\alpha+4\beta}}{2}z}+\frac{\left(a\left(\sqrt{\alpha\alpha+4\beta}-\alpha\right)-2b\right):2\sqrt{\alpha\alpha+4\beta}}{1-\dfrac{\alpha-\sqrt{\alpha\alpha+4\beta}}{2}z}$$

が生じる．よって，一般項は

$$\frac{a\left(\sqrt{\alpha\alpha+4\beta}+\alpha\right)+2b}{2\sqrt{\alpha\alpha+4\beta}}\left(\frac{\alpha+\sqrt{\alpha\alpha+4\beta}}{2}\right)^n z^n$$

$$+\frac{a\left(\sqrt{\alpha\alpha+4\beta}-\alpha\right)-2b}{2\sqrt{\alpha\alpha+4\beta}}\left(\frac{\alpha-\sqrt{\alpha\alpha+4\beta}}{2}\right)^n z^n$$

となる．これより，各項が先行する二項により定められるという性質を備えているあらゆる回帰級数の一般項を，迅速に確定していくことが可能になる．

例 5

分数関数

$$\frac{1}{1-z-zz+z^3}=\frac{1}{(1-z)^2(1+z)}$$

から生じる級数

$$1+z+2z^2+2z^3+3z^4+3z^5+4z^6+4z^7+\cdots$$

の一般項を見つけよう．

［この級数の］進行規則は一瞥すると明らかで，説明を要しないであろう．［部分分数への］分解によって生じる分数

$$\frac{\frac{1}{2}}{(1-z)^2}+\frac{\frac{1}{4}}{1-z}+\frac{\frac{1}{4}}{1+z}$$

は一般項

$$\frac{1}{2}(n+1)z^n+\frac{1}{4}z^n+\frac{1}{4}(-1)^n z^n=\frac{2n+3\pm 1}{4}z^n$$

を与える．ここで，もし n が偶数なら上側の符号が成立し，もし n が奇数なら，下側の符号が成立する．

217. このようにしてあらゆる回帰級数の一般項を明示することができる．というのは，分数関数はどれも，上記のような単純部分分数に分解されていくからであ

る．もし虚の式を避けたいのであれば，しばしば次のような形の部分分数に逢着する．

$$\frac{\mathfrak{A}+\mathfrak{B}pz}{1-2pz\cos\varphi+ppzz},\ \frac{\mathfrak{A}+\mathfrak{B}pz}{\left(1-2pz\cos\varphi+ppzz\right)^2},\ \cdots,\ \frac{\mathfrak{A}+\mathfrak{B}pz}{\left(1-2pz\cos\varphi+ppzz\right)^k}$$

これらの分数を展開するとどのような種類の級数が生じるのか，という状勢を観察しなければならない．まず初めに，

$$\cos n\varphi = 2\cos\varphi\cos(n-1)\varphi - \cos(n-2)\varphi$$

であるから，分数

$$\frac{\mathfrak{A}}{1-2pz\cos\varphi+ppzz}$$

を展開すると，

$$\mathfrak{A}+2\mathfrak{A}pz\cos\varphi+2\mathfrak{A}ppzz\cos 2\varphi+2\mathfrak{A}p^3z^3\cos 3\varphi+2\mathfrak{A}p^4z^4\cos 4\varphi+\cdots$$
$$+\mathfrak{A}ppzz\qquad\qquad+2\mathfrak{A}p^3z^3\cos\varphi\ \ +2\mathfrak{A}p^4z^4\cos 2\varphi+\cdots$$
$$+\mathfrak{A}p^4z^4\qquad\qquad+\cdots$$
$$\cdots\cdots\cdots\cdots\cdots\cdots\cdots\cdots$$

が与えられる［§61］．この級数の一般項は簡単にはわからない．

218.
そこで目的地に到達するために，ふたつの級数

$$Ppz\sin\varphi + Pp^2z^2\sin 2\varphi + Pp^3z^3\sin 3\varphi + Pp^4z^4\sin 4\varphi + \cdots,$$
$$Q + Qpz\cos\varphi + Qp^2z^2\cos 2\varphi + Qp^3z^3\cos 3\varphi + Qp^4z^4\cos 4\varphi + \cdots$$

を考察しよう．これらの二級数はどのみち，分母が

$$1-2pz\cos\varphi+ppzz$$

の分数の級数から生じるのである．実際，前者の級数は分数

$$\frac{Ppz\sin\varphi}{1-2pz\cos\varphi+ppzz}$$

から生じ，後者の級数は分数

$$\frac{Q-Qpz\cos\varphi}{1-2pz\cos\varphi+ppzz}$$

から生じる．これらの二分数を加えて作られる和

$$\frac{Q+Ppz\sin\varphi-Qpz\cos\varphi}{1-2pz\cos\varphi+ppzz}$$

は，その一般項が

$$\left(P\sin n\varphi+Q\cos n\varphi\right)p^n z^n$$

となる級数を与える．この分数を，提示された分数

$$\frac{\mathfrak{A}+\mathfrak{B}pz}{1-2pz\cos\varphi+ppzz}$$

と等置すると，
$$Q = \mathfrak{A} \quad \text{および} \quad P = \mathfrak{A} \cot \varphi + \mathfrak{B} \operatorname{cosec} \varphi$$
となる．それゆえ分数
$$\frac{\mathfrak{A} + \mathfrak{B} p z}{1 - 2 p z \cos \varphi + p p z z}$$
から生じる級数の一般項は，
$$\frac{\mathfrak{A} \cos \varphi \sin n \varphi + \mathfrak{B} \sin n \varphi + \mathfrak{A} \sin \varphi \cos n \varphi}{\sin \varphi} p^n z^n = \frac{\mathfrak{A} \sin (n+1) \varphi + \mathfrak{B} \sin n \varphi}{\sin \varphi} p^n z^n$$
となる．

219. 分数の分母が
$$\left(1 - 2 p z \cos \varphi + p p z z\right)^k$$
という形の冪の場合に一般項を見つけるためには，その分数を，虚の分数でもよいからふたつの分数に分解して，
$$\frac{a}{\left(1 - \left(\cos \varphi + \sqrt{-1} \sin \varphi\right) p z\right)^k} + \frac{b}{\left(1 - \left(\cos \varphi - \sqrt{-1} \sin \varphi\right) p z\right)^k}$$
というふうにするとよい．これらの二分数をいっしょに取り上げて生じる級数の一般項は，
$$\frac{(n+1)(n+2)(n+3) \cdots (n+k-1)}{1 \cdot 2 \cdot 3 \cdots (k-1)} \left(\cos n \varphi + \sqrt{-1} \sin n \varphi\right) a p^n z^n$$
$$+ \frac{(n+1)(n+2)(n+3) \cdots (n+k-1)}{1 \cdot 2 \cdot 3 \cdots (k-1)} \left(\cos n \varphi - \sqrt{-1} \sin n \varphi\right) b p^n z^n$$
である．そこで，
$$a + b = f, \ a - b = \frac{g}{\sqrt{-1}}$$
と置くと，
$$a = \frac{f \sqrt{-1} + g}{2 \sqrt{-1}}, \ b = \frac{f \sqrt{-1} - g}{2 \sqrt{-1}}$$
となる．そうして式
$$\frac{(n+1)(n+2)(n+3) \cdots (n+k-1)}{1 \cdot 2 \cdot 3 \cdots (k-1)} \left(f \cos n \varphi + g \sin n \varphi\right) p^n z^n$$
は，［ふたつの］分数
$$\frac{\dfrac{1}{2} f + \dfrac{1}{2 \sqrt{-1}} g}{\left(1 - \left(\cos \varphi + \sqrt{-1} \sin \varphi\right) p z\right)^k} + \frac{\dfrac{1}{2} f - \dfrac{1}{2 \sqrt{-1}} g}{\left(1 - \left(\cos \varphi - \sqrt{-1} \sin \varphi\right) p z\right)^k}$$

第13章　回帰級数

から生じる級数，すなわちひとつの分数

$$\frac{\left\{\begin{array}{l}f - k\,f\,p\,z\cos\varphi + \dfrac{k(k-1)}{1\cdot 2}f\,p^2 z^2 \cos 2\varphi - \dfrac{k(k-1)(k-2)}{1\cdot 2\cdot 3}f\,p^3 z^3 \cos 3\varphi + \cdots \\ + k\,g\,p\,z\sin\varphi - \dfrac{k(k-1)}{1\cdot 2}g\,p^2 z^2 \sin 2\varphi + \dfrac{k(k-1)(k-2)}{1\cdot 2\cdot 3}g\,p^3 z^3 \sin 3\varphi - \cdots\end{array}\right\}}{\left(1 - 2\,p\,z\cos\varphi + p\,p\,z\,z\right)^k}$$

の一般項である．

220.
$k = 2$ と置くと，分数

$$\frac{f - 2\,p\,z\bigl(f\cos\varphi - g\sin\varphi\bigr) + p\,p\,z\,z\bigl(f\cos 2\varphi - g\sin 2\varphi\bigr)}{\left(1 - 2\,p\,z\cos\varphi + p\,p\,z\,z\right)^2}$$

から生じる級数の一般項は

$$(n+1)\bigl(f\cos n\varphi + g\sin n\varphi\bigr) p^n z^n$$

となる．他方，分数

$$\frac{a}{1 - 2\,p\,z\cos\varphi + p\,p\,z\,z}$$

すなわち分数

$$\frac{a - 2\,a\,p\,z\cos\varphi + a\,p\,p\,z\,z}{\left(1 - 2\,p\,z\cos\varphi + p\,p\,z\,z\right)^2}$$

から生じる級数の一般項は

$$\frac{a\sin(n+1)\varphi}{\sin\varphi} p^n z^n$$

となる［§218］．これら［ふたつの］分数を相互に加えよう．そうして

$$a + f = \mathfrak{A},$$
$$2a\cos\varphi + 2f\cos\varphi - 2g\sin\varphi = -\mathfrak{B},$$
$$a + f\cos 2\varphi - g\sin 2\varphi = 0$$

と置くと，

$$g = \frac{\mathfrak{B} + 2\mathfrak{A}\cos\varphi}{2\sin\varphi},$$
$$a = \frac{\mathfrak{A} + \mathfrak{B}\cos\varphi}{1 - \cos 2\varphi} = \frac{\mathfrak{A} + \mathfrak{B}\cos\varphi}{2(\sin\varphi)^2},$$
$$f = \frac{-\mathfrak{A}\cos 2\varphi - \mathfrak{B}\cos\varphi}{2(\sin\varphi)^2}$$

となる．また，
$$g = \frac{\mathfrak{B}\sin\varphi + \mathfrak{A}\sin 2\varphi}{2(\sin\varphi)^2}.$$

こうして分数
$$\frac{\mathfrak{A} + \mathfrak{B}pz}{\left(1 - 2pz\cos\varphi + ppzz\right)^2}$$
から生じる級数の一般項は，

$$\frac{\mathfrak{A} + \mathfrak{B}\cos\varphi}{2(\sin\varphi)^3}\sin(n+1)\varphi \cdot p^n z^n$$

$$+ (n+1)\frac{\left(\mathfrak{B}\sin\varphi\sin n\varphi + \mathfrak{A}\sin 2\varphi\sin n\varphi - \mathfrak{B}\cos\varphi\cos n\varphi - \mathfrak{A}\cos 2\varphi\cos n\varphi\right)}{2(\sin\varphi)^2} p^n z^n$$

$$= -\frac{(n+1)\left(\mathfrak{A}\cos(n+2)\varphi + \mathfrak{B}\cos(n+1)\varphi\right)}{2(\sin\varphi)^2} p^n z^n + \frac{\left(\mathfrak{A} + \mathfrak{B}\cos\varphi\right)\sin(n+1)\varphi}{2(\sin\varphi)^3} p^n z^n$$

$$= \frac{\frac{1}{2}(n+3)\sin(n+1)\varphi - \frac{1}{2}(n+1)\sin(n+3)\varphi}{2(\sin\varphi)^3} \mathfrak{A} p^n z^n$$

$$+ \frac{\frac{1}{2}(n+2)\sin n\varphi - \frac{1}{2}n\sin(n+2)\varphi}{2(\sin\varphi)^3} \mathfrak{B} p^n z^n$$

となる．それゆえ分数
$$\frac{\mathfrak{A} + \mathfrak{B}pz}{\left(1 - 2pz\cos\varphi + ppzz\right)^2}$$
から生じる級数の，求める一般項は
$$\frac{(n+3)\sin(n+1)\varphi - (n+1)\sin(n+3)\varphi}{4(\sin\varphi)^3}\mathfrak{A}p^n z^n + \frac{(n+2)\sin n\varphi - n\sin(n+2)\varphi}{4(\sin\varphi)^3}\mathfrak{B}p^n z^n$$
に等しい．

221. $k = 3$ とすると，分数
$$\frac{f - 3pz(f\cos\varphi - g\sin\varphi) + 3ppzz(f\cos 2\varphi - g\sin 2\varphi) - p^3 z^3(f\cos 3\varphi - g\sin 3\varphi)}{\left(1 - 2pz\cos\varphi + ppzz\right)^3}$$
から生じる級数の一般項は，

第13章 回帰級数

$$\frac{(n+1)(n+2)}{1 \cdot 2}\left(f \cos n\varphi + g \sin n\varphi\right) p^n z^n$$

に等しい．次に，分数

$$\frac{a+bpz}{\left(1-2pz\cos\varphi+ppzz\right)^2}$$

すなわち分数

$$\frac{a-(2a\cos\varphi-b)pz+(a-2b\cos\varphi)ppzz+bp^3z^3}{\left(1-2pz\cos\varphi+ppzz\right)^3}$$

から生じる級数の一般項は，

$$\frac{(n+3)\sin(n+1)\varphi-(n+1)\sin(n+3)\varphi}{4(\sin\varphi)^3}ap^nz^n + \frac{(n+2)\sin n\varphi-n\sin(n+2)\varphi}{4(\sin\varphi)^3}bp^nz^n$$

となる．これらの分数を加えて，分子を $\mathfrak{A}$ と等置すると，

$$a+f=\mathfrak{A},$$

$$3f\cos\varphi-3g\sin\varphi+2a\cos\varphi-b=0,$$

$$3f\cos 2\varphi-3g\sin 2\varphi+a-2b\cos\varphi=0,$$

$$b=f\cos 3\varphi-g\sin 3\varphi$$

となる．これより，

$$a=\frac{f\cos 3\varphi-g\sin 3\varphi-3f\cos\varphi+3g\sin\varphi}{2\cos\varphi}$$
$$=2g(\sin\varphi)^2\tang\varphi-f-2f(\sin\varphi)^2.$$

次に，

$$\frac{f}{g}=\frac{\sin 5\varphi-2\sin 3\varphi+\sin\varphi}{\cos 5\varphi-2\cos 3\varphi+\cos\varphi},$$

$$a+f=\mathfrak{A}=2g(\sin\varphi)^2\tang\varphi-2f(\sin\varphi)^2$$

となることがわかる．よって，

$$\frac{\mathfrak{A}}{2(\sin\varphi)^2}=\frac{g\sin\varphi-f\cos\varphi}{\cos\varphi}.$$

これより，結局，

$$f=\frac{\mathfrak{A}(\sin\varphi-2\sin 3\varphi+\sin 5\varphi)}{16(\sin\varphi)^5},$$

$$g=\frac{\mathfrak{A}(\cos\varphi-2\cos 3\varphi+\cos 5\varphi)}{16(\sin\varphi)^5}$$

が生じる．そうして

$$16(\sin\varphi)^5=\sin 5\varphi-5\sin 3\varphi+10\sin\varphi$$

であるから，

$$a = \frac{\mathfrak{A}\left(9\sin\varphi - 3\sin 3\varphi\right)}{16\left(\sin\varphi\right)^5},$$

$$b = \frac{\mathfrak{A}\left(-\sin 2\varphi + \sin 2\varphi\right)}{16\left(\sin\varphi\right)^5} = 0$$

となる．ところが，

$$3\sin\varphi - \sin 3\varphi = 4\left(\sin\varphi\right)^3.$$

よって，

$$a = \frac{3\mathfrak{A}}{4\left(\sin\varphi\right)^2}.$$

したがって，［求める］一般項は

$$\frac{(n+1)(n+2)}{1\cdot 2}\mathfrak{A}\,p^n z^n \frac{\sin(n+1)\varphi - 2\sin(n+3)\varphi + \sin(n+5)\varphi}{16\left(\sin\varphi\right)^5}$$

$$+ 3\mathfrak{A}\,p^n z^n \frac{(n+3)\sin(n+1)\varphi - (n+1)\sin(n+3)\varphi}{16\left(\sin\varphi\right)^5}$$

$$= \frac{\mathfrak{A}\,p^n z^n}{16\left(\sin\varphi\right)^5}\left\{\begin{array}{c}\dfrac{(n+4)(n+5)}{1\cdot 2}\sin(n+1)\varphi - \dfrac{2(n+1)(n+5)}{1\cdot 2}\sin(n+3)\varphi \\ + \dfrac{(n+1)(n+2)}{1\cdot 2}\sin(n+5)\varphi\end{array}\right\}$$

という形になる．

222. それゆえ分数

$$\frac{\mathfrak{A} + \mathfrak{B}\,pz}{\left(1 - 2pz\cos\varphi + ppzz\right)^3}$$

から生じる級数の一般項は，

$$\frac{\mathfrak{A}\,p^n z^n}{16\left(\sin\varphi\right)^5}\left\{\begin{array}{c}\dfrac{(n+5)(n+4)}{1\cdot 2}\sin(n+1)\varphi - \dfrac{2(n+1)(n+5)}{1\cdot 2}\sin(n+3)\varphi \\ + \dfrac{(n+1)(n+2)}{1\cdot 2}\sin(n+5)\varphi\end{array}\right\}$$

$$+\frac{\mathfrak{B}\,p^n z^n}{16(\sin\varphi)^5}\left\{\begin{array}{c}\dfrac{(n+4)(n+3)}{1\cdot 2}\sin n\varphi - \dfrac{2n(n+4)}{1\cdot 2}\sin(n+2)\varphi \\ +\dfrac{n(n+1)}{1\cdot 2}\sin(n+4)\varphi\end{array}\right\}$$

となる．さらに歩を進めていくと，分数

$$\frac{\mathfrak{A}+\mathfrak{B}\,pz}{(1-2pz\cos\varphi+ppzz)^4}$$

から生じる級数の一般項は，

$$\frac{\mathfrak{A}\,p^n z^n}{64(\sin\varphi)^7}\left\{\begin{array}{c}\dfrac{(n+7)(n+6)(n+5)}{1\cdot 2\cdot 3}\sin(n+1)\varphi - \dfrac{3(n+1)(n+7)(n+6)}{1\cdot 2\cdot 3}\sin(n+3)\varphi \\ +\dfrac{3(n+1)(n+2)(n+7)}{1\cdot 2\cdot 3}\sin(n+5)\varphi - \dfrac{(n+1)(n+2)(n+3)}{1\cdot 2\cdot 3}\sin(n+7)\varphi\end{array}\right\}$$

$$+\frac{\mathfrak{A}\,p^n z^n}{64(\sin\varphi)^7}\left\{\begin{array}{c}\dfrac{(n+6)(n+5)(n+4)}{1\cdot 2\cdot 3}\sin n\varphi - \dfrac{3n(n+6)(n+5)}{1\cdot 2\cdot 3}\sin(n+2)\varphi \\ +\dfrac{3n(n+1)(n+6)}{1\cdot 2\cdot 3}\sin(n+4)\varphi - \dfrac{n(n+1)(n+2)}{1\cdot 2\cdot 3}\sin(n+6)\varphi\end{array}\right\}$$

となる．これらの表示式を見れば，もっと高い次数の冪［の分母をもつ分数から生じる級数］に対応する一般項が次々と作られていく状勢は，簡単に見て取れる．その際，それらの表示式の本性をいっそう深く洞察するには，

$$\begin{aligned}\sin\varphi &= \sin\varphi,\\ 4(\sin\varphi)^3 &= 3\sin\varphi - \sin 3\varphi,\\ 16(\sin\varphi)^5 &= 10\sin\varphi - 5\sin 3\varphi + \sin 5\varphi,\\ 64(\sin\varphi)^7 &= 35\sin\varphi - 21\sin 3\varphi + 7\sin 5\varphi - \sin 7\varphi,\\ 256(\sin\varphi)^9 &= 126\sin\varphi - 84\sin 3\varphi + 36\sin 5\varphi - 9\sin 7\varphi + \sin 9\varphi,\\ &\cdots\cdots\cdots\cdots\cdots\cdots\end{aligned}$$

となることに留意しておくとよいと思う［§262］．

223． あらゆる分数関数はいくつかの実部分分数に分解されるのであるから，それに伴って，あらゆる回帰級数の一般項を実表示式を用いて書き表わすことが可能になる．この間の経緯をもっとはっきりと視認できるようにするために，いくつかの例を書き添えておきたいと思う．

例 1

分数
$$\frac{1}{(1-z)(1-zz)(1-z^3)} = \frac{1}{1-z-zz+z^4+z^5-z^6}$$
から，回帰級数
$$1+z+2z^2+3z^3+4z^4+5z^5+7z^6+8z^7+10z^8+12z^9+\cdots$$
が生じる．この級数の一般項を求めたいと思う．

提示された分数を［分母の］因子の形に着目して整頓して書き直すと，
$$\frac{1}{(1-z)^3(1+z)(1+z+zz)}$$
となる．これを部分分数に分解すると，
$$\frac{1}{6(1-z)^3} + \frac{1}{4(1-z)^2} + \frac{17}{72(1-z)} + \frac{1}{8(1+z)} + \frac{2+z}{9(1+z+zz)}$$
となる．ここに見られる部分分数のうち，第一の分数 $\dfrac{1}{6(1-z)^3}$ は一般項
$$\frac{(n+1)(n+2)}{1\cdot 2}\cdot\frac{1}{6}z^n = \frac{nn+3n+2}{12}z^n$$
を与える．第二の分数 $\dfrac{1}{4(1-z)^2}$ は一般項
$$\frac{n+1}{4}z^n$$
を与える．第三の分数 $\dfrac{17}{72(1-z)}$ は一般項
$$\frac{17}{72}z^n$$
を与える．第四の分数 $\dfrac{1}{8(1+z)}$ は一般項
$$\frac{1}{8}(-1)^n z^n$$
を与える．第五の分数 $\dfrac{2+z}{9(1+z+zz)}$ を［一般的な］形状（§218）
$$\frac{\mathfrak{A}+\mathfrak{B}pz}{1-2pz\cos\varphi+ppzz}$$
と比較すると，
$$p=-1,\quad \varphi=\frac{\pi}{3}=60°,\quad \mathfrak{A}=+\frac{2}{9},\quad \mathfrak{B}=-\frac{1}{9}$$
が与えられる．これより一般項
$$\frac{2\sin(n+1)\varphi - \sin n\varphi}{9\sin\varphi}(-1)^n z^n = \frac{4\sin(n+1)\varphi - 2\sin n\varphi}{9\sqrt{3}}(-1)^n z^n$$

第13章　回帰級数

$$= \frac{4\sin\dfrac{(n+1)\pi}{3} - 2\sin\dfrac{n\pi}{3}}{9\sqrt{3}}(-1)^n z^n$$

が生じる．これらの表示式をすべてひとつの和にまとめると，提示された級数の，求める一般項

$$\left(\frac{nn}{12} + \frac{n}{2} + \frac{47}{72}\right)z^n \pm \frac{1}{8}z^n \pm \frac{4\sin\dfrac{(n+1)\pi}{3} - 2\sin\dfrac{n\pi}{3}}{9\sqrt{3}}z^n$$

が生じる．n が偶数なら上側の符号が成立し，n が奇数なら，下側の符号が成立する．ここで注意しなければならないのは，n が $3m$ という形の数なら，

$$\frac{4\sin\dfrac{(n+1)\pi}{3} - 2\sin\dfrac{n\pi}{3}}{9\sqrt{3}} = \pm\frac{2}{9}$$

となること，$n = 3m+1$ という形の数なら，この式は $\mp\frac{1}{9}$ に等しいこと，$n = 3m+2$ という形の数なら，この式はまたも $\mp\frac{1}{9}$ に等しいこと，しかもその際つねに，n の偶奇に応じて上側または下側の符号を採るべきことなどである．これらの事柄により，級数の性質は次のように表明される．

$n = 6m+0$ なら，一般項は $\left(\dfrac{nn}{12} + \dfrac{n}{2} + 1\right)z^n$.

$n = 6m+1$ なら，一般項は $\left(\dfrac{nn}{12} + \dfrac{n}{2} + \dfrac{5}{12}\right)z^n$.

$n = 6m+2$ なら，一般項は $\left(\dfrac{nn}{12} + \dfrac{n}{2} + \dfrac{2}{3}\right)z^n$.

$n = 6m+3$ なら，一般項は $\left(\dfrac{nn}{12} + \dfrac{n}{2} + \dfrac{3}{4}\right)z^n$.

$n = 6m+4$ なら，一般項は $\left(\dfrac{nn}{12} + \dfrac{n}{2} + \dfrac{2}{3}\right)z^n$.

$n = 6m+5$ なら，一般項は $\left(\dfrac{nn}{12} + \dfrac{n}{2} + \dfrac{5}{12}\right)z^n$.

たとえば $n = 50$ なら，$n = 6m+2$ という形であるから，［対応する］級数項は $234z^{50}$ となる．

例2

分数

$$\frac{1+z+zz}{1-z-z^4+z^5}$$

から，回帰級数
$$1+2z+3zz+3z^3+4z^4+5z^5+6z^6+6z^7+7z^8+\cdots$$
が生じる．この級数の一般項を見つけなければならないものとしてみよう．

提示された分数は
$$\frac{1+z+zz}{(1-z)^2(1+z)(1+zz)}$$
という形に帰着される．したがって，
$$\frac{3}{4(1-z)^2}+\frac{3}{8(1-z)}+\frac{1}{8(1+z)}+\frac{-1+z}{4(1+zz)}$$
というふうに部分分数に分解される．これらの分数のうち，第一の分数 $\frac{3}{4(1-z)^2}$ は一般項
$$\frac{3(n+1)}{4}z^n$$
を与える．第二の分数 $\frac{3}{8(1-z)}$ は一般項
$$\frac{3}{8}z^n$$
を与える．第三の分数 $\frac{1}{8(1+z)}$ は一般項
$$\frac{1}{8}(-1)^n z^n$$
を与える．第五の分数 $\frac{-1+z}{4(1+zz)}$ を［一般的な］形状
$$\frac{\mathfrak{A}+\mathfrak{B}pz}{1-2pz\cos\varphi+ppzz}$$
と比較すると，
$$p=1,\ \cos\varphi=0\quad\text{すなわち}\quad \varphi=\frac{\pi}{2},\ \mathfrak{A}=-\frac{1}{4},\ \mathfrak{B}=+\frac{1}{4}$$
が与えられる．よって一般項は
$$\left(-\frac{1}{4}\sin\frac{(n+1)\pi}{2}+\frac{1}{4}\sin\frac{n\pi}{2}\right)z^n$$
となる．これらを併せると，求める一般項は
$$\left(\frac{3}{4}n+\frac{9}{8}\right)z^n\pm\frac{1}{8}z^n-\frac{1}{4}\left(\sin\frac{(n+1)\pi}{2}-\sin\frac{n\pi}{2}\right)z^n$$
となる．よって，
$$n=4m+0\text{ なら，一般項は }\left(\frac{3}{4}n+1\right)z^n.$$
$$n=4m+1\text{ なら，一般項は }\left(\frac{3}{4}n+\frac{5}{4}\right)z^n.$$

第13章　回帰級数

$n = 4m+2$ なら，一般項は $\left(\dfrac{3}{4}n+\dfrac{3}{2}\right)z^n$．

$n = 4m+3$ なら，一般項は $\left(\dfrac{3}{4}n+\dfrac{3}{4}\right)z^n$．

たとえば $n=50$ なら，$n=4m+2$ という形であり，一般項は $39z^{50}$ となる．

224. 回帰級数が提示されたとき，その級数を生成する分数は簡単に判明するから，上に与えられた規則により，[提示された級数の]一般項がみいだされる．ところで回帰級数の規則，すなわち各項が，それに先行するいくつかの項によって規定される模様を明示する規則により，即座に分数の分母が判明する．そうしてその分母の諸因子は，一般項の形状をはっきりと教えてくれる．分子が影響を及ぼすのは係数の決定のみにすぎないから，重視するにはあたらない．今，回帰級数
$$A + Bz + Cz^2 + Dz^3 + Ez^4 + Fz^5 + \cdots$$
が提示されたとしよう．この級数の進行法則，すなわち各項がそれに先行するいくつかの項によって決定される様子を示す規則により，分数の分母
$$1 - \alpha z - \beta z^2 - \gamma z^3$$
が与えられるとする．すなわち，
$$D = \alpha C + \beta B + \gamma A,\quad E = \alpha D + \beta C + \gamma B,\quad F = \alpha E + \beta D + \gamma C,\ \cdots$$
となるとしてみよう．ド・モアブルの言葉では，乗法子 $+\alpha$, $+\beta$, $+\gamma$ は，**関係の比率**を定めると言われている．こうして[級数の]進行法則は関係の比率によって定められた．関係の比率は即座に，提示された回帰級数を生成する分数，すなわち，それを展開すると提示された回帰級数が生成されるという性質を備えた分数の分母はいかなるものかを教えてくれるのである．

225. そこで一般項，すなわち不定冪 z^n の係数を見つけるには，分母 $1 - \alpha z - \beta z^2 - \gamma z^3$ の一次因子，または，もし虚因子を避けたいなら，二次因子を求めなければならない．まず初めに一次因子がすべて互いに異なっていて，しかも実因子になるとするなら，分母は
$$(1-pz)(1-qz)(1-rz)$$
という形になり，提示された級数を生成する分数は
$$\frac{\mathfrak{A}}{1-pz} + \frac{\mathfrak{B}}{1-qz} + \frac{\mathfrak{C}}{1-rz}$$
と分解される．これより，[提示された]級数の一般項は

$$\left(\mathfrak{A}\,p^n + \mathfrak{B}\,q^n + \mathfrak{C}\,r^n\right)z^n$$

となる．ふたつの一次因子が等しいとして，たとえば $q = p$ とすると，[提示された]級数の一般項は

$$\left(\left(\mathfrak{A}(n+1) + \mathfrak{B}\right)p^n + \mathfrak{C}\,r^n\right)z^n$$

という形になる．さらに，もし $r = q = p$ なら，[提示された]級数の一般項は

$$\left(\mathfrak{A}\frac{(n+1)(n+2)}{1\cdot 2} + \mathfrak{B}(n+1) + \mathfrak{C}\right)p^n z^n$$

となる．分母 $1 - \alpha z - \beta z^2 - \gamma z^3$ が二重因子をもつとして，この分母を

$$(1 - pz)(1 - 2qz\cos\varphi + qqzz)$$

と設定すると，[提示された級数の]一般項は

$$\left(\mathfrak{A}\,p^n + \frac{\mathfrak{B}\sin(n+1)\varphi + \mathfrak{C}\sin n\varphi}{\sin\varphi}q^n\right)z^n$$

という形になる．そこで n に次々と数 $0, 1, 2$ を代入していくと，それに伴って項 A, Bz, Cz^2 が作られていくはずである．これで文字 $\mathfrak{A}, \mathfrak{B}, \mathfrak{C}$ の値が定められる．

226. もし関係の比率がふたつの数から構成されているなら，すなわちどの項も，それに先行するふたつの項によって定められて，

$$C = \alpha B - \beta A, \quad D = \alpha C - \beta B, \quad E = \alpha D - \beta C, \cdots$$

というふうになるとするなら，そのとき明らかに，この回帰級数は，その分母が

$$1 - \alpha z + \beta zz$$

である分数から生成される．この回帰級数を

$$A + Bz + Cz^2 + Dz^3 + Ez^4 + \cdots + Pz^n + Qz^{n+1} + \cdots$$

と設定しよう．上記の分母を因子に分解すると，

$$(1 - pz)(1 - qz)$$

となるとしよう．このとき，

$$p + q = \alpha, \quad pq = \beta.$$

よって[提示された]級数の一般項は

$$\left(\mathfrak{A}\,p^n + \mathfrak{B}\,q^n\right)z^n$$

という形になる．そこで $n = 0$ と置くと，

$$A = \mathfrak{A} + \mathfrak{B}$$

第13章 回帰級数

となる．$n=1$ と置くと，
$$B = \mathfrak{A}\,p + \mathfrak{B}\,q$$
となる．これより，
$$Aq - B = \mathfrak{A}(q-p).$$
よって，
$$\mathfrak{A} = \frac{Aq-B}{q-p}, \quad \mathfrak{B} = \frac{Ap-B}{p-q}$$
となる．これで $\mathfrak{A}$ と $\mathfrak{B}$ の値が見つかった．一般項は，これらを用いて，
$$P = \mathfrak{A}\,p^n + \mathfrak{B}\,q^n, \quad Q = \mathfrak{A}\,p^{n+1} + \mathfrak{B}\,q^{n+1}$$
と表示される．また，
$$\mathfrak{A}\mathfrak{B} = \frac{BB - \alpha AB + \beta AA}{4\beta - \alpha\alpha}$$
となる．

227. 上記の事柄を踏まえて歩を進めると，任意の項を，それに先行する唯一の項を用いて作り出す方法が導出される．ただし，その際，級数の進行規則に起因して，ふたつの項だけは必要になる．実際，
$$P = \mathfrak{A}\,p^n + \mathfrak{B}\,q^n, \quad Q = \mathfrak{A}\,p \cdot p^n + \mathfrak{B}\,q \cdot q^n$$
であるから，
$$Pq - Q = \mathfrak{A}(q-p)p^n, \quad Pp - Q = \mathfrak{B}(p-q)q^n$$
となる．これらの式を乗じると，
$$P^2 pq - (p+q)PQ + QQ + \mathfrak{A}\mathfrak{B}(p-q)^2 p^n q^n = 0.$$
ところが
$$p+q = \alpha, \quad pq = \beta, \quad (p-q)^2 = (p+q)^2 - 4pq = \alpha\alpha - 4\beta, \quad p^n q^n = \beta^n.$$
これらを代入すると，
$$\beta P^2 - \alpha PQ + QQ = (\beta AA - \alpha AB + BB)\beta^n$$
すなわち
$$\frac{QQ - \alpha PQ + PP}{BB - \alpha AB + \beta AA} = \beta^n$$
が得られる．これは，そのどの項も，先行する二項によって規定されるという性質を備えた回帰級数のめざましい特性である．ある項 P が知られたなら，それに続く項は
$$Q = \tfrac{1}{2}\alpha P + \sqrt{\left(\tfrac{1}{4}\alpha^2 - \beta\right)P^2 + (BB - \alpha AB + \beta AA)\beta^n}$$
と表示される．この式には見かけの上で非有理性が出ているように見えるが，非有理

的な項は［提示された］級数には入っていないのであるから，実際にはこの式はつねに有理的である．

228. さらに，与えられた隣接する二項 Pz^n と Qz^{n+1} を用いて，それらから遠く離れている項 Xz^{2n} を簡単に見つけることも可能である．実際，
$$X = fP^2 + gPQ - h\mathfrak{A}\mathfrak{B}\beta^n$$
と置こう．
$$P = \mathfrak{A}p^n + \mathfrak{B}q^n, \quad Q = \mathfrak{A}p \cdot p^n + \mathfrak{B}q \cdot q^n, \quad X = \mathfrak{A}p^{2n} + \mathfrak{B}q^{2n}$$
であるから，
$$fP^2 = f\mathfrak{A}^2 p^{2n} \quad\quad + f\mathfrak{B}^2 q^{2n} \quad\quad + 2f\mathfrak{A}\mathfrak{B}\beta^n,$$
$$gPQ = g\mathfrak{A}^2 p \cdot p^{2n} + g\mathfrak{B}^2 q \cdot q^{2n} + \quad g\mathfrak{A}\mathfrak{B}\alpha\beta^n,$$
$$-h\mathfrak{A}\mathfrak{B}\beta^n = \quad\quad\quad\quad\quad\quad\quad\quad - h\mathfrak{A}\mathfrak{B}\beta^n,$$
$$\overline{\quad\quad\quad\quad\quad\quad\quad\quad\quad\quad\quad\quad\quad\quad\quad\quad\quad\quad}$$
$$X = \mathfrak{A}p^{2n} + \mathfrak{B}q^{2n}$$
となることが明らかになる．よって，
$$f + gp = \frac{1}{\mathfrak{A}}, \quad f + gq = \frac{1}{\mathfrak{B}}, \quad h = 2f + g\alpha.$$
これより，
$$g = \frac{\mathfrak{B} - \mathfrak{A}}{\mathfrak{A}\mathfrak{B}(p - q)}, \quad f = \frac{\mathfrak{A}p - \mathfrak{B}q}{\mathfrak{A}\mathfrak{B}(p - q)}$$
となる．ところで，
$$\mathfrak{B} - \mathfrak{A} = \frac{\alpha A - 2B}{p - q}, \quad \mathfrak{A}p - \mathfrak{B}q = \frac{\alpha B - 2A\beta}{p - q}.$$
よって，
$$f = \frac{\alpha B - 2A\beta}{\mathfrak{A}\mathfrak{B}(\alpha\alpha - 4\beta)}, \quad g = \frac{\alpha A - 2B}{\mathfrak{A}\mathfrak{B}(\alpha\alpha - 4\beta)}.$$
すなわち
$$f = \frac{2A\beta - \alpha B}{BB - \alpha AB + \beta AA}, \quad g = \frac{2B - \alpha A}{BB - \alpha AB + \beta AA}.$$
したがって，
$$h = \frac{(4\beta - \alpha\alpha)A}{BB - \alpha AB + \beta AA}.$$
それゆえ，
$$X = \frac{(2A\beta - \alpha B)P^2 + (2B - \alpha A)PQ}{BB - \alpha AB + \beta AA} - A\beta^n$$
となる．同様に，

第13章　回帰級数

$$X = \frac{\left(\alpha\beta A - (\alpha\alpha - 2\beta)B\right)P^2 + (2B - \alpha A)Q^2}{\alpha(BB - \alpha AB + \beta AA)} - \frac{2B\beta^n}{\alpha}$$

がみいだされる．これらの二式を連立させて項 β^n を消去すると，

$$X = \frac{(\beta A - \alpha B)P^2 + 2BPQ - AQQ}{BB - \alpha AB + \beta AA}$$

がみいだされる．

229. 同様に，[級数の] 引き続く諸項を書き出して，

$$A + Bz + Cz^2 + \cdots + Pz^n + Qz^{n+1} + Rz^{n+2} + \cdots + Xz^{2n} + Yz^{2n+1} + Zz^{2n+2} + \cdots$$

と表記すると，

$$Z = \frac{(\beta A - \alpha B)Q^2 + 2BQR - ARR}{BB - \alpha AB + \beta AA}$$

となる．そうして $R = \alpha Q - \beta P$ であるから，

$$Z = \frac{-\beta\beta AP^2 + 2\beta(\alpha A - B)PQ + (\alpha B - (\alpha\alpha - \beta)A)Q^2}{BB - \alpha AB + \beta AA}$$

となる．ところが $Z = \alpha Y - \beta X$．それゆえ $Y = \dfrac{Z + \beta X}{\alpha}$．よって，

$$Y = \frac{-\beta BP^2 + 2\beta APQ + (B - \alpha A)QQ}{BB - \alpha AB + \beta AA}$$

となる．ここから同様にしてなお先に歩を進めると，X と Y から冪 z^{4n} と z^{4n+1} の係数を定めることができる．それらの係数を用いて冪 z^{8n} と z^{8n+1} の係数を定めることも可能である．この手順は以下も同様に進行していく．

例

回帰級数

$$1 + 3z + 4z^2 + 7z^3 + 11z^4 + 18z^5 + \cdots + Pz^n + Qz^{n+1} + \cdots$$

が提示されたとしよう．この級数のどの項も，先行する二項の和になっているから，この級数を生成する分数の分母は

$$1 - z - zz$$

である．したがって

$$\alpha = 1, \quad \beta = -1, \quad A = 1, \quad B = 3.$$

よって，

$$BB - \alpha AB + \beta AA = 5$$

となる．これより，まず初めに，
$$Q = \frac{P + \sqrt{5PP + 20(-1)^n}}{2} = \frac{P + \sqrt{5PP \pm 20}}{2}$$
が生じる．ここで n が偶数なら上側の符号が成立し，n が奇数なら，下側の符号が成立する．

たとえば $n = 4$ なら，$P = 11$ より，
$$Q = \frac{11 + \sqrt{5 \cdot 121 + 20}}{2} = \frac{11 + 25}{2} = 18$$
となる．また，項 z^{2n} の係数を X とすると，
$$X = \frac{-4PP + 6PQ - QQ}{5}$$
となる．それゆえ冪 z^8 の係数は
$$\frac{-4 \cdot 121 + 6 \cdot 198 - 324}{5} = 76$$
となる．ところで
$$Q = \frac{P + \sqrt{5PP \pm 20}}{2}$$
であるから，
$$QQ = \frac{3PP \pm 10 + P\sqrt{5PP \pm 20}}{2}.$$
したがって，
$$X = \frac{-PP \mp 2 + P\sqrt{5PP \pm 20}}{2}$$
となる．こうして［提示された］級数の項 Pz^n から，ふたつの項
$$\frac{P + \sqrt{5PP \pm 20}}{2} z^{n+1} \text{ と } \frac{-PP \mp 2 + P\sqrt{5PP \pm 20}}{2} z^{2n}$$
が得られる．

230. 同様に，その任意の項が，先行する三項によって定められるという性質を備えた回帰級数の場合には，どの項も，先行する二項を用いて規定される．実際，
$$A + Bz + Cz^2 + Dz^3 + \cdots + Pz^n + Qz^{n+1} + Rz^{n+2} + \cdots$$
はそのような回帰級数として，その関係の比率を $\alpha, -\beta, +\gamma$ としよう．すなわちこの級数は，
$$1 - \alpha z + \beta z^2 - \gamma z^3$$
を分母にもつ分数から生成されるものとしよう．この分母を因子に分解すると，
$$(1 - pz)(1 - qz)(1 - rz)$$
となるとする．そこで項 P, Q, R を［前の場合と］同様にしてこれらの因子を用いて

第13章　回帰級数

書き表わすと,
$$P = \mathfrak{A} p^n + \mathfrak{B} q^n + \mathfrak{C} r^n,$$
$$Q = \mathfrak{A} p \cdot p^n + \mathfrak{B} q \cdot q^n + \mathfrak{C} r \cdot r^n,$$
$$R = \mathfrak{A} p^2 \cdot p^n + \mathfrak{B} q^2 \cdot q^n + \mathfrak{C} r^2 \cdot r^n$$

という形になる．そうして
$$p + q + r = \alpha, \quad pq + pr + qr = \beta, \quad pqr = \gamma$$

であるから，比

$$\begin{aligned}
& R^3 - 2\alpha Q R^2 + (\alpha\alpha + \beta) Q^2 R - (\alpha\beta - \gamma) Q^3 : \gamma^n \\
& \quad + \beta P - (\alpha\beta + 3\gamma) PQ + (\alpha\gamma + \beta\beta) PQ^2 \\
& \quad + \alpha\gamma P^2 - 2\beta\gamma P^2 Q \\
& \quad + \gamma\gamma P^3 \\
& = C^3 - 2\alpha B C^2 + (\alpha\alpha + \beta) B^2 C - (\alpha\beta - \gamma) B^3 : 1 \\
& \quad + \beta A - (\alpha\beta + 3\gamma) AB + (\alpha\gamma + \beta\beta) AB^2 \\
& \quad + \alpha\gamma A^2 - 2\beta\gamma A^2 B \\
& \quad + \gamma\gamma A^3
\end{aligned}$$

が判明する．それゆえ先行する二項 P, Q を用いて項 R を見つける作業は，三次方程式の解法に基づいて遂行されることになる．

231. これで回帰級数の一般項の考察が完了したので，残されているのは回帰級数の和の値を求めることである．まず初めに，無限に延びていく回帰級数の和は，その級数の元になる分数に等しいことは明らかである．そうしてそのような分数の分母の形は，級数の進行法則を見ればはっきりと洞察されるのであるから，なお残されているのは分子を決定することのみである．そこで回帰級数
$$A + Bz + Cz^2 + Dz^3 + Ez^4 + Fz^5 + Gz^6 + \cdots$$
が提示されたとして，この級数の進行法則に基づいて分母
$$1 - \alpha z + \beta z^2 - \gamma z^3 + \delta z^4$$
が与えられるとしてみよう．上記の無限級数の和そのものは，分数
$$\frac{a + bz + cz^2 + dz^3}{1 - \alpha z + \beta z^2 - \gamma z^3 + \delta z^4}$$
に等しいとする．提示された回帰級数はこの分数から生成されることになる．そこで

回帰級数と分数を等値して比較すると，
$$a = A,$$
$$b = B - \alpha A,$$
$$c = C - \alpha B + \beta A,$$
$$d = D - \alpha C + \beta B - \gamma A$$
となる．これより，求める和は
$$\frac{A + (B - \alpha A)z + (C - \alpha B + \beta A)z^2 + (D - \alpha C + \beta B - \gamma A)z^3}{1 - \alpha z + \beta z^2 - \gamma z^3 + \delta z^4}$$
となる．

232. このような状勢を見れば，回帰級数の和をある与えられた項に至るまで求める手順を理解するのは簡単である．実際，級数を項 Pz^n に到達するまで取る場合に級数の和を求めるものとして，
$$s = A + Bz + Cz^2 + Dz^3 + Ez^4 + \cdots + Pz^n$$
と置こう．無限級数の和は既知であるから，最終項 Pz^n よりもなお先に無限に延びていく諸項の和，すなわち和
$$t = Qz^{n+1} + Rz^{n+2} + Sz^{n+3} + Tz^{n+4} + \cdots$$
を求めればよいことになる．この級数を z^{n+1} で割ると，提示された回帰級数と同じ性質を備えた回帰級数が与えられる．したがって，その和は
$$t = \frac{Qz^{n+1} + (R - \alpha Q)z^{n+2} + (S - \alpha R + \beta Q)z^{n+3} + (T - \alpha S + \beta R - \gamma Q)z^{n+4}}{1 - \alpha z + \beta z^2 - \gamma z^3 + \delta z^4}$$
と表示される．これより，求める和
$$s = \frac{A + (B - \alpha A)z + (C - \alpha B + \beta A)z^2 + (D - \alpha C + \beta B - \gamma A)z^3}{1 - \alpha z + \beta z^2 - \gamma z^3 + \delta z^4}$$
$$- \frac{Qz^{n+1} + (R - \alpha Q)z^{n+2} + (S - \alpha R + \beta Q)z^{n+3} + (T - \alpha S + \beta R - \gamma Q)z^{n+4}}{1 - \alpha z + \beta z^2 - \gamma z^3 + \delta z^4}$$
が生じる．

233. 関係の比率が二項 $\alpha, -\beta$ から成るとしよう．級数
$$A + Bz + Cz^2 + Dz^3 + \cdots + Pz^n$$
は分数

第13章 回帰級数

$$\frac{A+(B-\alpha A)z}{1-\alpha z+\beta zz}$$

から生成されるとすると，上記の級数の和は

$$\frac{A+(B-\alpha A)z-Qz^{n+1}-(R-\alpha Q)z^{n+2}}{1-\alpha z+\beta zz}$$

となる．ところが級数の性質により，

$$R=\alpha Q-\beta P$$

である．これより，和

$$\frac{A+(B-\alpha A)z-Qz^{n+1}+\beta Pz^{n+2}}{1-\alpha z+\beta zz}$$

が生じる．

例

提示された級数を

$$1+3z+4z^2+7z^3+\cdots+Pz^n$$

としよう．ここで，

$$\alpha=1,\ \beta=-1,\ A=1,\ B=3.$$

この級数の和は

$$\frac{1+2z-Qz^{n+1}-Pz^{n+2}}{1-z-zz}$$

となる．$z=1$ と置くと，級数の和は

$$1+3+4+7+11+\cdots+P$$
$$=P+Q-3$$

となる．それゆえ最終項とそれに続く項との和は，級数和よりも3だけ大きいことになる．ところが

$$Q=\frac{P+\sqrt{5PP\pm 20}}{2}$$

であるから，級数和は

$$1+3+4+7+11+\cdots+P$$
$$=\frac{3P-6+\sqrt{5PP\pm 20}}{2}$$

となる．したがってこの級数和は最終項のみを用いて書き表わされることになる．

第14章　角の倍化と分割

234. 半径 1 の円の一般角，言い換えると一般の弧の長さを z で表わし，その正弦を x，余弦を y，正接を t と表記することにしよう．このとき，
$$xx + yy = 1 \quad \text{および} \quad t = \frac{x}{y}$$
となる．前に見た［§129］ように，角 $z, 2z, 3z, 4z, 5z, \cdots$ の正弦と余弦はともに循環的な系列を構成し，それらの系列の諸項間の関係を定めるスケールはそれぞれ $2y, -1$ である．それゆえまず初めに，これらの角の正弦は

$$\sin 0z = 0,$$
$$\sin 1z = x,$$
$$\sin 2z = 2xy,$$
$$\sin 3z = 4xy^2 - x,$$
$$\sin 4z = 8xy^3 - 4xy,$$
$$\sin 5z = 16xy^4 - 12xy^2 + x,$$
$$\sin 6z = 32xy^5 - 32xy^3 + 6xy,$$
$$\sin 7z = 64xy^6 - 80xy^4 + 24xy^2 - x,$$
$$\sin 8z = 128xy^7 - 192xy^5 + 80xy^3 - 8xy$$

というふうに表示されることがわかる．ここから，

$$\sin nz = x \left\{ \begin{array}{l} 2^{n-1} y^{n-1} - (n-2) 2^{n-3} y^{n-3} \\ + \dfrac{(n-3)(n-4)}{1 \cdot 2} 2^{n-5} y^{n-5} - \dfrac{(n-4)(n-5)(n-6)}{1 \cdot 2 \cdot 3} 2^{n-7} y^{n-7} \\ + \dfrac{(n-5)(n-6)(n-7)(n-8)}{1 \cdot 2 \cdot 3 \cdot 4} 2^{n-9} y^{n-9} - \cdots \end{array} \right\}$$

という一般的な結論が取り出される．

235. 弧 nz を s と等置すると，

第14章 角の倍化と分割

$$\sin nz = \sin s = \sin(\pi - s) = \sin(2\pi + s) = \sin(3\pi - s) \cdots$$

となる．実際，これらの正弦はどのふたつもすべて互いに等しいのである．この事実により，x の取りうる値としていくつかの値，すなわち値

$$\sin \frac{s}{n}, \ \sin \frac{\pi - s}{n}, \ \sin \frac{2\pi + s}{n}, \ \sin \frac{3\pi - s}{n}, \ \sin \frac{4\pi + s}{n}, \cdots$$

が得られることになる．これらの値はすべて，先ほどみいだされた方程式[1]を満たす．そうして x として取り上げることのできるこのような値のうち，相異なる値の個数はきっかり n 個なのであるから，これらの値はちょうど，上記の方程式の根の全体になる．その場合，等根が出現するおそれはないという点に注意しておかなければならない．このような諸状勢は，上述の根の表示式をひとつずつ次々と取り上げて考察を重ねていけば，それだけで明らかになるのである．ともあれこのようにして上記の方程式の根の全体が別の道筋を通って判明するという事態になったのであるから，これらの根を方程式の各項と比較することにより，注目に値する諸性質がもたらされる．ところがそのためには，未知数として x だけしか出てこない方程式が必要になる．そこで y に，y の値，すなわち $\sqrt{1-xx}$ を代入しなければならないという順序になるが，ここに至って n の偶奇に応じて二通りの道を踏み分けて歩を進めるべき場面に出会うのである．

236. n は奇数としよう．弧 $-z, +z, 3z, +5z, \cdots$ の公差は $2z$ で，その余弦は $1-2xx$ に等しいから，正弦の系列の諸項間の関係を定めるスケールは $2-4xx$ と -1 である．したがって，

$$\sin(-z) = -x,$$
$$\sin z \ \ = x,$$
$$\sin 3z = 3x - 4x^3,$$
$$\sin 5z = 5x - 20x^3 + 16x^5,$$
$$\sin 7z = 7x - 56x^3 + 112x^5 - 64x^7,$$
$$\sin 9z = 9x - 120x^3 + 432x^5 - 576x^7 + 256x^9$$

というふうに進んでいく．それゆえ n が奇数のとき，

$$\sin nz = nx - \frac{n(nn-1)}{1\cdot 2\cdot 3}x^3 + \frac{n(nn-1)(nn-9)}{1\cdot 2\cdot 3\cdot 4\cdot 5}x^5$$
$$- \frac{n(nn-1)(nn-9)(nn-25)}{1\cdot 2\cdot 3\cdot 4\cdot 5\cdot 6\cdot 7}x^7 + \cdots \text{[2]}$$

となる．この方程式の根は

$$\sin z,\ \sin\left(\frac{2\pi}{n}+z\right),\ \sin\left(\frac{4\pi}{n}+z\right),\ \sin\left(\frac{6\pi}{n}+z\right),\ \sin\left(\frac{8\pi}{n}+z\right),\ \cdots$$

であり，総個数は n に等しい．

237. それゆえ方程式

$$0 = 1 - \frac{nx}{\sin nx} + \frac{n(nn-1)x^3}{1\cdot 2\cdot 3\sin nz} - \frac{n(nn-1)(nn-9)x^5}{1\cdot 2\cdot 3\cdot 4\cdot 5\sin nz} + \cdots \pm \frac{2^{n-1}x^n}{\sin nz}$$

（ここで，もし n が4の倍数よりも1だけ小さいなら，上側の符号が成立し，そうでなければ下側の符号が成立する）は

$$\left(1 - \frac{x}{\sin z}\right)\left(1 - \frac{x}{\sin\left(\frac{2\pi}{n}+z\right)}\right)\left(1 - \frac{x}{\sin\left(\frac{4\pi}{n}+z\right)}\right)\cdots$$

という形に因子分解される．これより，

$$\frac{n}{\sin nz} = \frac{1}{\sin z} + \frac{1}{\sin\left(\frac{2\pi}{n}+z\right)} + \frac{1}{\sin\left(\frac{4\pi}{n}+z\right)} + \frac{1}{\sin\left(\frac{6\pi}{n}+z\right)} + \cdots$$

が導かれる．右辺には n 個の項があるが，それらのすべての積を作ると，

$$\mp\frac{2^{n-1}}{\sin nz} = \frac{1}{\sin z\sin\left(\frac{2\pi}{n}+z\right)\sin\left(\frac{4\pi}{n}+z\right)\sin\left(\frac{6\pi}{n}+z\right)\cdots}$$

となる．すなわち，

$$\sin nz = \mp 2^{n-1}\sin z\sin\left(\frac{2\pi}{n}+z\right)\sin\left(\frac{4\pi}{n}+z\right)\sin\left(\frac{6\pi}{n}+z\right)\cdots.$$

また，［上記の方程式には］最後から二番目の項は存在しないから，

$$0 = \sin z + \sin\left(\frac{2\pi}{n}+z\right) + \sin\left(\frac{4\pi}{n}+z\right) + \sin\left(\frac{6\pi}{n}+z\right) + \cdots$$

となる．

例1

$n = 3$ なら，方程式

$$0 = \sin z + \sin(120+z) + \sin(240+z)$$
$$= \sin z + \sin(60-z) - \sin(60+z),$$

$$\frac{3}{\sin 3z} = \frac{1}{\sin z} + \frac{1}{\sin(120+z)} + \frac{1}{\sin(240+z)}$$
$$= \frac{1}{\sin z} + \frac{1}{\sin(60-z)} - \frac{1}{\sin(60+z)},$$

$$\sin 3z = -4\sin z\sin(120+z)\sin(240+z)$$
$$= 4\sin z\sin(60-z)\sin(60+z)$$

第14章 角の倍化と分割

が得られる．それゆえ以前［§131］すでに書き留めたように，
$$\sin(60+z) = \sin z + \sin(60-z),$$
$$3\operatorname{cosec} 3z = \operatorname{cosec} z + \operatorname{cosec}(60-z) - \operatorname{cosec}(60+z)$$
が成立する．

例 2

$n = 5$ と置くと，方程式
$$0 = \sin z + \sin\left(\frac{2\pi}{5}+z\right) + \sin\left(\frac{4\pi}{5}+z\right) + \sin\left(\frac{6\pi}{5}+z\right) + \sin\left(\frac{8\pi}{5}+z\right)$$
すなわち
$$0 = \sin z + \sin\left(\frac{2\pi}{5}+z\right) + \sin\left(\frac{\pi}{5}-z\right) - \sin\left(\frac{\pi}{5}+z\right) - \sin\left(\frac{2\pi}{5}-z\right)$$
すなわち
$$0 = \sin z + \sin\left(\frac{\pi}{5}-z\right) - \sin\left(\frac{\pi}{5}+z\right)$$
$$- \sin\left(\frac{2\pi}{5}-z\right) + \sin\left(\frac{2\pi}{5}+z\right)$$
が得られる．次に，
$$\frac{5}{\sin 5z} = \frac{1}{\sin z} + \frac{1}{\sin\left(\frac{\pi}{5}-z\right)} - \frac{1}{\sin\left(\frac{\pi}{5}+z\right)}$$
$$- \frac{1}{\sin\left(\frac{2\pi}{5}-z\right)} + \frac{1}{\sin\left(\frac{2\pi}{5}+z\right)},$$
$$\sin 5z = 16 \sin z \sin\left(\frac{\pi}{5}-z\right) \sin\left(\frac{\pi}{5}+z\right)$$
$$\sin\left(\frac{2\pi}{5}-z\right) \sin\left(\frac{2\pi}{5}+z\right)$$
となる．

例 3

一般に $n = 2m+1$ と置くと，
$$0 = \sin z + \sin\left(\frac{\pi}{n}-z\right) - \sin\left(\frac{\pi}{n}+z\right)$$
$$- \sin\left(\frac{2\pi}{n}-z\right) + \sin\left(\frac{2\pi}{n}+z\right)$$
$$+ \sin\left(\frac{3\pi}{n}-z\right) - \sin\left(\frac{3\pi}{n}+z\right)$$
$$\vdots$$

$$\pm \sin\left(\frac{m\pi}{n} - z\right) \mp \sin\left(\frac{m\pi}{n} + z\right)$$

となる．ここで，m が奇数なら上側の符号が成立し，m が偶数なら，下側の符号が成立する．もうひとつの方程式は

$$\frac{n}{\sin nz} = \frac{1}{\sin z} + \frac{1}{\sin\left(\frac{\pi}{n} - z\right)} - \frac{1}{\sin\left(\frac{\pi}{n} + z\right)}$$
$$- \frac{1}{\sin\left(\frac{2\pi}{n} - z\right)} + \frac{1}{\sin\left(\frac{2\pi}{n} + z\right)}$$
$$+ \frac{1}{\sin\left(\frac{3\pi}{n} - z\right)} - \frac{1}{\sin\left(\frac{3\pi}{n} + z\right)}$$
$$\vdots$$
$$\pm \frac{1}{\sin\left(\frac{m\pi}{n} - z\right)} \mp \frac{1}{\sin\left(\frac{m\pi}{n} + z\right)}$$

となる．これは適宜，余割に関する方程式に移される．第三に，積を作ると，

$$\sin nz = 2^{2m} \sin z \sin\left(\frac{\pi}{n} - z\right) \sin\left(\frac{\pi}{n} + z\right)$$
$$\sin\left(\frac{2\pi}{n} - z\right) \sin\left(\frac{2\pi}{n} + z\right)$$
$$\sin\left(\frac{3\pi}{n} - z\right) \sin\left(\frac{3\pi}{n} + z\right)$$
$$\vdots$$
$$\sin\left(\frac{m\pi}{n} - z\right) \sin\left(\frac{m\pi}{n} + z\right)$$

が得られる．

238.　今度は n は偶数としよう．今，

$$y = \sqrt{1 - xx}, \quad \cos 2x = 1 - 2xx.$$

これより，正弦の系列の関係比は，前のように，$2 - 4xx$ と -1 になるという事実が帰結する．よって，

$$\sin 0 z = 0,$$

第14章　角の倍化と分割

$$\sin 2z = 2x\sqrt{1-xx},$$
$$\sin 4z = (4x - 8x^3)\sqrt{1-xx},$$
$$\sin 6z = (6x - 32x^3 + 32x^5)\sqrt{1-xx},$$
$$\sin 8z = (8x - 80x^3 + 192x^5 - 128x^7)\sqrt{1-xx}.$$

一般に，

$$\sin nz = \left\{ \begin{array}{l} nx - \dfrac{n(nn-4)}{1\cdot 2\cdot 3}x^3 + \dfrac{n(nn-4)(nn-16)}{1\cdot 2\cdot 3\cdot 4\cdot 5}x^5 \\ - \dfrac{n(nn-4)(nn-16)(nn-36)}{1\cdot 2\cdot 3\cdot 4\cdot 5\cdot 6\cdot 7}x^7 + \cdots \pm 2^{n-1}x^{n-1} \end{array} \right\} \sqrt{1-xx}$$

となる．ここで n は任意の偶数を表わす．

239.
この方程式を有理方程式に変換するために両辺の平方を作ると，
$$(\sin nz)^2 = nnxx + Px^4 + Qx^6 + \cdots - 2^{2n-2}x^{2n}$$
すなわち
$$x^{2n} - \cdots - \frac{nn}{2^{2n-2}}xx + \frac{1}{2^{2n-2}}(\sin nz)^2 = 0 \quad {}^{3)}$$
という方程式が生じる．この方程式の根には正負の符号がつき，

$$\pm \sin z, \quad \pm \sin\left(\frac{\pi}{n}-z\right), \quad \pm \sin\left(\frac{2\pi}{n}+z\right), \quad \pm \sin\left(\frac{3\pi}{n}-z\right), \quad \pm \sin\left(\frac{4\pi}{n}+z\right) \cdots$$

という形に表示される．しかもこのような表示式は全部で n 個，採られている．そうして［上記の方程式の］最終項はこれらの根すべての積に等しい．根の積を作って最終項と等置した後に両辺の平方根を開くと，

$$\sin nz = \pm 2^{n-1} \sin z \sin\left(\frac{\pi}{n}-z\right) \sin\left(\frac{2\pi}{n}+z\right) \sin\left(\frac{3\pi}{n}-z\right) \cdots$$

となる．どのような場合にどちらの符号が成立するのかという点にあいまいさが見られるが，これについては，個々の場合の状勢を見て識別していかなければならない．

例

n に次々と数 $2, 4, 6, \cdots$ を代入していくと，相異なる n 個の正弦を選ぶとき，

$$\sin 2z = 2\sin z \, \sin\left(\frac{\pi}{2}-z\right),$$
$$\sin 4z = 8\sin z \, \sin\left(\frac{\pi}{4}-z\right) \sin\left(\frac{\pi}{4}+z\right)$$

$$\sin\left(\frac{2\pi}{4} - z\right),$$

$$\sin 6z = 32 \sin z \ \sin\left(\frac{\pi}{6} - z\right) \sin\left(\frac{\pi}{6} + z\right)$$
$$\sin\left(\frac{2\pi}{6} - z\right) \sin\left(\frac{2\pi}{6} + z\right)$$
$$\sin\left(\frac{3\pi}{6} - z\right),$$

$$\sin 8z = 128 \sin z \ \sin\left(\frac{\pi}{8} - z\right) \sin\left(\frac{\pi}{8} + z\right)$$
$$\sin\left(\frac{2\pi}{8} - z\right) \sin\left(\frac{2\pi}{8} + z\right)$$
$$\sin\left(\frac{3\pi}{8} - z\right) \sin\left(\frac{3\pi}{8} + z\right)$$
$$\sin\left(\frac{4\pi}{8} - z\right)$$

となる．

240.
それゆえ n は偶数とすると，一般に

$$\sin nz = 2^{n-1} \sin z \sin\left(\frac{\pi}{n} - z\right) \sin\left(\frac{\pi}{n} + z\right)$$
$$\sin\left(\frac{2\pi}{n} - z\right) \sin\left(\frac{2\pi}{n} + z\right)$$
$$\sin\left(\frac{3\pi}{n} - z\right) \sin\left(\frac{3\pi}{n} + z\right)$$
$$\cdot$$
$$\cdot$$
$$\cdot$$
$$\sin\left(\frac{\pi}{2} - z\right),$$

となるのは明白である．ところでこの方程式を，n が奇数の場合の方程式と比較すると，両者の間には大きな類似性が見られること，その結果，これらの二方程式をひとつにまとめる可能性が開かれていく状勢が認められる．すなわち，n の偶奇は問わないとするとき，

$$\sin nz = 2^{n-1} \sin z \sin\left(\frac{\pi}{n} - z\right) \sin\left(\frac{\pi}{n} + z\right)$$
$$\sin\left(\frac{2\pi}{n} - z\right) \sin\left(\frac{2\pi}{n} + z\right)$$
$$\sin\left(\frac{3\pi}{n} - z\right) \sin\left(\frac{3\pi}{n} + z\right)$$

という形になる．右辺の積は因子の個数が n 個に達するまで続いていく．

241. このような，倍角の正弦をいくつかの因子の積の形に表わす表示式は，倍角の正弦の対数を求めるのに役立つだけではなく，すでに以前（§184）与えられたような，いくつかの因子の積の形に表わされる表示式をもっとたくさん見つけるためにも有用である．ところで，

$$\sin z = 1 \sin z,$$

$$\sin 2z = 2 \sin z \sin\left(\frac{\pi}{2} - z\right),$$

$$\sin 3z = 4 \sin z \sin\left(\frac{\pi}{3} - z\right) \sin\left(\frac{\pi}{3} + z\right),$$

$$\sin 4z = 8 \sin z \sin\left(\frac{\pi}{4} - z\right) \sin\left(\frac{\pi}{4} + z\right) \sin\left(\frac{2\pi}{4} - z\right),$$

$$\sin 5z = 16 \sin z \sin\left(\frac{\pi}{5} - z\right) \sin\left(\frac{\pi}{5} + z\right) \sin\left(\frac{2\pi}{5} - z\right) \sin\left(\frac{2\pi}{5} + z\right),$$

$$\sin 6z = 32 \sin z \sin\left(\frac{\pi}{6} - z\right) \sin\left(\frac{\pi}{6} + z\right) \sin\left(\frac{2\pi}{6} - z\right) \sin\left(\frac{2\pi}{6} + z\right) \sin\left(\frac{3\pi}{6} - z\right),$$

$$\cdots \cdots$$

となる．

242. $\dfrac{\sin 2nz}{\sin nz} = 2\cos nz$ に留意すると，倍角の余弦もまた同様にいくつかの因子の積の形に表示されることがわかる．すなわち，

$$\cos z = 1 \sin\left(\frac{\pi}{2} - z\right),$$

$$\cos 2z = 2 \sin\left(\frac{\pi}{4} - z\right) \sin\left(\frac{\pi}{4} + z\right),$$

$$\cos 3z = 4 \sin\left(\frac{\pi}{6} - z\right) \sin\left(\frac{\pi}{6} + z\right)$$

$$\sin\left(\frac{3\pi}{6}-z\right),$$

$$\cos 4z = 8\sin\left(\frac{\pi}{8}-z\right)\sin\left(\frac{\pi}{8}+z\right)$$
$$\sin\left(\frac{3\pi}{8}-z\right)\sin\left(\frac{3\pi}{8}+z\right),$$

$$\cos 5z = 16\sin\left(\frac{\pi}{10}-z\right)\sin\left(\frac{\pi}{10}+z\right)$$
$$\sin\left(\frac{3\pi}{10}-z\right)\sin\left(\frac{3\pi}{10}+z\right)$$
$$\sin\left(\frac{5\pi}{10}-z\right),$$
$$\cdots\cdots\cdots$$

一般に，

$$\cos nz = 2^{n-1}\sin\left(\frac{\pi}{2n}-z\right)\sin\left(\frac{\pi}{2n}+z\right)$$
$$\sin\left(\frac{3\pi}{2n}-z\right)\sin\left(\frac{3\pi}{2n}+z\right)$$
$$\sin\left(\frac{5\pi}{2n}-z\right)\sin\left(\frac{5\pi}{2n}+z\right)$$
$$\cdots\cdots\cdots\cdots$$

という形になる．右辺の積は因子の個数が n 個に達するまで続いていく．

243. 倍角の余弦を考察しても同じ表示式が出る．実際，$\cos z = y$ とすると，次のようになる［§129］．

$$\begin{aligned}
\cos 0z &= 1, \\
\cos 1z &= y, \\
\cos 2z &= 2y^2 - 1, \\
\cos 3z &= 4y^3 - 3y, \\
\cos 4z &= 8y^4 - 8y^2 + 1, \\
\cos 5z &= 16y^5 - 20y^3 + 5y, \\
\cos 6z &= 32y^6 - 48y^4 + 18y^2 - 1, \\
\cos 7z &= 64y^7 - 112y^5 + 56y^3 - 7y.
\end{aligned}$$

一般に

$$\cos nz = 2^{n-1}y^n - \frac{n}{1}2^{n-3}y^{n-2} + \frac{n(n-3)}{1\cdot 2}2^{n-5}y^{n-4} - \frac{n(n-4)(n-5)}{1\cdot 2\cdot 3}2^{n-7}y^{n-6}$$

第14章　角の倍化と分割

$$+ \frac{n(n-5)(n-6)(n-7)}{1\cdot 2\cdot 3\cdot 4}2^{n-9}y^{n-8} - \cdots \quad 4)$$

となる．そうして

$$\cos nz = \cos(2\pi - nz) = \cos(2\pi + nz) = \cos(4\pi \pm nz) = \cos(6\pi \pm nz)\cdots$$

であるから，この方程式の根は

$$\cos z, \ \cos\left(\frac{2\pi}{n} \pm z\right), \ \cos\left(\frac{4\pi}{n} \pm z\right), \ \cos\left(\frac{6\pi}{n} \pm z\right), \cdots$$

という形になる．y の値として採れるものを全部求めるには，これらの根の中から相異なるものをすべて選び出さなければならない．そのような根全部では n 個，存在する．

244. まず，$n = 1$ の場合は別にすると，方程式の第二項は欠如しているから，これらのすべての根の和が 0 に等しいことは明らかである．それゆえ，

$$0 = \cos z + \cos\left(\frac{2\pi}{n} - z\right) + \cos\left(\frac{2\pi}{n} + z\right)$$
$$+ \cos\left(\frac{4\pi}{n} - z\right) + \cos\left(\frac{4\pi}{n} + z\right)$$
$$+ \cdots$$

となる．右辺の総和において取り上げるべき項は全部で n 個である．ところが，もし n が偶数なら，この等式はおのずと成立する．なぜなら，どの項も，それと反対の符号をもつもうひとつの項と打ち消しあって，消滅してしまうからである．そこで（1 は除くことにして）奇数を取り上げて考察を加えよう．$\cos v = -\cos(\pi - v)$ であるから，

$$0 = \cos z - \cos\left(\frac{\pi}{3} - z\right) - \cos\left(\frac{\pi}{3} + z\right),$$

$$0 = \cos z - \cos\left(\frac{\pi}{5} - z\right) - \cos\left(\frac{\pi}{5} + z\right)$$
$$+ \cos\left(\frac{2\pi}{5} - z\right) + \cos\left(\frac{2\pi}{5} + z\right),$$

$$0 = \cos z - \cos\left(\frac{\pi}{7} - z\right) - \cos\left(\frac{\pi}{7} + z\right)$$
$$+ \cos\left(\frac{2\pi}{7} - z\right) + \cos\left(\frac{2\pi}{7} + z\right)$$
$$- \cos\left(\frac{3\pi}{7} - z\right) - \cos\left(\frac{3\pi}{7} + z\right).$$

一般に，n はある任意の奇数とすると，

$$0 = \cos z - \cos\left(\frac{\pi}{n} - z\right) - \cos\left(\frac{\pi}{n} + z\right)$$

$$+ \cos\left(\frac{2\pi}{n} - z\right) + \cos\left(\frac{2\pi}{n} + z\right)$$
$$- \cos\left(\frac{3\pi}{n} - z\right) - \cos\left(\frac{3\pi}{n} + z\right)$$
$$+ \cos\left(\frac{4\pi}{n} - z\right) + \cos\left(\frac{4\pi}{n} + z\right)$$
$$- \cdots\cdots\cdots$$

となる．右辺の総和において取り上げるべき項は全部で n 個である．また，既述のように，n は 1 よりも大きい奇数でなければならない．

245. すべての根の積に関してはどのようになるかというと，n が奇数であるか，偶数の奇数倍であるか，偶数の偶数倍であるかのいずれかに応じて，さまざまな表示式が生じる．ところがこれらの表示式はすべて，すでにみいだされた一般表示式（§242）に包摂される．これを見るには，個々の正弦を余弦に変換すればよい．すなわち，

$$\cos z = 1 \cos z,$$
$$\cos 2z = 2\cos\left(\frac{\pi}{4} + z\right)\cos\left(\frac{\pi}{4} - z\right),$$
$$\cos 3z = 4\cos\left(\frac{2\pi}{6} + z\right)\cos\left(\frac{2\pi}{6} - z\right)$$
$$\cos z,$$
$$\cos 4z = 8\cos\left(\frac{3\pi}{8} + z\right)\cos\left(\frac{3\pi}{8} - z\right)$$
$$\cos\left(\frac{\pi}{8} + z\right)\cos\left(\frac{\pi}{8} - z\right),$$
$$\cos 5z = 16\cos\left(\frac{4\pi}{10} + z\right)\cos\left(\frac{4\pi}{10} - z\right)$$
$$\cos\left(\frac{2\pi}{10} + z\right)\cos\left(\frac{2\pi}{10} - z\right)$$
$$\cos z.$$

一般に，

$$\cos nz = 2^{n-1}\cos\left(\frac{n-1}{2n}\pi + z\right)\cos\left(\frac{n-1}{2n}\pi - z\right)$$
$$\cos\left(\frac{n-3}{2n}\pi + z\right)\cos\left(\frac{n-3}{2n}\pi - z\right)$$
$$\cos\left(\frac{n-5}{2n}\pi + z\right)\cos\left(\frac{n-5}{2n}\pi - z\right)$$

第14章 角の倍化と分割

$$\cos\left(\frac{n-7}{2n}\pi+z\right)\cos\left(\frac{n-7}{2n}\pi-z\right),$$
$$\cdots\cdots\cdots.$$

右辺の積において取り上げるべき項は全部で n 個である．

246. n は奇数とし，上記の方程式を1を先頭に置いて書き下すと，
$$0 = 1 \mp \frac{ny}{\cos nz} \pm \cdots$$
という形なる．ここで，もし n が $4m+1$ という形なら上側の符号が成立し，もし $n = 4m-1$ なら，下側の符号が成立する．よって，

$$+\frac{1}{\cos z} = \frac{1}{\cos z},$$

$$-\frac{3}{\cos 3z} = \frac{1}{\cos z} - \frac{1}{\cos\left(\frac{\pi}{3}-z\right)} - \frac{1}{\cos\left(\frac{\pi}{3}+z\right)},$$

$$+\frac{5}{\cos 5z} = \frac{1}{\cos z} - \frac{1}{\cos\left(\frac{\pi}{5}-z\right)} - \frac{1}{\cos\left(\frac{\pi}{5}+z\right)}$$
$$+\frac{1}{\cos\left(\frac{2\pi}{5}-z\right)} + \frac{1}{\cos\left(\frac{2\pi}{5}+z\right)}$$

というふうになる．一般に，$n = 2m+1$ と置けば，

$$\frac{n}{\cos nz} = \frac{2m+1}{\cos(2m+1)z} = \frac{1}{\cos\left(\frac{m}{n}\pi+z\right)} + \frac{1}{\cos\left(\frac{m}{n}\pi-z\right)}$$
$$-\frac{1}{\cos\left(\frac{m-1}{n}\pi+z\right)} - \frac{1}{\cos\left(\frac{m-1}{n}\pi-z\right)}$$
$$+\frac{1}{\cos\left(\frac{m-2}{n}\pi+z\right)} + \frac{1}{\cos\left(\frac{m-2}{n}\pi-z\right)}$$
$$-\frac{1}{\cos\left(\frac{m-3}{n}\pi+z\right)} - \frac{1}{\cos\left(\frac{m-3}{n}\pi-z\right)}$$
$$+\cdots$$

となる．ここで，取り上げるべき項の項数はきっかり n 個である．

247. ところで $\frac{1}{\cos v} = \sec v$ であるから，上記の事柄から，正割の注目すべき諸性質が導かれる．すなわち，

$$\sec z = \sec z,$$

$$3\sec 3z = \sec\left(\frac{\pi}{3}+z\right)+\sec\left(\frac{\pi}{3}-z\right)$$
$$-\sec\left(\frac{0\,\pi}{3}+z\right),$$
$$5\sec 5z = \sec\left(\frac{2\,\pi}{5}+z\right)+\sec\left(\frac{2\,\pi}{5}-z\right)$$
$$-\sec\left(\frac{\pi}{5}+z\right)-\sec\left(\frac{\pi}{5}-z\right)$$
$$+\sec\left(\frac{0\,\pi}{5}+z\right),$$
$$7\sec 7z = \sec\left(\frac{3\,\pi}{7}+z\right)+\sec\left(\frac{3\,\pi}{7}-z\right)$$
$$-\sec\left(\frac{2\,\pi}{7}+z\right)-\sec\left(\frac{2\,\pi}{7}-z\right)$$
$$+\sec\left(\frac{\pi}{7}+z\right)+\sec\left(\frac{\pi}{7}-z\right)$$
$$-\sec\left(\frac{0\,\pi}{7}+z\right)$$

となる．一般に，$n=2m+1$ と置くと，
$$n\sec nz = \sec\left(\frac{m}{n}\pi+z\right)+\sec\left(\frac{m}{n}\pi-z\right)$$
$$-\sec\left(\frac{m-1}{n}\pi+z\right)-\sec\left(\frac{m-1}{n}\pi-z\right)$$
$$+\sec\left(\frac{m-2}{n}\pi+z\right)+\sec\left(\frac{m-2}{n}\pi-z\right)$$
$$-\sec\left(\frac{m-3}{n}\pi+z\right)-\sec\left(\frac{m-3}{n}\pi-z\right)$$
$$+\sec\left(\frac{m-4}{n}\pi+z\right)+\sec\left(\frac{m-4}{n}\pi-z\right)$$
$$\cdots$$
$$\pm\sec z$$

となる．

248.　余割に対しては，§237から，

$$\operatorname{cosec} z = \operatorname{cosec} z,$$
$$3\operatorname{cosec} 3z = \operatorname{cosec} z + \operatorname{cosec}\left(\frac{\pi}{3}-z\right)-\operatorname{cosec}\left(\frac{\pi}{3}+z\right),$$

第14章　角の倍化と分割

$$5\operatorname{cosec} 5z = \operatorname{cosec} z + \operatorname{cosec}\left(\frac{\pi}{5}-z\right) - \operatorname{cosec}\left(\frac{\pi}{5}+z\right)$$
$$-\operatorname{cosec}\left(\frac{2\pi}{5}-z\right) + \operatorname{cosec}\left(\frac{2\pi}{5}+z\right),$$

$$7\operatorname{cosec} 7z = \operatorname{cosec} z + \operatorname{cosec}\left(\frac{\pi}{7}-z\right) - \operatorname{cosec}\left(\frac{\pi}{7}+z\right)$$
$$-\operatorname{cosec}\left(\frac{2\pi}{7}-z\right) + \operatorname{cosec}\left(\frac{2\pi}{7}+z\right)$$
$$+\operatorname{cosec}\left(\frac{3\pi}{7}-z\right) - \operatorname{cosec}\left(\frac{3\pi}{7}+z\right)$$

となる．一般に，$n = 2m+1$ と置くと，

$$n\operatorname{cosec} nz = \operatorname{cosec} z + \operatorname{cosec}\left(\frac{\pi}{n}-z\right) - \operatorname{cosec}\left(\frac{\pi}{n}+z\right)$$
$$-\operatorname{cosec}\left(\frac{2\pi}{n}-z\right) + \operatorname{cosec}\left(\frac{2\pi}{n}+z\right)$$
$$+\operatorname{cosec}\left(\frac{3\pi}{n}-z\right) - \operatorname{cosec}\left(\frac{3\pi}{n}+z\right)$$
$$\cdots$$
$$\mp \operatorname{cosec}\left(\frac{m\pi}{n}-z\right) \pm \operatorname{cosec}\left(\frac{m\pi}{n}+z\right)$$

となる．ここで，m が偶数なら上側の符号が成立し，m が奇数なら，下側の符号が成立する．

249.
すでに見たように [§133]，
$$\cos nz \pm \sqrt{-1}\sin nz = \left(\cos z \pm \sqrt{-1}\sin z\right)^n$$

であるから，
$$\cos nz = \frac{\left(\cos z + \sqrt{-1}\sin z\right)^n + \left(\cos z - \sqrt{-1}\sin z\right)^n}{2}$$

および
$$\sin nz = \frac{\left(\cos z + \sqrt{-1}\sin z\right)^n - \left(\cos z - \sqrt{-1}\sin z\right)^n}{2\sqrt{-1}}$$

となる．それゆえ，
$$\operatorname{tang} nz = \frac{\left(\cos z + \sqrt{-1}\sin z\right)^n - \left(\cos z - \sqrt{-1}\sin z\right)^n}{\left(\cos z + \sqrt{-1}\sin z\right)^n \sqrt{-1} + \left(\cos z - \sqrt{-1}\sin z\right)^n \sqrt{-1}}$$

となる．そこで，
$$\operatorname{tang} z = \frac{\sin z}{\cos z} = t$$

と置くと，
$$\tang nz = \frac{\left(1+t\sqrt{-1}\right)^n - \left(1-t\sqrt{-1}\right)^n}{\left(1+t\sqrt{-1}\right)^n\sqrt{-1} + \left(1-t\sqrt{-1}\right)^n\sqrt{-1}}$$
という公式が成立する．これより，次のような倍角の正接が生じる．
$$\tang z = t,$$
$$\tang 2z = \frac{2t}{1-tt},$$
$$\tang 3z = \frac{3t-t^3}{1-3tt},$$
$$\tang 4z = \frac{4t-4t^3}{1-6tt+t^4},$$
$$\tang 5z = \frac{5t-10t^3+t^5}{1-10tt+5t^4}.$$
一般に，
$$\tang nz = \frac{nt - \dfrac{n(n-1)(n-2)}{1\cdot 2\cdot 3}t^3 + \dfrac{n(n-1)(n-2)(n-3)(n-4)}{1\cdot 2\cdot 3\cdot 4\cdot 5}t^5 - \cdots}{1 - \dfrac{n(n-1)}{1\cdot 2}tt + \dfrac{n(n-1)(n-2)(n-3)}{1\cdot 2\cdot 3\cdot 4}t^4 - \cdots}$$
となる．ところで，
$$\tang nz = \tang(\pi + nz) = \tang(2\pi + nz) = \tang(3\pi + nz)\cdots$$
であるから，t の値，すなわち上記の方程式の根は
$$\tang z,\ \tang\left(\frac{\pi}{n}+z\right),\ \tang\left(\frac{2\pi}{n}+z\right),\ \tang\left(\frac{3\pi}{n}+z\right),\cdots$$
と表示される．これらの根の個数は全部で n 個である．

250.
上記の方程式を 1 から始まるように書き下せば，
$$0 = 1 - \frac{nt}{\tang nz} - \frac{n(n-1)tt}{1\cdot 2} + \frac{n(n-1)(n-2)t^3}{1\cdot 2\cdot 3\,\tang nz} + \cdots$$
という形になる．そこで係数と根を比較すると，
$$n\cot nz = \cot z + \cot\left(\frac{\pi}{n}+z\right) + \cot\left(\frac{2\pi}{n}+z\right) + \cot\left(\frac{3\pi}{n}+z\right)$$
$$+ \cot\left(\frac{4\pi}{n}+z\right) + \cdots + \cot\left(\frac{n-1}{n}\pi+z\right)$$
となる．それから次に，これらのすべての余接の平方の和は
$$\frac{nn}{(\sin nz)^2} - n$$
に等しい．同様にして，もっと高い次数の冪の和も定められる．また，n に定数を代入すると，

第14章　角の倍化と分割

$$\cot z = \cot z,$$
$$2\cot 2z = \cot z + \cot\left(\frac{\pi}{2} + z\right),$$
$$3\cot 3z = \cot z + \cot\left(\frac{\pi}{3} + z\right) + \cot\left(\frac{2\pi}{3} + z\right),$$
$$4\cot 4z = \cot z + \cot\left(\frac{\pi}{4} + z\right) + \cot\left(\frac{2\pi}{4} + z\right)$$
$$+ \cot\left(\frac{3\pi}{4} + z\right),$$
$$5\cot 5z = \cot z + \cot\left(\frac{\pi}{5} + z\right) + \cot\left(\frac{2\pi}{5} + z\right)$$
$$+ \cot\left(\frac{3\pi}{5} + z\right) + \cot\left(\frac{4\pi}{5} + z\right)$$

となる．

251. $\cot v = -\cot(\pi - v)$ であるから，

$$\cot z = \cot z,$$
$$2\cot 2z = \cot z - \cot\left(\frac{\pi}{2} - z\right),$$
$$3\cot 3z = \cot z - \cot\left(\frac{\pi}{3} - z\right) + \cot\left(\frac{\pi}{3} + z\right),$$
$$4\cot 4z = \cot z - \cot\left(\frac{\pi}{4} - z\right) + \cot\left(\frac{\pi}{4} + z\right)$$
$$- \cot\left(\frac{2\pi}{4} - z\right),$$
$$5\cot 5z = \cot z - \cot\left(\frac{\pi}{5} - z\right) + \cot\left(\frac{\pi}{5} + z\right)$$
$$- \cot\left(\frac{2\pi}{5} - z\right) + \cot\left(\frac{2\pi}{5} + z\right)$$

となる．一般に，

$$n\cot nz = \cot z - \cot\left(\frac{\pi}{n} - z\right) + \cot\left(\frac{\pi}{n} + z\right)$$
$$- \cot\left(\frac{2\pi}{n} - z\right) + \cot\left(\frac{2\pi}{n} + z\right)$$
$$- \cot\left(\frac{3\pi}{n} - z\right) + \cot\left(\frac{3\pi}{n} + z\right)$$
$$- \cdots$$

となる．ここで，[右辺の和は] n 個の項が出てくるまで続いていく．

252. このようにしてみいだされた方程式を，初項が最高次の冪になるような形に書き下してみよう．ここで，n の偶奇に応じて二通りの場合を区別しなければならない．まず n は奇数として，$n = 2m+1$ と置いてみよう．このとき，

$$t - \tang z = 0,$$
$$t^3 - 3tt\tang 3z - 3t + \tang 3z = 0,$$
$$t^5 - 5t^4 \tang 5z - 10t^3 + 10tt \tang 5z + 5t - \tang 5z = 0.$$

一般に，

$$t^n - nt^{n-1} \tang nz - \cdots \mp \tang nz = 0$$

となる．ここで，m が偶数なら上側の符号 − が成立し，m が奇数なら，下側の符号 + が成立する．それゆえ第二項の係数に着目すると，

$$\tang z = \tang z,$$
$$3 \tang 3z = \tang z + \tang \left(\frac{\pi}{3} + z\right) + \tang \left(\frac{2\pi}{3} + z\right),$$
$$5 \tang 5z = \tang z + \tang \left(\frac{\pi}{5} + z\right) + \tang \left(\frac{2\pi}{5} + z\right)$$
$$+ \tang \left(\frac{3\pi}{5} + z\right) + \tang \left(\frac{4\pi}{5} + z\right),$$
$$\cdots\cdots\cdots\cdots$$

となることがわかる．

253. $\tang v = -\tang(\pi - v)$ であるから，直角よりも大きい角度は直角よりも小さい角度に帰着されて，

$$\tang z = \tang z,$$
$$3 \tang 3z = \tang z - \tang \left(\frac{\pi}{3} - z\right) + \tang \left(\frac{\pi}{3} + z\right),$$
$$5 \tang 5z = \tang z - \tang \left(\frac{\pi}{5} - z\right) + \tang \left(\frac{\pi}{5} + z\right)$$
$$- \tang \left(\frac{2\pi}{5} - z\right) + \tang \left(\frac{2\pi}{5} + z\right),$$
$$7 \tang 7z = \tang z - \tang \left(\frac{\pi}{7} - z\right) + \tang \left(\frac{\pi}{7} + z\right)$$
$$- \tang \left(\frac{2\pi}{7} - z\right) + \tang \left(\frac{2\pi}{7} + z\right)$$
$$- \tang \left(\frac{3\pi}{7} - z\right) + \tang \left(\frac{3\pi}{7} + z\right),$$
$$\cdots\cdots\cdots\cdots$$

第14章 角の倍化と分割

となる．一般に，$n = 2m+1$ とすると，

$$n \,\text{tang}\, nz = \text{tang}\, z - \text{tang}\left(\frac{\pi}{n} - z\right) + \text{tang}\left(\frac{\pi}{n} + z\right)$$

$$- \text{tang}\left(\frac{2\pi}{n} - z\right) + \text{tang}\left(\frac{2\pi}{n} + z\right)$$

$$- \text{tang}\left(\frac{3\pi}{n} - z\right) + \text{tang}\left(\frac{3\pi}{n} + z\right)$$

$$\cdot$$
$$\cdot$$
$$\cdot$$

$$- \text{tang}\left(\frac{m\pi}{n} - z\right) + \text{tang}\left(\frac{m\pi}{n} + z\right)$$

となる．

254. 次に，これらの正接すべての積は $\text{tang}\, nz$ に等しい．というのは，［上記の式において］負符号の個数は交互に偶数になったり，奇数になったりするので，符号の二重性は消えてしまうからである．よって，

$$\text{tang}\, z = \text{tang}\, z,$$

$$\text{tang}\, 3z = \text{tang}\, z \,\text{tang}\left(\frac{\pi}{3} - z\right) \text{tang}\left(\frac{\pi}{3} + z\right),$$

$$\text{tang}\, 5z = \text{tang}\, z \,\text{tang}\left(\frac{\pi}{5} - z\right) \text{tang}\left(\frac{\pi}{5} + z\right)$$

$$\text{tang}\left(\frac{2\pi}{5} - z\right) \text{tang}\left(\frac{2\pi}{5} + z\right)$$

となる．一般に，$n = 2m+1$ とすると，

$$\text{tang}\, nz = \text{tang}\, z \,\text{tang}\left(\frac{\pi}{n} - z\right) \text{tang}\left(\frac{\pi}{n} + z\right)$$

$$\text{tang}\left(\frac{2\pi}{n} - z\right) \text{tang}\left(\frac{2\pi}{n} + z\right)$$

$$\text{tang}\left(\frac{3\pi}{n} - z\right) \text{tang}\left(\frac{3\pi}{n} + z\right)$$

$$\cdot$$
$$\cdot$$
$$\cdot$$

$$\text{tang}\left(\frac{m\pi}{n} - z\right) \text{tang}\left(\frac{m\pi}{n} + z\right)$$

となる．

255. n は偶数として，上記の方程式を初項が最高次の冪になるような形に書

き下してみよう．すると，
$$tt + 2t\cot 2z - 1 = 0,$$
$$t^4 + 4t^3 \cot 4z - 6tt - 4t\cot 4z + 1 = 0.$$
一般に，$n = 2m$とすると，
$$t^n + nt^{n-1}\cot nz - \cdots \mp 1 = 0$$
となる．ここで，m が奇数なら上側の符号 – が成立し，m が偶数なら，下側の符号 ＋ が成立する．そこで根と第二項の係数とを比較すると，
$$-2\cot 2z = \tan g\, z + \tan g\left(\frac{\pi}{2} + z\right),$$
$$-4\cot 4z = \tan g\, z + \tan g\left(\frac{\pi}{4} + z\right) + \tan g\left(\frac{2\pi}{4} + z\right)$$
$$+ \tan g\left(\frac{3\pi}{4} + z\right),$$
$$-6\cot 6z = \tan g\, z + \tan g\left(\frac{\pi}{6} + z\right) + \tan g\left(\frac{2\pi}{6} + z\right)$$
$$+ \tan g\left(\frac{3\pi}{6} + z\right) + \tan g\left(\frac{4\pi}{6} + z\right)$$
$$+ \tan g\left(\frac{5\pi}{6} + z\right),$$
$$\cdots\cdots\cdots$$
となることがわかる．

256.
$\tan g\, v = -\tan g(\pi - v)$ であるから，下記のような方程式が作られる．
$$2\cot 2z = -\tan g\, z + \tan g\left(\frac{\pi}{2} - z\right),$$
$$4\cot 4z = -\tan g\, z + \tan g\left(\frac{\pi}{4} - z\right) - \tan g\left(\frac{\pi}{4} + z\right)$$
$$+ \tan g\left(\frac{2\pi}{4} - z\right),$$
$$6\cot 6z = -\tan g\, z + \tan g\left(\frac{\pi}{6} - z\right) - \tan g\left(\frac{\pi}{6} + z\right)$$
$$+ \tan g\left(\frac{2\pi}{6} - z\right) - \tan g\left(\frac{2\pi}{6} + z\right)$$
$$+ \tan g\left(\frac{3\pi}{6} - z\right).$$
一般に，$n = 2m$ とすると，
$$n\cot nz = -\tan g\, z + \tan g\left(\frac{\pi}{n} - z\right) - \tan g\left(\frac{\pi}{n} + z\right)$$

第14章 角の倍化と分割

$$+ \operatorname{tang}\left(\frac{2\pi}{n} - z\right) - \operatorname{tang}\left(\frac{2\pi}{n} + z\right)$$
$$+ \operatorname{tang}\left(\frac{3\pi}{n} - z\right) - \operatorname{tang}\left(\frac{3\pi}{n} + z\right)$$
$$\cdot$$
$$\cdot$$
$$\cdot$$
$$+ \operatorname{tang}\left(\frac{m\pi}{n} - z\right)$$

となる．

257. このような形状を見ると，積の符号にまつわる二義性は消えてしまうことがわかるであろう．したがって，

$$1 = \operatorname{tang} z \operatorname{tang}\left(\frac{\pi}{2} - z\right),$$
$$1 = \operatorname{tang} z \operatorname{tang}\left(\frac{\pi}{4} - z\right) \operatorname{tang}\left(\frac{\pi}{4} + z\right)$$
$$\operatorname{tang}\left(\frac{2\pi}{4} - z\right),$$
$$1 = \operatorname{tang} z \operatorname{tang}\left(\frac{\pi}{6} - z\right) \operatorname{tang}\left(\frac{\pi}{6} + z\right)$$
$$\operatorname{tang}\left(\frac{2\pi}{6} - z\right) \operatorname{tang}\left(\frac{2\pi}{6} + z\right)$$
$$\operatorname{tang}\left(\frac{3\pi}{6} - z\right),$$
$$\cdots\cdots$$

となる．ところで，これらの方程式が成立する理由はおのずと明らかであり，即座に見て取れる．というのは，［これらの各々の方程式に現われる角の間に］つねにふたつずつ，一方が他方の直角に関する補角になっているものがみいだされるからである．そのようなふたつの角の正接の積は1を与える．したがって，すべての角の正接の積もまた1に等しくなければならないのである．

258. アリトメチカ的数列を作る角の正弦と余弦は回帰系列を与えるから，前章により，どれほど多くても，このような正弦と余弦の和を明示することができる．あるアリトメチカ的数列に見られる角を，
$$a, \ a+b, \ a+2b, \ a+3b, \ a+4b, \ a+5b, \cdots$$
として，まず初めにこれらの無限に続いていく角の正弦の和を求めるものとしてみよ

239

う．そこで，
$$s = \sin a + \sin(a+b) + \sin(a+2b) + \sin(a+3b) + \cdots$$
と置こう．s の右辺の和を構成する正弦の系列は回帰的であり，しかもその関係比は $2\cos b$ と -1 であるから，s の値は，分母が
$$1 - 2z\cos b + zz$$
である分数の展開式において $z = 1$ と置けば手に入る．その分数それ自体は
$$\frac{\sin a + z(\sin(a+b) - 2\sin a \cos b)}{1 - 2z\cos b + zz}$$
に等しい．そこで $z = 1$ と置くと，
$$s = \frac{\sin a + \sin(a+b) - 2\sin a \cos b}{2 - 2\cos b} = \frac{\sin a - \sin(a-b)}{2(1 - \cos b)}$$
となる．というのは，
$$2\sin a \cos b = \sin(a+b) + \sin(a-b)$$
となるからである．ところで，
$$\sin f - \sin g = 2\cos\frac{f+g}{2}\sin\frac{f-g}{2}.$$
よって，
$$\sin a - \sin(a-b) = 2\cos\left(a - \tfrac{1}{2}b\right)\sin\tfrac{1}{2}b.$$
しかも，
$$1 - \cos b = 2\left(\sin\tfrac{1}{2}b\right)^2.$$
よって，
$$s = \frac{\cos\left(a - \tfrac{1}{2}b\right)}{2\sin\tfrac{1}{2}b}$$
となる．

259. こうして，あるアリトメチカ的数列をつたって進んでいく角の正弦の和の値を，それらの正弦がどれほど多くとも，指定することが可能になる．この模様を具体的に観察するため，今，数列の和
$$\sin a + \sin(a+b) + \sin(a+2b) + \sin(a+3b) + \cdots + \sin(a+nb)$$
を求めるものとしてみよう．この数列が無限に続くのであれば，その和は
$$\frac{\cos\left(a - \tfrac{1}{2}b\right)}{2\sin\tfrac{1}{2}b}$$

第14章　角の倍化と分割

である．そこで，そうではないとして，一番最後にくる項の後になお無限に続いていく和
$$\sin(a+(n+1)b)+\sin(a+(n+2)b)+\sin(a+(n+3)b)+\cdots$$
を考えよう．これらの正弦の和は
$$\frac{\cos\left(a+\left(n+\frac{1}{2}\right)b\right)}{2\sin\frac{1}{2}b}$$
に等しい．この和を，前にみいだされた和から差し引けば，求める和があとに残されることになる．すなわち，
$$s=\sin a+\sin(a+b)+\sin(a+2b)+\cdots+\sin(a+nb)$$
と置くとき，
$$s=\frac{\cos\left(a-\frac{1}{2}b\right)-\cos\left(a+\left(n+\frac{1}{2}\right)b\right)}{2\sin\frac{1}{2}b}=\frac{\sin\left(a+\frac{1}{2}nb\right)\sin\frac{1}{2}(n+1)b}{2\sin\frac{1}{2}b}$$
と表示されるのである．

260.
同様に，余弦の和を考えて
$$s=\cos a+\cos(a+b)+\cos(a+2b)+\cos(a+3b)+\cdots$$
と設定すると，$z=1$ と置いて，
$$s=\frac{\cos a+z(\cos(a+b)-2\cos a\cos b)}{1-2z\cos b+zz}$$
となる．ところが，
$$2\cos a\cos b=\cos(a-b)+\cos(a+b).$$
よって，
$$s=\frac{\cos a-\cos(a-b)}{2(1-\cos b)}.$$
そうして
$$\cos f-\cos g=2\sin\frac{f+g}{2}\sin\frac{g-f}{2}$$
であるから，
$$\cos a-\cos(a-b)=-2\sin\left(a-\frac{1}{2}b\right)\sin\frac{1}{2}b.$$
しかも
$$1-\cos b=2\left(\sin\frac{1}{2}b\right)^2$$
であるから，

$$s = -\frac{\sin\left(a - \frac{1}{2}b\right)}{2\sin\frac{1}{2}b}$$

となる．同様に，数列の和
$$\cos\left(a + (n+1)b\right) + \cos\left(a + (n+2)b\right) + \cos\left(a + (n+3)b\right) + \cdots$$
は
$$-\frac{\sin\left(a + (n + \frac{1}{2})b\right)}{2\sin\frac{1}{2}b}$$

に等しい．そこでこの和を前者の和から差し引けば，その後に残されるのは，数列の和
$$s = \cos a + \cos(a+b) + \cos(a+2b) + \cos(a+3b) + \cdots + \cos(a+nb)$$
の値である．その値は，
$$s = \frac{-\sin\left(a - \frac{1}{2}b\right) + \sin\left(a + (n + \frac{1}{2})b\right)}{2\sin\frac{1}{2}b} = \frac{\cos\left(a + \frac{1}{2}nb\right)\sin\frac{1}{2}(n+1)b}{2\sin\frac{1}{2}b}$$
と表示される．

261. 上記の事柄を根底に据えると，正弦と正接に関する他の多くの問題，たとえば正弦や正接の平方もしくはより高次の冪の和を求めるというような問題の解決が可能になる．しかしそれらは上に挙げた方程式の残りの係数を観察することにより，前節と同様の手順を踏んで導出されるのであるから，ここではそれらに長々とかかずらうようなことはしないことにする．ところで，このような和に関する限り，正弦と余弦の冪はどれも，個々の正弦と余弦を用いて書き表わされるという事実に注目しておくべきであろう．この事実をもっとはっきりと認識するために，簡単に説明を加えておきたいと思う．

262. これを説明するために，既述の事柄[5]の中から，次のような補助的命題を取り出して使いたいと思う．
$$2\sin a \sin z = \cos(a-z) - \cos(a+z),$$
$$2\cos a \sin z = \sin(a+z) - \sin(a-z),$$

第14章　角の倍化と分割

$$2\sin a \cos z = \sin(a+z) + \sin(a-z),$$
$$2\cos a \cos z = \cos(a-z) + \cos(a+z).$$

これより，まず初めに正弦の冪がみいだされる．

$$\sin z = \sin z,$$
$$2(\sin z)^2 = 1 - \cos 2z,$$
$$4(\sin z)^3 = 3\sin z - \sin 3z,$$
$$8(\sin z)^4 = 3 - 4\cos 2z + \cos 4z,$$
$$16(\sin z)^5 = 10\sin z - 5\sin 3z + \sin 5z,$$
$$32(\sin z)^6 = 10 - 15\cos 2z + 6\cos 4z - \cos 6z,$$
$$64(\sin z)^7 = 35\sin z - 21\sin 3z + 7\sin 5z - \sin 7z,$$
$$128(\sin z)^8 = 35 - 56\cos 2z + 28\cos 4z - 8\cos 6z + \cos 8z,$$
$$256(\sin z)^9 = 126\sin z - 84\sin 3z + 36\sin 5z - 9\sin 7z + \sin 9z,$$
$$\cdots\cdots\cdots\cdots\cdots$$

係数が配列されていく規則は，二項式の冪の展開を見れば諒解されるであろう．ただし，偶数冪の表示式に出てくる絶対数[6]は，二項式展開が与える係数の半分にすぎないという違いはある．

263. 余弦の冪も同様にして規定される．

$$\cos z = \cos z,$$
$$2(\cos z)^2 = 1 + \cos 2z,$$
$$4(\cos z)^3 = 3\cos z + \cos 3z,$$
$$8(\cos z)^4 = 3 + 4\cos 2z + \cos 4z,$$
$$16(\cos z)^5 = 10\cos z + 5\cos 3z + \cos 5z,$$
$$32(\cos z)^6 = 10 + 15\cos 2z + 6\cos 4z + \cos 6z,$$
$$64(\cos z)^7 = 35\cos z + 21\cos 3z + 7\cos 5z + \cos 7z,$$
$$\cdots\cdots\cdots\cdots\cdots$$

ここでもまた，係数の配列規則の様相について，正弦の場合に注意を喚起したことと同じ事柄を想起すべきである．

註記
1）正弦の一般等分方程式．
2）正弦の一般奇数等分方程式が具体的に記述された．

3）正弦の一般偶数等分方程式．
4）余弦の一般等分方程式．
5）第130節参照．
6）定数項のこと．

第15章　諸因子の積の展開を遂行して生成される級数

264.　有限個または無限個の因子を素材にして作られる積,すなわち
$$(1+\alpha z)(1+\beta z)(1+\gamma z)(1+\delta z)(1+\varepsilon z)(1+\zeta z)\cdots$$
という形の積が提示されたとして,乗法を実際に遂行してこれを展開すると,級数
$$1+Az+Bz^2+Cz^3+Dz^4+Ez^5+Fz^6+\cdots$$
が与えられるとしよう.このとき明らかに,係数 A,B,C,D,E,$\cdots$ は α,β,γ,δ,ε,ζ,$\cdots$ を用いて,

$A = \alpha + \beta + \gamma + \delta + \varepsilon + \zeta + \cdots =$ 個々の数の和,

$B =$ 異なるふたつの数の和,

$C =$ 異なる三つの数の和,

$D =$ 異なる四つの数の和,

$E =$ 異なる五つの数の和,

$\cdots\cdots\cdots$

という形に表記される.これは以下の係数についても同様で,最後にすべての数の積に到達するまで続いていく.

265.　そこで $z = 1$ と置くと,積
$$(1+\alpha)(1+\beta)(1+\gamma)(1+\delta)(1+\varepsilon)\cdots$$
は,数 α,β,γ,δ,ε,$\cdots$ をひとつひとつ,あるいは異なる数をふたつずつ,あるいはもっと多くの異なる数を同個数ずつ取り上げて,そのうえでそれらを相互に乗じて作られるあらゆる数の総和に1を加えた数に等しい.その際,もし同じ数が二度または二度以上にわたって現われたなら,その数はそれと同じ回数だけ,数の総和の中に繰り返し算入されるのである.

266.　$z = -1$ と置くと,積
$$(1-\alpha)(1-\beta)(1-\gamma)(1-\delta)(1-\varepsilon)\cdots$$

は，数 $\alpha, \beta, \gamma, \delta, \varepsilon, \cdots$ をひとつひとつ，あるいは異なる数をふたつずつ，あるいはもっと多くの異なる数を同個数ずつ取り上げて，そのうえでそれらを相互に乗じて作られるあらゆる数の総和に 1 を加えた数に等しい．これは先ほどの場合と同様の状勢ではあるが，区別しなければならない箇所がひとつある．すなわち，ひとつ，三つ，五つ，一般に奇数個の数を使って作られる数は負に取り，ふたつ，四つ，六つ，一般に偶数個の数を用いて作られる数は正に取るというふうにするのである．

267. $\alpha, \beta, \gamma, \delta, \cdots$ としてすべての素数
$$2, 3, 5, 7, 11, 13, \cdots$$
を書いてみよう．このとき積
$$(1+2)(1+3)(1+5)(1+7)(1+11)(1+13)\cdots = P$$
は，素数もしくはいくつかの異なる素数を乗じて作られる数のすべての総和に，1 を加えた数に等しい．よって，
$$P = 1 + 2 + 3 + 5 + 6 + 7 + 10 + 11 + 13 + 14 + 15 + 17 + \cdots$$
となる．この級数には，ある数の冪になっている数および何らかの冪で割り切れる数だけは除外して，残りのすべての自然数が現われる．すなわち，ここには 4, 8, 9, 12, 16, 18, $\cdots$ が欠けている．なぜなら，これらの数は一部分は 4, 8, 9, 16, $\cdots$ のようにある数の冪になっているし，他の一部分の数は 12, 18, $\cdots$ のように，ある冪で割り切れるからである．

268. $\alpha, \beta, \gamma, \delta, \cdots$ に素数冪を代入しても，すなわち
$$P = \left(1 + \frac{1}{2^n}\right)\left(1 + \frac{1}{3^n}\right)\left(1 + \frac{1}{5^n}\right)\left(1 + \frac{1}{7^n}\right)\left(1 + \frac{1}{11^n}\right)\cdots$$
と設定しても，事態は同様に進展する．実際，掛け算を遂行すると，
$$P = 1 + \frac{1}{2^n} + \frac{1}{3^n} + \frac{1}{5^n} + \frac{1}{6^n} + \frac{1}{7^n} + \frac{1}{10^n} + \frac{1}{11^n} + \cdots$$
という形になるが，ここに見られるさまざまな分数［の分母］には，それ自身が冪であるものと，ある冪で割り切れるものとを除外して，すべての数が姿を見せている．数というものはどれも素数であるか，あるいはいくつかの素数を乗じて組み立てられているかのいずれかであるから，ここで除外されているのは，その素数による構成様式の中に，同一の素数が二度もしくはそれ以上の回数にわたって入り込んでいるような数のみなのである．

第15章 諸因子の積の展開を遂行して生成される級数

269. 前に提示したように（§266），数 $\alpha, \beta, \gamma, \delta, \cdots$ を負に取り，

$$P = \left(1 - \frac{1}{2^n}\right)\left(1 - \frac{1}{3^n}\right)\left(1 - \frac{1}{5^n}\right)\left(1 - \frac{1}{7^n}\right)\left(1 - \frac{1}{11^n}\right)\cdots$$

と設定すると，

$$P = 1 - \frac{1}{2^n} - \frac{1}{3^n} - \frac{1}{5^n} + \frac{1}{6^n} - \frac{1}{7^n} + \frac{1}{10^n} - \frac{1}{11^n} - \frac{1}{13^n} + \frac{1}{14^n} + \frac{1}{15^n} - \cdots$$

という形になる．ここにもまた前のように，ある数の冪になっている数と，何らかの冪で割り切れる数は除外して，すべての数が登場している．ただし素数それ自身，三つ，五つ，一般に奇数個の素数を素材にして作られる数には前方に符号 $-$ が附されている．他方，ふたつ，四つ，六つ，一般に偶数個の素数を素材にして作られる数には符号 $+$ が附されている．たとえば，この級数には項 $\frac{1}{30^n}$ が現われる．なぜなら $30 = 2\cdot 3\cdot 5$ であり，この［素因子への］分解には冪は入っていないからである．また，30 は三つの素数の積であるから，この項は符号 $-$ をもつ．

270. さて，表示式

$$\frac{1}{(1-\alpha z)(1-\beta z)(1-\gamma z)(1-\delta z)(1-\varepsilon z)\cdots}$$

を考察しよう．実際に割り算を行なってこの式を展開すると，

$$1 + Az + Bz^2 + Cz^3 + Dz^4 + Ez^5 + Fz^6 + \cdots$$

という形の級数が与えられる．明らかに，係数 $A, B, C, D, E, \cdots$ は $\alpha, \beta, \gamma, \delta, \varepsilon, \cdots$ を用いて次のように組み立てられる．

$A = $ 各数の和，

$B = $ ふたつずつの数の和，

$C = $ 三つずつの数の和，

$D = $ 四つずつの数の和，

・・・・・

この組み立てにあたり，同じ因子がいくつか同時に取り上げられることもある．そのような場合も除外されない．

271. そこで $z = 1$ と置くと，式

$$\frac{1}{(1-\alpha)(1-\beta)(1-\gamma)(1-\delta)(1-\varepsilon)\cdots}$$

は，$\alpha, \beta, \gamma, \delta, \varepsilon, \cdots$ の中からひとつ，ふたつ，あるいはもっと多くの数を取って，そのうえでそれらを相互に乗じることによって作られるあらゆる数の総和に 1 を

加えた数に等しい．その際，同一の数が重ねて取り上げられる場合も除外されない．
したがってこのような数の総和は前に§265で得られた総和とは異なっている．なぜ
なら，§265では異なる因子だけを採用しなければならなかったのに対し，ここでは
同じ因子が幾度も繰り返して現われても別段さしつかえないからである．言い換える
と，ここには数 $\alpha, \beta, \gamma, \delta, \varepsilon, \cdots$ を素材にして掛け算を遂行することによって作
り出される可能性のある数が，ことごとくみな見られるのである．

272. このような次第であるから，因子の個数が無限でも有限でも，総和はつ
ねに無限に多くの個数の項から成る．たとえば，

$$\frac{1}{1-\frac{1}{2}} = 1 + \frac{1}{2} + \frac{1}{4} + \frac{1}{8} + \frac{1}{16} + \frac{1}{32} + \cdots$$

というふうになる．ここには，2を繰り返し乗じてできるすべての数，すなわち2の
冪がすべて姿を見せている．次に，

$$\frac{1}{\left(1-\frac{1}{2}\right)\left(1-\frac{1}{3}\right)} = 1 + \frac{1}{2} + \frac{1}{3} + \frac{1}{4} + \frac{1}{6} + \frac{1}{8} + \frac{1}{9} + \frac{1}{12} + \frac{1}{16} + \frac{1}{18} + \cdots$$

となる．ここには，ふたつの数2と3を素材にし，掛け算を行なって作られる数，言
い換えると2と3のほかには約数をもたない数以外の数は現われない．

273. そこで $\alpha, \beta, \gamma, \delta, \cdots$ として，1を個々の素数で割って得られる数の
すべてを書き，そのうえで

$$P = \frac{1}{\left(1-\frac{1}{2}\right)\left(1-\frac{1}{3}\right)\left(1-\frac{1}{5}\right)\left(1-\frac{1}{7}\right)\left(1-\frac{1}{11}\right)\left(1-\frac{1}{13}\right)\cdots}$$

と設定すると，

$$P = 1 + \frac{1}{2} + \frac{1}{3} + \frac{1}{4} + \frac{1}{5} + \frac{1}{6} + \frac{1}{7} + \frac{1}{8} + \frac{1}{9} + \cdots$$

という形になる．ここには素数およびいくつかの素数を乗じて作られる数がことごと
くみな登場する．ところがあらゆる数はそれ自身が素数であるか，あるいはいくつか
の素数を乗じて作られるかのいずれかなのであるから，右辺の級数を構成する分数の
分母には明らかに，ありとあらゆる整数が姿を見せることになる．

274. 素数の冪を受け入れることにした場合にも，同じ事態が生起する．実際，

$$P = \frac{1}{\left(1-\frac{1}{2^n}\right)\left(1-\frac{1}{3^n}\right)\left(1-\frac{1}{5^n}\right)\left(1-\frac{1}{7^n}\right)\left(1-\frac{1}{11^n}\right)\cdots}$$

第15章 諸因子の積の展開を遂行して生成される級数

と設定すると,
$$P = 1 + \frac{1}{2^n} + \frac{1}{3^n} + \frac{1}{4^n} + \frac{1}{5^n} + \frac{1}{6^n} + \frac{1}{7^n} + \frac{1}{8^n} + \cdots$$
となる．ここには，0を除くあらゆる自然数が現われる．ところで，もし諸因子においていたるところで符号＋が附されていて，
$$P = \frac{1}{\left(1+\frac{1}{2^n}\right)\left(1+\frac{1}{3^n}\right)\left(1+\frac{1}{5^n}\right)\left(1+\frac{1}{7^n}\right)\left(1+\frac{1}{11^n}\right)\cdots}$$
となるとするなら,
$$P = 1 - \frac{1}{2^n} - \frac{1}{3^n} + \frac{1}{4^n} - \frac{1}{5^n} + \frac{1}{6^n} - \frac{1}{7^n} - \frac{1}{8^n} + \frac{1}{9^n} + \frac{1}{10^n} - \cdots$$
という形になる．ここで，素数［の冪を分母にもつ分数］には符号－が附されている．また，同じ素数でも異なる素数でもどちらでもよいが，ふたつの素数から作られる数には符号＋が附されている．一般に偶数個の素因子を用いて作られる数には符号＋が附されているが，奇数個の素因子を使って作られる数には符号－が附されている．たとえば項 $\frac{1}{240^n}$ は，$240 = 2 \cdot 2 \cdot 2 \cdot 2 \cdot 3 \cdot 5$ であるから，符号＋をもつ．この規則の根拠は§270において $z = -1$ と置けば諒解されると思う．

275． これらの事柄を先行する事柄と併せてひとつにまとめると，ふたつの級数が生じる．しかもそれらの積は1に等しい．実際,
$$P = \frac{1}{\left(1-\frac{1}{2^n}\right)\left(1-\frac{1}{3^n}\right)\left(1-\frac{1}{5^n}\right)\left(1-\frac{1}{7^n}\right)\left(1-\frac{1}{11^n}\right)\cdots}$$
および
$$Q = \left(1-\frac{1}{2^n}\right)\left(1-\frac{1}{3^n}\right)\left(1-\frac{1}{5^n}\right)\left(1-\frac{1}{7^n}\right)\left(1-\frac{1}{11^n}\right)\cdots$$
と設定すると,
$$P = 1 + \frac{1}{2^n} + \frac{1}{3^n} + \frac{1}{4^n} + \frac{1}{5^n} + \frac{1}{6^n} + \frac{1}{7^n} + \frac{1}{8^n} + \cdots,$$
$$Q = 1 - \frac{1}{2^n} - \frac{1}{3^n} - \frac{1}{5^n} + \frac{1}{6^n} - \frac{1}{7^n} + \frac{1}{10^n} - \frac{1}{11^n} - \cdots$$
となる（§269）が，明らかに $PQ = 1$ となる．

276． 他方,
$$P = \frac{1}{\left(1+\frac{1}{2^n}\right)\left(1+\frac{1}{3^n}\right)\left(1+\frac{1}{5^n}\right)\left(1+\frac{1}{7^n}\right)\left(1+\frac{1}{11^n}\right)\cdots}$$
および

$$Q = \left(1+\frac{1}{2^n}\right)\left(1+\frac{1}{3^n}\right)\left(1+\frac{1}{5^n}\right)\left(1+\frac{1}{7^n}\right)\left(1+\frac{1}{11^n}\right)\cdots$$

と置けば,

$$P = 1 - \frac{1}{2^n} - \frac{1}{3^n} + \frac{1}{4^n} - \frac{1}{5^n} + \frac{1}{6^n} - \frac{1}{7^n} - \frac{1}{8^n} + \frac{1}{9^n} + \cdots,$$

$$Q = 1 + \frac{1}{2^n} + \frac{1}{3^n} + \frac{1}{5^n} + \frac{1}{6^n} + \frac{1}{7^n} + \frac{1}{10^n} + \frac{1}{11^n} + \cdots$$

となるが,この場合にもやはり $PQ=1$ となる.それゆえ,一方の級数の和が判明したなら,それと同時にもうひとつの級数の和もわかることになる.

277. 逆に,これらの級数の和が判明したなら,それらを元にして無限に多くの因子の積の値を指定することが可能になる.たとえば,

$$M = 1 + \frac{1}{2^n} + \frac{1}{3^n} + \frac{1}{4^n} + \frac{1}{5^n} + \frac{1}{6^n} + \frac{1}{7^n} + \cdots,$$

$$N = 1 + \frac{1}{2^{2n}} + \frac{1}{3^{2n}} + \frac{1}{4^{2n}} + \frac{1}{5^{2n}} + \frac{1}{6^{2n}} + \frac{1}{7^{2n}} + \cdots$$

と置くと,

$$M = \frac{1}{\left(1-\frac{1}{2^n}\right)\left(1-\frac{1}{3^n}\right)\left(1-\frac{1}{5^n}\right)\left(1-\frac{1}{7^n}\right)\left(1-\frac{1}{11^n}\right)\cdots},$$

$$N = \frac{1}{\left(1-\frac{1}{2^{2n}}\right)\left(1-\frac{1}{3^{2n}}\right)\left(1-\frac{1}{5^{2n}}\right)\left(1-\frac{1}{7^{2n}}\right)\left(1-\frac{1}{11^{2n}}\right)\cdots}$$

となる.

[M を N で] 割ると,

$$\frac{M}{N} = \left(1+\frac{1}{2^n}\right)\left(1+\frac{1}{3^n}\right)\left(1+\frac{1}{5^n}\right)\left(1+\frac{1}{7^n}\right)\left(1+\frac{1}{11^n}\right)\cdots$$

が生じる.最後に,

$$\frac{MM}{N} = \frac{2^n+1}{2^n-1}\cdot\frac{3^n+1}{3^n-1}\cdot\frac{5^n+1}{5^n-1}\cdot\frac{7^n+1}{7^n-1}\cdot\frac{11^n+1}{11^n-1}\cdots$$

となる.それゆえ,M と N が判明したなら,これらの積のほかに,次のような級数の和も得られることになる.

$$\frac{1}{M} = 1 - \frac{1}{2^n} - \frac{1}{3^n} - \frac{1}{5^n} + \frac{1}{6^n} - \frac{1}{7^n} + \frac{1}{10^n} - \frac{1}{11^n} - \cdots,$$

$$\frac{1}{N} = 1 - \frac{1}{2^{2n}} - \frac{1}{3^{2n}} - \frac{1}{5^{2n}} + \frac{1}{6^{2n}} - \frac{1}{7^{2n}} + \frac{1}{10^{2n}} - \frac{1}{11^{2n}} - \cdots,$$

$$\frac{M}{N} = 1 + \frac{1}{2^n} + \frac{1}{3^n} + \frac{1}{5^n} + \frac{1}{6^n} + \frac{1}{7^n} + \frac{1}{10^n} + \frac{1}{11^n} + \cdots,$$

$$\frac{N}{M} = 1 - \frac{1}{2^n} - \frac{1}{3^n} + \frac{1}{4^n} - \frac{1}{5^n} + \frac{1}{6^n} - \frac{1}{7^n} - \frac{1}{8^n} + \frac{1}{9^n} + \frac{1}{10^n} - \cdots.$$

第15章 諸因子の積の展開を遂行して生成される級数

これらを組み合わせると，このほかにも多くの級数の和が導かれる．

例1

$n=1$ としよう．すでに以前［§123］，

$$\log\frac{1}{1-x} = x + \frac{x^2}{2} + \frac{x^3}{3} + \frac{x^4}{4} + \frac{x^5}{5} + \frac{x^6}{6} + \cdots$$

となることが証明された．そこで $x=1$ と置くと，

$$\log\frac{1}{1-1} = \log\infty = 1 + \frac{1}{2} + \frac{1}{3} + \frac{1}{4} + \frac{1}{5} + \cdots$$

となる．ところが無限に大きな数の対数は ∞ それ自身である．すなわち無限大である．よって，

$$M = 1 + \frac{1}{2} + \frac{1}{3} + \frac{1}{4} + \frac{1}{5} + \frac{1}{6} + \frac{1}{7} + \cdots = \infty$$

となる．そうして $\frac{1}{M} = \frac{1}{\infty} = 0$ であるから，

$$0 = 1 - \frac{1}{2} - \frac{1}{3} - \frac{1}{5} + \frac{1}{6} - \frac{1}{7} + \frac{1}{10} - \frac{1}{11} - \frac{1}{13} + \frac{1}{14} + \frac{1}{15} - \cdots$$

となる．積の形で書くと，

$$M = \infty = \frac{1}{\left(1-\frac{1}{2}\right)\left(1-\frac{1}{3}\right)\left(1-\frac{1}{5}\right)\left(1-\frac{1}{7}\right)\left(1-\frac{1}{11}\right)\cdots}$$

が得られる．よって，

$$\infty = \frac{2}{1} \cdot \frac{3}{2} \cdot \frac{5}{4} \cdot \frac{7}{6} \cdot \frac{11}{10} \cdot \frac{13}{12} \cdot \frac{17}{16} \cdot \frac{19}{18} \cdots$$

および

$$0 = \frac{1}{2} \cdot \frac{2}{3} \cdot \frac{4}{5} \cdot \frac{6}{7} \cdot \frac{10}{11} \cdot \frac{12}{13} \cdot \frac{16}{17} \cdot \frac{18}{19} \cdots$$

となる．次に，すでに報告された［§167］さまざまな級数の和［のひとつ］を用いると，級数和

$$N = 1 + \frac{1}{2^2} + \frac{1}{3^2} + \frac{1}{4^2} + \frac{1}{5^2} + \frac{1}{6^2} + \frac{1}{7^2} + \cdots = \frac{\pi\pi}{6}$$

が得られる．これより，次のような和が得られる．

$$\frac{6}{\pi\pi} = 1 - \frac{1}{2^2} - \frac{1}{3^2} - \frac{1}{5^2} + \frac{1}{6^2} - \frac{1}{7^2} - \frac{1}{10^2} - \frac{1}{11^2} - \cdots,$$

$$\infty = 1 + \frac{1}{2} + \frac{1}{3} + \frac{1}{5} + \frac{1}{6} + \frac{1}{7} + \frac{1}{10} + \frac{1}{11} + \cdots,$$

$$0 = 1 - \frac{1}{2} - \frac{1}{3} + \frac{1}{4} - \frac{1}{5} - \frac{1}{6} - \frac{1}{7} - \frac{1}{8} + \frac{1}{9} + \frac{1}{10} - \frac{1}{11} - \cdots.$$

最後に，［$\frac{\pi\pi}{6}$ の積表示を構成する］諸因子として，

$$\frac{\pi\pi}{6} = \frac{2^2}{2^2-1} \cdot \frac{3^2}{3^2-1} \cdot \frac{5^2}{5^2-1} \cdot \frac{7^2}{7^2-1} \cdot \frac{11^2}{11^2-1} \cdots$$

すなわち

$$\frac{\pi}{6}\frac{\pi}{} = \frac{4}{3} \cdot \frac{9}{8} \cdot \frac{25}{24} \cdot \frac{49}{48} \cdot \frac{121}{120} \cdot \frac{169}{168} \cdots$$

が生じる．また，$\frac{M}{N} = \infty$ すなわち $\frac{N}{M} = 0$ であるから，

$$\infty = \frac{3}{2} \cdot \frac{4}{3} \cdot \frac{6}{5} \cdot \frac{8}{7} \cdot \frac{12}{11} \cdot \frac{14}{13} \cdot \frac{18}{17} \cdot \frac{20}{19} \cdots$$

すなわち

$$0 = \frac{2}{3} \cdot \frac{3}{4} \cdot \frac{5}{6} \cdot \frac{7}{8} \cdot \frac{11}{12} \cdot \frac{13}{14} \cdot \frac{17}{18} \cdot \frac{19}{20} \cdots$$

となる．また，

$$\infty = \frac{3}{1} \cdot \frac{4}{2} \cdot \frac{6}{4} \cdot \frac{8}{6} \cdot \frac{12}{10} \cdot \frac{14}{12} \cdot \frac{18}{16} \cdot \frac{20}{18} \cdots$$

すなわち

$$0 = \frac{1}{3} \cdot \frac{1}{2} \cdot \frac{2}{3} \cdot \frac{3}{4} \cdot \frac{5}{6} \cdot \frac{6}{7} \cdot \frac{8}{9} \cdot \frac{9}{10} \cdots$$

となる．一番最後の［無限積を構成する］各々の分数の分子は，（冒頭の分数は別にして）分母よりも1だけ小さい．しかも，これらの分数の分子と分母の和を作ると，素数 3, 5, 7, 11, 13, 17, 19, ⋯ が与えられる．

例2

$n=2$ としよう．すでに見た事柄［§167］により，

$$M = 1 + \frac{1}{2^2} + \frac{1}{3^2} + \frac{1}{4^2} + \frac{1}{5^2} + \frac{1}{6^2} + \frac{1}{7^2} + \cdots = \frac{\pi}{6}\frac{\pi}{},$$

$$N = 1 + \frac{1}{2^4} + \frac{1}{3^4} + \frac{1}{4^4} + \frac{1}{5^4} + \frac{1}{6^4} + \frac{1}{7^4} + \cdots = \frac{\pi^4}{90}$$

となる．これより，まず初めに，次のような級数和が求められる．

$$\frac{6}{\pi\pi} = 1 - \frac{1}{2^2} - \frac{1}{3^2} - \frac{1}{5^2} + \frac{1}{6^2} - \frac{1}{7^2} + \frac{1}{10^2} - \frac{1}{11^2} - \cdots,$$

$$\frac{90}{\pi^4} = 1 - \frac{1}{2^4} - \frac{1}{3^4} - \frac{1}{5^4} + \frac{1}{6^4} - \frac{1}{7^4} + \frac{1}{10^4} - \frac{1}{11^4} - \cdots,$$

$$\frac{15}{\pi^2} = 1 + \frac{1}{2^2} + \frac{1}{3^2} + \frac{1}{5^2} + \frac{1}{6^2} + \frac{1}{7^2} + \frac{1}{10^2} + \frac{1}{11^2} + \cdots,$$

$$\frac{\pi\pi}{15} = 1 - \frac{1}{2^2} - \frac{1}{3^2} + \frac{1}{4^2} - \frac{1}{5^2} + \frac{1}{6^2} - \frac{1}{7^2} - \frac{1}{8^2} + \frac{1}{9^2} + \frac{1}{10^2} - \cdots.$$

次に，下記のような積の値が判明する．

$$\frac{\pi}{6}\frac{\pi}{} = \frac{2^2}{2^2-1} \cdot \frac{3^2}{3^2-1} \cdot \frac{5^2}{5^2-1} \cdot \frac{7^2}{7^2-1} \cdot \frac{11^2}{11^2-1} \cdots,$$

$$\frac{\pi^4}{90} = \frac{2^4}{2^4-1} \cdot \frac{3^4}{3^4-1} \cdot \frac{5^4}{5^4-1} \cdot \frac{7^4}{7^4-1} \cdot \frac{11^4}{11^4-1} \cdots,$$

第15章　諸因子の積の展開を遂行して生成される級数

$$\frac{15}{\pi\pi} = \frac{2^2+1}{2^2} \cdot \frac{3^2+1}{3^2} \cdot \frac{5^2+1}{5^2} \cdot \frac{7^2+1}{7^2} \cdot \frac{11^2+1}{11^2} \cdots.$$

一番最後の積を書き換えると，

$$\frac{\pi\pi}{15} = \frac{4}{5} \cdot \frac{9}{10} \cdot \frac{25}{26} \cdot \frac{49}{50} \cdot \frac{121}{122} \cdot \frac{169}{170} \cdots$$

となる．また，

$$\frac{5}{2} = \frac{2^2+1}{2^2-1} \cdot \frac{3^2+1}{3^2-1} \cdot \frac{5^2+1}{5^2-1} \cdot \frac{7^2+1}{7^2-1} \cdot \frac{11^2+1}{11^2-1} \cdots \quad ^{1)}$$

すなわち，

$$\frac{5}{2} = \frac{5}{3} \cdot \frac{5}{4} \cdot \frac{13}{12} \cdot \frac{25}{24} \cdot \frac{61}{60} \cdot \frac{85}{84} \cdots$$

あるいは，

$$\frac{3}{2} = \frac{5}{4} \cdot \frac{13}{12} \cdot \frac{25}{24} \cdot \frac{61}{60} \cdot \frac{85}{84} \cdots$$

となる．これらの［右辺の無限積を構成する各々の］分数において，分子は分母よりも1だけ大きい．また，［個々の分数の］分子と分母を同時に取り上げて加えると，素数の平方 $3^2, 5^2, 7^2, 11^2, \cdots$ が与えられる．

例3

すでに見た事柄［§167］により，M の値は n が偶数のときのみ確定可能である．そこで $n=4$ と置くと，

$$M = 1 + \frac{1}{2^4} + \frac{1}{3^4} + \frac{1}{4^4} + \frac{1}{5^4} + \frac{1}{6^4} + \cdots = \frac{\pi^4}{90},$$

$$N = 1 + \frac{1}{2^8} + \frac{1}{3^8} + \frac{1}{4^8} + \frac{1}{5^8} + \frac{1}{6^8} + \cdots = \frac{\pi^8}{9450}$$

となる．これより，まず初めに，下記のような級数の和が求められる．

$$\frac{90}{\pi^4} = 1 - \frac{1}{2^4} - \frac{1}{3^4} - \frac{1}{5^4} + \frac{1}{6^4} - \frac{1}{7^4} + \frac{1}{10^4} - \frac{1}{11^4} - \cdots,$$

$$\frac{9450}{\pi^8} = 1 - \frac{1}{2^8} - \frac{1}{3^8} - \frac{1}{5^8} + \frac{1}{6^8} - \frac{1}{7^8} + \frac{1}{10^8} - \frac{1}{11^8} - \cdots,$$

$$\frac{105}{\pi^4} = 1 + \frac{1}{2^4} + \frac{1}{3^4} + \frac{1}{5^4} + \frac{1}{6^4} + \frac{1}{7^4} + \frac{1}{10^4} + \frac{1}{11^4} + \cdots,$$

$$\frac{\pi^4}{105} = 1 - \frac{1}{2^4} - \frac{1}{3^4} + \frac{1}{4^4} - \frac{1}{5^4} + \frac{1}{6^4} - \frac{1}{7^4} - \frac{1}{8^4} + \frac{1}{9^4} + \cdots.$$

次に，下記のような積の値が得られる．

$$\frac{\pi^4}{90} = \frac{2^4}{2^4-1} \cdot \frac{3^4}{3^4-1} \cdot \frac{5^4}{5^4-1} \cdot \frac{7^4}{7^4-1} \cdot \frac{11^4}{11^4-1} \cdots,$$

$$\frac{\pi^8}{9450} = \frac{2^8}{2^8-1} \cdot \frac{3^8}{3^8-1} \cdot \frac{5^8}{5^8-1} \cdot \frac{7^8}{7^8-1} \cdot \frac{11^8}{11^8-1} \cdots,$$

$$\frac{105}{\pi^4} = \frac{2^4+1}{2^4} \cdot \frac{3^4+1}{3^4} \cdot \frac{5^4+1}{5^4} \cdot \frac{7^4+1}{7^4} \cdot \frac{11^4+1}{11^4} \cdots$$

また,

$$\frac{7}{6} = \frac{2^4+1}{2^4-1} \cdot \frac{3^4+1}{3^4-1} \cdot \frac{5^4+1}{5^4-1} \cdot \frac{7^4+1}{7^4-1} \cdot \frac{11^4+1}{11^4-1} \cdots$$

すなわち,

$$\frac{35}{34} = \frac{41}{40} \cdot \frac{313}{312} \cdot \frac{1201}{1200} \cdot \frac{7321}{7320} \cdots$$

も得られる．これらの［右辺の無限積を構成する各々の］分数において，分子は分母よりも1だけ大きい．また，［個々の分数の］分子と分母を同時に取り上げて加えると，奇素数3, 5, 7, 11, $\cdots$ の4乗が与えられる．

278.
さて，こうして級数

$$M = 1 + \frac{1}{2^n} + \frac{1}{3^n} + \frac{1}{4^n} + \frac{1}{5^n} + \frac{1}{6^n} + \cdots$$

の和は諸因子［の積］に帰着されたから，続いて適宜，対数へと歩を進めることが可能になるであろう．実際,

$$M = \frac{1}{\left(1-\frac{1}{2^n}\right)\left(1-\frac{1}{3^n}\right)\left(1-\frac{1}{5^n}\right)\left(1-\frac{1}{7^n}\right)\left(1-\frac{1}{11^n}\right)\cdots}$$

であるから,

$$\log M = -\log\left(1-\frac{1}{2^n}\right) - \log\left(1-\frac{1}{3^n}\right) - \log\left(1-\frac{1}{5^n}\right) - \log\left(1-\frac{1}{7^n}\right) - \cdots$$

となる．そこで，双曲線対数を用いることにすると,

$$\log M = +1\left(\frac{1}{2^n} + \frac{1}{3^n} + \frac{1}{5^n} + \frac{1}{7^n} + \frac{1}{11^n} + \cdots\right)$$
$$+ \frac{1}{2}\left(\frac{1}{2^{2n}} + \frac{1}{3^{2n}} + \frac{1}{5^{2n}} + \frac{1}{7^{2n}} + \frac{1}{11^{2n}} + \cdots\right)$$
$$+ \frac{1}{3}\left(\frac{1}{2^{3n}} + \frac{1}{3^{3n}} + \frac{1}{5^{3n}} + \frac{1}{7^{3n}} + \frac{1}{11^{3n}} + \cdots\right)$$
$$+ \frac{1}{4}\left(\frac{1}{2^{4n}} + \frac{1}{3^{4n}} + \frac{1}{5^{4n}} + \frac{1}{7^{4n}} + \frac{1}{11^{4n}} + \cdots\right)$$
$$\cdots\cdots\cdots\cdots$$

となる．さらに

$$N = 1 + \frac{1}{2^{2n}} + \frac{1}{3^{2n}} + \frac{1}{4^{2n}} + \frac{1}{5^{2n}} + \frac{1}{6^{2n}} + \cdots$$

第15章　諸因子の積の展開を遂行して生成される級数

と置けば，

$$N = \frac{1}{\left(1-\frac{1}{2^{2n}}\right)\left(1-\frac{1}{3^{2n}}\right)\left(1-\frac{1}{5^{2n}}\right)\left(1-\frac{1}{7^{2n}}\right)\left(1-\frac{1}{11^{2n}}\right)\cdots}$$

となる．ここで双曲線対数を用いると，

$$\log N = +1\left(\frac{1}{2^{2n}}+\frac{1}{3^{2n}}+\frac{1}{5^{2n}}+\frac{1}{7^{2n}}+\frac{1}{11^{2n}}+\cdots\right)$$

$$+\frac{1}{2}\left(\frac{1}{2^{4n}}+\frac{1}{3^{4n}}+\frac{1}{5^{4n}}+\frac{1}{7^{4n}}+\frac{1}{11^{4n}}+\cdots\right)$$

$$+\frac{1}{3}\left(\frac{1}{2^{6n}}+\frac{1}{3^{6n}}+\frac{1}{5^{6n}}+\frac{1}{7^{6n}}+\frac{1}{11^{6n}}+\cdots\right)$$

$$+\frac{1}{4}\left(\frac{1}{2^{8n}}+\frac{1}{3^{8n}}+\frac{1}{5^{8n}}+\frac{1}{7^{8n}}+\frac{1}{11^{8n}}+\cdots\right)$$

$$\cdots\cdots\cdots\cdots$$

となる．これらを組み合わせると，

$$\log M - \frac{1}{2}\log N = +1\left(\frac{1}{2^{n}}+\frac{1}{3^{n}}+\frac{1}{5^{n}}+\frac{1}{7^{n}}+\frac{1}{11^{n}}+\cdots\right)$$

$$+\frac{1}{3}\left(\frac{1}{2^{3n}}+\frac{1}{3^{3n}}+\frac{1}{5^{3n}}+\frac{1}{7^{3n}}+\frac{1}{11^{3n}}+\cdots\right)$$

$$+\frac{1}{5}\left(\frac{1}{2^{5n}}+\frac{1}{3^{5n}}+\frac{1}{5^{5n}}+\frac{1}{7^{5n}}+\frac{1}{11^{5n}}+\cdots\right)$$

$$+\frac{1}{7}\left(\frac{1}{2^{7n}}+\frac{1}{3^{7n}}+\frac{1}{5^{7n}}+\frac{1}{7^{7n}}+\frac{1}{11^{7n}}+\cdots\right)$$

$$\cdots\cdots\cdots\cdots$$

となる．

279.
$n=1$ なら，

$$M = 1 + \frac{1}{2} + \frac{1}{3} + \frac{1}{4} + \cdots = \log\infty$$

および

$$N = \frac{\pi\pi}{6}$$

となる．よって，

$$\log.\log\infty - \frac{1}{2}\log\frac{\pi\pi}{6} = +1\left(\frac{1}{2} + \frac{1}{3} + \frac{1}{5} + \frac{1}{7} + \frac{1}{11} + \cdots\right)$$
$$+\frac{1}{3}\left(\frac{1}{2^3} + \frac{1}{3^3} + \frac{1}{5^3} + \frac{1}{7^3} + \frac{1}{11^3} + \cdots\right)$$
$$+\frac{1}{5}\left(\frac{1}{2^5} + \frac{1}{3^5} + \frac{1}{5^5} + \frac{1}{7^5} + \frac{1}{11^5} + \cdots\right)$$
$$+\frac{1}{7}\left(\frac{1}{2^7} + \frac{1}{3^7} + \frac{1}{5^7} + \frac{1}{7^7} + \frac{1}{11^7} + \cdots\right)$$
$$\cdots\cdots\cdots\cdots.$$

ここに現われるさまざまな級数は，一番初めの級数は別にして有限和をもつが，そればかりではなく，すべての和を同時に取り上げても，有限で，しかも十分に小さな和が与えられる．よって，第一番目の級数

$$\frac{1}{2} + \frac{1}{3} + \frac{1}{5} + \frac{1}{7} + \frac{1}{11} + \cdots$$

の和は無限に大きくなければならない．もう少し詳しく言うと，［この級数の和は］級数

$$1 + \frac{1}{2} + \frac{1}{3} + \frac{1}{4} + \frac{1}{5} + \frac{1}{6} + \cdots$$

の双曲線対数よりも，ごくわずかな量だけ小さくなるのである．

280. $n=2$ なら，

$$M = \frac{\pi\pi}{6} \quad \text{および} \quad N = \frac{\pi^4}{90}$$

となる．これより，

$$2\log\pi - \log 6 = +1\left(\frac{1}{2^2} + \frac{1}{3^2} + \frac{1}{5^2} + \frac{1}{7^2} + \frac{1}{11^2} + \cdots\right)$$
$$+\frac{1}{2}\left(\frac{1}{2^4} + \frac{1}{3^4} + \frac{1}{5^4} + \frac{1}{7^4} + \frac{1}{11^4} + \cdots\right)$$
$$+\frac{1}{3}\left(\frac{1}{2^6} + \frac{1}{3^6} + \frac{1}{5^6} + \frac{1}{7^6} + \frac{1}{11^6} + \cdots\right)$$
$$\cdots\cdots\cdots\cdots,$$
$$4\log\pi - \log 90 = +1\left(\frac{1}{2^4} + \frac{1}{3^4} + \frac{1}{5^4} + \frac{1}{7^4} + \frac{1}{11^4} + \cdots\right)$$

第15章 諸因子の積の展開を遂行して生成される級数

$$+ \frac{1}{2}\left(\frac{1}{2^8} + \frac{1}{3^8} + \frac{1}{5^8} + \frac{1}{7^8} + \frac{1}{11^8} + \cdots\right)$$

$$+ \frac{1}{3}\left(\frac{1}{2^{12}} + \frac{1}{3^{12}} + \frac{1}{5^{12}} + \frac{1}{7^{12}} + \frac{1}{11^{12}} + \cdots\right)$$

$$\cdots\cdots\cdots,$$

$$\frac{1}{2}\log\frac{5}{2} = 1\left(\frac{1}{2^2} + \frac{1}{3^2} + \frac{1}{5^2} + \frac{1}{7^2} + \frac{1}{11^2} + \cdots\right)$$

$$+ \frac{1}{3}\left(\frac{1}{2^6} + \frac{1}{3^6} + \frac{1}{5^6} + \frac{1}{7^6} + \frac{1}{11^6} + \cdots\right)$$

$$+ \frac{1}{5}\left(\frac{1}{2^{10}} + \frac{1}{3^{10}} + \frac{1}{5^{10}} + \frac{1}{7^{10}} + \frac{1}{11^{10}} + \cdots\right)$$

$$\cdots\cdots\cdots$$

となる.

281. 素数が配列されていく規則は知られていないとはいえ，素数の高次の冪の系列の総和を定めるのに困難はない．実際，今，

$$M = 1 + \frac{1}{2^n} + \frac{1}{3^n} + \frac{1}{4^n} + \frac{1}{5^n} + \frac{1}{6^n} + \frac{1}{7^n} + \cdots$$

および

$$S = \frac{1}{2^n} + \frac{1}{3^n} + \frac{1}{5^n} + \frac{1}{7^n} + \frac{1}{11^n} + \frac{1}{13^n} + \cdots$$

と設定すると，

$$S = M - 1 - \frac{1}{4^n} - \frac{1}{6^n} - \frac{1}{8^n} - \frac{1}{9^n} - \frac{1}{10^n} - \cdots$$

となる．そうして

$$\frac{M}{2^n} = \frac{1}{2^n} + \frac{1}{4^n} + \frac{1}{6^n} + \frac{1}{8^n} + \frac{1}{10^n} + \frac{1}{12^n} + \cdots$$

であるから，

$$S = M - \frac{M}{2^n} - 1 + \frac{1}{2^n} - \frac{1}{9^n} - \frac{1}{15^n} - \frac{1}{21^n} - \cdots$$

すなわち

$$S = (M-1)\left(1 - \frac{1}{2^n}\right) - \frac{1}{9^n} - \frac{1}{15^n} - \frac{1}{21^n} - \frac{1}{25^n} - \frac{1}{27^n} - \cdots$$

となる．また，

$$M\left(1 - \frac{1}{2^n}\right)\frac{1}{3^n} = \frac{1}{3^n} + \frac{1}{9^n} + \frac{1}{15^n} + \frac{1}{21^n} + \cdots$$

であるから，

$$S = (M-1)\left(1 - \frac{1}{2^n}\right)\left(1 - \frac{1}{3^n}\right) + \frac{1}{6^n} - \frac{1}{25^n} - \frac{1}{35^n} - \frac{1}{49^n} - \cdots \text{ 2)}$$

となる．和 M の値は与えられている［§168］から，n が適度の大きさの数であれば，S の値も簡便にみいだされる．

282. これで高次の冪の和がみいだされたが，先ほど手に入った公式を使うと，低次の冪の和も求められる．かくして級数

$$\frac{1}{2^n} + \frac{1}{3^n} + \frac{1}{5^n} + \frac{1}{7^n} + \frac{1}{11^n} + \frac{1}{13^n} + \frac{1}{17^n} + \cdots$$

の和が得られた．

n の値	級数の和
$n = 2$	0.452247420041065 [3]
$n = 4$	0.076993139764247 [4]
$n = 6$	0.017070086850637 [5]
$n = 8$	0.004061405366518 [6]
$n = 10$	0.000993603574437 [7]
$n = 12$	0.000246026470035 [8]
$n = 14$	0.000061244396725
$n = 16$	0.000015282026219
$n = 18$	0.000003817278703 [9]
$n = 20$	0.000000953961124 [10]
$n = 22$	0.000000238450446
$n = 24$	0.000000059608185 [11]
$n = 26$	0.000000014901555
$n = 28$	0.000000003725334 [12]
$n = 30$	0.000000000931327 [13]
$n = 32$	0.000000000232831 [14]
$n = 34$	0.000000000058208 [15]
$n = 36$	0.000000000014552 [16]

残る偶数冪の和は四分の一の割合で減少していく．

第15章　諸因子の積の展開を遂行して生成される級数

283.　級数
$$1+\frac{1}{2^n}+\frac{1}{3^n}+\frac{1}{4^n}+\cdots$$
の無限積への転換は次のようにして直接的に遂行される．今，
$$A=1+\frac{1}{2^n}+\frac{1}{3^n}+\frac{1}{4^n}+\frac{1}{5^n}+\frac{1}{6^n}+\frac{1}{7^n}+\frac{1}{8^n}+\cdots$$
と置き，この和から
$$\frac{1}{2^n}A=\frac{1}{2^n}+\frac{1}{4^n}+\frac{1}{6^n}+\frac{1}{8^n}+\cdots$$
を差し引くと，
$$\left(1-\frac{1}{2^n}\right)A=1+\frac{1}{3^n}+\frac{1}{5^n}+\frac{1}{7^n}+\frac{1}{9^n}+\frac{1}{11^n}+\cdots=B$$
となる．これで2で割り切れる項がすべて除去された．この和から
$$\frac{1}{3^n}B=\frac{1}{3^n}+\frac{1}{9^n}+\frac{1}{15^n}+\frac{1}{21^n}+\cdots$$
を差し引くと，
$$\left(1-\frac{1}{3^n}\right)B=1+\frac{1}{5^n}+\frac{1}{7^n}+\frac{1}{11^n}+\frac{1}{13^n}+\cdots=C$$
となる．こうしてさらに3で割り切れる項がすべて除去された．この和から
$$\frac{1}{5^n}C=\frac{1}{5^n}+\frac{1}{25^n}+\frac{1}{35^n}+\frac{1}{55^n}+\cdots$$
を差し引くと，
$$\left(1-\frac{1}{5^n}\right)C=1+\frac{1}{7^n}+\frac{1}{11^n}+\frac{1}{13^n}+\frac{1}{17^n}+\cdots$$
となる．これで5で割り切れる項もまたすべて除去された．同様の手順を踏んで歩を進めていくと，残る7, 11, …以下の素数で割り切れる項がすべて除去されてしまう．このようにして素数で割り切れる項はすべて取り除かれて，後に残るのは明らかに1だけになる．そこで$B, C, D, E, \cdots$にそれらの値を代入していくと，結局，
$$A\left(1-\frac{1}{2^n}\right)\left(1-\frac{1}{3^n}\right)\left(1-\frac{1}{5^n}\right)\left(1-\frac{1}{7^n}\right)\left(1-\frac{1}{11^n}\right)\cdots=1$$
が生じる．これより，提示された級数の和は，
$$A=\frac{1}{\left(1-\frac{1}{2^n}\right)\left(1-\frac{1}{3^n}\right)\left(1-\frac{1}{5^n}\right)\left(1-\frac{1}{7^n}\right)\left(1-\frac{1}{11^n}\right)\cdots}$$
となる．すなわち，
$$A=\frac{2^n}{2^n-1}\cdot\frac{3^n}{3^n-1}\cdot\frac{5^n}{5^n-1}\cdot\frac{7^n}{7^n-1}\cdot\frac{11^n}{11^n-1}\cdots$$
と表示される．

284. この手法は，以前すでに総和を見つけたことのある他の級数を無限積に転換するためにも，適切に適用される．以前（§175），n が奇数のとき，級数

$$1 - \frac{1}{3^n} + \frac{1}{5^n} - \frac{1}{7^n} + \frac{1}{9^n} - \frac{1}{11^n} + \frac{1}{13^n} - \cdots$$

の和を求めたことがある．この和は $N\pi^n$ に等しい．N の値は，該当箇所で与えられた通りである．この和には奇数だけしか登場しないが，$4m+1$ という形の奇数には符号＋がつき，$4m-1$ という形の奇数には符号－がついている点に留意しなければならない．そこで

$$A = 1 - \frac{1}{3^n} + \frac{1}{5^n} - \frac{1}{7^n} + \frac{1}{9^n} - \frac{1}{11^n} + \frac{1}{13^n} - \frac{1}{15^n} + \cdots$$

と置こう．この和に

$$\frac{1}{3^n}A = \frac{1}{3^n} - \frac{1}{9^n} + \frac{1}{15^n} - \frac{1}{21^n} + \frac{1}{27^n} - \cdots$$

を加えると，

$$\left(1 + \frac{1}{3^n}\right)A = 1 + \frac{1}{5^n} - \frac{1}{7^n} - \frac{1}{11^n} + \frac{1}{13^n} + \frac{1}{17^n} - \cdots = B$$

となる．ここから

$$\frac{1}{5^n}B = \frac{1}{5^n} + \frac{1}{25^n} - \frac{1}{35^n} - \frac{1}{55^n} + \cdots$$

を差し引くと，

$$\left(1 - \frac{1}{5^n}\right)B = 1 - \frac{1}{7^n} - \frac{1}{11^n} + \frac{1}{13^n} + \frac{1}{17^n} - \cdots = C$$

となる．ここには 3 および 5 で割り切れる数は姿が見られない．これに

$$\frac{1}{7^n}C = \frac{1}{7^n} - \frac{1}{49^n} - \frac{1}{77^n} + \cdots$$

を加えると，

$$\left(1 + \frac{1}{7^n}\right)C = 1 - \frac{1}{11^n} + \frac{1}{13^n} + \frac{1}{17^n} - \cdots = D$$

となる．こうして 7 で割り切れる数も取り除かれた．これに

$$\frac{1}{11^n}D = \frac{1}{11^n} - \frac{1}{121^n} + \cdots$$

を加えると，

$$\left(1 + \frac{1}{11^n}\right)D = 1 + \frac{1}{13^n} + \frac{1}{17^n} - \cdots = E$$

となる．これで 11 で割り切れる数もまた除かれた．このように進んでいって 7 と 11 以外の他の素数で割り切れる数をことごとくみな除去すると，結局，

$$A\left(1 + \frac{1}{3^n}\right)\left(1 - \frac{1}{5^n}\right)\left(1 + \frac{1}{7^n}\right)\left(1 + \frac{1}{11^n}\right)\left(1 - \frac{1}{13^n}\right)\cdots = 1$$

第15章　諸因子の積の展開を遂行して生成される級数

となる．すなわち，
$$A = \frac{3^n}{3^n+1} \cdot \frac{5^n}{5^n-1} \cdot \frac{7^n}{7^n+1} \cdot \frac{11^n}{11^n+1} \cdot \frac{13^n}{13^n-1} \cdot \frac{17^n}{17^n-1} \cdots$$
と表示される．ここで，分子にはすべての素数の冪が現われている．それらの素数冪は分母にも入っているが，その際，その素数が $4m-1$ という形であるか，あるいは $4m+1$ という形であるのに応じて，1 だけ増えたり，1 だけ減少したりする．

285.
$n=1$ と置こう．このとき $A = \frac{\pi}{4}$ ［§175］であるから，
$$\frac{\pi}{4} = \frac{3}{4} \cdot \frac{5}{4} \cdot \frac{7}{8} \cdot \frac{11}{12} \cdot \frac{13}{12} \cdot \frac{17}{16} \cdot \frac{19}{20} \cdot \frac{23}{24} \cdots$$
という表示が得られる．ところで，以前［§277］目にしたように，
$$\frac{\pi}{6}\frac{\pi}{} = \frac{4}{3} \cdot \frac{3^2}{2\cdot 4} \cdot \frac{5^2}{4\cdot 6} \cdot \frac{7^2}{6\cdot 8} \cdot \frac{11^2}{10\cdot 12} \cdot \frac{13^2}{12\cdot 14} \cdot \frac{17^2}{16\cdot 18} \cdot \frac{19^2}{18\cdot 20} \cdots$$
となる．そこで後者の式を前者の式で割ると，
$$\frac{2\pi}{3} = \frac{4}{3} \cdot \frac{3}{2} \cdot \frac{5}{6} \cdot \frac{7}{6} \cdot \frac{11}{10} \cdot \frac{13}{14} \cdot \frac{17}{18} \cdot \frac{19}{18} \cdot \frac{23}{22} \cdots$$
という表示式が生じる．これを書き換えると，
$$\frac{\pi}{2} = \frac{3}{2} \cdot \frac{5}{6} \cdot \frac{7}{6} \cdot \frac{11}{10} \cdot \frac{13}{14} \cdot \frac{17}{18} \cdot \frac{19}{18} \cdot \frac{23}{22} \cdots$$
ここで右辺の無限積を構成する分数の分子に見られるのはすべて素数であり，分母は，分子と比べて 1 だけ食い違う奇偶数[17]である．この式を，一番初めに見た $\frac{\pi}{4}$ の表示式で割ると，
$$2 = \frac{4}{2} \cdot \frac{4}{6} \cdot \frac{8}{6} \cdot \frac{12}{10} \cdot \frac{12}{14} \cdot \frac{16}{18} \cdot \frac{20}{18} \cdot \frac{24}{22} \cdots$$
となる．すなわち，
$$2 = \frac{2}{1} \cdot \frac{2}{3} \cdot \frac{4}{3} \cdot \frac{6}{5} \cdot \frac{6}{7} \cdot \frac{8}{9} \cdot \frac{10}{9} \cdot \frac{12}{11} \cdots$$
ここに出てくる分数はみな奇素数 $3, 5, 7, 11, 13, 17, \cdots$ を素材にして作られている．すなわち，これらの素数の各々から 1 だけ食い違うふたつの数を作り，［それらのふたつの数を 2 で割って得られるふたつの数のうち］偶数を分子に使い，奇数を分母に使うのである．

286.
これらの公式をウォリスの公式
$$\frac{\pi}{2} = \frac{2\cdot 2\cdot 4\cdot 4\cdot 6\cdot 6\cdot 8\cdot 8\cdot 10\cdot 10\cdot 12}{1\cdot 3\cdot 3\cdot 5\cdot 5\cdot 7\cdot 7\cdot 9\cdot 9\cdot 11\cdot 11} \cdots$$
すなわち
$$\frac{4}{\pi} = \frac{3\cdot 3}{2\cdot 4} \cdot \frac{5\cdot 5}{4\cdot 6} \cdot \frac{7\cdot 7}{6\cdot 8} \cdot \frac{9\cdot 9}{8\cdot 10} \cdot \frac{11\cdot 11}{10\cdot 12} \cdots$$

と比較してみよう．前に見たように［§277］
$$\frac{\pi}{8}\frac{\pi}{} = \frac{3\cdot 3}{2\cdot 4}\cdot\frac{5\cdot 5}{4\cdot 6}\cdot\frac{7\cdot 7}{6\cdot 8}\cdot\frac{11\cdot 11}{10\cdot 12}\cdot\frac{13\cdot 13}{12\cdot 14}\cdots$$
である．そこで上記の［$\frac{4}{\pi}$ を与える］表示式をこの表示式で割ると，
$$\frac{32}{\pi^3} = \frac{9\cdot 9}{8\cdot 10}\cdot\frac{15\cdot 15}{14\cdot 16}\cdot\frac{21\cdot 21}{20\cdot 22}\cdot\frac{25\cdot 25}{24\cdot 26}\cdots$$
が与えられる．ここで，［右辺を構成する分数において］分子には，素数ではない奇数がすべて姿を現わしている．

287. $n = 3$ とすると，$A = \frac{\pi^3}{32}$ ［§175］となる．よって，
$$\frac{\pi^3}{32} = \frac{3^3}{3^3+1}\cdot\frac{5^3}{5^3-1}\cdot\frac{7^3}{7^3+1}\cdot\frac{11^3}{11^3+1}\cdot\frac{13^3}{13^3-1}\cdot\frac{17^3}{17^3-1}\cdots$$
ところが級数［§167］
$$\frac{\pi^6}{945} = 1 + \frac{1}{2^6} + \frac{1}{3^6} + \frac{1}{4^6} + \frac{1}{5^6} + \cdots$$
より，
$$\frac{\pi^6}{945} = \frac{2^6}{2^6-1}\cdot\frac{3^6}{3^6-1}\cdot\frac{5^6}{5^6-1}\cdot\frac{7^6}{7^6-1}\cdot\frac{11^6}{11^6-1}\cdot\frac{13^6}{13^6-1}\cdots$$
となる．すなわち
$$\frac{\pi^6}{960} = \frac{3^6}{3^6-1}\cdot\frac{5^6}{5^6-1}\cdot\frac{7^6}{7^6-1}\cdot\frac{11^6}{11^6-1}\cdot\frac{13^6}{13^6-1}\cdots$$
これを一番初めの式で割ると，
$$\frac{\pi^3}{30} = \frac{3^3}{3^3-1}\cdot\frac{5^3}{5^3+1}\cdot\frac{7^3}{7^3-1}\cdot\frac{11^3}{11^3-1}\cdot\frac{13^3}{13^3+1}\cdot\frac{17^3}{17^3+1}\cdots$$
が与えられる．これをもう一度，一番初めの式で割ると，
$$\frac{16}{15} = \frac{3^3+1}{3^3-1}\cdot\frac{5^3-1}{5^3+1}\cdot\frac{7^3+1}{7^3-1}\cdot\frac{11^3+1}{11^3-1}\cdot\frac{13^3-1}{13^3+1}\cdot\frac{17^3-1}{17^3+1}\cdots$$
すなわち
$$\frac{16}{15} = \frac{14}{13}\cdot\frac{62}{63}\cdot\frac{172}{171}\cdot\frac{666}{665}\cdot\frac{1098}{1099}\cdots$$
が与えられる．ここに現われる分数は奇素数の3乗を用いて作られている．すなわち，そのような3乗数の各々から1だけ食い違うふたつの数を作り，［それらのふたつの数を2で割って得られるふたつの数のうち］偶数を分子に使い，奇数を分母に使うのである．

288. これらの表示式から再度，新しい級数を作ることができる．それらの級数では，自然数のすべてを動員して分母が構成されている．実際，

第15章　諸因子の積の展開を遂行して生成される級数

$$\frac{\pi}{4} = \frac{3}{3+1} \cdot \frac{5}{5-1} \cdot \frac{7}{7+1} \cdot \frac{11}{11+1} \cdot \frac{13}{13-1} \cdots$$

[§285]であるから,

$$\frac{\pi}{6} = \frac{1}{\left(1+\frac{1}{2}\right)\left(1+\frac{1}{3}\right)\left(1-\frac{1}{5}\right)\left(1+\frac{1}{7}\right)\left(1+\frac{1}{11}\right)\left(1-\frac{1}{13}\right)\cdots}$$

となる．これを展開すると，級数

$$\frac{\pi}{6} = 1 - \frac{1}{2} - \frac{1}{3} + \frac{1}{4} + \frac{1}{5} + \frac{1}{6} - \frac{1}{7} - \frac{1}{8} + \frac{1}{9} - \frac{1}{10} - \cdots$$

が生じる．ここで符号の規約は次のようになっている．2 は符号－をもつ．$4m-1$ という形の素数は符号－をもち，$4m+1$ という形の素数は符号＋をもつ．合成数は，それをいくつかの素数の積として表示するときの様式に適合する符号をもつ．たとえば

$$60 = 2^- \cdot 2^- \cdot 3^- \cdot 5^+$$

であるから，分数 $\frac{1}{60}$ の符号は明らかに－である．

同様に，

$$\frac{\pi}{2} = \frac{1}{\left(1-\frac{1}{2}\right)\left(1+\frac{1}{3}\right)\left(1-\frac{1}{5}\right)\left(1+\frac{1}{7}\right)\left(1+\frac{1}{11}\right)\left(1-\frac{1}{13}\right)\cdots}$$

となる．これより，級数

$$\frac{\pi}{2} = 1 + \frac{1}{2} - \frac{1}{3} + \frac{1}{4} + \frac{1}{5} - \frac{1}{6} - \frac{1}{7} + \frac{1}{8} + \frac{1}{9} + \frac{1}{10} - \cdots$$

が生じる．ここで 2 は符号＋をもつ．$4m-1$ という形の素数は符号－をもち，$4m+1$ という形の素数は符号＋をもつ．合成数は，それをいくつかの素数を乗じて作るときの様式に適合する符号をもつ．

289. 最後に，

$$\frac{\pi}{2} = \frac{1}{\left(1-\frac{1}{3}\right)\left(1+\frac{1}{5}\right)\left(1-\frac{1}{7}\right)\left(1-\frac{1}{11}\right)\left(1+\frac{1}{13}\right)\cdots}$$

[§285]と表示される．これを展開すると，

$$\frac{\pi}{2} = 1 + \frac{1}{3} - \frac{1}{5} + \frac{1}{7} + \frac{1}{9} + \frac{1}{11} - \frac{1}{13} - \frac{1}{15} - \cdots$$

となる．ここには奇数だけしか現われない．符号を定める様式は次の通りである．すなわち $4m-1$ という形の素数は符号＋をもつ．$4m+1$ という形の素数は符号－をもつ．これより同時に合成数の符号も規定される．

この級数からなおふたつの級数が作られる．それらの級数にはすべての数が登場する．すなわち，

$$\pi = \frac{1}{\left(1-\frac{1}{2}\right)\left(1-\frac{1}{3}\right)\left(1+\frac{1}{5}\right)\left(1-\frac{1}{7}\right)\left(1-\frac{1}{11}\right)\left(1+\frac{1}{13}\right)\cdots}$$

と表示されるが，これを展開すると，

$$\pi = 1 + \frac{1}{2} + \frac{1}{3} + \frac{1}{4} - \frac{1}{5} + \frac{1}{6} + \frac{1}{7} + \frac{1}{8} + \frac{1}{9} - \frac{1}{10} + \cdots$$

が生じる．ここで2は符号＋をもち，$4m-1$ という形の素数は符号＋をもち，$4m+1$ という形の素数は符号－をもつ．

次に，

$$\frac{\pi}{3} = \frac{1}{\left(1+\frac{1}{2}\right)\left(1-\frac{1}{3}\right)\left(1+\frac{1}{5}\right)\left(1-\frac{1}{7}\right)\left(1-\frac{1}{11}\right)\left(1+\frac{1}{13}\right)\cdots}$$

という形にも表示される．これを展開すると，

$$\frac{\pi}{3} = 1 - \frac{1}{2} + \frac{1}{3} + \frac{1}{4} - \frac{1}{5} - \frac{1}{6} + \frac{1}{7} - \frac{1}{8} + \frac{1}{9} + \frac{1}{10} + \cdots$$

となる．ここで2は符号－，$4m-1$ という形の素数は符号＋，$4m+1$ という形の素数は符号－をもつ．

290.　こうして数の系列

$$1, \ \frac{1}{2}, \ \frac{1}{3}, \ \frac{1}{4}, \ \frac{1}{5}, \ \frac{1}{6}, \ \frac{1}{7}, \ \frac{1}{8}, \ \cdots$$

の各々に適切な符号をつけて加えると，和の値が決定可能になる場合があることがわかった．そのような符号の系列は，ほかにも無数に提示される．たとえば

$$\frac{\pi}{2} = \frac{1}{\left(1-\frac{1}{2}\right)\left(1+\frac{1}{3}\right)\left(1-\frac{1}{5}\right)\left(1+\frac{1}{7}\right)\left(1+\frac{1}{11}\right)\cdots}$$

であるから，$\dfrac{1+\frac{1}{3}}{1-\frac{1}{3}} = 2$ を乗じると，

$$\pi = \frac{1}{\left(1-\frac{1}{2}\right)\left(1-\frac{1}{3}\right)\left(1-\frac{1}{5}\right)\left(1+\frac{1}{7}\right)\left(1+\frac{1}{11}\right)\cdots}$$

となる．よって，

$$\pi = 1 + \frac{1}{2} + \frac{1}{3} + \frac{1}{4} + \frac{1}{5} + \frac{1}{6} - \frac{1}{7} + \frac{1}{8} + \frac{1}{9} + \frac{1}{10} - \frac{1}{11} + \cdots.$$

ここで2は符号＋をもち，3も符号＋をもつ．残りの数のうち，$4m-1$ という形の素数は符号－をもつが，$4m+1$ という形の素数は符号＋をもつ．これより合成数につけるべき符号の規則も判明する．

同様に，

第15章 諸因子の積の展開を遂行して生成される級数

$$\pi = \frac{1}{\left(1-\frac{1}{2}\right)\left(1-\frac{1}{3}\right)\left(1+\frac{1}{5}\right)\left(1-\frac{1}{7}\right)\left(1-\frac{1}{11}\right)\cdots}$$

であるから，$\dfrac{1+\frac{1}{5}}{1-\frac{1}{5}} = \dfrac{3}{2}$ を乗じると，

$$\frac{3\pi}{2} = \frac{1}{\left(1-\frac{1}{2}\right)\left(1-\frac{1}{3}\right)\left(1-\frac{1}{5}\right)\left(1-\frac{1}{7}\right)\left(1-\frac{1}{11}\right)\left(1+\frac{1}{13}\right)\left(1+\frac{1}{17}\right)\cdots}$$

となる．これを展開すると，

$$\frac{3\pi}{2} = 1 + \frac{1}{2} + \frac{1}{3} + \frac{1}{4} + \frac{1}{5} + \frac{1}{6} + \frac{1}{7} + \frac{1}{8} + \frac{1}{9} + \frac{1}{10} + \frac{1}{11} + \frac{1}{12} - \frac{1}{13} + \cdots$$

となる．ここで，2 は符号＋をもつ．$4m-1$ という形の素数は符号＋をもち，$4m+1$ という形の素数は，5 を除いて符号－をもつ．

291． 和の値が 0 に等しくなるような級数も無数に提示される．実際［§277］，

$$0 = \frac{2}{3} \cdot \frac{3}{4} \cdot \frac{5}{6} \cdot \frac{7}{8} \cdot \frac{11}{12} \cdot \frac{13}{14} \cdot \frac{17}{18} \cdots$$

であるから，

$$0 = \frac{1}{\left(1+\frac{1}{2}\right)\left(1+\frac{1}{3}\right)\left(1+\frac{1}{5}\right)\left(1+\frac{1}{7}\right)\left(1+\frac{1}{11}\right)\left(1+\frac{1}{13}\right)\cdots}$$

となる．これより，すでに見たように，

$$0 = 1 - \frac{1}{2} - \frac{1}{3} + \frac{1}{4} - \frac{1}{5} + \frac{1}{6} - \frac{1}{7} - \frac{1}{8} + \frac{1}{9} + \frac{1}{10} - \cdots$$

が生じる．ここで素数はすべて符号－をもつが，合成数の符号は，掛け算の規則を遵守して決まっていく．先ほどの表示式に

$$\frac{1+\frac{1}{2}}{1-\frac{1}{2}} = 3$$

を乗じると，同時に，

$$0 = \frac{1}{\left(1-\frac{1}{2}\right)\left(1+\frac{1}{3}\right)\left(1+\frac{1}{5}\right)\left(1+\frac{1}{7}\right)\left(1+\frac{1}{11}\right)\left(1+\frac{1}{13}\right)\cdots}$$

となる．これを展開すると，

$$0 = 1 + \frac{1}{2} - \frac{1}{3} + \frac{1}{4} - \frac{1}{5} - \frac{1}{6} - \frac{1}{7} + \frac{1}{8} + \frac{1}{9} - \frac{1}{10} - \cdots$$

が生じる．ここで 2 は符号＋をもつが，残る素数はすべて符号－をもつ．

同様に，

$$0 = \frac{1}{\left(1+\frac{1}{2}\right)\left(1-\frac{1}{3}\right)\left(1-\frac{1}{5}\right)\left(1+\frac{1}{7}\right)\left(1+\frac{1}{11}\right)\left(1+\frac{1}{13}\right)\cdots}$$

ともなる．これより，級数

$$0 = 1 - \frac{1}{2} + \frac{1}{3} + \frac{1}{4} + \frac{1}{5} - \frac{1}{6} - \frac{1}{7} - \frac{1}{8} + \frac{1}{9} - \frac{1}{10} - \cdots$$

が生じる．ここでは3と5を除いて，素数はすべて符号－をもつ．

一般に，二，三の例外のみを除いてすべての素数が符号－をもつ場合には，級数の総和はつねに0に等しくなること，反対に，二，三の例外のみを除いてすべての素数が符号＋をもつ場合には，級数の総和はつねに無限大になるという事実に心をとどめておかなければならない．

292.
以前（§176），我々は，n が奇数のとき，級数

$$A = 1 - \frac{1}{2^n} + \frac{1}{4^n} - \frac{1}{5^n} + \frac{1}{7^n} - \frac{1}{8^n} + \frac{1}{10^n} - \frac{1}{11^n} + \frac{1}{13^n} - \cdots$$

の和の値を与えたことがある．$\frac{1}{2^n}$ を乗じると

$$\frac{1}{2^n} A = \frac{1}{2^n} - \frac{1}{4^n} + \frac{1}{8^n} - \frac{1}{10^n} + \frac{1}{14^n} - \cdots$$

となるが，これらを加えると，

$$B = \left(1 + \frac{1}{2^n}\right) A = 1 - \frac{1}{5^n} + \frac{1}{7^n} - \frac{1}{11^n} + \frac{1}{13^n} - \frac{1}{17^n} + \frac{1}{19^n} - \frac{1}{23^n} + \frac{1}{25^n} - \cdots$$

が与えられる．これに

$$\frac{1}{5^n} B = \frac{1}{5^n} - \frac{1}{25^n} + \frac{1}{35^n} - \frac{1}{55^n} + \cdots$$

を加えると，

$$C = \left(1 + \frac{1}{5^n}\right) B = 1 + \frac{1}{7^n} - \frac{1}{11^n} + \frac{1}{13^n} - \frac{1}{17^n} + \frac{1}{19^n} - \frac{1}{23^n} - \cdots$$

となる．ここから

$$\frac{1}{7^n} C = \frac{1}{7^n} + \frac{1}{49^n} - \frac{1}{77^n} + \cdots$$

を差し引くと，

$$D = \left(1 - \frac{1}{7^n}\right) C = 1 - \frac{1}{11^n} + \frac{1}{13^n} - \frac{1}{17^n} + \frac{1}{19^n} - \cdots$$

となる．こんなふうにどこまでも歩を進めていくと，最後には，

$$A\left(1+\frac{1}{2^n}\right)\left(1+\frac{1}{5^n}\right)\left(1-\frac{1}{7^n}\right)\left(1+\frac{1}{11^n}\right)\left(1-\frac{1}{13^n}\right)\cdots = 1$$

という形の表示式に到達する．ここで，6の倍数を1だけ越える形の素数には符号－がつき，6の倍数より1だけ小さいかたちの素数には符号＋がついている．このよう

第15章 諸因子の積の展開を遂行して生成される級数

な手順を踏んで，
$$A = \frac{2^n}{2^n+1} \cdot \frac{5^n}{5^n+1} \cdot \frac{7^n}{7^n-1} \cdot \frac{11^n}{11^n+1} \cdot \frac{13^n}{13^n-1} \cdots$$
という形の表示が得られる．

293.
$n=1$ の場合を考えよう．この場合，$A = \dfrac{\pi}{3\sqrt{3}}$．よって，
$$\frac{\pi}{3\sqrt{3}} = \frac{2}{3} \cdot \frac{5}{6} \cdot \frac{7}{6} \cdot \frac{11}{12} \cdot \frac{13}{12} \cdot \frac{17}{18} \cdot \frac{19}{18} \cdots$$
となる．ここで，［右辺の無限積を構成する分数において］分子には3以降のすべての素数が現われる．分母は分子に比して1だけ食い違っていて，しかもすべて6で割り切れる．ところで，
$$\frac{\pi}{6} \frac{\pi}{} = \frac{4}{3} \cdot \frac{9}{8} \cdot \frac{5 \cdot 5}{4 \cdot 6} \cdot \frac{7 \cdot 7}{6 \cdot 8} \cdot \frac{11 \cdot 11}{10 \cdot 12} \cdot \frac{13 \cdot 13}{12 \cdot 14} \cdots$$
である［§277］．そこでこの式を先ほどの式で割ると，
$$\frac{\pi\sqrt{3}}{2} = \frac{9}{4} \cdot \frac{5}{4} \cdot \frac{7}{8} \cdot \frac{11}{10} \cdot \frac{13}{14} \cdot \frac{17}{16} \cdot \frac{19}{20} \cdots$$
となる．この表示式では［右辺の無限積を構成する分数において］分母は6で割り切れない．また，
$$\frac{\pi}{2\sqrt{3}} = \frac{5}{6} \cdot \frac{7}{6} \cdot \frac{11}{12} \cdot \frac{13}{12} \cdot \frac{17}{18} \cdot \frac{19}{18} \cdot \frac{23}{24} \cdots,$$
$$\frac{2\pi}{3\sqrt{3}} = \frac{5}{4} \cdot \frac{7}{8} \cdot \frac{11}{10} \cdot \frac{13}{14} \cdot \frac{17}{16} \cdot \frac{19}{20} \cdot \frac{23}{22} \cdots$$
となる．後者の表示式を前者の表示式で割ると，
$$\frac{4}{3} = \frac{6}{4} \cdot \frac{6}{8} \cdot \frac{12}{10} \cdot \frac{12}{14} \cdot \frac{18}{16} \cdot \frac{18}{20} \cdot \frac{24}{22} \cdots$$
すなわち
$$\frac{4}{3} = \frac{3}{2} \cdot \frac{3}{4} \cdot \frac{6}{5} \cdot \frac{6}{7} \cdot \frac{9}{8} \cdot \frac{9}{10} \cdot \frac{12}{11} \cdots$$
が与えられる．この表示式では，［右辺の］個々の分数は素数 5, 7, 11, … を素材にして作られている．すなわち，ひとつひとつの素数を元にして，それよりも 1 だけ大きい数と 1 だけ小さい数を作り，それらのうち 3 で割り切れるほうを分子に採用するようにするのである．

294.
我々は以前［§285］，
$$\frac{\pi}{4} = \frac{3}{4} \cdot \frac{5}{4} \cdot \frac{7}{8} \cdot \frac{11}{12} \cdot \frac{13}{12} \cdot \frac{17}{16} \cdots$$
すなわち
$$\frac{\pi}{3} = \frac{5}{4} \cdot \frac{7}{8} \cdot \frac{11}{12} \cdot \frac{13}{12} \cdot \frac{17}{16} \cdot \frac{19}{20} \cdots$$

となることを見たことがある．先ほどの $\frac{\pi}{2\sqrt{3}}$ と $\frac{2\pi}{3\sqrt{3}}$ を表示する式をこの表示式で割ると，

$$\frac{\sqrt{3}}{2} = \frac{2}{3} \cdot \frac{4}{3} \cdot \frac{8}{9} \cdot \frac{10}{9} \cdot \frac{14}{15} \cdot \frac{16}{15} \cdots,$$

$$\frac{2}{\sqrt{3}} = \frac{6}{5} \cdot \frac{6}{7} \cdot \frac{12}{11} \cdot \frac{18}{19} \cdot \frac{24}{23} \cdot \frac{30}{29} \cdots$$

が生じる．第一式では，［その式の右辺の無限積を構成する分数において］各々の分数は $12m+6\pm1$ という形の素数を素材にして作られている．第二式では，$12m\pm1$ という形の素数を素材にして作られている．すなわち，ひとつひとつの素数を元にしてそれよりも1だけ大きい数と1だけ小さい数を作り，それらのうち偶数になるほうを分子に採用し，奇数になるほうを分母に採用するというふうにするのである．

295. さて，以前（§179）みいだされた級数をもう一度取り上げて考察しよう．それは，

$$\frac{\pi}{2\sqrt{2}} = 1 + \frac{1}{3} - \frac{1}{5} - \frac{1}{7} + \frac{1}{9} + \frac{1}{11} - \frac{1}{13} - \frac{1}{15} + \cdots = A$$

というふうに進んでいく級数である．$\frac{1}{3}$ を乗じると，

$$\frac{1}{3}A = \frac{1}{3} + \frac{1}{9} - \frac{1}{15} - \frac{1}{21} + \frac{1}{27} + \frac{1}{33} - \cdots.$$

これを前の式から差し引くと，

$$\left(1 - \frac{1}{3}\right)A = 1 - \frac{1}{5} - \frac{1}{7} + \frac{1}{11} - \frac{1}{13} + \frac{1}{17} + \frac{1}{19} - \cdots = B$$

となる．これに

$$\frac{1}{5}B = \frac{1}{5} - \frac{1}{25} - \frac{1}{35} + \frac{1}{55} - \cdots$$

を加えると，

$$\left(1 + \frac{1}{5}\right)B = 1 - \frac{1}{7} + \frac{1}{11} - \frac{1}{13} + \frac{1}{17} + \frac{1}{19} - \cdots = C$$

となる．以下も同様にして手順を進めていくと，最後には，

$$\frac{\pi}{2\sqrt{2}}\left(1-\frac{1}{3}\right)\left(1+\frac{1}{5}\right)\left(1+\frac{1}{7}\right)\left(1-\frac{1}{11}\right)\left(1+\frac{1}{13}\right)\left(1-\frac{1}{17}\right)\left(1-\frac{1}{19}\right)\cdots = 1$$

という式に到達する．ここで符号はこんなふうに定められている．すなわち，$8m+1$ または $8m+3$ という形の素数の符号は－であり，$8m+5$ または $8m+7$ という形の素数の符号は＋であるというふうに．こうして，

$$\frac{\pi}{2\sqrt{2}} = \frac{3}{2} \cdot \frac{5}{6} \cdot \frac{7}{8} \cdot \frac{11}{10} \cdot \frac{13}{14} \cdot \frac{17}{16} \cdot \frac{19}{18} \cdot \frac{23}{24} \cdots$$

となる．この表示式では，［右辺の無限積を構成する分数において］分母はどれも，

第15章　諸因子の積の展開を遂行して生成される級数

8で割り切れるか，そうでなければ奇偶数[17]である．そうして，

$$\frac{\pi}{4} = \frac{3}{4} \cdot \frac{5}{4} \cdot \frac{7}{8} \cdot \frac{11}{12} \cdot \frac{13}{12} \cdot \frac{17}{16} \cdot \frac{19}{20} \cdot \frac{23}{24} \cdots,$$

$$\frac{\pi}{2} = \frac{3}{2} \cdot \frac{5}{6} \cdot \frac{7}{6} \cdot \frac{11}{10} \cdot \frac{13}{14} \cdot \frac{17}{18} \cdot \frac{19}{18} \cdot \frac{23}{22} \cdots$$

となる［§285］．それゆえ，

$$\frac{\pi}{8}\frac{\pi}{} = \frac{3 \cdot 3}{2 \cdot 4} \cdot \frac{5 \cdot 5}{4 \cdot 6} \cdot \frac{7 \cdot 7}{6 \cdot 8} \cdot \frac{11 \cdot 11}{10 \cdot 12} \cdot \frac{13 \cdot 13}{12 \cdot 14} \cdots.$$

よって，［この式を上記の $\frac{\pi}{2\sqrt{2}}$ の表示式で割ると］

$$\frac{\pi}{2\sqrt{2}} = \frac{3}{4} \cdot \frac{5}{4} \cdot \frac{7}{6} \cdot \frac{11}{12} \cdot \frac{13}{12} \cdot \frac{17}{18} \cdot \frac{19}{20} \cdot \frac{23}{22} \cdots$$

となる．この表示式には8で割り切れる分母は見られないが，偶偶数[18]の分母は存在する．［$\frac{\pi}{2\sqrt{2}}$ に対する］一番初めの表示式を最後に得られた表示式で割ると，

$$1 = \frac{2}{1} \cdot \frac{2}{3} \cdot \frac{3}{4} \cdot \frac{6}{5} \cdot \frac{6}{7} \cdot \frac{9}{8} \cdot \frac{10}{9} \cdot \frac{11}{12} \cdots$$

が与えられる．［右辺の無限積を構成する］分数は素数を素材にして作られている．すなわち，ひとつひとつの素数を元にして，それよりも1だけ大きい数と1だけ小さい数を作り，偶数の方を，偶偶数ではないという条件のもとで分子として採用するというふうにするのである．

296.　同様にして，円弧の表示を目的として我々が以前（§179以下）見つけたことのある他の級数も，［無限に多くの］因子［から作られる積］に変換される．こうして，ほかにもなお［無限に多くの］因子［から作られる積］と無限級数の，多くのめざましい性質を見つけることが可能である．だが，私はもはやすでに一番重要な事柄の数々を語り終えたのであるから，ここではこれ以上このテーマに分け入っていくのは差し控え，その代わり，関連のある他のテーマへと歩を進めたいと思う．これをもう少し詳しく説明すると，この章で行なわれた数の考察は，「乗法を通じて作られる」という点に視点を据えて，そこに立脚するときに目に映じる範囲においてなされたのである．それに対して，次章では「加法による数の生成」という観点が考察の対象として取り上げられる予定である．

註記

1）第277節の公式

$$\frac{M^2}{N} = \frac{2^n+1}{2^n-1} \cdot \frac{3^n+1}{3^n-1} \cdot \frac{5^n+1}{5^n-1} \cdot \frac{7^n+1}{7^n-1} \cdot \frac{11^n+1}{11^n-1} \cdots$$

において $n = 2$ と置く．同節の例2より，$M = \frac{\pi^2}{6}$，$N = \frac{\pi^4}{90}$．よって $\frac{M^2}{N} = \frac{5}{2}$．

2）原書では $\frac{1}{49^n}$ の「49」は「45」と記されている．
3）原書では末尾の3個の数字は「222」．オイラー全集にならって訂正した．
4）原書では末尾の2個の数字は「52」．
5）原書では末尾の数字は「9」．
6）原書では末尾の数字は「5」．
7）原書では末尾の4個の数字は「3633」．
8）原書では末尾の数字は「3」．
9）原書では末尾の数字は「2」．
10）原書では末尾の数字は「3」．
11）原書では末尾の数字は「4」．
12）原書では末尾の数字は「3」．
13）原書では末尾の数字は「3」．
14）原書では末尾の数字は「3」．
15）原書では末尾の数字は「7」．
16）原書では末尾の数字は「1」．
17）ある奇数の2倍の形の偶数のこと．
18）ある偶数の2倍の形の偶数のこと．

第16章　数の分割

297. 表示式
$$(1+x^\alpha z)(1+x^\beta z)(1+x^\gamma z)(1+x^\delta z)(1+x^\varepsilon z)\cdots$$
が提示されたとしよう．このとき，この掛け算を実際に遂行して展開するとどのような形になるか，と問いたいと思う．そこで今，
$$1+Pz+Qz^2+Rz^3+Sz^4+\cdots$$
という形の級数が生じるとしてみよう．すると明らかに，P は冪の和
$$x^\alpha+x^\beta+x^\gamma+x^\delta+x^\varepsilon+\cdots$$
に等しい．次に Q は，異なる二つの冪を取って作った積の和である．すなわち，Q は x の多重冪，詳しく言うと，系列
$$\alpha,\ \beta,\ \gamma,\ \delta,\ \varepsilon,\ \zeta,\ \eta,\ \cdots$$
に所属する異なる二項の和を冪指数とする x の冪の総和にほかならない．同様に R は［この系列の］異なる三つの項の和を冪指数とする x の冪の総和である．そうして S は，同じ系列 $\alpha,\ \beta,\ \gamma,\ \delta,\ \varepsilon,\ \zeta,\ \eta,\ \cdots$ の異なる四つの項の和を冪指数とする x の冪の総和である．

298. 文字 $P,\ Q,\ R,\ S,\ \cdots$ の値を表示する式に出ている x の冪の各々は，もしその冪指数を $\alpha,\ \beta,\ \gamma,\ \delta,\ \cdots$ を用いてただ一通りの仕方で作ることができるなら，係数 1 をもつ．しかしもし同じ冪の冪指数が，系列 $\alpha,\ \beta,\ \gamma,\ \delta,\ \varepsilon,\ \cdots$ に所属する二項または三項またはもっと多くの項の和として，幾通りもの仕方で組み立てられるとするなら，そのときその冪の係数は，冪指数の構成の際に行なわれる［系列 $\alpha,\ \beta,\ \gamma,\ \delta,\ \varepsilon,\ \cdots$ の諸項の］組み合わせ方の個数に等しい．たとえば Q の値の表示式の中に Nx^n という項が見られるとしよう．この場合，この記号によって表わされているのは，数 n は系列 $\alpha,\ \beta,\ \gamma,\ \delta,\ \cdots$ に所属する相異なる二項の和として，相異なる N 通りの様式で組み立てられるという事実である．そうしてもし提示された諸因子の積の中に Nx^nz^m という項が出てくるなら，係数 N が指し示しているのは，

数 n が, 系列 $\alpha, \beta, \gamma, \delta, \varepsilon, \zeta, \cdots$ に所属する相異なる m 個の項の和として何通りの様式で書き表わされるかという, 表示の仕方の個数にほかならない.

299. そこで, 提示された積
$$(1+x^\alpha z)(1+x^\beta z)(1+x^\gamma z)(1+x^\delta z)\cdots$$
において掛け算を実際に遂行してこれを展開し, その結果として手に入る表示式を観察すれば, ある与えられた数が, 系列
$$\alpha, \beta, \gamma, \delta, \varepsilon, \zeta, \cdots$$
に所属する望むだけの個数の相異なる項の和として, 何通りの仕方で表示されるかということがただちに明らかになる. たとえば, 数 n はこの系列に所属する相異なる m 個の項の和として, 何通りの仕方で表示されるのかと問うてみよう. この場合には, 展開して得られる表示式において項 $x^n z^m$ を探さなければならない. その項の係数が, 求める数値を明示しているのである.

300. この間の事情をいっそう明確にするために, 無限に多くの因子から成る積
$$(1+xz)(1+x^2z)(1+x^3z)(1+x^4z)(1+x^5z)\cdots$$
が提示されたとしてみよう. 実際に掛け算を遂行してこの積を展開すると,

$$1+z\left(x+x^2+x^3+x^4+x^5+x^6+x^7+x^8+x^9+\cdots\right)$$

$$+z^2\left(x^3+x^4+2x^5+2x^6+3x^7+3x^8+4x^9+4x^{10}+5x^{11}+\cdots\right)$$

$$+z^3\left(x^6+x^7+2x^8+3x^9+4x^{10}+5x^{11}+7x^{12}+8x^{13}+10x^{14}+\cdots\right)$$

$$+z^4\left(x^{10}+x^{11}+2x^{12}+3x^{13}+5x^{14}+6x^{15}+9x^{16}+11x^{17}+15x^{18}+\cdots\right)$$

$$+z^5\left(x^{15}+x^{16}+2x^{17}+3x^{18}+5x^{19}+7x^{20}+10x^{21}+13x^{22}+18x^{23}+\cdots\right)$$

$$+z^6\left(x^{21}+x^{22}+2x^{23}+3x^{24}+5x^{25}+7x^{26}+11x^{27}+14x^{28}+20x^{29}+\cdots\right)$$

第16章　数の分割

$$+ z^7 \left(x^{28} + x^{29} + 2x^{30} + 3x^{31} + 5x^{32} + 7x^{33} + 11x^{34} + 15x^{35} + 21x^{36} + \cdots \right)$$

$$+ z^8 \left(x^{36} + x^{37} + 2x^{38} + 3x^{39} + 5x^{40} + 7x^{41} + 11x^{42} + 15x^{43} + 22x^{44} + \cdots \right)$$

$$\cdots\cdots$$

が与えられる．この級数から即座に，ある提示された数が，系列

$$1, 2, 3, 4, 5, 6, 7, 8, \cdots$$

に所属するある与えられた個数の相異なる項を用いて，[それらを加えることにより] 何通りの仕方で作られるかという状勢を規定することが可能になる．たとえば，数 35 は系列 $1, 2, 3, 4, 5, 6, 7, 8, \cdots$ に所属する相異なる 7 個の項の和として，何通りの仕方で表わされうるかと問うてみよう．この場合には，z^7 が乗じられている級数において，冪 x^{35} を探すのである．するとその冪の係数 15 は，提示された数 35 が，系列 $1, 2, 3, 4, 5, 6, 7, 8, \cdots$ の中の 7 個の項の和として，相異なる 15 通りの仕方で表示されることを示している．

301. $z = 1$ と置き，x の同類の冪をひとつにまとめてみよう．あるいは同じことになるが，無限表示式

$$(1+x)(1+x^2)(1+x^3)(1+x^4)(1+x^5)(1+x^6)\cdots$$

を展開してみよう．これを遂行すると，級数

$$1 + x + x^2 + 2x^3 + 2x^4 + 3x^5 + 4x^6 + 5x^7 + 6x^8 + \cdots$$

が生じる．この場合，各々の係数は，該当する x の冪の冪指数が系列 $1, 2, 3, 4, 5, 6, 7, \cdots$ の相異なるいくつかの項を加えることにより，何通りの様式で作られるかという事柄を示している．たとえば数 8 は明らかに，相異なる数を加えることにより，8 通りの仕方で表示される．その様子は，

$$
\begin{array}{l|l}
8 = 8 & 8 = 5 + 3 \\
8 = 7 + 1 & 8 = 5 + 2 + 1 \\
8 = 6 + 2 & 8 = 4 + 3 + 1
\end{array}
$$

というふうである．ここで注意しなければならないのは，提示された数それ自身も勘定に入れなければならないという一事である．なぜなら項の個数は限定されず，その

ため項数が 1 の場合もまた除外されるわけではないからである．

302. このような諸状勢により，各々の数が，相異なるいくつかの数を加えて組み立てられる仕組が諒解されると思う．諸因子を分母に移せば，［提示された数を組み立てるのに用いられる］個々の数は異なっていなければならないという条件は除去される．今，表示式
$$\frac{1}{(1-x^\alpha z)(1-x^\beta z)(1-x^\gamma z)(1-x^\delta z)(1-x^\varepsilon z)\cdots}$$
が提示されたとしてみよう．割り算を実際に遂行してこの式を展開すると，
$$1+Pz+Qz^2+Rz^3+Sz^4+\cdots$$
という形の級数が与えられる．このとき明らかに，P は，系列
$$\alpha,\ \beta,\ \gamma,\ \delta,\ \varepsilon,\ \zeta,\ \eta,\ \cdots$$
の中に入っている数を冪指数とする x の冪の和である．次に Q は，同じ系列のふたつの項の和を冪指数とする x の冪の和である．この場合，取り上げられる二項は同一でもいいし，異なっていてもいい．それから次に R は，同じ系列の三つの項を加えて生じる冪指数をもつ x の冪の和である．そうして S は，同じ系列内の四つの項を加えることによって作られる冪指数をもつ x の冪の和である．以下も同様の状勢が続いていく．

303. そこで式の全体を各項がばらばらになるように書き下し，同類項［すなわち同じ z の冪をもつ項］をひとつにまとめて表示すると，ある与えられた数 n を，系列
$$\alpha,\ \beta,\ \gamma,\ \delta,\ \varepsilon,\ \zeta,\ \eta,\ \cdots$$
の m 個の項を加えることによって組み立てる様式の総数が判明する．これをもう少し詳しく述べると，この展開式において項 $x^n z^m$ とその係数を探すのである．その係数が N であったとすると，項の全体は $Nx^n z^m$ と等値される．この場合，係数 N は，数 n を系列 $\alpha,\ \beta,\ \gamma,\ \delta,\ \varepsilon,\ \cdots$ 内の m 個の項を加えることによって組み立てる様式の個数を示している．こんなふうにして，この節の冒頭で問われた問題は，前に考察が加えられた問題の場合と同じようにして解決されるのである．

304. この考察の果実を，特別に注目に値する場合を対象にして適用してみたいと思う．すなわち，表示式

第16章 数の分割

$$\frac{1}{(1-xz)(1-x^2z)(1-x^3z)(1-x^4z)(1-x^5z)\cdots}$$

が提示されたとしてみよう．割り算を遂行してこの式を展開すると，

$$1 + z\left(x + x^2 + x^3 + x^4 + x^5 + x^6 + x^7 + x^8 + x^9 + \cdots\right)$$

$$+ z^2\left(x^2 + x^3 + 2x^4 + 2x^5 + 3x^6 + 3x^7 + 4x^8 + 4x^9 + 5x^{10} + \cdots\right)$$

$$+ z^3\left(x^3 + x^4 + 2x^5 + 3x^6 + 4x^7 + 5x^8 + 7x^9 + 8x^{10} + 10x^{11} + \cdots\right)$$

$$+ z^4\left(x^4 + x^5 + 2x^6 + 3x^7 + 5x^8 + 6x^9 + 9x^{10} + 11x^{11} + 15x^{12} + \cdots\right)$$

$$+ z^5\left(x^5 + x^6 + 2x^7 + 3x^8 + 5x^9 + 7x^{10} + 10x^{11} + 13x^{12} + 18x^{13} + \cdots\right)$$

$$+ z^6\left(x^6 + x^7 + 2x^8 + 3x^9 + 5x^{10} + 7x^{11} + 11x^{12} + 14x^{13} + 20x^{14} + \cdots\right)$$

$$+ z^7\left(x^7 + x^8 + 2x^9 + 3x^{10} + 5x^{11} + 7x^{12} + 11x^{13} + 15x^{14} + 21x^{15} + \cdots\right)$$

$$+ z^8\left(x^8 + x^9 + 2x^{10} + 3x^{11} + 5x^{12} + 7x^{13} + 11x^{14} + 15x^{15} + 22x^{16} + \cdots\right)$$

・・・・・

が与えられる．この級数を見れば即座に，ある提示された数を，系列

$$1, 2, 3, 4, 5, 6, 7, \cdots$$

の，あらかじめ与えられた個数だけの項を加えて組み立てる様式は何通りあるかという論点の見きわめが可能になる．たとえば，数13は5個の整数を加えることにより，何通りの様式で組み立てることができるだろうか，と問うてみよう．この場合には項 $x^{13}z^5$ に着目しなければならない．この項の係数18が明示しているのは，提示された数13は，5個の数を加えることにより，18通りの様式で組み立てられるという事実である．

305. $z=1$ と置き，x の同類項［すなわち同じ z の冪をもつ項］をひとつにまとめて表示すると，式

$$\frac{1}{(1-x)(1-x^2)(1-x^3)(1-x^4)(1-x^5)(1-x^6)\cdots}$$

は，級数

$$1+x+2x^2+3x^3+5x^4+7x^5+11x^6+15x^7+22x^8+\cdots$$

へと展開されていく．この級数では，どの係数も，それに附随するxの冪の冪指数が，整数を加えることによって作られる様式の個数を示している．その際，数の組み立てにあたって取り上げられる整数は，それらの中に等しいものがあっても異なるものがあってもどちらでもかまわない．たとえば，項$11x^6$を見ると，数6は11通りの様式で，整数を加えることによって作られることがわかる．すなわち次のようになる．

$6 = 6$	$6 = 3+1+1+1$
$6 = 5+1$	$6 = 2+2+2$
$6 = 4+2$	$6 = 2+2+1+1$
$6 = 4+1+1$	$6 = 2+1+1+1+1$
$6 = 3+3$	$6 = 1+1+1+1+1+1$
$6 = 3+2+1$	

ここでもまた先ほどと同様に，提示された数それ自体も，その数を組み立てる様式のひとつを提供しているという事実に留意しなければならない．なぜならその数はそれ自身，系列1，2，3，4，5，6，・・・の中に入っているからである．

306. 一般的な説明はこれでよいとして，続いてこのような数の組み立て方の個数を見つける手順を，さらに立ち入って調べてみたいと思う．まず初めに，異なる数のみを許すことにして，整数を用いて行なわれる数の組み立てを考えよう．一番初めに言及がなされたのはこのケースである．これを調べるために，表示式

$$Z = (1+xz)(1+x^2z)(1+x^3z)(1+x^4z)(1+x^5z)\cdots$$

が提示されたとしよう．これを展開して，zの冪の大きさの順に各項を配列すると，

$$Z = 1 + Pz + Qz^2 + Rz^3 + Sz^4 + Tz^5 + \cdots$$

という級数が与えられる．この場面において望まれるのは，xの関数

$$P,\ Q,\ R,\ S,\ T,\ \cdots$$

を見つけるための迅速な手段である．実際，もしそのような手段が探し当てられたなら，そのときここで提示された問題は最も適切に解決されたと言えるのである．

第16章 数の分割

307. z に xz を代入すると,
$$(1+x^2z)(1+x^3z)(1+x^4z)(1+x^5z)\cdots = \frac{Z}{1+xz}$$
となるのは明らかである. それゆえ z に xz を代入すると, 積 Z の値は $\frac{Z}{1+xz}$ に変わることになる. そうして
$$Z = 1 + Pz + Qz^2 + Rz^3 + Sz^4 + \cdots$$
であるから,
$$\frac{Z}{1+xz} = 1 + Pxz + Qx^2z^2 + Rx^3z^3 + Sx^4z^4 + \cdots$$
となる. この方程式に $1+xz$ を乗じ, 実際に掛け算を遂行すると,
$$Z = 1 + Pxz + Qx^2z^2 + Rx^3z^3 + Sx^4z^4 + \cdots$$
$$ + xz + Px^2z^2 + Qx^3z^3 + Rx^4z^4 + \cdots$$
となる. この Z の値を初めの Z の値と比較すると,
$$P = \frac{x}{1-x}, \quad Q = \frac{Px^2}{1-x^2}, \quad R = \frac{Qx^3}{1-x^3}, \quad S = \frac{Rx^4}{1-x^4}, \cdots$$
が与えられる. それゆえ次のような値が得られる.
$$P = \frac{x}{1-x},$$
$$Q = \frac{x^3}{(1-x)(1-x^2)},$$
$$R = \frac{x^6}{(1-x)(1-x^2)(1-x^3)},$$
$$S = \frac{x^{10}}{(1-x)(1-x^2)(1-x^3)(1-x^4)},$$
$$T = \frac{x^{15}}{(1-x)(1-x^2)(1-x^3)(1-x^4)(1-x^5)},$$
$$\cdots\cdots$$

308. こうして [$P, Q, R, S, T, \cdots$ の値を表示する] x の冪級数を個別に書き表わすことが可能になる. これらの冪級数の各々に基づいて, ある提示された数を, 前もって指定された個数だけの整数を加えることによって作り出す様式の数が決定される. ところで, これらの個々の級数は x の分数関数を展開して生じるのであるから, どれもみな回帰的であることは明白である. その様子をもう少し詳しく観察すると, 第一の表示式
$$P = \frac{x}{1-x}$$

は幾何級数
$$x+x^2+x^3+x^4+x^5+x^6+x^7+\cdots$$
を与える．この級数を見れば明らかなように，あらゆる整数の作る系列の中に，どの数もただ一度だけ出現するのである．

309.　第二の表示式
$$\frac{x^3}{(1-x)(1-xx)}$$
は，級数
$$x^3+x^4+2x^5+2x^6+3x^7+3x^8+4x^9+4x^{10}+\cdots$$
を与える．この級数において，各々の係数は，x の冪指数をふたつの異なる部分に分ける様式の個数を示している．たとえば項 $4x^9$ は，数 9 は 4 通りの仕方で異なるふたつの部分に分離可能であることを示している．この級数を x^3 で割ると，分数
$$\frac{1}{(1-x)(1-x^2)}$$
を母体とする級数が手に入る．それは
$$1+x+2x^2+2x^3+3x^4+3x^5+4x^6+4x^7+\cdots$$
という級数である．この級数の一般項を Nx^n と等値しよう．するとこの級数の出自を考えれば諒解されるように，係数 N は，冪指数 n を数 1 と 2 を加えることによって作り出す様式の個数を示している．初めの級数の一般項は Nx^{n+3} であったことを想起すると，次の定理が導かれる．

　数 n を，数 1 と 2 を加えることによって作り出す様式の個数は，数 $n+3$ をふたつの異なる部分に切り分ける様式の個数に等しい．

310.　第三の表示式
$$\frac{x^6}{(1-x)(1-x^2)(1-x^3)}$$
を級数に展開すると，級数
$$x^6+x^7+2x^8+3x^9+4x^{10}+5x^{11}+7x^{12}+8x^{13}+\cdots$$
が与えられる．この級数において各々の項の係数は，附随する x の冪の冪指数を，異なる三つの部分に切り分ける様式の個数を示している．分数
$$\frac{1}{(1-x)(1-x^2)(1-x^3)}$$
を展開すると，級数

第16章 数の分割

$$1+x+2x^2+3x^3+4x^4+5x^5+7x^6+8x^7+\cdots$$

が生じる．この級数の一般項を Nx^n と等値すると，係数 N は，数 n を数 $1, 2, 3$ を加えることによって作り出す様式の個数を示している．初めの級数の一般項は Nx^{n+6} であったから，これより次の定理が出る．

　数 n を，数 $1, 2, 3$ を加えることによって作り出す様式の個数は，数 $n+6$ を三つの異なる部分に切り分ける様式の個数に等しい．

311.　第四の表示式

$$\frac{x^{10}}{(1-x)(1-x^2)(1-x^3)(1-x^4)}$$

を回帰級数に展開すると，級数

$$x^{10}+x^{11}+2x^{12}+3x^{13}+5x^{14}+6x^{15}+9x^{16}+11x^{17}+\cdots$$

が与えられる．この級数において各々の係数は，附随する x の冪の冪指数を，異なる四つの部分に切り分ける様式の個数を示している．表示式

$$\frac{1}{(1-x)(1-x^2)(1-x^3)(1-x^4)}$$

を展開すると，上記の級数を x^{10} で割った級数，すなわち

$$1+x+2x^2+3x^3+5x^4+6x^5+9x^6+11x^7+\cdots$$

が生じる．この級数の一般項を Nx^n と等値しよう．すると係数 N は明らかに，数 n を四つの数 $1, 2, 3, 4$ を加えることによって作り出す様式の個数を示している．初めの級数の一般項は Nx^{n+10} であるから，次の定理が導かれる．

　数 n を数 $1, 2, 3, 4$ を加えることによって作り出す様式の個数は，数 $n+10$ を四つの異なる部分に切り分ける様式の個数に等しい．

312.　一般に，表示式

$$\frac{1}{(1-x)(1-x^2)(1-x^3)\cdots(1-x^m)}$$

を級数に展開して，その一般項を

$$Nx^n$$

と等値してみよう．このとき係数 N は，数 n を数 $1, 2, 3, 4, \cdots, m$ を加えることによって作り出す様式の個数を示している．他方，表示式

$$\frac{x^{\frac{m(m+1)}{2}}}{(1-x)(1-x^2)(1-x^3)\cdots(1-x^m)}$$

を級数に展開すると，その一般項は
$$N x^{n+\frac{m(m+1)}{2}}$$
である．この場合，係数 N は，数 $n+\dfrac{m(m+1)}{1\cdot 2}$ を m 個の異なる部分に切り分ける様式の個数を示している．これより次の定理が得られる．

　　数 n を，数 $1, 2, 3, 4, \cdots, m$ を加えることによって作り出す様式の個数は，数 $n+\dfrac{m(m+1)}{1\cdot 2}$ を m 個の異なる部分に切り分ける様式の個数に等しい．

313. 　いくつかの異なる部分への数の分割の考察が完了したので，今度は等しい部分が出てきても除外しないことにして，その場合における数の分割を調べてみよう．この種の分割の淵源は表示式
$$Z = \frac{1}{(1-xz)(1-x^2z)(1-x^3z)(1-x^4z)(1-x^5z)\cdots}$$
にある．実際に割り算を行なって展開すると，級数
$$Z = 1 + Pz + Qz^2 + Rz^3 + Sz^4 + Tz^5 + \cdots$$
が生じるとしよう．z に xz を代入すると，
$$\frac{1}{(1-x^2z)(1-x^3z)(1-x^4z)(1-x^5z)\cdots} = (1-xz)Z$$
となるのは明らかである．そこで，展開して得られた級数において同じ置き換えを行なうと，
$$(1-xz)Z = 1 + Pxz + Qx^2z^2 + Rx^3z^3 + Sx^4z^4 + \cdots$$
となる．初めの級数にも $1-xz$ を乗じると，
$$(1-xz)Z = 1 + Pz + Qz^2 + Rz^3 + Sz^4 + \cdots$$
$$ - xz - Pxz^2 - Qxz^3 - Rxz^4 - \cdots$$
となる．比較すると，
$$P = \frac{x}{1-x}, \quad Q = \frac{Px}{1-x^2}, \quad R = \frac{Qx}{1-x^3}, \quad S = \frac{Rx}{1-x^4}, \cdots$$
という表示が得られる．これより $P, Q, R, S, \cdots$ の次のような値が生じる．
$$P = \frac{x}{1-x},$$
$$Q = \frac{x^2}{(1-x)(1-x^2)},$$
$$R = \frac{x^3}{(1-x)(1-x^2)(1-x^3)},$$

第16章 数の分割

$$S = \frac{x^4}{(1-x)(1-x^2)(1-x^3)(1-x^4)},$$

. . . . . .

314. これらの表示式を前の表示式と比べると，分子の冪指数が小さくなっている点を除いて相違点は認められない．そのため，これらの表示式を展開して生じる級数は，係数の算出に着目する限り前の場合と完全に一致する．この一致はそれ自体としては§300と§304を比較すればすでに明らかな事態ではあるが，その根拠は今ここでようやく諒解されたのである．これより先ほどの諸定理と完全に類似の諸定理が帰結する．すなわち，

　数nを，数1と2を加えることによって作り出す様式の個数は，数$n+2$をふたつの部分に切り分ける様式の個数に等しい．

　数nを，数1，2，3を加えることによって作り出す様式の個数は，数$n+3$を三つの部分に切り分ける様式の個数に等しい．

　数nを，数1，2，3，4を加えることによって作り出す様式の個数は，数$n+4$を四つの部分に切り分ける様式の個数に等しい．

　一般に，

　数nを，数$1, 2, 3, \cdots, m$を加えることによって作り出す様式の個数は，数$n+m$をm個の部分に切り分ける様式の個数に等しい．

315. ある与えられた数をm個の異なる部分に切り分ける様式の個数，あるいは等しい部分が関与するのも除外しないことにして，m個の部分に切り分ける様式の個数を求める問いを出してみよう．これらの二問題は，各々の数を，数$1, 2, 3, 4, \cdots, m$を加えることによって作り出す様式の個数がわかれば解決される．そうしてそれは次に挙げる二定理により明らかになる．それらの定理は上に挙げた諸定理から導かれたのである．

　数nをm個の異なる部分に切り分ける様式の個数は，数$n - \frac{m(m-1)}{2}$を，数$1, 2, 3, 4, \cdots$を加えることによって作り出す様式の個数に等しい．

　数nをm個の部分に切り分ける様式の個数は，数$n-m$を，数$1, 2, 3, 4, \cdots$を加えることによって作り出す様式の個数に等しい．

　これよりさらに次の二定理が導かれる．

数 n を m 個の異なる部分に切り分ける様式の個数は，数 $n - \dfrac{m(m-1)}{2}$ を，m 個の部分（それらの間に等しいものが混じっていてもさしつかえない）に切り離す様式の個数に等しい．

数 n を m 個の部分（それらの間に等しいものが混じっていてもさしつかえない）に切り分ける様式の個数は，数 $n + \dfrac{m(m-1)}{2}$ を m 個の異なる部分に切り分ける様式の個数に等しい．

316. ある与えられた数 n を，数 $1, 2, 3, \cdots, m$ を加えて構成する様式の個数を見つけることは，実際に回帰級数を作ることによって可能になる．実際，そのためには，分数

$$\frac{1}{(1-x)(1-x^2)(1-x^3)\cdots(1-x^m)}$$

を展開して，回帰級数を項 Nx^n に至るまで延長していかなければならない．この項の係数 N は，数 n を，数 $1, 2, 3, 4, \cdots, m$ を加えることによって作り出す様式の個数に等しいのである．ところが数 m と n が多少とも大きい場合，このような解決の仕方には少なからぬ困難が伴う．実際，掛け算を遂行して展開するとき，分母が与える関係比はいくつもの項で構成されている．そのため，級数をたくさんの項が出てくるまで延ばしていこうとすると，非常に骨の折れる作業をしいられることになるのである．

317. この究明作業では，まず初めにより簡単な場合を片づけておくことにすれば，わずらわしさは軽減する．なぜなら，簡単な場合から複雑な場合に移るのはたやすいからである．そこで分数

$$\frac{1}{(1-x)(1-x^2)(1-x^3)\cdots(1-x^m)}$$

から生じる級数の一般項を Nx^n と等値してみよう．また，

$$\frac{x^m}{(1-x)(1-x^2)(1-x^3)\cdots(1-x^m)}$$

という形の分数から生じる級数の一般項を Mx^n と等値しよう．ここで係数 M は，数 $n-m$ を，数 $1, 2, 3, \cdots, m$ を加えることによって作り出す様式の個数を示している．後の表示式を前の表示式から差し引くと，残るのは

第16章 数の分割

$$\frac{1}{(1-x)(1-x^2)(1-x^3)\cdots(1-x^{m-1})}$$

という表示式である．そうして明らかに，この分数から生じる級数の一般項は $(N-M)x^n$ である．それゆえ係数 $N-M$ は，数 n を，数 $1, 2, 3, \cdots, m-1$ を加えることによって作り出す様式の個数を示していることになる．

318. これより次のような諸規則が明らかになる．

L は，数 n を，数 $1, 2, 3, \cdots, m-1$ を加えることによって作り出す様式の個数を表わすとしよう．

M は，数 $n-m$ を，数 $1, 2, 3, \cdots, m$ を加えることによって作り出す様式の個数を表わすとしよう．

N は，数 n を，数 $1, 2, 3, \cdots, m$ を加えることによって作り出す様式の個数を表わすとしよう．

このように設定するとき，たったいま見たように，

$$L = N - M.$$

したがって，

$$N = L + M$$

となる．

それゆえ，もし数 n と数 $n-m$ を，前の数 n については数 $1, 2, 3, \cdots, m-1$ を加えることにより，後の数 $n-m$ については数 $1, 2, 3, \cdots, m$ を加えることによって作り出す様式の個数がすでに求められたとするなら，それらの個数を加えることにより，数 n を，数 $1, 2, 3, \cdots, m$ を加えることによって作り出す様式の個数が同時に判明することになる．この定理の支援を受けると，何も困難を伴わない簡単な場合から出発して，いっそう複雑な場合へと順次歩を進めていくことが可能になる．ここに掲示する表はそのようにして計算されたのである．その用法は次の通り．

数 50 を異なる 7 つの部分に切り分ける様式の個数を求めたいとしよう．この場合には垂直方向の第一列の中で数 $50 - \frac{7 \cdot 8}{2} = 22$ に着目し，水平方向の最上部の系列においてローマ数字VIIを取り上げる．そうすると数 22 と同一の水平線上に位置していて，しかも数VIIと同一の垂直線上に位置する数 522 は，求める様式の個数を示している．

また，もし数 50 を，等しい部分が混入してもかまわないものとして一般に 7 つの部分に切り分ける様式の個数を求めたいのであれば，垂直方向の第一列の中で数

$50-7=43$ を取り上げる．すると，第七番目の垂直系列においてこの数 43 に対応する数 8946 は求める様式の個数を与えているのである．

表

n	I	II	III	IV	V	VI	VII	VIII	IX	X	XI
1	1	1	1	1	1	1	1	1	1	1	1
2	1	2	2	2	2	2	2	2	2	2	2
3	1	2	3	3	3	3	3	3	3	3	3
4	1	3	4	5	5	5	5	5	5	5	5
5	1	3	5	6	7	7	7	7	7	7	7
6	1	4	7	9	10	11	11	11	11	11	11
7	1	4	8	11	13	14	15	15	15	15	15
8	1	5	10	15	18	20	21	22	22	22	22
9	1	5	12	18	23	26	28	29	30	30	30
10	1	6	14	23	30	35	38	40	41	42	42
11	1	6	16	27	37	44	49	52	54	55	56
12	1	7	19	34	47	58	65	70	73	75	76
13	1	7	21	39	57	71	82	89	94	97	99
14	1	8	24	47	70	90	105	116	123	128	131
15	1	8	27	54	84	110	131	146	157	164	169
16	1	9	30	64	101	136	164	186	201	212	219
17	1	9	33	72	119	163	201	230	252	267	278
18	1	10	37	84	141	199	248	288	318	340	355
19	1	10	40	94	164	235	300	352	393	423	445
20	1	11	44	108	192	282	364	434	488	530	560
21	1	11	48	120	221	331	436	525	598	653	695
22	1	12	52	136	255	391	522	638	732	807	863
23	1	12	56	150	291	454	618	764	887	984	1060
24	1	13	61	169	333	532	733	919	1076	1204	1303
25	1	13	65	185	377	612	860	1090	1291	1455	1586
26	1	14	70	206	427	709	1009	1297	1549	1761	1930
27	1	14	75	225	480	811	1175	1527	1845	2112	2331
28	1	15	80	249	540	931	1367	1801	2194	2534	2812
29	1	15	85	270	603	1057	1579	2104	2592	3015	3370
30	1	16	91	297	674	1206	1824	2462	3060	3590	4035

第16章　数の分割

n	I	II	III	IV	V	VI	VII	VIII	IX	X	XI
31	1	16	96	321	748	1360	2093	2857	3589	4242	4802
32	1	17	102	351	831	1540	2400	3319	4206	5013	5708
33	1	17	108	378	918	1729	2738	3828	4904	5888	6751
34	1	18	114	411	1014	1945	3120	4417	5708	6912	7972
35	1	18	120	441	1115	2172	3539	5066	6615	8070	9373
36	1	19	127	478	1226	2432	4011	5812	7657	9418	11004
37	1	19	133	511	1342	2702	4626	6630	8824	10936	12866
38	1	20	140	551	1469	3009	5102	7564	10156	12690	15021
39	1	20	147	588	1602	3331	5731	8588	11648	14663	17475
40	1	21	154	632	1747	3692	6430	9749	13338	16928	20298
41	1	21	161	672	1898	4070	7190	11018	15224	19466	23501
42	1	22	169	720	2062	4494	8033	12450	17354	22367	27169
43	1	22	176	764	2233	4935	8946	14012	19720	25608	31316
44	1	23	184	816	2418	5427	9953	15765	22380	29292	36043
45	1	23	192	864	2611	5942	11044	17674	25331	33401	41373
46	1	24	200	920	2818	6510	12241	19805	28629	38047	47420
47	1	24	208	972	3034	7104	13534	22122	32278	43214	54218
48	1	25	217	1033	3266	7760	14950	24699	36347	49037	61903
49	1	25	225	1089	3507	8442	16475	27493	40831	55494	70515
50	1	26	234	1154	3765	9192	18138	30588	45812	62740	80215
51	1	26	243	1215	4033	9975	19928	33940	51294	70760	91058
52	1	27	252	1285	4319	10829	21873	37638	57358	79725	103226
53	1	27	261	1350	4616	11720	23961	41635	64015	89623	116792
54	1	28	271	1425	4932	12692	26226	46031	71362	100654	131970
55	1	28	280	1495	5260	13702	28652	50774	79403	112804	148847
56	1	29	290	1575	5608	14800	31275	55974	88252	126299	167672
57	1	29	300	1650	5969	15944	34082	61575	97922	141136	188556
58	1	30	310	1735	6351	17180	37108	67696	108527	157564	211782
59	1	30	320	1815	6747	18467	40340	74280	120092	175586	237489
60	1	31	331	1906	7166	19858	43819	81457	132751	195491	266006
61	1	31	341	1991	7599	21301	47527	89162	146520	217280	297495
62	1	32	352	2087	8056	22856	51508	97539	161554	241279	332337
63	1	32	363	2178	8529	24473	55748	106522	177884	267507	370733
64	1	33	374	2280	9027	26207	60289	116263	195666	296320	413112
65	1	33	385	2376	9542	28009	65117	126692	214944	327748	459718
66	1	34	397	2484	10083	29941	70281	137977	235899	362198	511045
67	1	34	408	2586	10642	31943	75762	150042	258569	399705	567377
68	1	35	420	2700	11229	34085	81612	163069	283161	440725	629281
69	1	35	432	2808	11835	36308	87816	176978	309729	485315	697097

319. この表の垂直方向の系列は回帰的だが，そればかりではなく自然数，三角数，ピラミッド数等々と密接な関係で結ばれている．その様子を少々説明するのはそれだけの値打ちのある作業である．分数

$$\frac{1}{(1-x)(1-xx)}$$

から級数

$$1 + x + 2x^2 + 2x^3 + 3x^4 + 3x^5 + \cdots$$

が生じる．よって，分数

$$\frac{x}{(1-x)(1-xx)}$$

から級数

$$x + x^2 + 2x^3 + 2x^4 + 3x^5 + 3x^6 + \cdots$$

が生じる．これらのふたつの級数を加えると，級数

$$1 + 2x + 3x^2 + 4x^3 + 5x^4 + 6x^5 + 7x^6 + \cdots$$

が手に入る．これは，分数

$$\frac{1+x}{(1-x)(1-xx)} = \frac{1}{(1-x)^2}$$

において割り算を遂行すると生じる級数である．これより明らかになるように，最後に出てくる級数の各項の係数は自然数全体の系列を構成する．したがって，表の第二垂直系列において隣り合う二項を次々と取り上げて加えていけば，自然数の系列が生じることになる．［上に挙げたふたつの級数において］$x = 1$ と置くと，

$$1 + 1 + 2 + 2 + 3 + 3 + 4 + 4 + 5 + 5 + 6 + 6 + \cdots,$$
$$1 + 2 + 3 + 4 + 5 + 6 + 7 + 8 + 9 + 10 + 11 + 12 + \cdots$$

となり，この間の事情が明確になる．逆に，［下側の］自然数の作る数列から上側の数列がみいだされる．それには，上側の級数の各々の項を，下側の級数の，ひとつ先の位置にある項から順次差し引いていけばよい．

320. 垂直方向の第三番目の系列は，分数

$$\frac{1}{(1-x)(1-xx)(1-x^3)}$$

から生じる．ところで，

$$\frac{1}{(1-x)^3} = \frac{(1+x)(1+x+xx)}{(1-x)(1-xx)(1-x^3)}.$$

第16章 数の分割

これより明らかなように，まず初めにその第三列の隣接する三項を順次加え，続いてもう一度，そのようにしてできる新しい系列の隣接する二項を順次加えていくと，三角数が出現するのである．この様子は次に挙げる図式を見れば一目瞭然である．

$$1+1+2+3+\ 4+5+\ 7+\ 8+10+12+14+16+19+\cdots$$
$$1+2+4+6+\ 9+12+16+20+25+30+36+42+49+\cdots$$
$$1+3+6+10+15+21+28+36+45+55+66+78+91+\cdots$$

逆に，三角数から出発して元の系列を見つける手順も明白である．

321. 同様に，第四列は分数

$$\frac{1}{(1-x)(1-xx)(1-x^3)(1-x^4)}$$

から生じる．そうして，

$$\frac{(1+x)(1+x+xx)(1+x+xx+x^3)}{(1-x)(1-xx)(1-x^3)(1-x^4)}=\frac{1}{(1-x)^4}.$$

そこで第四系列においてまず初めに隣接する四つの項を順次加え，次にそのようにして作られる系列において隣接する三つの項を順次加え，最後にそのようにして得られる系列において隣接する二項を順次加えていくと，ピラミッド数の系列が現われる．これは次に挙げる計算を見れば明白である．

$$1+1+\ 2+\ 3+\ 5+\ 6+\ 9+\ 11+\ 15+\ 18+\ 23+\ 27+\cdots$$
$$1+2+\ 4+\ 7+11+16+23+\ 31+\ 41+\ 53+\ 67+\ 83+\cdots$$
$$1+3+\ 7+13+22+34+50+\ 70+\ 95+125+161+203+\cdots$$
$$1+4+10+20+35+56+84+120+165+220+286+364+\cdots$$

同様に，第五系列から出発すると二階のピラミッド数へと導かれ，第六系列から出発すると三階のピラミッド数へと導かれていく．以下も同様である．

322. 逆に，図形数を元にして，表に出ている系列を作成することも可能である．その手順は次に挙げる計算を見ればおのずと明らかである．

$$1+2+\ 3+\ 4+\ 5+\ 6+\ \ 7+\ \ 8+\ \ 9+\ 10+\cdots$$
$$1+1+\ 2+\ 2+\ 3+\ 3+\ \ 4+\ \ 4+\ \ 5+\ \ 5+\cdots \quad \text{II}$$

$$1+3+\ 6+10+15+21+\ 28+\ 36+\ 45+\ 55+\cdots$$
$$1+2+\ 4+\ 6+\ 9+12+\ 16+\ 20+\ 25+\ 30+\cdots$$
$$1+1+\ 2+\ 3+\ 4+\ 5+\ \ 7+\ \ 8+\ 10+\ 12+\cdots \quad \text{III}$$

$$1+4+10+20+35+56+\ 84+120+165+220+\cdots$$
$$1+3+\ 7+13+22+34+\ 50+\ 70+\ 95+125+\cdots$$
$$1+2+\ 4+\ 7+11+16+\ 23+\ 31+\ 41+\ 53+\cdots$$
$$1+1+\ 2+\ 3+\ 5+\ 6+\ \ 9+\ 11+\ 15+\ 18+\cdots \quad \text{IV}$$

$$1+5+15+35+70+126+210+330+495+715+\cdots$$
$$1+4+11+24+46+\ 80+130+200+295+420+\cdots$$
$$1+3+\ 7+14+25+\ 41+\ 64+\ 95+136+189+\cdots$$
$$1+2+\ 4+\ 7+12+\ 18+\ 27+\ 38+\ 53+\ 71+\cdots$$
$$1+1+\ 2+\ 3+\ 5+\ \ 7+\ 10+\ 13+\ 18+\ 23+\cdots \quad \text{V}$$

$$\cdots\cdots\cdots\cdots$$

これらの系列の集りの各々において，第一番目に出ている系列は図形数の系列である．第二番目に出ている系列の各々の項を，第一系列の中のその項の次の位置に置かれている項から順々に引いていくと，第二系列が作られる．次に，第三番目の系列の隣接する二項を，第二系列のその項の次の位置に置かれている項から順々に引いていくと，第三系列が生じる．こんなふうに歩を進めていって，後に続く系列の三項の和，四項の和・・・を，ひとつ手前の系列のその次の位置に置かれている項から順々に引いていくと，第四系列以下の系列が逐次作られていく．この手順は，$1+1+2+\cdots$ と始まる系列，すなわち表に挙げられている系列に到達するまで継続される．

323. 表の垂直方向の系列はすべて同じ様式で始まり，しかも系列が遠方に進んで行けばいくほど，それだけ多くの項を共有する．これより諒解されるように，無限に遠い地点ではこれらの系列は互いに一致するのである．無限遠において現われる系列は，分数

第16章　数の分割

$$\frac{1}{(1-x)(1-x^2)(1-x^3)(1-x^4)(1-x^5)(1-x^6)(1-x^7)\cdots}$$

から出てくるものである．この分数から出る級数は回帰的であるから，関係の比率を入手するには，まず初めに分母を考察しなければならない．分母の諸因子を次々と相互に乗じていくと，級数

$$1-x-x^2+x^5+x^7-x^{12}-x^{15}+x^{22}+x^{26}-x^{35}-x^{40}+x^{51}+\cdots$$

が生じる．この級数を注意深く考察すると，xの冪のうち，その冪指数が $\frac{3nn \pm n}{2}$ という式に包摂されているもののほかは存在しないことに気づくであろう．各々の冪の符号は n が奇数なら負，n が偶数なら正である．

324. したがって［上の級数の］関係の比率は

$$+1, +1, 0, 0, -1, 0, -1, 0, 0, 0, 0, +1, 0, 0, +1, 0, 0, \cdots$$

であるから，分数

$$\frac{1}{(1-x)(1-x^2)(1-x^3)(1-x^4)(1-x^5)(1-x^6)(1-x^7)\cdots}$$

を展開して生じる回帰級数は

$$1+x+2x^2+3x^3+5x^4+7x^5+11x^6+15x^7+22x^8+30x^9+42x^{10}+56x^{11}$$
$$+77x^{12}+101x^{13}+135x^{14}+176x^{15}+231x^{16}+297x^{17}+385x^{18}+490x^{19}+627x^{20}$$
$$+792x^{21}+1002x^{22}+1255x^{23}+1575x^{24}+\cdots$$

という形になる．この級数において各々の係数は，xの冪の冪指数を，自然数を加えることによって作り出す様式の個数を示している．たとえば数7は，自然数を加えることにより，次に挙げるように15通りの仕方で構成可能である．

$7=7$	$7=4+2+1$	$7=3+1+1+1+1$
$7=6+1$	$7=4+1+1+1$	$7=2+2+2+1$
$7=5+2$	$7=3+3+1$	$7=2+2+1+1+1$
$7=5+1+1$	$7=3+2+2$	$7=2+1+1+1+1+1$
$7=4+3$	$7=3+2+1+1$	$7=1+1+1+1+1+1+1$

325. 積

$$(1+x)(1+x^2)(1+x^3)(1+x^4)(1+x^5)(1+x^6)\cdots$$

を展開すると，次のような級数が生じる．

$$1 + x + x^2 + 2x^3 + 2x^4 + 3x^5 + 4x^6 + 5x^7 + 6x^8 + 8x^9 + 10x^{10} + \cdots$$

この級数において各々の係数は，x の冪指数を，いくつかの異なる数を加えて作り出す様式の個数を示している．たとえば数 9 は，異なる数を加えることにより，次のように 8 通りの仕方で作ることができる．

$9 = 9$	$9 = 6 + 2 + 1$
$9 = 8 + 1$	$9 = 5 + 4$
$9 = 7 + 2$	$9 = 5 + 3 + 1$
$9 = 6 + 3$	$9 = 4 + 3 + 2$

326. これらの二通りの形状を比較するために，
$$P = (1-x)(1-x^2)(1-x^3)(1-x^4)(1-x^5)(1-x^6) \cdots$$
および
$$Q = (1+x)(1+x^2)(1+x^3)(1+x^4)(1+x^5)(1+x^6) \cdots$$
と置いてみよう．すると，
$$PQ = (1-x^2)(1-x^4)(1-x^6)(1-x^8)(1-x^{10})(1-x^{12}) \cdots$$
となる．この積の因子はすべて P の中にも入っているものばかりである．そこで P を PQ で割ると，
$$\frac{1}{Q} = (1-x)(1-x^3)(1-x^5)(1-x^7)(1-x^9) \cdots$$
となる．したがって，
$$Q = \frac{1}{(1-x)(1-x^3)(1-x^5)(1-x^7)(1-x^9) \cdots}.$$
この分数を展開して生じる級数において，各々の係数は，x の冪の冪指数を，奇数を加えることによって作り出す様式の個数を示している．ところでこの展開式は前節で考察した式と同じものである．これより次の定理が明らかになる．

ある与えられた数を，相互に異なるあらゆる整数を加えることによって作り出す様式の個数は，その同じ数を，等しい数が混じっていても異なる数が混じっていてもどちらでもかまわないが，奇数のみを加えて作る様式の個数に等しい．

327. 前に見たように，
$$P = 1 - x - x^2 + x^5 + x^7 - x^{12} - x^{15} + x^{22} + x^{26} - x^{35} - x^{40} + \cdots$$
である．そこで x の代わりに xx を書くと，

第16章 数の分割

$$PQ = 1 - x^2 - x^4 + x^{10} + x^{14} - x^{24} - x^{30} + x^{44} + x^{52} - \cdots$$

となる．この式を前の式で割ると，

$$Q = \frac{1 - x^2 - x^4 + x^{10} + x^{14} - x^{24} - x^{30} + \cdots}{1 - x - x^2 + x^5 + x^7 - x^{12} - x^{15} + x^{22} + x^{26} - \cdots}.$$

よって級数 Q もまた回帰級数であり，しかもそれは級数 $\frac{1}{P}$ に

$$1 - x^2 - x^4 + x^{10} + x^{14} - x^{24} - \cdots$$

を乗じると生じる．この様子をもう少し詳しく観察しよう．§324より

$$\frac{1}{P} = 1 + x + 2x^2 + 3x^3 + 5x^4 + 7x^5 + 11x^6 + 15x^7 + 22x^8 + 30x^9 + \cdots$$

であるから，

$$1 - x^2 - x^4 + x^{10} + x^{14} - \cdots$$

を乗じると，

$$\begin{aligned}
& 1 + x + 2x^2 + 3x^3 + 5x^4 + 7x^5 + 11x^6 + 15x^7 + 22x^8 + 30x^9 + \cdots \\
& \quad\quad\quad - x^2 - x^3 - 2x^4 - 3x^5 - 5x^6 - 7x^7 - 11x^8 - 15x^9 - \cdots \\
& \quad\quad\quad\quad\quad\quad\quad - x^4 - x^5 - 2x^6 - 3x^7 - 5x^8 - 7x^9 - \cdots
\end{aligned}$$

すなわち

$$1 + x + x^2 + 2x^3 + 2x^4 + 3x^5 + 4x^6 + 5x^7 + 6x^8 + 8x^9 + \cdots = Q$$

となる．それゆえ，もし，同じ数が混じっていてもさしつかえないとして，数を加えることによる数の組み立てが判明したなら，それに基づいて，異なる数を加えることによる数の組み立てもまた導かれる．そこからさらに，奇数のみを加えることによる数の組み立ても導出される．

328. なお二三の注目すべき場合が残されている．それらについて説明を加えることは，数というものの本性を認識するうえで全然役に立たないとは言えないと思う．もう少し詳しく言うと，

$$(1+x)(1+x^2)(1+x^4)(1+x^8)(1+x^{16})(1+x^{32})\cdots$$

という表示式を考えるのである．この式では，x の冪指数は二倍の比率で増大しつつ進んでいく．この表示式を展開すると，

$$1 + x + x^2 + x^3 + x^4 + x^5 + x^6 + x^7 + x^8 + \cdots$$

という級数が得られる．この級数が実際に無限に至るまで幾何級数の法則にしたがって続いていくのかどうかという点については，疑いをはさむ余地が残されている．そこでこの級数を調べてみよう．積

$$P = (1+x)(1+x^2)(1+x^4)(1+x^8)(1+x^{16})\cdots$$

を設定し，これを展開して生じる級数を
$$P = 1 + \alpha x + \beta x^2 + \gamma x^3 + \delta x^4 + \varepsilon x^5 + \zeta x^6 + \eta x^7 + \theta x^8 + \cdots$$
と置こう．x の代わりに xx を書くと，積
$$(1+xx)(1+x^4)(1+x^8)(1+x^{16})(1+x^{32})\cdots = \frac{P}{1+x}$$
が生じるのは明白である．級数においても同じ置き換えを実行すると，
$$\frac{P}{1+x} = 1 + \alpha x^2 + \beta x^4 + \gamma x^6 + \delta x^8 + \varepsilon x^{10} + \zeta x^{12} + \cdots$$
となる．$1+x$ を乗じると，
$$P = 1 + x + \alpha x^2 + \alpha x^3 + \beta x^4 + \beta x^5 + \gamma x^6 + \gamma x^7 + \delta x^8 + \delta x^9 + \cdots$$
となる．この P の値を先ほどの P と比較すると，
$$\alpha = 1,\ \beta = \alpha,\ \gamma = \alpha,\ \delta = \beta,\ \varepsilon = \beta,\ \zeta = \gamma,\ \eta = \gamma,\ \cdots$$
が得られる．それゆえ係数はすべて 1 に等しい．したがって，提示された積 P を展開すると，幾何級数
$$1 + x + x^2 + x^3 + x^4 + x^5 + x^6 + x^7 + x^8 + \cdots$$
が与えられることになる．

329. この級数には x のすべての冪が現われていて，しかも各々の冪はただ一度だけ出ている．よって，積
$$(1+x)(1+x^2)(1+x^4)(1+x^8)(1+x^{16})(1+x^{32})\cdots$$
の形を見れば明らかになるように，あらゆる整数はどれも，公比 2 の幾何級数
$$1,\ 2,\ 4,\ 8,\ 16,\ 32,\ \cdots$$
のいくつかの異なる項を加えることにより，ただ一通りの仕方で組み立てることができる．この性質は現実の生活の場では重さを量る際に利用されていることに注意を換気しておきたいと思う．実際，1，2，4，8，16，32，$\cdots$ ポンドの重さが手元にあれば，これらの重さのみを用いてあらゆる重さの測定が可能になる．ただし 1 ポンド以下の大きさの重さの測定は要求されていないものとする．たとえば十通りの重さ，すなわち

1 ポンド，2 ポンド，4 ポンド，8 ポンド，16 ポンド，32 ポンド，
64 ポンド，128 ポンド，256 ポンド，512 ポンド

を元手にすれば，1024 ポンドに達するまでのすべての重さを測定することが可能になる．また，これらに 1024 ポンドの重さを加えれば，2048 ポンドまでのすべての重さを測定するのに十分である．

第16章　数の分割

330. ところでさらに，実際に重さを測定する場面では，元手になる重さの個数がもっと少なくてすむこと，詳しく言うと，公比3の幾何級数

$$1, 3, 9, 27, 81, \cdots$$

で表示される重さが手元にあれば，それでもやはりあらゆる重さの測定が可能になることを示しておくのが習わしになっている．ただし分数で表示される重さは考慮に入れないものとする．この測定を実際に行なう場合には，はかりの一方の皿だけではなく，必要とあらば両方の皿の上に荷を置かなければならない．この手順の基礎をなすのは，公比3の幾何級数 $1, 3, 9, 27, 81, \cdots$ からいくつかの異なる項を取り出して加えたり引いたりすることにより，あらゆる数を組み立てることができるという事実である．すなわち，

$$
\begin{array}{l|l|l}
1 = 1 & 5 = 9 - 3 - 1 & 9 = 9 \\
2 = 3 - 1 & 6 = 9 - 3 & 10 = 9 + 1 \\
3 = 3 & 7 = 9 - 3 + 1 & 11 = 9 + 3 - 1 \\
4 = 3 + 1 & 8 = 9 - 1 & 12 = 9 + 3 \\
\end{array}
$$

$$\cdots\cdots\cdots\cdots$$

というふうになる．

331. この事実を示すために，無限積

$$\left(x^{-1} + 1 + x^1\right)\left(x^{-3} + 1 + x^3\right)\left(x^{-9} + 1 + x^9\right)\left(x^{-27} + 1 + x^{27}\right)\cdots = P$$

を考えよう．これを展開するときに与えられる x の冪は，その冪指数が $1, 3, 9, 27, 81, \cdots$ を素材にして足したり引いたりして作られるという性質を備えたものばかりである．それらの冪の間にあらゆる冪が各々一度ずつ顔を出すかどうか，次のように探索してみたいと思う．まず

$$P = \cdots + cx^{-3} + bx^{-2} + ax^{-1} + 1 + \alpha x^1 + \beta x^2 + \gamma x^3 + \delta x^4 + \varepsilon x^5 + \cdots$$

と設定する．x の代わりに x^3 を書くと，明らかに

$$\frac{P}{x^{-1} + 1 + x^1} = \cdots + bx^{-6} + ax^{-3} + 1 + \alpha x^3 + \beta x^6 + \gamma x^9 + \cdots$$

となる．これより，

$$P = \cdots + ax^{-4} + ax^{-3} + ax^{-2} + x^{-1} + 1 + x + \alpha x^2 + \alpha x^3 + \alpha x^4 + \beta x^5 + \beta x^6 + \beta x^7 + \cdots$$

となることがわかる．この表示式を初めに提示された表示式と比較すると，
$$\alpha = 1, \quad \beta = \alpha, \quad \gamma = \alpha, \quad \delta = \alpha, \quad \varepsilon = \beta, \quad \zeta = \beta, \cdots$$
および
$$a = 1, \quad b = a, \quad c = a, \quad d = a, \quad e = b, \cdots$$
が与えられる．よって
$$P = 1 + x \quad + x^2 \quad + x^3 + x^4 + x^5 + x^6 + x^7 + \cdots$$
$$+ x^{-1} + x^{-2} + x^{-3} + x^{-4} + x^{-5} + x^{-6} + x^{-7} + \cdots$$

というふうになる．これより明らかなように，正の冪も負の冪も含めて，ここには x のすべての冪が姿を見せている．したがってあらゆる数は公差3の幾何級数に所属するいくつかの項を素材にして，それらを加えたり引いたりして作ることができる．しかも各々の数はただ一通りの仕方でそのように組み立てることができるのである．

第17章　回帰級数を利用して方程式の根を見つけること

332. ダニエル・ベルヌイ[1]はペテルブルク科学学士院紀要第三巻[2]において，任意次数の代数方程式の根を見つけようとする場面での，回帰級数のめざましい使い方を報告した．彼は，回帰級数を用いて任意の代数方程式（次数がどれほど高くてもかまわない）の根の精密な近似値を求めるのはいかにして可能か，という論点を明らかにした．この発見がもたらしてくれる利益はしばしばきわめて多大である．そこで私はここでこの発見を細心の注意を払って説明し，どのような場合にそれを適用できるのかという状況が理解できるようにしたいと思った．ときには期待に反して，この方法では方程式の根が見つからないこともある．そこでこの方法の本質がはっきりと見通されるようにするために，ここでは回帰級数の諸性質のうち，この方法の根底にあってそれを支えているごく基本的な性質に限定して考察を加えていくことにしたいと思う．

333. あらゆる回帰級数はある有理分数を展開することによって作られる．そこでその分数を

$$\frac{a+bz+cz^2+dz^3+ez^4+\cdots}{1-\alpha z-\beta z^2-\gamma z^3-\delta z^4-\cdots}$$

という形に設定し，この分数から，回帰級数

$$A+Bz+Cz^2+Dz^3+Ez^4+Fz^5+\cdots$$

が生じるとしてみよう．係数 $A, B, C, D, \cdots$ は次のように定められる．

$$A = a,$$
$$B = \alpha A + b,$$
$$C = \alpha B + \beta A + c,$$
$$D = \alpha C + \beta B + \gamma A + d,$$
$$E = \alpha D + \beta C + \gamma B + \delta A + e,$$
$$\cdots\cdots\cdots$$

一般項，すなわち冪 z^n の係数は，提示された分数を単純分数に分解することによりみいだされる．それらの単純分数の分母は，第 13 章で示されたように，分母

$$1 - \alpha z - \beta zz - \gamma z^3 - \cdots$$

の諸因子である．

334. ところで一般項の形状は主として分母の単純因子の姿形に依拠している．すなわち，それらの単純因子は実因子なのか虚因子なのかということ，またそれらはどのふたつもみな相互に異なっているのか，あるいはそれらのうちどれかふたつ，もしくはもっと多くの因子が等しいのかどうかという状勢に左右されるのである．さまざまな場合を順を追って見ていくことにして，まず初めに分母の因子はすべて単純因子とし，しかも実因子であって，そのうえどのふたつも相互に異なっているとしてみよう．分母の単純因子の全体を

$$(1-pz)(1-qz)(1-rz)(1-sz)\cdots$$

という形に設定し，ここに出ている単純因子を元にして，提示された分数は次のような単純分数に分解されるとする．

$$\frac{\mathfrak{A}}{1-pz} + \frac{\mathfrak{B}}{1-qz} + \frac{\mathfrak{C}}{1-rz} + \frac{\mathfrak{D}}{1-sz} + \cdots.$$

この分解を踏まえると，回帰級数の一般項は

$$z^n\left(\mathfrak{A}p^n + \mathfrak{B}q^n + \mathfrak{C}r^n + \mathfrak{D}s^n + \cdots\right)$$

という形になる．これを Pz^n と等値する．すなわち P は冪 z^n の係数にほかならない．P 以下に続く文字 $Q, R, \cdots$ についても事情は同様で，これらは冪 z^n 以下に続いて現われる冪の係数である．このように定めると，回帰級数は

$$A + Bz + Cz^2 + Dz^3 + \cdots + Pz^n + Qz^{n+1} + Rz^{n+2} + \cdots$$

という形になる．

335. n はきわめて大きい数と仮定しよう．言い換えると，回帰級数は非常に多くの項に達するまで続いていくとしよう．異なる数の，冪指数が同じ冪は異なるし，しかもその食い違いの度合いは，冪指数の大きさが大きくなればなるほどはなはだしくなる．冪 $\mathfrak{A}p^n, \mathfrak{B}q^n, \mathfrak{C}r^n, \cdots$ の大きさが食い違う様子はこんなふうである．数 $p, q, r, \cdots$ のうち，一番大きなものを用いて作られる冪は，大きさの点で他の冪をはるかに凌駕する．するとその結果，もし n が無限大数なら，［数 $p, q, r, \cdots$ のうち，一番大きなものを用いて作られる冪に比して］他の冪は完全に消失してしま

うことになるのである．数 $p, q, r, \cdots$ は互いに異なるから，これらの中で一番大きい数を p としてみよう．すると，n が無限大数なら，
$$P = \mathfrak{A} p^n$$
となる．ただし，n が非常に大きな数であるというだけなら，近似的に $P = \mathfrak{A} p^n$ となるにすぎない．同様に，［n が無限大数のとき］
$$Q = \mathfrak{A} p^{n+1}$$
となる．したがって，
$$\frac{Q}{P} = p.$$
これより明らかなように，もし回帰級数が十分に遠くまで延長されたなら，一般項の係数をそのひとつ手前の項の係数で割って得られる商は，一番大きな数 p の値を近似的に表わしている．

336. こうして，もし提示された分数
$$\frac{a + bz + cz^2 + dz^3 + ez^4 + \cdots}{1 - \alpha z - \beta z^2 - \gamma z^3 - \delta z^4 - \cdots}$$
において，分母の因子はすべて実因子であって，しかもどのふたつの因子も異なっているとするなら，上記のような手順を踏んでこの分数から生じる回帰級数を観察することにより，ひとつの単純因子を見つけることが可能になる．すなわち数 p は一番大きな値をもつとして，因子 $1 - pz$ がみいだされる．この作業において，分子の係数 $a, b, c, d, \cdots$ は計算の現場に介入しない．それらをどのように定めても，一番大きな数 p として同一の値が見つかるのである．回帰級数が無限に達するまで継続されたなら，そのとき初めて p の真の値が認識される．そうでなければ，実際に書き下された級数の項数が多ければ多いほど，また数 p の値が残りの数 $q, r, s, \cdots$ を超える度合いが大きければ大きいほど，その分だけいっそう精度の高い p の近似値が手に入る．その場合，この一番大きな数 p に附された符号の正負は問題にならず，どちらにしても事情は同様である．なぜなら，いずれの場合にも p の冪は増大していくことに変わりはないからである．

337. さて，このような究明を代数方程式の根を見つけるために適用していく手順については，これまでのところですでに十分に明らかになっている．実際，分母
$$1 - \alpha z - \beta zz - \gamma z^3 - \delta z^4 - \cdots$$
の因子が判明したなら，方程式

$$1 - \alpha z - \beta z^2 - \gamma z^3 - \delta z^4 - \cdots = 0$$

の根も簡単に見つかる．もう少し詳しく言うと，もし $1-pz$ が［分母の］因子であれば，$z=\frac{1}{p}$ は後者の方程式のひとつの根になるのである．回帰級数の考察を通じてみいだされるのは一番大きい数 p なのであるから，この手順を経由して手に入るのは，方程式

$$1 - \alpha z - \beta z^2 - \gamma z^3 - \cdots = 0$$

の一番小さい根である．$z=\frac{1}{x}$ と置けば，方程式

$$x^m - \alpha x^{m-1} - \beta x^{m-2} - \gamma x^{m-3} - \cdots = 0$$

が生じる．上記の方法により，このようにして新たに得られる方程式の一番大きい根 $x=p$ が見つかることになる．

338.　そこで方程式

$$x^m - \alpha x^{m-1} - \beta x^{m-2} - \gamma x^{m-3} - \cdots = 0$$

が提示されたとして，この方程式の根はすべて実根であって，しかもどの二根も相互に異なっているとしてみよう．このときこの方程式の一番大きい根が，次のような道筋をたどってみいだされる．この方程式の係数を用いて，分数

$$\frac{a + bz + cz^2 + dz^3 + ez^4 + \cdots}{1 - \alpha z - \beta z^2 - \gamma z^3 - \delta z^4 - \cdots}$$

を作ろう．そうしてこの分数を元にして回帰級数を作ろう．その際，分子は任意に取ることにする．これを言い換えると，分数を展開するときに生じる回帰級数の冒頭のいくつかの項を任意に取ることと同じことになる．そのようにしたうえで，この級数を

$$A + Bz + Cz^2 + Dz^3 + \cdots + Pz^n + Qz^{n+1} + \cdots$$

という形に設定しよう．このとき分数 $\frac{Q}{P}$ は，提示された方程式の一番大きい根 x の近似値を与える．数 n が大きければ大きいほど，近似の精度は高まっていく．

例 1

方程式

$$xx - 3x - 1 = 0$$

が提示されたとして，この方程式の一番大きい根を見つけることが要請されているとしてみよう．

分数

第17章　回帰級数を利用して方程式の根を見つけること

$$\frac{a+bz}{1-3z-zz}$$

を作ろう．この分数から生じる回帰級数の冒頭の二項を1，2と設定すると，

$$1, 2, 7, 23, 76, 251, 829, 2738, \cdots$$

という［係数をもつ］回帰級数が生じる．よって，

$$\frac{2738}{829}$$

は，提示された方程式の一番大きい根にほぼ等しい．この分数の値を十進少数で表示すると，

$$3.3027744$$

となる．他方，提示された方程式の一番大きい根は

$$\frac{3+\sqrt{13}}{2}=3.3027756$$

に等しい．この値は，先ほどみいだされた値に比して，それを百万分の一程度だけ凌駕するにすぎない．また，分数 $\frac{Q}{P}$ は，n の大きさが増大していくにつれて，根の真の値よりも，交互に大きくなったり小さくなったりしながら真の値に近づいていくことにも意を留めなければならない．

例2

方程式

$$3x - 4x^3 = \frac{1}{2}$$

が提示されたとしよう．この方程式の根は，「3倍の大きさの角の正弦が $\frac{1}{2}$ に等しい」という性質を備えている角の正弦の値を表わしている．

この方程式を

$$0 = 1 - 6x + 8x^3$$

という形に設定し，［回帰級数への展開の計算過程が］整数の範囲内におさまりつつ進行していくようにするために，一番小さい根を求めてみよう．したがって x を $\frac{1}{x}$ にとりかえる必要はない．分数

$$\frac{a+bx+cxx}{1-6x+8x^3}$$

を作り，これを回帰級数に展開しよう．その際，冒頭の三項を任意に取って，順に0，0，1と設定することにする．なぜなら，このようにしておくと計算がきわめて容易になるからである．それに，必要なのは係数のみなのであるから，x の冪は書くのを省略することにする．そうすると，

$$0, 0, 1, 6, 36, 208, 1200, 6912, 39808, 229248, \cdots$$

299

という級数が生じる．よって，提示された方程式の一番小さい根は，ほぼ
$$\frac{39808}{229248} = \frac{311}{1791} = 0.1736460$$
に等しい．この値は角度 10° の正弦値であるはずである．ところが表を参照するとその値は 0.1736482 であり，みいだされた根の数値を $\frac{22}{10000000}$ だけ超えている．

$x = \frac{1}{2}y$ と置けば，同じ根の値がいっそう容易に見つかる．このように設定すると，方程式
$$1 - 3y + y^3 = 0$$
が生じる．先ほどと同様に計算を進めると，級数
$$0, 0, 1, 3, 9, 26, 75, 216, 622, 1791, 5157, \cdots$$
が生じる．よって，一番小さい根はほぼ
$$y = \frac{1791}{5157} = \frac{199}{573} = 0.3472949$$
に等しい．これより
$$x = \frac{1}{2}y = 0.1736475$$
となる．この値は，先ほどの数値に比べておよそ 3 倍だけ精度が高まっている．

例 3

提示された同じ方程式
$$0 = 1 - 6x + 8x^3$$
の一番大きい根を求めてみよう．$x = \frac{y}{2}$ と置くと，方程式
$$y^3 - 3y + 1 = 0$$
が得られる．この方程式の一番大きい根を見つけるには，関係の比率 0，3，−1 の回帰級数を用いるとよい．そこで冒頭の三項を任意に取れば，級数
$$1, 1, 1, 2, 2, 5, 4, 13, 7, 35, 8, 98, -11, \cdots$$
が生じる．この級数では途中で負の項に到達するが，これは，一番大きい根が負であることのしるしである，実際，
$$x = -\sin 70° = -0.9396926$$
である．そこでこの事実を念頭に置いて冒頭の三項を設定し，回帰級数を次のように作ってみよう．
$$1, -2, +4, -7, +14, -25, +49, -89, +172, -316, +605, \cdots$$
これより，
$$y = \frac{-605}{316}, \quad x = \frac{-605}{632} = -0.957.$$

第17章　回帰級数を利用して方程式の根を見つけること

この数値は真の値からかなり隔たっている．

339. このような食い違いが起こる理由は主に，提示された方程式の根が
$$\sin 10°, \quad \sin 50°, \quad -\sin 70°$$
であるという事実に求められる．これらのうち大きい方の二根は相互にそれほど相違するわけではなく，回帰級数の一般項の冪の係数において，二番目の大きさの根，すなわち $\sin 50°$ は，一番大きい根に比して相当に大きな比率を保有する．そのために，二番目に大きい根は一番大きい根に比べて消失すると見るわけにはいかないのである．回帰級数を観察してそこから次々と取り出される数値は，真の値よりも交互に大きくなりすぎたり小さくなりすぎたりするが，そのような飛躍が見られるのも，同じ状勢に根ざしている．たとえば，
$$y = \frac{-316}{172}$$
と取れば，
$$x = \frac{-158}{172} = \frac{-79}{86} = -0.919$$
となる．この様子をもう少し詳しく観察すると，一番大きい根の冪は交互に正負が入れ代わるから，二番目に大きい根の冪は交互に加えられたり差し引かれたりしていることになる．それゆえこの食い違いが目立たないようにするには，回帰級数を相当に先の方まで延長していかなければならないのである．

340. 他の処方箋を持ち込むことにより，この不都合な状勢を解消することができるようになる．すなわち，［変化量の］適切な置き換えを行なって方程式を別の形に変換し，根と根の間がそれほど接近しないようにするのである．たとえば，方程式
$$0 = 1 - 6x + 8x^3$$
の根は $-\sin 70°$, $+\sin 50°$, $+\sin 10°$ だが，この方程式において $x = y - 1$ と置くと，方程式
$$0 = 8y^3 - 24yy + 18y - 1$$
が生じる．するとこの方程式の根は $1 - \sin 70°$, $1 + \sin 50°$, $1 + \sin 10°$ である．したがって一番小さい根は $1 - \sin 70°$ である．$\sin 70°$ は，初めの方程式の一番大きい根であった．また，$1 + \sin 50°$ は［新たな方程式の］一番大きい根である．$\sin 50°$ は前の方程式では中間の大きさの根であった．こんなふうにして，どの根も，変化量の置き

換えにより新しい方程式の一番大きい根や一番小さい根に変換することができる．したがって本章で説明がなされた方法で見つけることができるのである．ここに挙げた例で見ると，根 $1 - \sin 70°$ は残る二根に比べてはるかに小さいから，回帰級数を用いてたやすく近似値が求められる．

例 4

方程式
$$0 = 8y^3 - 24yy + 18y - 1$$
の一番小さい根を求めてみよう．それは，1 から，角度 70°の正弦値を差し引いた残りの数値にほかならない．

$y = \frac{1}{2}z$ と置くと，上記の方程式は
$$0 = z^3 - 6zz + 9z - 1$$
という方程式に変わる．この方程式の一番小さい根は，関係の比率 9，-6，$+1$ の回帰級数を用いてみいだされる．これに対して一番大きい根を見つけるには，関係の比率 6，-9，$+1$ の回帰級数を採らなければならない．そこで一番小さい根を求めるには，級数
$$1,\ 1,\ 1,\ 4,\ 31,\ 256,\ 2122,\ 17593,\ 145861,\ \cdots$$
を作ることになる．これより近似的に
$$z = \frac{17593}{145861} = 0.12061483$$
および
$$y = 0.06030741.$$
よって
$$\sin 70° = 1 - y = 0.93969258$$
となる．この数値は真の値と比べて末尾の数字に至るまで食い違いが見られない．この例から諒解されるように，変化量の置き換えによる方程式の適切な変換は，根を見つけるうえできわめて有効である．また，ここで説明がなされた方法は一番大きい根と一番小さい根に適用されるばかりではない．この方法にはあらゆる根を供給する力が備わっているのである．

341.

提示された方程式のあるひとつの根が近似的に求められたとして，たとえば数 k は，ある根との食い違いが最小にとどまるとしてみよう．$x - k = y$ すなわち $x = y + k$ と置こう．この置き換えで生じる y に関する方程式の根のうち，一番小さい

第17章 回帰級数を利用して方程式の根を見つけること

根は $x-k$ に等しい．よってこの根の数値は回帰級数を用いて見つけられる．この作業は非常に容易に遂行される．なぜならこの根は他の根と比べてはるかに小さいからである．その根に k を加えれば，提示された方程式のあるひとつの根の真の値が得られる．この技巧は適用範囲が広く，方程式が虚根をもつ場合にも有効性は変らない．

342. ある根に対して，大きさが等しくて符号だけ反対になっているもうひとつの根が存在するという場合を考えると，もし上述の技巧がなかったなら，ここで語られたような根を見つけるのは不可能である．もう少し詳しく言うと，ある方程式の一番大きい根を p として，この方程式は大きさの等しいもうひとつの根 $-p$ ももつとしよう．この場合，回帰級数を無限に延長していっても，根 p は決して得られない．これを例示するために，方程式
$$x^3 - x^2 - 5x + 5 = 0$$
が提示されたとしてみよう．この方程式の一番大きい根は $\sqrt{5}$ だが，そのほかに $-\sqrt{5}$ もまた根になっている．そこで一番大きい根を見つけるために前記の手順を踏んで進むことにして，関係の比率 $1, +5, -5$ の回帰級数を作ると，
$$1,\ 2,\ 3,\ 8,\ 13,\ 38,\ 63,\ 188,\ 313,\ 938,\ 1563,\ \cdots$$
という級数が得られる．ところがこの級数では，隣接する二項間に一定の比率が認められないのである．これに対して，交互にふたつおきに項を取ると，二項間の比率が等しくなる．各々の項をふたつ手前の項で割ると，一番大きい根の平方が得られる．たとえば近似的に
$$5 = \frac{1563}{313} = \frac{938}{188} = \frac{313}{63}$$
という等式が成立する．交互にふたつおきに項を取って作った商が一定の比率をもつという現象が見られる場合には，求める根の平方が近似的に獲得されるのである．根 $x=\sqrt{5}$ それ自身を見つけるには $x=y+2$ と置くとよい．このとき，方程式
$$1 - 3y - 5yy - y^3 = 0$$
が得られる．この方程式の一番小さい根は級数
$$1,\ 1,\ 1,\ 9,\ 33,\ 145,\ 609,\ 2585,\ 10945,\ \cdots$$
を観察すれば求められる．実際，その根の数値は近似的に
$$\frac{2585}{10945} = 0.2361$$
に等しい．他方，2.2361 は近似的に $\sqrt{5}$ に等しい．すなわち，提示された方程式の一番大きい根に等しいのである．

343. 回帰級数を作る元になる分数の分子は我々の意のままにまかせられている．だが，それにもかかわらず，根の値をすばやく近似的に明示するうえで，分子の適切な設定が寄与するところは多大である．実際，分母の諸因子の様相は先述の通り（§334）とするとき，回帰級数の一般項は

$$z^n\left(\mathfrak{A}p^n + \mathfrak{B}q^n + \mathfrak{C}r^n + \cdots\right)$$

と等値される．係数 $\mathfrak{A}$，$\mathfrak{B}$，$\mathfrak{C}$，$\cdots$ は分数の分子によって規定されるが，その場合，$\mathfrak{A}$ は大きな値を獲得したり小さな値を獲得したりするようにできる．前者の場合には一番大きい根 p の数値が近似的にすみやかにみいだされるが，後者の場合には，p の近似値はゆるやかに求められる．分子の取り方によっては，$\mathfrak{A}$ が完全に消失してしまうこともある．その場合には，たとえ回帰級数を無限遠に至るまで延長していったとしても，一番大きい根がもたらされることは決してない．分子を適切に設定して，分子それ自身が因子 $1-pz$ をもつようにすれば，このような場合が生起する．実際，その場合，この因子は計算の現場から完全に姿を消してしまうのである．たとえば，方程式

$$x^3 - 6xx + 10x - 3 = 0$$

が提示されたとしてみよう．この方程式の一番大きい根は 3 に等しい．そこで分数

$$\frac{1-3z}{1-6z+10z^2-3z^3}$$

を作ると，回帰級数の関係の比率は 6，-10，$+3$ であり，求める回帰級数は

$$1,\ 3,\ 8,\ 21,\ 55,\ 144,\ 377,\ \cdots$$

という級数になる．この級数の隣り合う二項の比は，決して $1:3$ には近づいていかない．実際，これと同じ級数は分数

$$\frac{1}{1-3z+zz}$$

からも生じる．したがってこの級数は方程式

$$x^2 - 3x + 1 = 0$$

の一番大きい根を与えるのである．

344. 分子を適切に選定すれば，回帰級数を用いて，方程式のどの根でも自由に見つけられるようにすることが可能である．これを実現するには，求めたいと思う根に対応する因子だけは除外して分母のすべての因子の積を作り，その積を分子として採用すればよい．たとえば，先ほどの例で言うと，分子として $1-3z+zz$ を取り上

第17章 回帰級数を利用して方程式の根を見つけること

げれば，分数

$$\frac{1-3z+zz}{1-6z+10z^2-3z^3}$$

は回帰級数

$$1,\ 3,\ 9,\ 27,\ 81,\ 243,\ \cdots$$

を与える．これは幾何級数であるから，即座にひとつの根 x は3に等しいことを示している．実際，上記の分数は単純分数

$$\frac{1}{1-3z}$$

にほかならないのである．このような状勢を見れば明らかになるように，意のままに取ってさしつかえない冒頭のいくつかの項をうまく設定して幾何級数が構成されるようにして，しかもその公比が方程式のあるひとつの根に等しくなるようにしておけば，そのとき回帰級数の全体はそのまま幾何級数になって，ここで取り上げられた根を与える．たとえその根が最大の根でも最小の根でもないとしても，いつでもこのような状勢が実現されるのである．

345. このような次第であるから，一番大きい根を求めたいときや，もしくは一番小さい根を求めたいとき，回帰級数の観察を通じて期待に反して他の根が与えられたりすることのないようにするには，分子を適切に選定して，いかなる因子をも分母と共有しないようにしておかなければならない．これは，分子として1を取れば実現される．実際にそのようにするとき，このただひとつの項を元にして，関係の比率に道案内をしてもらいながら級数の引き続く諸項が次々規定されていく．こんなふうにしてつねに，上述した通りの手順を踏んで，方程式の最大根または最小根が確実に見つかるのである．たとえば方程式

$$y^3-3y+1=0$$

が提示されたとして，この方程式の一番大きい根が欲しいとしよう．この場合，初項1から出発していくと，関係の比率 0，+3，−1 から回帰級数

$$1,\ -0,\ +3,\ -1,\ +9,\ -6,\ +28,\ -27,\ +90,\ -109,\ +297,\ -417,$$
$$+1000,\ -1548,\ +3417,\ -5644,\ \cdots$$

が生じる．この級数の隣接する二項の比は定比に向かって収斂していく．そうしてこの級数は，［提示された方程式の］一番大きい根は負であること，およびその根は近似的に

$$y=\frac{-5644}{3417}=-1.651741$$

であることを示している．この根の数値は実際には -1.8793852 でなければならない．二項間の比が非常にゆっくりと真の値に近づいて行く理由はすでに［§330］述べた通りである．すなわち，一番大きい根に比べてそれほど小さくはない他の根，しかも同時に正でもある根が存在するためである．

346. 一般的に考えても，また上に挙げた諸例に事寄せて注意を喚起した事柄に十分によく考察を加えれば，方程式の根を探索するうえで発揮されるこの方法のめざましい力は，明瞭に見通されると思う．手順の短縮を可能にしてくれたり，いっそう簡便にしてくれる技巧についても十分に報告した．方程式が等根や虚根をもつ場合の考察がなお残されているが，ほかにはもう何も言い添えるべきことはない．そこで分数

$$\frac{a+bz+cz^2+dz^3+\cdots}{1-\alpha z-\beta z^2-\gamma z^3-\delta z^4-\cdots}$$

の分母は因子 $(1-pz)^2$ をもつとして，残りの因子を $1-qz$, $1-rz$, $\cdots$ としよう．この場合，この分数から生じる回帰級数の一般項は

$$z^n\left((n+1)\mathfrak{A}p^n+\mathfrak{B}p^n+\mathfrak{C}q^n+\cdots\right)$$

という形になる．n が非常に大きな数のとき，この一般項はどのような値を獲得するのかという点を明らかにするには，二通りの場合を区別して考えなければならない．ひとつは p が残りの数 $q, r, \cdots$ より大きい数である場合であり，もうひとつは，p が一番大きい根ではない場合である．第一の場合，すなわち p が最大の根である場合には，係数 $n+1$ に起因して，残りの項 $\mathfrak{B}p^n$, $\mathfrak{C}r^n$, $\cdots$ は初項 $(n+1)\mathfrak{A}p^n$ に比べて，前のようにそれほど迅速に消失していくわけではない．他方，もし $q>p$ なら，項 $(n+1)\mathfrak{A}p^n$ は $\mathfrak{C}q^n$ に比べて非常にゆっくりと消えていく．このような状勢のため，一番大きい根の探索はきわめてやっかいな作業を強いられるはめになる．

例1

方程式

$$x^3-3xx+4=0$$

が提示されたとしよう．この方程式の最大の根 2 は二度出現する．

この最大根を以前説明した通りの手順を踏んで，分数

$$\frac{1}{1-3z+4z^3}$$

の展開を経由して求めてみよう．この展開を実行すると，回帰級数

第17章　回帰級数を利用して方程式の根を見つけること

$$1,\ 3,\ 9,\ 23,\ 57,\ 135,\ 313,\ 711,\ 1593,\ \cdots$$

が与えられる．この級数では，各項をひとつ手前の項で割ると，2よりも大きい数が与えられる．そのわけは一般項を見ればたやすく判明する．実際，一般項において項 $\mathfrak{C}\,q^n,\cdots$ を破棄すれば，冪 z^n に対応する項は

$$(n+1)\mathfrak{A}\,p^n + \mathfrak{B}\,p^n$$

と等値される．その次の項は

$$(n+2)\mathfrak{A}\,p^{n+1} + \mathfrak{B}\,p^{n+1}$$

と等値される．これを前者の項で割ると，n がすでに無限大に達しているのではない限り，

$$\frac{(n+2)\mathfrak{A}+\mathfrak{B}}{(n+1)\mathfrak{A}+\mathfrak{B}}p > p$$

が与えられるのである．

例2

方程式

$$x^3 - xx - 5x - 3 = 0$$

が提示されたとしよう．この方程式の最大の根は3である，他の二根は-1である．

回帰級数の助けを借りて最大根を求めてみたいと思う．その回帰級数の関係の比率は $1,\ +5,\ +3$ であるよって，級数

$$1,\ 1,\ 6,\ 14,\ 47,\ 135,\ 412,\ 1228,\ \cdots$$

が生じるが，これは十分迅速に値3をもたらしてくれる．なぜなら，小さいほうの根 -1 の冪は，たとえ $n+1$ が乗じられたとしても，3の冪に比較するとたちまち消失してしまうからである．

例3

方程式

$$x^3 + xx - 8x - 12 = 0$$

が提示されたとしよう．この方程式の根は $3,\ -2,\ -2$ だが，一番大きい根は［前例に比して］はるかにゆっくりと出現する．

実際，［提示された方程式から］級数

$$1,\ -1,\ 9,\ -5,\ 65,\ 3,\ 457,\ 347,\ 3345,\ 4915,\ \cdots$$

が生じるが，これは，ここから生じるべき最大根が3に等しいことが明らかになる前

に，きわめて遠方まで延長していかなければならないのである．

347. 同様に，［分母の］三つの単純因子が等しいとして，分母の因子のひとつは$(1-pz)^3$という形になるという状勢を設定し，残る因子を$1-qz$, $1-rz$, $\cdots$としよう．この場合，回帰級数の一般項は

$$z^n\left(\frac{(n+1)(n+2)}{1\cdot 2}\mathfrak{A}p^n + (n+1)\mathfrak{B}p^n + \mathfrak{C}p^n + \mathfrak{D}q^n + \mathfrak{E}r^n + \cdots\right)$$

という形になる．最大根をpとしよう．また，nは十分に大きくて，冪q^n, r^n, $\cdots$はp^nに比べると消失すると見てよいとしよう．このようにしておくとき，回帰級数から生じる根は

$$\frac{\frac{1}{2}(n+2)(n+3)\mathfrak{A} + (n+2)\mathfrak{B} + \mathfrak{C}}{\frac{1}{2}(n+1)(n+2)\mathfrak{A} + (n+1)\mathfrak{B} + \mathfrak{C}}p$$

と等値される．これは，nが非常に大きくてほとんど無限大になるのではない限り，pの真の値を表わしているわけではない．この根の値は

$$p + \frac{(n+2)\mathfrak{A} + \mathfrak{B}}{\frac{1}{2}(n+1)(n+2)\mathfrak{A} + (n+1)\mathfrak{B} + \mathfrak{C}}p$$

に等しい．pが一番大きい根ではない場合には，それを見つけるのはますますめんどうになっていく．このような状勢から明らかになるように，等根をもつ方程式をこの方法で回帰級数を用いて解くのは，すべての根が互いに異なる場合に比べてはるかに困難なのである．

348. さて，分数の分母が虚因子をもつ場合，無限に延長されていく回帰級数にはどのような性質が備わっていなければならないのであろうか．その様子を観察したいと思う．そこで分数

$$\frac{a + bz + cz^2 + dz^3 + \cdots}{1 - \alpha z - \beta z^2 - \gamma z^3 - \delta z^4 - \cdots}$$

の分母の実因子を

$$1 - qz, \ 1 - rz, \ \cdots$$

とし，二個の単純因子を内包する三項因子を

$$1 - 2pz\cos\varphi + ppzz$$

としよう．これらの因子から生じる回帰級数を

$$A + Bz + Cz^2 + Dz^3 + \cdots + Pz^n + Qz^{n+1} + \cdots$$

とすると，前に［§218］説明した通りの事柄により，係数 P は
$$\frac{\mathfrak{A}\sin(n+1)\varphi + \mathfrak{B}\sin n\varphi}{\sin\varphi} p^n + \mathfrak{C} q^n + \mathfrak{D} r^n + \cdots$$
に等しい．したがって，数 p は他の数 $q, r, \cdots$ のどれかより小さくなるとして，そのため，方程式
$$x^m - \alpha x^{m-1} - \beta x^{m-2} - \gamma x^{m-3} - \cdots = 0$$
の最大根は実根になるとするなら，あたかも虚根など存在しないかのように，その最大の実根は回帰級数を利用してみいだされる．

349. それゆえ最大の実根を見つける作業は，虚根が存在するからといって，そのために妨げられることはない．ただしそれは，二つの共役な虚根の積 ——— それは一つの実因子を作る ——— が最大の実根の平方より小さいという性質が，最大の実根に備わっている場合の話である．これに対して，もしふたつの虚根が存在して，それらの積は最大の実根の平方に等しいか，もしくはそれよりも大きいという性質が備わっているとするなら，その場合には前に説明がなされた探索の手順は何事も教えてくれない．というのは，冪 p^n は，たとえ級数が無限に至るまで延長されたとしても，最大根の同次元の冪に比べて決して消失することはないからである．この点を明らかにするために，ここでいくつかの例を書き添えておきたいと思う．

例 1

方程式
$$x^3 - 2x - 4 = 0$$
が提示されたとして，その最大の根を見つけなければならないものとしてみよう．

この方程式を二個の因子に分解すると，
$$(x-2)(xx + 2x + 2)$$
となる．これより，この方程式はひとつの実根 2 と，そのほかにふたつの虚根をもつことがわかる．二個の虚根の積は 2 で，実根の平方より小さい．そこでその実根のほうは，ここまでのところで報告を重ねてきた手順を踏むことにより認識可能である．関係の比率 $0, +2, +4$ に基づいて回帰級数を作ると，
$$1, 0, 2, 4, 4, 16, 24, 48, 112, 192, 416, 832, \cdots$$
というふうになる．この級数を見れば十分明確に実根 2 が認識される．

例2

方程式
$$x^3 - 4xx + 8x - 8 = 0$$
が提示されたとしよう．この方程式のひとつの実根は2であり，二個の虚根の積は4である．したがってその虚根の積は実根2の平方に等しい．

回帰級数を使って根を求めてみよう．この作業は $x = 2y$ と置けばいっそう容易に遂行される．このように置くと，
$$y^3 - 2yy + 2y - 1 = 0$$
という方程式が得られる．この方程式から，回帰級数
$$1, 2, 2, 1, 0, 0, 1, 2, 2, 1, 0, 0, 1, 2, 2, 1, \cdots$$
が構成される．この級数ではいくつかの同一の項が果てしなく繰り返して現われるにすぎないから，最大の根は実根ではないことや，積を作ると実根の平方に等しいかまたは凌駕する［二個の共役な］虚根が存在するということのほかには，この級数からいかなる結論も取り出すことはできない．

例3

今度は方程式
$$x^3 - 3xx + 4x - 2 = 0$$
が提示されたとしよう．この方程式の実根は1であり，［二個の］虚根の積は2に等しい．

関係の比率 3, −4, +2 に基づいて級数
$$1, 3, 5, 5, 1, -7, -15, -15, +1, 33, 65, 65, 1, \cdots$$
が構成される．この級数では諸項は正になったり負になったりするから，実根が1であるという事実はこの級数からはどのようにしても認識することはできない．このような規則性の見られない級数の変動が明示している事柄はつねに，級数が与えてくれるはずの根は虚根であるという一事である．実際，この例で言えば，冪を作って［二個の虚根の積と実根1の平方を］比較するとき，虚根は実根1より大きいのである．

350. そこで一般の分数において，二個の虚根の積 pp はどの実根の平方よりも大きいとしよう．したがって n が無限に大きい数のとき，p^n と比較して，残る冪 $q^n, r^n, \cdots$ は消失することになる．よって，この場合，

310

第17章　回帰級数を利用して方程式の根を見つけること

$$P = \frac{\mathfrak{A}\sin(n+1)\varphi + \mathfrak{B}\sin n\varphi}{\sin\varphi} p^n$$

および

$$Q = \frac{\mathfrak{A}\sin(n+2)\varphi + \mathfrak{B}\sin(n+1)\varphi}{\sin\varphi} p^{n+1}$$

となる．したがって，

$$\frac{Q}{P} = \frac{\mathfrak{A}\sin(n+2)\varphi + \mathfrak{B}\sin(n+1)\varphi}{\mathfrak{A}\sin(n+1)\varphi + \mathfrak{B}\sin n\varphi} p.$$

この表示式は，たとえ n が無限大数であっても，決して定値を受け入れることはない．実際，角の正弦は間断なくはげしく変動し，正になったり負になったりするのである．

351. ところで引き続く分数 $\dfrac{R}{Q}, \dfrac{S}{R}$ を同じようにして定め，それらの表示式から文字 $\mathfrak{A}$ と $\mathfrak{B}$ を消去すれば，そのとき同時に数 n が計算から脱落してしまう．実際，

$$Ppp + R = 2Qp\cos\varphi$$

がみいだされる．これより，

$$\cos\varphi = \frac{Ppp + R}{2Qp}.$$

同様に，

$$\cos\varphi = \frac{Qpp + S}{2Rp}$$

となる．これらのふたつの値を比較すると，

$$p = \sqrt{\frac{RR - QS}{QQ - PR}}$$

および

$$\cos\varphi = \frac{QR - PS}{2\sqrt{(Q^2 - PR)(R^2 - QS)}}$$

となる．このような次第であるから，もし回帰級数が十分に先まで延長されて，p^n に比べると残る根の冪は消失してしまうと見てさしつかえないまでになっているとするなら，そのとき上述の通りの手順を踏んで三項因子 $1 - 2pz\cos\varphi + ppzz$ を見つけることができるのでる．

352. 上記のようなまだ十分に説明され尽くしたとは言えない計算は，理解するうえで混乱を招くおそれがある．そこでこの場を借りて計算を完成させておきたいと思う．先ほどみいだされた $\dfrac{Q}{P}$ の値から，

$$\mathfrak{A} P p \sin(n+2)\varphi + \mathfrak{B} P p \sin(n+1)\varphi = \mathfrak{A} Q \sin(n+1)\varphi + \mathfrak{B} Q \sin n \varphi$$

が生じる．これより，
$$\frac{\mathfrak{A}}{\mathfrak{B}} = \frac{Q \sin n \varphi - P p \sin(n+1)\varphi}{P p \sin(n+2)\varphi - Q \sin(n+1)\varphi}.$$

同様に，
$$\frac{\mathfrak{A}}{\mathfrak{B}} = \frac{R \sin(n+1)\varphi - Q p \sin(n+2)\varphi}{Q p \sin(n+3)\varphi - R \sin(n+2)\varphi}$$

となる．これらの $\left[\frac{\mathfrak{A}}{\mathfrak{B}} \text{の}\right]$ 二通りの値を等値すると，
$$0 = Q Q p \sin n \varphi \sin(n+3)\varphi - Q R \sin n \varphi \sin(n+2)\varphi$$
$$- P Q p p \sin(n+1)\varphi \sin(n+3)\varphi - Q Q p \sin(n+1)\varphi \sin(n+2)\varphi$$
$$+ Q R \sin(n+1)\varphi \sin(n+1)\varphi + P Q p p \sin(n+2)\varphi \sin(n+2)\varphi$$

となる．ところが
$$\sin a \sin b = \tfrac{1}{2}\cos(a-b) - \tfrac{1}{2}\cos(a+b)$$

であるから，
$$0 = \tfrac{1}{2} Q Q p (\cos 3\varphi - \cos \varphi) + \tfrac{1}{2} Q R (1 - \cos 2\varphi) + \tfrac{1}{2} P Q p p (1 - \cos 2\varphi).$$

これを $\tfrac{1}{2}Q$ で割ると，
$$(P p p + R)(1 - \cos 2\varphi) = Q p (\cos \varphi - \cos 3\varphi)$$

が与えられる．ところで，
$$\cos \varphi = \cos 2\varphi \cos \varphi + \sin 2\varphi \sin \varphi$$

および
$$\cos 3\varphi = \cos 2\varphi \cos \varphi - \sin 2\varphi \sin \varphi.$$

これより，
$$\cos \varphi - \cos 3\varphi = 2 \sin 2\varphi \sin \varphi = 4 \sin \varphi^2 \cos \varphi.$$

また，
$$1 - \cos 2\varphi = 2 \sin \varphi^2.$$

これより，
$$P p p + R = 2 Q p \cos \varphi.$$

よって，
$$\cos \varphi = \frac{P p p + R}{2 Q p}$$

となる．同様に，
$$\cos \varphi = \frac{Q p p + S}{2 R p}$$

という表示も得られる．これより既述の通りの値が出る．すなわち，
$$p = \sqrt{\frac{RR-QS}{QQ-PR}}$$
および
$$\cos\varphi = \frac{QR-PS}{2\sqrt{(QQ-PR)(RR-QS)}}$$
となる．

353． もし回帰級数の形成の母体になる分数の分母がいくつもの等しい三項因子を重複してもっているなら，前に［§219以下］与えられた一般項の形状を見れば明らかなように，根をみつける作業はますます曖昧模糊とした状勢を深めていく．だが，もし何かあるひとつの実根がすでに近似的に見つかっているとするなら，その根の値は，方程式の変換を行なうことによりつねに，はるかに精密にみいだされる．実際，xを，その初めから見つかっている値にyを加えたものと等値しよう．そうしてそのようにして新たに得られるyに対する方程式の一番小さい根を求め，それを当初より見つかっている値に加えれば，xの真の値が与えられるのである．

例

方程式
$$x^3 - 3xx + 5x - 4 = 0$$
が提示されたとしよう．この方程式のひとつの根は［近似的に］1に等しい．この事実は，$x=1$と置けば
$$x^3 - 3xx + 5x - 4 = -1$$
となることから判明する．

そこで$x = 1 + y$と置けば，
$$1 - 2y - y^3 = 0$$
となる．この方程式の最小根を見つけるために，関係の比率2，0，+1の回帰級数を作ろう．それは，
$$1,\ 2,\ 4,\ 9,\ 20,\ 44,\ 97,\ 214,\ 472,\ 1041,\ 2296,\cdots$$
という級数になる．これよりyの最小根は近似的に
$$\frac{1041}{2296} = 0.453397$$
となる．したがって，
$$x = 1.453397．$$

他の方法によるのでは，この値をここまで精密に，しかもこれほどたやすく手に入れるのはほとんど不可能である．

354. ところで，もしある回帰級数が究極的に見るとある幾何級数に向かって非常に近接していくとすれば，そのとき級数の進行規則それ自体から即座に，ある項をそのひとつ手前の項で割って得られる商を根にもつ方程式は簡単に判明する．今，
$$P, \ Q, \ R, \ S, \ T, \cdots$$
は，級数の冒頭から見てきわめて遠く離れている項としよう．したがって幾何級数と見てさしつかえないことになる．また，
$$T = \alpha S + \beta R + \gamma Q + \delta P$$
としよう．言い換えると，関係の比率を $\alpha, +\beta, +\gamma, +\delta$ としよう．分数 $\dfrac{Q}{P}$ の値を x と等値すると，
$$\frac{R}{P} = xx, \quad \frac{S}{P} = x^3, \quad \frac{T}{P} = x^4$$
となる．これらを上記の方程式に代入すると，
$$x^4 = \alpha x^3 + \beta x^2 + \gamma x + \delta$$
という方程式が与えられる．これより明らかなように，商 $\dfrac{Q}{P}$ は究極においてこの方程式のひとつの根を与えているのである．この方法と前の方法はさらに，分数 $\dfrac{Q}{P}$ が与える根は方程式の最大根であることをも教えている．

355. このような方程式の根の探索法は，無限方程式にもしばしば適用されて効果をあげることがある．これを例示するために，方程式
$$\frac{1}{2} = z - \frac{z^3}{6} + \frac{z^5}{120} - \frac{z^7}{5040} + \cdots$$
が提示されたとしてみよう．この方程式の一番小さい根 z は角 $30°$ の円弧，言い換えると半円の 6 分の 1 の円弧の長さを表わしている．この方程式を
$$1 - 2z + \frac{z^3}{3} - \frac{z^5}{60} + \frac{z^7}{2520} - \cdots = 0$$
という形に書き直そう．そうして無限に延びていく関係の比率，すなわち
$$2, \ 0, \ -\frac{1}{3}, \ 0, \ +\frac{1}{60}, \ 0, \ -\frac{1}{2520}, \ 0, \cdots$$
という関係の比率をもつ回帰級数を作ろう．その回帰級数は，
$$1, \ 2, \ 4, \ \frac{23}{3}, \ \frac{44}{3}, \ \frac{1681}{60}, \ \frac{2408}{45}, \cdots$$
というふうになる．よって，近似的に
$$z = \frac{1681 \cdot 45}{2408 \cdot 60} = \frac{1681 \cdot 3}{2408 \cdot 4} = \frac{5043}{9632} = 0.52356$$

第17章 回帰級数を利用して方程式の根を見つけること

となる.ところで,よく知られている直径に対する円周の比率に基づいて計算すれば,$z = 0.523598$ でなければならないはずである.したがってここでみいだされた根は真の根に比して $\frac{3}{100000}$ 程度の食い違いが認められるにすぎない.ここで取り上げられた方程式の場合には,このような解法の手順が有効に使われた.その理由は,ひとつには根のすべてが実根であるからであり,またひとつには,一番小さい根と他の諸根との隔たりが際立って大きいからでもある.このような条件が満たされるのは無限方程式ではきわめてまれで,ここで記述された解法の手順は無限方程式を解くのに役立つ場合はめったに見られない.

註記

1)ダニエル・ベルヌイ(1700〜1782年)はスイスの数学者.ベルヌイ一族の一人.

2)ペテルブルク科学学士院紀要第三巻(1728年/1732年)にダニエル・ベルヌイの論文「回帰級数に関する諸観察」が出ている.

第18章　連分数

356.　これまでの諸章において，私は無限級数や，無限に多くの因子を素材にして作られる積をめぐって多岐にわたって議論を尽くしてきた．そこで今，第三の種類の無限表示式に関連する事柄を若干書き添えたとしても，それほど適切さを欠いているとは言えないと思う．ここで新たに登場する表示式の仲間には，連分数，すなわち次々と連続的に割り算を遂行して作られる分数が見られる．実際，これまでのところこの種の分数の領域はほとんど開拓されてこなかったが，それにもかかわらずいつかはこの領域から無限解析において広大な利益がもたらされるであろうことに，疑いをはさむ余地はない．私はすでにしばしばそのような模範例を提出したが，それらを見ると，ここに表明された期待は多大の真実味を帯びてくるように思う．特にアリトメチカと一般代数学を考えると，この章で簡潔に記述され，説明がなされる考察は，軽視することのできない補助手段をもたらしてくれる．

357.　連分数というのは，その分母が整数と分数から作られている分数で，しかもその分母に出てくる分数の分母は再び整数と分数を集めた形になっていて，しかもその分数にもまた同様の性質が備わっている，という分数のことである．この手続きは無限に継続されていくか，あるいはどこかで打ち止めになるかのいずれかである．そこで連分数とは，次のような形の表示式のことにほかならない．

$$a + \cfrac{1}{b + \cfrac{1}{c + \cfrac{1}{d + \cfrac{1}{e + \cfrac{1}{f + \cdots}}}}} \quad \text{または} \quad a + \cfrac{\alpha}{b + \cfrac{\beta}{c + \cfrac{\gamma}{d + \cfrac{\delta}{e + \cfrac{\varepsilon}{f + \cdots}}}}}$$

前者の形状の表示式では，分数の分子はすべて 1 になっている．本章では主にこの形のほうを考察する．後者の形状の表示式では，［分数の］分子は［1 とは限らない］何らかの数になっている．

第18章　連分数

358. 連分数というものの形状が明らかになったので，続いてまず初めに観察しなければならないのは，連分数の値を通例の様式で表示するにはどうしたらよいか，という論点である．連分数の値を簡単に見つけるには，一歩一歩進んでいくとよい．すなわち，まず初めにこの分数を第一分数の段階で中断する．次いで第二分数の段階で中断する．その後に第三分数の段階で中断する，というふうに続けていくのである．これを実行すると，明らかに，

$$a = a,$$

$$a + \frac{1}{b} = \frac{ab+1}{b},$$

$$a + \cfrac{1}{b + \cfrac{1}{c}} = \frac{abc + a + c}{bc + 1},$$

$$a + \cfrac{1}{b + \cfrac{1}{c + \cfrac{1}{d}}} = \frac{abcd + ab + ad + cd + 1}{bcd + b + d},$$

$$a + \cfrac{1}{b + \cfrac{1}{c + \cfrac{1}{d + \cfrac{1}{e}}}} = \frac{abcde + abe + ade + cde + abc + a + c + e}{bcde + be + de + bc + 1},$$

$$\cdots\cdots\cdots\cdots\cdots\cdots$$

というふうになる．

359. これらの通常の分数をどんなに観察しても，分子と分母が文字 $a, b, c, d, \cdots$ を用いて組み立てられていく規則を洞察するのは容易ではない．だが，ある分数を，それに先行する分数を用いて作る様式は，少々注視すればすぐに判明する．実際，どの分数の分子も，それに先立って一番最後に出てくる分数の分子に，新たに登場する文字を乗じたものと，二つ前の分母の分子との和になっているのである．分母についても同じ規則が認められる．そこで文字 $a, b, c, d, \cdots$ を順序よく配列して書き並べると，先ほど求められた分数は次のように簡単に作られていく．

$$\overset{a}{} \quad \overset{b}{} \quad \overset{c}{} \quad \overset{d}{} \quad \overset{e}{}$$
$$\frac{1}{0},\ \frac{a}{1},\ \frac{ab+1}{b},\ \frac{abc+a+c}{bc+1},\ \frac{abcd+ab+ad+cd+1}{bcd+b+d},\ \cdots$$

このように文字を配列しておくと，どの分数の分子も，ひとつ手前の分数の分子にその上部に書かれている文字を乗じ，それに，ふたつ前の分子を加えれば見つかるこ

とになる．分母についても同じ規則が成立する．この規則を［上のように配列された文字列の］一番始めの文字の段階から使えるようにするために，冒頭に分数 $\frac{1}{0}$ を配置した．この分数は連分数を作る過程の中から生じるわけではないが，そのおかげで，連分数が形成されていく規則はいっそう明確になるのである．どの分数も，ひとつ手前の分数の上部に配置されている文字に至るまでの，連分数の数値を表わしている．

360. 同様に，連分数のもうひとつの形状

$$a + \cfrac{\alpha}{b + \cfrac{\beta}{c + \cfrac{\gamma}{d + \cfrac{\delta}{e + \cfrac{\varepsilon}{f + \cdots}}}}}$$

は，一歩進むたびごとに中断することにするとき，次々と次のような諸値を与える．

$$a = a,$$
$$a + \frac{\alpha}{b} = \frac{ab + \alpha}{b},$$
$$a + \cfrac{\alpha}{b + \cfrac{\beta}{c}} = \frac{abc + \beta a + \alpha c}{bc + \beta},$$
$$a + \cfrac{\alpha}{b + \cfrac{\beta}{c + \cfrac{\gamma}{d}}} = \frac{abcd + \beta ad + \alpha cd + \gamma ab + \alpha \gamma}{bcd + \beta d + \gamma b},$$
$$\cdots\cdots\cdots\cdots\cdots$$

これらの分数の各々は，先行するふたつの分数を素材にして，次の表に見られるような様式で求められていく．

$$\begin{array}{ccccc} a & b & c & d & e \\ \frac{1}{0}, & \frac{a}{1}, & \frac{ab+\alpha}{b}, & \frac{abc+\beta a+\alpha c}{bc+\beta}, & \frac{abcd+\beta ad+\alpha cd+\gamma ab+\alpha\gamma}{bcd+\beta d+\gamma b}, \cdots \\ \alpha & \beta & \gamma & \delta & \varepsilon \end{array}$$

361. この作成様式についてもう少し詳しく説明すると，作るべき分数の上部に文字 a, b, c, d, $\cdots$ を書き，下部に，文字 α, β, γ, δ, $\cdots$ を書いていくのである．ここでもまた第一番目の分数は $\frac{1}{0}$，第二番目の分数は $\frac{a}{1}$ と決めることにする．このようにしておけば，相次いで現われるどの分数も次のように作られる．すなわち，

分子について言うと，ひとつ手前の分数の分子にその上部に書かれている文字を乗じ，ふたつ手前の分数の分子に，その下部に書かれている文字を乗じる．その後にそれらのふたつを加える．するとその和は，求める分数の分子になるのである．分母についても事情は同様で，ひとつ手前の分数の分母にその上部に書かれている文字を乗じ，ふたつ手前の分数の分母に，その下部に書かれている文字を乗じる．するとそれらの和が，求める分母になるのである．このようにしてみいだされた分数はどれも，ひとつ手前の分数の上部に書かれている分母に至るまでの，連分数の数値を与えている．

362. それゆえこれらの分数を書き並べていって，連分数が［上下に配置していくべき］文字を供給し続ける限り継続していけば，最後に出てくる分数は連分数の真の値を与える．先行する分数はその値に向かって間断なく近づいていく．これで，近似値を求めるうえできわめて適切な手順が手に入ったのである．実際，連分数

$$a + \cfrac{\alpha}{b + \cfrac{\beta}{c + \cfrac{\gamma}{d + \cfrac{\delta}{e + \cdots}}}}$$

の真の値を x と等置すると，一番初めの分数 $\frac{1}{0}$ は x より大きいこと，第二の分数 $\frac{a}{1}$ は x より小さいこと，第三の分数 $a + \frac{\alpha}{b}$ は再び x より大きいこと，第四の分数はまたも x より小さくなること，これ以降も同様の状勢が繰り返されていくこと，すなわち交互に x より大きくなったり小さくなったりしていくことは明らかである．そのうえどの分数も，先行する分数に比していっそう近く，真の値 x に接近しているのは明白である．こんなふうにして，連分数が無限に続いていく場合にも，もし分子 $\alpha, \beta, \gamma, \delta, \cdots$ があまりはなはだしく増大していったりしないなら，x の値がきわめて迅速に，しかもきわめて快適に近似的に獲得される．もしこれらの分子がことごとくみな1になるのであれば，この近似計算は何の造作もなく遂行される．

363. このような手順を経ることにより連分数の真の値への近似が実現するが，その理由をいっそう的確に洞察するために，みいだされた分数の差を考えてみよう．一番初めの分数 $\frac{1}{0}$ は脇にのけておく．第二の分数と第三の分数の差は

$$\frac{\alpha}{b}$$

である．第四の分数を第三の分数から差し引くと，残りは

$$\frac{\alpha\beta}{b(bc+\beta)}$$

となる．第四の分数を第五の分数から差し引くと，残りは

$$\frac{\alpha\beta\gamma}{(bc+\beta)(bcd+\beta d+\gamma b)}$$

となる．以下も同様に続いていく．これより連分数の値は通例の級数を用いて

$$x = a + \frac{\alpha}{b} - \frac{\alpha\beta}{b(bc+\beta)} + \frac{\alpha\beta\gamma}{(bc+\beta)(bcd+\beta d+\gamma b)} - \cdots$$

と表示される．もし連分数が限りなく進んでいくのではないなら，この級数は途中で打ち切られる．

364. これで，一番初めの文字 a が存在しない場合に，連分数を，正負の符合が交互に出てくる級数に変換する方法が手に入った．実際，

$$x = \cfrac{\alpha}{b + \cfrac{\beta}{c + \cfrac{\gamma}{d + \cfrac{\delta}{e + \cfrac{\varepsilon}{f + \cdots}}}}}$$

とすると，すでに獲得された方法により，

$$x = \frac{\alpha}{b} - \frac{\alpha\beta}{b(bc+\beta)} + \frac{\alpha\beta\gamma}{(bc+\beta)(bcd+\beta d+\gamma b)}$$
$$- \frac{\alpha\beta\gamma\delta}{(bcd+\beta d+\gamma b)(bcde+\beta de+\gamma be+\delta bc+\beta\delta)} + \cdots$$

となる．そこで $\alpha, \beta, \gamma, \delta, \cdots$ は増大していく度合いが大きくない数，たとえばすべて1として，しかも分母 $a, b, c, d, \cdots$ は正の整数であるとすれば，連分数の値は非常に早く収束する級数を用いて表示されることになる．

365. ここまでの考察を踏まえると，逆に，正負の符合が交互に現われる級数を連分数に変換することも可能になる．言い換えると，提示された級数の和に等しい値をもつ連分数を見つけることができるようになる．実際，級数

$$x = A - B + C - D + E - F + \cdots$$

が提示されたとしよう．個々の項を，連分数から生じる級数と比較すると，

第18章 連分数

$$A = \frac{\alpha}{b},$$
よって $\alpha = Ab$,

$$\frac{B}{A} = \frac{\beta}{bc+\beta},$$
よって $\beta = \frac{Bbc}{A-B}$,

$$\frac{C}{B} = \frac{\gamma b}{bcd+\beta d+\gamma b},$$
よって $\gamma = \frac{Cd(bc+\beta)}{b(B-C)}$,

$$\frac{D}{C} = \frac{\delta(bc+\beta)}{bcde+\beta de+\gamma be+\delta bc+\beta\delta},$$
よって $\delta = \frac{De(bcd+\beta d+\gamma b)}{(bc+\beta)(C-D)}$,

・・・・・・ ・・・・・

となる.ところで $\beta = \frac{Bbc}{A-B}$ であるから,

$$bc+\beta = \frac{Abc}{A-B}.$$

よって,

$$\gamma = \frac{ACcd}{(A-B)(B-C)}.$$

また,

$$bcd+\beta d+\gamma b = (bc+\beta)d+\gamma b = \frac{Abcd}{A-B} + \frac{ACbcd}{(A-B)(B-C)} = \frac{ABbcd}{(A-B)(B-C)}.$$

よって,

$$\frac{bcd+\beta d+\gamma b}{bc+\beta} = \frac{Bd}{B-C}.$$

よって,

$$\delta = \frac{BDde}{(B-C)(C-D)}$$

となる.同様に,

$$\varepsilon = \frac{CEef}{(C-D)(D-E)}$$

となることがわかる.以下も同様である.

366.
この規則の仕組みがいっそうくっきりと浮かび上がるようにするために,

$P = b$,
$Q = bc+\beta$,
$R = bcd+\beta d+\gamma b$,
$S = bcde+\beta de+\gamma be+\delta bc+\beta\delta$,
$T = bcdef+\cdots$,
$V = bcdefg+\cdots$,

・・・・・・

と置いてみよう．これらの表示式の形成規則を見ると，
$$Q = Pc + \beta,$$
$$R = Qd + \gamma P,$$
$$S = Re + \delta Q,$$
$$T = Sf + \varepsilon R,$$
$$V = Tg + \zeta S,$$
$$\cdots\cdots$$

となる．これらの文字を用いると，
$$x = \frac{\alpha}{P} - \frac{\alpha\beta}{PQ} + \frac{\alpha\beta\gamma}{QR} - \frac{\alpha\beta\gamma\delta}{RS} + \frac{\alpha\beta\gamma\delta\varepsilon}{ST} - \cdots$$
と表示される．

367.　ところで
$$x = A - B + C - D + E - F + \cdots$$
と設定するのであるから，
$$A = \frac{\alpha}{P}, \qquad \alpha = AP,$$
$$\frac{B}{A} = \frac{\beta}{Q}, \qquad \beta = \frac{BQ}{A},$$
$$\frac{C}{B} = \frac{\gamma P}{R}, \qquad \gamma = \frac{CR}{BP},$$
$$\frac{D}{C} = \frac{\delta Q}{S}, \qquad \delta = \frac{DS}{CQ},$$
$$\frac{E}{D} = \frac{\varepsilon R}{T}, \qquad \varepsilon = \frac{ET}{DR},$$
$$\cdots\cdots\cdots$$

となる．差を作ると，
$$A - B = \frac{\alpha(Q-\beta)}{PQ} \qquad = \frac{\alpha c}{Q} \qquad = \frac{APc}{Q},$$
$$B - C = \frac{\alpha\beta(R-\gamma P)}{PQR} \quad = \frac{\alpha\beta d}{PR} \quad = \frac{BQd}{R},$$
$$C - D = \frac{\alpha\beta\gamma(S-\delta Q)}{QRS} = \frac{\alpha\beta\gamma e}{QS} = \frac{CRe}{S},$$
$$D - E = \frac{\alpha\beta\gamma\delta(T-\varepsilon R)}{RST} = \frac{\alpha\beta\gamma\delta f}{RT} = \frac{DSf}{T},$$
$$\cdots\cdots\cdots\cdots$$

となる．そこで引き続く二項の差の積を作ると，

第18章 連分数

$$(A-B)(B-C) = ABcd\frac{P}{R}, \qquad \frac{R}{P} = \frac{ABcd}{(A-B)(B-C)},$$

$$(B-C)(C-D) = BCde\frac{Q}{S}, \qquad \frac{S}{Q} = \frac{BCde}{(B-C)(C-D)},$$

$$(C-D)(D-E) = CDef\frac{R}{T}, \qquad \frac{T}{R} = \frac{CDef}{(C-D)(D-E)},$$

$$\cdots\cdots \qquad\qquad \cdots\cdots$$

となる.そうして $P=b$, $Q = \dfrac{\alpha c}{A-B} = \dfrac{Abc}{A-B}$ であるから,

$$\alpha = Ab,$$

$$\beta = \frac{Bbc}{A-B},$$

$$\gamma = \frac{ACcd}{(A-B)(B-C)},$$

$$\delta = \frac{BDde}{(B-C)(C-D)},$$

$$\varepsilon = \frac{CEef}{(C-D)(D-E)},$$

$$\cdots\cdots$$

となる.

368. 分子 α, β, γ, δ, $\cdots$ の値がこのような形でみいだされ,分母 b, c, d, e, $\cdots$ のほうはなお我々の自由裁量にまかされているという状勢になった.そこでそれらを,それら自身が整数であるとともに,α, β, γ, δ, $\cdots$ にも整数値が与えられるように採ると都合がよいと思う.この選択は数 A, B, C, $\cdots$ の性質,すなわち整数か分数かという性質に依拠する.これらが整数であれば,この探索は,

$$b=1, \qquad \text{よって} \quad \alpha = A,$$
$$c = A-B, \qquad \text{よって} \quad \beta = B,$$
$$d = B-C, \qquad \text{よって} \quad \gamma = AC,$$
$$e = C-D, \qquad \text{よって} \quad \delta = BD,$$
$$f = D-E, \qquad \text{よって} \quad \varepsilon = CE,$$
$$\cdots\cdots \qquad\qquad \cdots\cdots$$

と定めれば完了する.すなわち,

$$x = A - B + C - D + E - F + \cdots$$

と表示されるとすれば, x の値は連分数を用いて

$$x = \cfrac{A}{1+\cfrac{B}{A-B+\cfrac{AC}{B-C+\cfrac{BD}{C-D+\cfrac{CE}{D-E+\cdots}}}}}$$

という形に書き表わされるのである.

369. しかしもし提示された級数のすべての項が分数で,

$$x = \frac{1}{A} - \frac{1}{B} + \frac{1}{C} - \frac{1}{D} + \frac{1}{E} - \cdots$$

という形になるとするなら, この場合には $\alpha, \beta, \gamma, \delta, \cdots$ に対して

$$\alpha = \frac{b}{A},$$
$$\beta = \frac{A\,b\,c}{B-A},$$
$$\gamma = \frac{B^2\,c\,d}{(B-A)(C-B)},$$
$$\delta = \frac{C^2\,d\,e}{(C-B)(D-C)},$$
$$\varepsilon = \frac{D^2\,e\,f}{(D-C)(E-D)},$$
$$\cdots\cdots$$

という値が得られる. そこで

$$b = A, \quad \text{よって} \quad \alpha = 1,$$
$$c = B - A, \quad \text{よって} \quad \beta = AA,$$
$$d = C - B, \quad \text{よって} \quad \gamma = BB,$$
$$e = D - C \quad \text{よって} \quad \delta = CC,$$
$$\cdots \qquad\qquad\qquad \cdots$$

と設定すると, x の値は連分数を用いて

$$x = \cfrac{1}{A+\cfrac{AA}{B-A+\cfrac{BB}{C-B+\cfrac{CC}{D-C+\cdots}}}}$$

という形に表示される.

第18章 連分数

例1

無限級数
$$1 - \frac{1}{2} + \frac{1}{3} - \frac{1}{4} + \frac{1}{5} - \cdots$$
を連分数に変換してみよう．この場合，
$$A = 1, \quad B = 2, \quad C = 3, \quad D = 4, \cdots$$
であり，提示された級数の値は $\log 2$ に等しいから，

$$\log 2 = \cfrac{1}{1 + \cfrac{1}{1 + \cfrac{4}{1 + \cfrac{9}{1 + \cfrac{16}{1 + \cfrac{25}{1 + \cdots}}}}}}$$

となる．

例2

無限級数［§140］
$$\frac{\pi}{4} = 1 - \frac{1}{3} + \frac{1}{5} - \frac{1}{7} + \frac{1}{9} - \cdots$$
を連分数に変換しよう．ここで π は直径1の円周［の長さ］を表わす．

$A, B, C, D, \cdots$ に数 $1, 3, 5, 7, \cdots$ を代入すると，表示式

$$\frac{\pi}{4} = \cfrac{1}{1 + \cfrac{1}{2 + \cfrac{9}{2 + \cfrac{25}{2 + \cfrac{49}{2 + \cdots}}}}}$$

が生じる．この分数を逆転すると，

$$\frac{4}{\pi} = 1 + \cfrac{1}{2 + \cfrac{9}{2 + \cfrac{25}{2 + \cfrac{49}{2 + \cdots}}}}$$

となる．これは，ブラウンカー[1] が円の求積のために初めて提示した表示式である．

例 3

無限級数
$$x = \frac{1}{m} - \frac{1}{m+n} + \frac{1}{m+2n} - \frac{1}{m+3n} + \cdots$$
が提示されたとしよう．この場合，
$$A = m, \quad B = m+n, \quad C = m+2n, \cdots$$
であるから，上の無限級数は連分数
$$x = \cfrac{1}{m + \cfrac{mm}{n + \cfrac{(m+n)^2}{n + \cfrac{(m+2n)^2}{n + \cfrac{(m+3n)^2}{n + \cdots}}}}}$$
に変わる．これを逆転すると，
$$\frac{1}{x} - m = \cfrac{mm}{n + \cfrac{(m+n)^2}{n + \cfrac{(m+2n)^2}{n + \cfrac{(m+3n)^2}{n + \cdots}}}}$$
となる．

例 4

以前［§ 178］，
$$\frac{\pi \cos \frac{m\pi}{n}}{n \sin \frac{m\pi}{n}} = \frac{1}{m} - \frac{1}{n-m} + \frac{1}{n+m} - \frac{1}{2n-m} + \frac{1}{2n+m} - \cdots$$
となることを見た．よって連分数による表示では
$$A = m, \quad B = n-m, \quad C = n+m, \quad D = 2n-m, \cdots$$
となる．これより，表示式

第18章 連分数

$$\frac{\pi \cos \frac{m\pi}{n}}{n \sin \frac{m\pi}{n}} = \cfrac{1}{m + \cfrac{m\,m}{n - 2m + \cfrac{(n-m)^2}{2m + \cfrac{(n+m)^2}{n - 2m + \cfrac{(2n-m)^2}{2m + \cfrac{(2n+m)^2}{n - 2m + \cdots}}}}}}$$

が得られる．

370. 提示された級数は次々と新たに現われる連続する因子を用いて進行して，
$$x = \frac{1}{A} - \frac{1}{AB} + \frac{1}{ABC} - \frac{1}{ABCD} + \frac{1}{ABCDE} - \cdots$$
という形になるとしよう．

この場合，次のような値が得られる．
$$\alpha = \frac{b}{A},$$
$$\beta = \frac{bc}{B-1},$$
$$\gamma = \frac{Bcd}{(B-1)(C-1)},$$
$$\delta = \frac{Cde}{(C-1)(D-1)},$$
$$\varepsilon = \frac{Def}{(D-1)(E-1)},$$
$$\cdots\cdots$$

これより明らかに，

$b = A$	と置くと	$\alpha = 1$,
$c = B - 1$	と置くと	$\beta = A$,
$d = C - 1$	と置くと	$\gamma = B$,
$e = D - 1$	と置くと	$\delta = C$,
$f = E - 1$	と置くと	$\varepsilon = D$,
$\cdots$		$\cdots$

となる．よって，

$$x = \cfrac{1}{A + \cfrac{A}{B-1 + \cfrac{B}{C-1 + \cfrac{C}{D-1 + \cfrac{D}{E-1 + \cdots}}}}}$$

という事実が帰結する．

例 1

e はその対数が 1 に等しい数とするとき，以前［§123］見たように，

$$\frac{1}{e} = 1 - \frac{1}{1} + \frac{1}{1 \cdot 2} - \frac{1}{1 \cdot 2 \cdot 3} + \frac{1}{1 \cdot 2 \cdot 3 \cdot 4} - \cdots$$

すなわち

$$1 - \frac{1}{e} = \frac{1}{1} - \frac{1}{1 \cdot 2} + \frac{1}{1 \cdot 2 \cdot 3} - \frac{1}{1 \cdot 2 \cdot 3 \cdot 4} + \cdots$$

となる．そこで

$$A = 1, \ B = 2, \ C = 3, \ D = 4, \cdots$$

と設定すると，この級数は連分数に変換される．この手順を実行すると，

$$1 - \frac{1}{e} = \cfrac{1}{1 + \cfrac{1}{1 + \cfrac{2}{2 + \cfrac{3}{3 + \cfrac{4}{4 + \cfrac{5}{5 + \cdots}}}}}}$$

という表示が得られる．冒頭に見られる非対称性を除去すると，

$$\frac{1}{e-1} = \cfrac{1}{1 + \cfrac{2}{2 + \cfrac{3}{3 + \cfrac{4}{4 + \cfrac{5}{5 + \cdots}}}}}$$

という形になる．

例 2

以前［§134］，［単位円周の］半径に等しく取った円弧の余弦は，級数

$$1 - \frac{1}{2} + \frac{1}{2 \cdot 12} - \frac{1}{2 \cdot 12 \cdot 30} + \frac{1}{2 \cdot 12 \cdot 30 \cdot 56} - \cdots$$

と等置されることを見た．そこで
$$A=1,\ B=2,\ C=12,\ D=30,\ E=56,\cdots$$
と設定して，［単位円周の］半径に等しい円弧の余弦を x で表わすと，
$$x = \cfrac{1}{1+\cfrac{1}{1+\cfrac{2}{11+\cfrac{12}{29+\cfrac{30}{55+\cdots}}}}}$$

すなわち
$$\frac{1}{x}-1 = \cfrac{1}{1+\cfrac{2}{11+\cfrac{12}{29+\cfrac{30}{55+\cdots}}}}$$

と表示される．

371.
級数の各項は幾何級数の項と結ばれているとしよう．すなわち
$$x = A - Bz + Cz^2 - Dz^3 + Ez^4 - Fz^5 + \cdots$$
という形になっているとしよう．このとき
$$\alpha = Ab,$$
$$\beta = \frac{Bbcz}{A-Bz},$$
$$\gamma = \frac{ACcdz}{(A-Bz)(B-Cz)},$$
$$\delta = \frac{BDdez}{(B-Cz)(C-Dz)},$$
$$\varepsilon = \frac{CEefz}{(C-Dz)(D-Ez)},$$
$$\cdots\cdots$$
となる．そこで

$b=1$ と置くと $\alpha = A$,

$c = A - Bz$ と置くと $\beta = Bz$,

$d = B - Cz$ と置くと $\gamma = ACz$,

$e = C - Dz$ と置くと $\delta = BDz$,

となる．これより，

$$x = \cfrac{A}{1 + \cfrac{Bz}{A - Bz + \cfrac{ACz}{B - Cz + \cfrac{BDz}{C - Dz + \cdots}}}}$$

という表示が得られる．

372.
この手続きをいっそう一般的に押し進めるために，

$$x = \frac{A}{L} - \frac{By}{Mz} + \frac{Cy^2}{Nz^2} - \frac{Dy^3}{Oz^3} + \frac{Ey^4}{Pz^4} - \cdots$$

と置いてみよう．前述の事柄との比較を行なうと，

$$\alpha = \frac{Ab}{L},$$
$$\beta = \frac{BLbcy}{AMz - BLy},$$
$$\gamma = \frac{ACM^2 cdyz}{(AMz - BLy)(BNz - CMy)},$$
$$\delta = \frac{BDN^2 deyz}{(BNz - CMy)(COz - DNy)},$$
$$\cdots\cdots\cdots$$

となる．そこで値 $b, c, d, \cdots$ を次のように定めよう．

$$\begin{aligned}
b &= L, & \text{このとき}\quad \alpha &= A. \\
c &= AMz - BLy, & \text{このとき}\quad \beta &= BLLy. \\
d &= BNz - CMy, & \text{このとき}\quad \gamma &= ACM^2 yz. \\
e &= COz - DNy, & \text{このとき}\quad \delta &= BDN^2 yz. \\
f &= DPz - EOy, & \text{このとき}\quad \varepsilon &= CEO^2 yz. \\
\cdots\cdots & & \cdots\cdots &
\end{aligned}$$

これより，提示された級数は連分数を用いて

第18章　連分数

$$x = \cfrac{A}{L + \cfrac{BLLy}{AMz - BLy + \cfrac{ACMMyz}{BNz - CMy + \cfrac{BDNNyz}{COz - DNy + \cdots}}}}$$

という形に表示される.

373.　最後に，提示された級数は

$$x = \frac{A}{L} - \frac{ABy}{LMz} + \frac{ABCy^2}{LMNz^2} - \frac{ABCDy^3}{LMNOz^3} + \cdots$$

という形をもつとしよう．このとき，次のような諸値が出てくる．

$$\alpha = \frac{Ab}{L},$$

$$\beta = \frac{Bbcy}{Mz - By},$$

$$\gamma = \frac{CMcdyz}{(Mz - By)(Nz - Cy)},$$

$$\delta = \frac{DNdeyz}{(Nz - Cy)(Oz - Dy)},$$

$$\varepsilon = \frac{EOefyz}{(Oz - Dy)(Pz - Ey)},$$

$$\cdots\cdots\cdots$$

そこで整数値を見つけるために，

$b = Lz$　　　と置くと，　$\alpha = Az$ となる．
$c = Mz - By$　と置くと，　$\beta = BLyz$ となる．
$d = Nz - Cy$　と置くと，　$\gamma = CMyz$ となる．
$e = Oz - Dy$　と置くと，　$\delta = DNyz$ となる．
$f = Pz - Ey$　と置くと，　$\varepsilon = EOyz$ となる．
$\cdots\cdots$　　　　　　　　$\cdots\cdots$

これより，提示された級数の値は

$$x = \cfrac{Az}{Lz + \cfrac{BLyz}{Mz - By + \cfrac{CMyz}{Nz - Cy + \cfrac{DNyz}{Oz - Dy + \cdots}}}}$$

と表示される．あるいは，進行法則が冒頭から即座に明白になるようにしたいのであ

れば，
$$\frac{Az}{x} - Ay = Lz - Ay + \cfrac{BLyz}{Mz - By + \cfrac{CMyz}{Nz - Cy + \cfrac{DNyz}{Oz - Dy + \cdots}}}$$

という形に書き表わしてもよい．

374. このような手順を踏んで，限りなく連なっていく連分数で，しかもその真の値を与えることが可能であるものを無数に見つけることができる．実際，すでに報告された事柄に基づいて，既知の和をもつ無限級数を対象にしてその手続きを適用することができるのであるから，各々の無限級数は連分数に変換されて，しかもその連分数の値は提示された無限級数の和に等しいのである．ここに挙げたいくつかの例により，この用法は十分によく明示されている．とはいうものの，ある連分数が提示されたとき，その値を即座に見つけることを可能にしてくれる手法をみいだしたいと思う．というのは，連分数を，既知の方法を使ってその和を探索できるような無限級数に変換することは可能であるとはいうものの，それらの級数はたいていの場合，あまりにも複雑なため，その和を手に入れるのは，たとえ非常に簡単な数値であったにしても，まったく不可能であったり，大きな困難を伴ったりするからである．

375. 連分数の中には，別の道筋を通って簡単に値を求めることはできるにしても，それが転換されていく先の無限級数からは何も情報が得られないという性質を備えているものが存在する．そのような状勢をいっそう明確に認識するために，互いに等しい分母をもつ連分数
$$x = \cfrac{1}{2 + \cfrac{1}{2 + \cfrac{1}{2 + \cfrac{1}{2 + \cdots}}}}$$

を考えてみよう．先ほど説明した通りの手順を踏んで，分数
$$\overset{0}{\frac{1}{0}}, \overset{2}{\frac{0}{1}}, \overset{2}{\frac{1}{2}}, \overset{2}{\frac{2}{5}}, \overset{2}{\frac{5}{12}}, \overset{2}{\frac{12}{29}}, \overset{2}{\frac{29}{70}}, \cdots$$

を作ると，級数
$$x = 0 + \frac{1}{2} - \frac{1}{2\cdot 5} + \frac{1}{5\cdot 12} - \frac{1}{12\cdot 29} + \frac{1}{29\cdot 70} - \cdots$$

が生じる．あるいは，ふたつずつの項を結び合わせると，

$$x = \frac{2}{1 \cdot 5} + \frac{2}{5 \cdot 29} + \frac{2}{29 \cdot 169} + \cdots$$

あるいは

$$x = \frac{1}{2} - \frac{2}{2 \cdot 12} - \frac{2}{12 \cdot 70} - \cdots$$

という形になる．また，［一番初めの級数より］

$$x = \frac{1}{4} - \frac{1}{2 \cdot 2 \cdot 5} + \frac{1}{2 \cdot 5 \cdot 12} - \frac{1}{2 \cdot 12 \cdot 29} + \cdots$$
$$+ \frac{1}{4} - \frac{1}{2 \cdot 2 \cdot 5} + \frac{1}{2 \cdot 5 \cdot 12} - \frac{1}{2 \cdot 12 \cdot 29} + \cdots$$

であるから，

$$x = \frac{1}{4} + \frac{1}{1 \cdot 5} - \frac{1}{2 \cdot 12} + \frac{1}{5 \cdot 29} - \frac{1}{12 \cdot 70} + \cdots$$

という形にもなる．これらの級数は非常に速く収束するが，それにもかかわらずそれらの和をその形状に基づいて算出するのは不可能である．

376. 分母がすべて等しいか，あるいはいくつかの分母が循環するような連分数，したがって冒頭のいくつかの項を取り除いても，残りの分数はなお元の分数全体に等しいという性質を備えた分数については，その和の値を見つける方法が簡単に手に入る．実際，先ほど提示された例では

$$x = \cfrac{1}{2 + \cfrac{1}{2 + \cfrac{1}{2 + \cfrac{1}{2 + \cdots}}}}$$

であるから，

$$x = \frac{1}{2+x}$$

となる．したがって，

$$xx + 2x = 1.$$

よって，

$$x + 1 = \sqrt{2}.$$

よってこの連分数の値は

$$\sqrt{2} - 1$$

に等しい．これに先立って，この連分数を元にして通常の分数の系列がみいだされたが，それらはここで見つかった値に向かって間断なく，しかも非常に速く近づいてい

く．その速さはすばらしく，この無理数値を有理数を用いて近似的に表示しようとして，もっと速い方法を発見するのはほとんど不可能である．実際，$\sqrt{2}-1$ は $\frac{29}{70}$ にきわめて近く，誤差は知覚されないほどである．平方根を開くと，
$$\sqrt{2}-1 = 0.41421356237$$
となる．また，
$$\frac{29}{70} = 0.41428571428.$$
それゆえ誤差が発生するのは10万分の1の地点においてのことにすぎないのである．

377. こうして連分数は $\sqrt{2}$ の値に近づいていくきわめて快適な手段を与えてくれる．同様に，他の数の平方根に接近していく非常に簡便な路が開かれる．それを目標にして，
$$x = \cfrac{1}{a + \cfrac{1}{a + \cfrac{1}{a + \cfrac{1}{a + \cfrac{1}{a+\cdots}}}}}$$
と設定すると，
$$x = \frac{1}{a+x}$$
となる．よって
$$xx + ax = 1.$$
これより，
$$x = -\frac{1}{2}a + \sqrt{1 + \frac{1}{4}aa} = \frac{\sqrt{aa+4}-a}{2}$$
となる．この連分数は数 $aa+4$ の平方根の値を見つけるのに使われる．そこで a のところに次々と数 1，2，3，4，… を代入していくと，平方根を一番簡単な形に帰着させておくとき，$\sqrt{5}$，$\sqrt{2}$，$\sqrt{13}$，$\sqrt{5}$，$\sqrt{29}$，$\sqrt{10}$，$\sqrt{53}$，… がみいだされる．すなわち，

$$\overset{1}{}\ \overset{1}{}\ \overset{1}{}\ \overset{1}{}\ \overset{1}{}\ \overset{1}{}$$
$$\frac{0}{1},\ \frac{1}{1},\ \frac{1}{2},\ \frac{2}{3},\ \frac{3}{5},\ \frac{5}{8},\ \cdots = \frac{\sqrt{5}-1}{2},$$

$$\overset{2}{}\ \overset{2}{}\ \overset{2}{}\ \overset{2}{}\ \overset{2}{}\ \overset{2}{}$$
$$\frac{0}{1},\ \frac{1}{2},\ \frac{2}{5},\ \frac{5}{12},\ \frac{12}{29},\ \frac{29}{70},\ \cdots = \sqrt{2}-1,$$

第18章　連分数

$$\frac{0}{1}, \frac{1}{3}, \frac{3}{10}, \frac{10}{33}, \frac{33}{109}, \frac{109}{360}, \cdots = \frac{\sqrt{13}-3}{2},$$

$$\frac{0}{1}, \frac{1}{4}, \frac{4}{17}, \frac{17}{72}, \frac{72}{305}, \frac{305}{1292}, \cdots = \sqrt{5}-2,$$

$$\cdots\cdots\cdots\cdots$$

というふうになる．ここで注目すべきことは，数 a が大きくなればなるほど，近似の度合いはいっそう速まるという事実である．たとえば，一番最後に挙げた例を見ると，

$$\sqrt{5} = 2\frac{305}{1292}$$

となり，誤差は $\dfrac{1}{1292 \cdot 5473}$ よりも小さい．ここで 5473 は，すぐ次に現われる分数 $\dfrac{1292}{5473}$ の分母である．

378. こんなふうに表示することができるのは，ふたつの平方数の和の形になるような数の平方根に限られている．そこでこの近似の手法を他の数にも及ぼすべく，

$$x = \cfrac{1}{a + \cfrac{1}{b + \cfrac{1}{a + \cfrac{1}{b + \cfrac{1}{a + \cfrac{1}{b + \cdots}}}}}}$$

と設定してみよう．この場合，

$$x = \cfrac{1}{a + \cfrac{1}{b+x}} = \frac{b+x}{ab+1+ax}$$

であるから，

$$axx + abx = b$$

となる．よって，

$$x = -\frac{1}{2}b \pm \sqrt{\frac{1}{4}bb + \frac{b}{a}} = \frac{-ab + \sqrt{aabb + 4ab}}{2a}.$$

これだけの作業ですでに，あらゆる数の平方根を見つけることが可能になっている．たとえば $a=2$, $b=7$ と置くと，

$$x = \frac{-14 + \sqrt{14 \cdot 18}}{4} = \frac{-7 + 3\sqrt{7}}{2}$$

となる．次のような分数の系列

$$\frac{0}{1}, \overset{2}{\frac{1}{2}}, \overset{7}{\frac{7}{15}}, \overset{2}{\frac{15}{32}}, \overset{7}{\frac{112}{239}}, \overset{2}{\frac{239}{510}}, \ldots$$

は，この x の値を近似的に表示する．よって近似的に

$$\frac{-7+3\sqrt{7}}{2} = \frac{239}{510}$$

となる．よって，

$$\sqrt{7} = \frac{2024}{765} = 2.64575163.$$

実際には，

$$\sqrt{7} = 2.64575131$$

であるから，誤差は

$$\frac{33}{100000000}$$

よりも小さい．

379.　さらに

$$x = \cfrac{1}{a + \cfrac{1}{b + \cfrac{1}{c + \cfrac{1}{a + \cfrac{1}{b + \cfrac{1}{c + \cfrac{1}{a + \cdots}}}}}}}$$

と設定して，歩を先に進めよう．このとき，

$$x = \cfrac{1}{a + \cfrac{1}{b + \cfrac{1}{c+x}}} = \cfrac{1}{a + \cfrac{c+x}{bx+bc+1}} = \cfrac{bx+bc+1}{(ab+1)x + abc + a + c}$$

となる．これより，

$$(ab+1)xx + (abc + a - b + c)x = bc + 1.$$

よって，

$$x = \frac{-abc - a + b - c + \sqrt{(abc + a + b + c)^2 + 4}}{2(ab+1)}.$$

ここで，冪根記号下の量は再びふたつの平方数の和の形になっている．それゆえここで取り上げた［連分数の］形状は，一番初めに取り上げた形の連分数がすでにもたらしてくれた数以外の数の平方根を開くためには役に立たない．同様に，もし四つの文字 a, b, c, d が間断なく繰り返し現われて連分数の分母を構成しているならば，

第18章 連分数

その場合には，第二の形状，すなわち二個の文字だけしか含まない形状の場合に比して，それよりも役に立つということはない．この状勢は以下も同様に継続されていく．

380. このような次第であるから，連分数というものは平方根を開くのにきわめて有効に利用することができるが，それと同時に，二次方程式を解くのにも使われる．これは，xがある二次方程式を通じて決定される場合を考えさえすれば，その計算それ自体から明白な事実である．ところが逆に，どの二次方程式の根も，下記のようにして連分数を用いて簡単に表示されるのである．方程式

$$xx = ax + b$$

が提示されたとしてみよう．この方程式より，

$$x = a + \frac{b}{x}$$

となる．そこで一番最後に出ている項においてxのところに，ここで見つかったばかりの値を代入すると，

$$x = a + \cfrac{b}{a + \cfrac{b}{x}}$$

となる．これ以降も同様にこの手順を続けていくと，無限に続いていく分数を用いて，

$$x = a + \cfrac{b}{a + \cfrac{b}{a + \cfrac{b}{a + \cdots}}}$$

と表示される．だが，ここでは分子bが1ではないので，この連分数はそれほど快適に使えるというわけではない．

381. アリトメチカにおける利用法を明らかにするために，まず初めに，通常の分数はどれもみな連分数に転換可能であることに着目しなければならない．実際，分数

$$x = \frac{A}{B}$$

が提示されたとしてみよう．ここで$A > B$とする．AをBで割り，その商をaと等置し，剰余をCとしよう．次にこの剰余を使って先行する因子Bを割ると，商bが生じ，剰余Dが残るとしよう．この剰余を用いて再度，先行する因子Cを割る．このような操作は普通，数AとBの最大公約数を見つけるのに用いられる習わしになっているものであるが，おのずと終点に達するまで続けられていく．その結果はこんなふ

うになる．

$$
\begin{array}{r}
B\ )\ \underline{A}\ (\ a \\
C\ )\ \underline{B}\ (\ b \\
D\ )\ \underline{C}\ (\ c \\
E\ )\ \underline{D}\ (\ d \\
F\ \cdots
\end{array}
$$

割り算の性質により，

$$A = aB + C, \quad \text{したがって} \quad \frac{A}{B} = a + \frac{C}{B},$$

$$B = bC + D, \quad \text{したがって} \quad \frac{B}{C} = b + \frac{D}{C}, \quad \frac{C}{B} = \frac{1}{b + \dfrac{D}{C}},$$

$$C = cD + E, \quad \text{したがって} \quad \frac{C}{D} = c + \frac{E}{D}, \quad \frac{D}{C} = \frac{1}{c + \dfrac{E}{D}},$$

$$D = dE + F, \quad \text{したがって} \quad \frac{D}{E} = d + \frac{F}{E}, \quad \frac{E}{D} = \frac{1}{d + \dfrac{F}{E}},$$

$$\cdots\cdots \qquad\qquad\qquad \cdots\cdots$$

これらの値の各々をひとつ手前の値に代入すると，

$$x = \frac{A}{B} = a + \frac{C}{B} = a + \frac{1}{b + \dfrac{D}{C}} = a + \frac{1}{b + \dfrac{1}{c + \dfrac{E}{D}}}$$

となる．これより結局，x は，このようにしてみいだされた商 $a, b, c, d, \cdots$ のみを用いて，次のように表示されることになる．

$$x = a + \cfrac{1}{b + \cfrac{1}{c + \cfrac{1}{d + \cfrac{1}{e + \cfrac{1}{f + \cdots}}}}}$$

第18章　連分数

例1

分数 $\frac{1461}{59}$ が提示されたとしよう．これは次のようにして連分数に変換される．その連分数の分子はすべて1である．

数59と1461の最大公約数を求めるのに使われる通例の手順を実際に遂行すると，

```
       59 ) 1461 ( 24
            118
            ───
            281
            236
            ───
           45 ) 59 ( 1
                45
                ──
                14 ) 45 ( 3
                     42
                     ──
                     3 ) 14 ( 4
                         12
                         ──
                         2 ) 3 ( 1
                             2
                             ─
                             1 ) 2 ( 2
                                 2
                                 ─
                                 0
```

となる．よって，商を用いて，

$$\frac{1461}{59} = 24 + \cfrac{1}{1 + \cfrac{1}{3 + \cfrac{1}{4 + \cfrac{1}{1 + \cfrac{1}{2}}}}}$$

と表示される．

例2

小数も同様にして［連分数に］変換される．

たとえば，小数

$$\sqrt{2} = 1.41421356 = \frac{141421356}{100000000}$$

が提示されたとしよう．まず次の計算を遂行する．

100000000	141421356	1
82842712	100000000	2
17157288	41421356	2
14213560	34314576	2
2943728	7106780	2
2438648	5887456	2
505080	1219324	2
418328	1010160	2
86752	209164	

． ． ． ． ． ． ．

この計算を見ればすでに明らかなように，分母はすべて 2 であって，

$$\sqrt{2} = 1 + \cfrac{1}{2 + \cfrac{1}{2 + \cfrac{1}{2 + \cfrac{1}{2 + \cfrac{1}{\cdots}}}}}$$

となる．既述の事柄により，この表示式が成立する理由は明白である．

例 3

ここで特に注目に値するのは数 e である．その対数は 1 であり，それ自体は
$$e = 2.718281828459$$
という数値である．

これより，
$$\frac{e-1}{2} = 0.8591409142295 \, .$$
この小数を上述のように処理すると，下記のような商が与えられる．

第18章 連分数

8591409142295	10000000000000	1
8451545146224	8591409142295	6
139863996071	1408590857704	10
139312557916	1398639960710	14
551438155	9950896994	18
550224488	9925886790	22
1213667	25010204	

・・・・・・・

e の値をもっと精密に取ってこの計算を続けると，商

$$1,\ 6,\ 10,\ 14,\ 18,\ 22,\ 26,\ 30,\ 34,\ \cdots$$

が生じる．初項を取り除くと，この系列は［公差4の］アリトメチカ的級数を作っている．これより明らかなように，

$$\frac{e-1}{2}=\cfrac{1}{1+\cfrac{1}{6+\cfrac{1}{10+\cfrac{1}{14+\cfrac{1}{18+\cfrac{1}{22+\cfrac{1}{\cdots}}}}}}}$$

というふうになる．この分数の成立の根拠は無限小計算によって与えられる．

382. それゆえこのような表示式の中から，その表示式の真の値に向かって間断なく近づいていく一系の分数を取り出していくことができる．この方法を適用すれば，小数を，その近似値を与える通常の分数を用いて表示することが可能になる．非常に大きな分子と分母をもつ分数が与えられたとき，それと完全に等しいというわけではないにしても，ほんのわずかの食い違いしか見られない分数であって，しかももっと小さな数を用いて表示されるものを見つけることができるのである．これにより，かつてウォリスの手で取り扱われた問題，すなわち，大きな数を用いて提示されたある分数の値を近似して，しかもより小さな数を用いて表示される一系の分数（近似の精度については，大きさの度合いの低い数を使って表示された分数を用いるよりも，

大きさの度合いの高い数で表示された分数を使うほうが精度が高くなっていく）を求めるという問題は簡単に解決される．このような方法を適用して生じる我々の一系の分数は，それらを生み出していく元の連分数の値に近接する．近似の様式を見ると，大きさの度合いの低い数を用いて表示された分数の中には，近似の精度を高めてくれるものは存在しないというふうになっている．

例1

円周に対する直径の比率は小さな数を用いて表示される．しかもその表示の様式を見ると，より大きな数を使うのでなければ，近似の精度を高めることはできないというふうになっている．

周知の小数

$$3.1415926535\cdots$$

を既述のとおりの手順を踏んで次々と割り算を繰り返して連分数に展開すると，次のような商がみいだされていく．

$$3, 7, 15, 1, 292, 1, 1, \cdots$$

これらを用いて，次のような分数が作られる．

$$\frac{1}{0}, \frac{3}{1}, \frac{22}{7}, \frac{333}{106}, \frac{355}{113}, \frac{103993}{33102}, \cdots$$

第二の分数は，この段階ですでに，円周に対する直径の比率は1:3であることを示している．また，大きさの度合いの低い数を使うのでは，近似の精度を高めるのは不可能である．第三の分数はアルキメデス[2]の比7:22を与えている．第五の分数はメティウス[3]の比である．近似の精度は高く，誤差は$\frac{1}{113\cdot 33102}$以下である．また，これらの分数は交互に［円周率の真の値よりも］大きくなったり小さくなったりしながら並んでいる．

例2

平均太陽年に対する一日の長さの比率を，可能な限り小さい数を用いて近似的に表示したいと思う．

この一年の長さは365日5時間48分55秒であるから，分数で表記すると，一年には

$$365\frac{20935}{86400}$$

という数値で数えられるだけの日数が包摂されていることになる．すると，要請され

ているのは，ここに出てくる分数を連分数に展開することのみである．これを遂行すると次のような商が与えられる．

$$4, 7, 1, 6, 1, 2, 2, 4, \cdots$$

ここから分数

$$\frac{0}{1}, \frac{1}{4}, \frac{7}{29}, \frac{8}{33}, \frac{55}{227}, \frac{63}{260}, \frac{181}{747}, \cdots$$

が取り出される．それゆえ365日を越える時間と分と秒を併せると，おおよそ4年に一日の割合になる．ユリウス暦の起源はここにある．もっと精密に計算すると，33年間に8日，あるいは747年間に181日だけの余剰がある．したがって400年につき97日の過剰が生じることが明らかになる．ところがユリウス暦[4]ではこの期間に100日分の日数が余分に挿入されている．そこでグレゴリウス暦[5]では，400年につき3年の閏（うるう）年を通常年に転換することにしているのである．

註記

1) ウィリアム・ブラウンカー卿（1620〜1680年）はアイルランド生まれのイギリスの数学者．

2) アルキメデス（紀元前287？〜212年）はギリシアの数学者．シシリー島のシラクサに生まれた．

3) アドリアヌス・メティウス（1571〜1635年）はオランダの数学者．

4) ローマのユリウス＝カエサルが制定した暦．紀元前45年以後，使用されるようになった．太陽暦の一種．

5) ローマ教皇グレゴリウス十三世が制定した暦．ユリウス暦を改正して1582年に制定され，今日の太陽暦の元になった．

第一巻　終

索　引

アルキメデスの比　342
一価関数　5
一般項（回帰級数の）　197
陰関数　4
ウォリス（の公式）　166, 261

回帰級数　60, 195
解析的表示式　2
仮数　96
仮の分数（関数）　24
関係の比率　211
関数　2
奇関数　11
既約関数　80
偶関数　9
合成因子　17
グレゴリウス暦　343

三価関数　6
三角数　286
三分裂関数　79
指数量　82
自然対数　104
真の分数関数　24
整関数　5, 72
正弦　108
正接　109
双曲線対数　104

対数　85
代数関数　3, 72
多価関数　5
多価偶関数　10
単純因子　17
超越関数　3, 72, 82

底（対数の）　85
ディオファントス　47
定量　1
ド・モアブル　60, 195, 211
同次関数　74

内越的（な関数）　4
二価関数　6
二分裂関数　79

非同次関数　74
被約関数　80
非有理関数　4, 72
標数　96
ピラミッド数　286
ブラック　89
ブラウンカー　325
ブリッグス　89
分数関数　5, 72
ベルヌイ，ダニエル　295
変化量　1

『無限のアリトメチカ』　166
メティウスの比　342

有理関数　4, 72
ユリウス暦　343
陽関数　4
余弦　108
余接　109
四価関数　6

ライプニッツ　122
類似関数　13

訳者あとがき

1. 飯田橋のカフェーにて

　東京の総武線飯田橋駅構内のカフェーで海鳴社の辻信行さんと落ち合い，オイラーの著作の翻訳をめぐって初めて語り合ったのは，平成8年（1996年）春3月のある日のことであった．ちょうどガウスの古典的作品『整数論』（1801年．本年はこの著作の刊行後二百年目の節目にあたっている）の翻訳が完結し，無事刊行されて間もないころであった（前年平成7年6月，『ガウス整数論』という標題で朝倉書店より出版された）．以来すでに五年余の歳月が流れ去り，今ようやく一冊の翻訳書『オイラーの無限解析』が完成した．原書はオイラーの解析学三部作のひとつ，二巻から成る作品『無限解析序説』であり，このたび訳出に成功したのは純粋解析を主題に据えた第一巻である．続く第二巻ではテーマは一転して解析幾何学へと移行する．いずれこれも訳出し，第一巻と併せて『無限解析序説』の完全な邦訳を仕上げなければならないが，この大きな懸案を為し遂げるにはこれからなお数箇年の歳月を要することであろう．

　五年前の飯田橋のカフェーの席で辻さんはオイラーの翻訳書を刊行したいという意向を表明し，しかるべき作品と翻訳者の双方の品定めをぼくにもちかけた．頼るべきテキストとしてはオイラー全集と，わずかな英訳書と独訳書があるのみであった．オイラー全集の企画がたてられたのは，オイラーの没後100年を超える歳月の後，西暦が二十世紀に入って間もないころと言われている（1911年から刊行が開始された）．構えは広大で，世界状勢の有為転変の中，粘り強い努力が重ねられているものの，新たに世紀の変わり目を越えた今日もなお未完結である．現在，スイス自然科学者協会の名のもとに編纂され刊行中（出版元はスイスのビルクホイザー社）の全集の構想では全部で四系列とされ，完結の暁には総計88巻に達するという膨大さである．オイラーのすべてに通じる者は今日の世界にひとりもいないと見なければならないが，それで

も第一系列の数学著作集はすべて公刊され，完結した．ぼくらはこの僥倖のおかげを受けて，オイラーのさながら魔法の森のような数学的世界の全容をくまなく観察することができるようになったのである．勇気を出して飛び込めば，踏み分けて四方に道を開いていくことも可能であろう．

　オイラーの数学著作集は全部で29巻（第16巻が二分されているので全30冊）から成る．著作と論文で構成されていて，ドイツ語で書かれた作品も一部に見られるが，ほぼすべてラテン文でびっしりとおおわれている．これをテキストにして翻訳書を編むとすれば，まず初めに念頭に浮ぶのは，数論，代数，無限級数論，積分論，微分方程式論，変分法などをテーマとする各種の論文集であろう．著作の方面に目をやれば『代数学完全入門』（1770年）の訳出も意義が深いと思われるが，なんと言っても解析学におけるオイラーの名高い三部作

　　『無限解析序説』（1748年）

　　『微分計算教程』（1755年）

　　『積分計算教程』全三巻（巻1，1768年．巻2，1769年．巻3，1770年．）

は捨てがたく，尽きない魅力が感じられた．こうしてぼくらの目は次第に『無限解析序説』に注がれていく成りゆきとなり，まず第一巻の翻訳書を作るという点で衆議（実際にはふたりだけの衆議だったが）が一決した．オイラーの『序説』（このように端的に呼ばれる習慣ができている）は解析学にとどまらず，オイラーの数学的世界全体への道を開いてくれるもっとも有力な手引書である．

　レオンハルト・オイラーは1707年4月15日，スイスのバーゼルに生まれた数学者である．『無限解析序説』が刊行されたとき，日本の流儀で数えて四十二歳であった．没年月日は1783年9月18日．数えて七十七歳でロシアのペテルブルクで亡くなった．数学に心を寄せる人々の間でオイラーの名を知らない者はないと思われるが，知名度の高さとは裏腹にオイラーの数学的世界それ自体について語られる事柄はほとんどつねに類型的であり，しかもきわめてとぼしい．謎めいた，伝説の数学者と見なければならないであろう．

　翻訳者の選定のほうは見当がつかず，適任者を尋ねられたものの何も答えることができなかった．すると辻さんは事もなげに「あなたがやればいいではないか」と言った．これには仰天したが，多少のやりとりの末，結局この提案を受け入れてぼくが翻訳を試みることに決まった．『無限解析序説』第一巻の内容をなす純粋解析は第一章「関数に関する一般的な事柄」から始まるが，全体の根幹をなす関数概念をめぐって

訳者あとがき

縦横に議論が繰り広げられる場所だけあって，第一章の色彩はきわめて思索的である（訳出もむずかしい）．しかし章が進み，本論が佳境に入るにつれて数式が登場する頻度は急激に高まっていき，やがて重要な諸公式がひきもきらないという壮観を呈するようになる．そこで辻さんが，「私が翻訳してももう半分はできている」などという冗談を口にすると，カフェーの一角はにわかに朗らかな笑いに包まれた．

五年前の春の初めにいたるまで，ぼくはオイラーとまったく無縁にすごしてきたわけではなく，オイラーの世界へと通じる道筋は具体的に幾本か開かれていた．オイラー全集に親しむきっかけをぼくに与えてくれたのはガウスの著作『整数論』（1801年）と，アーベルとヤコビによる楕円関数の理論であった．ガウスを解読するにはオイラーの数論論文集が不可欠であり，アーベルとヤコビの楕円関数論の淵源を求めて数学史を遡行すると，日ならずしてオイラーに行き着いた．代数方程式の代数的可解性に関心を寄せてアーベルとガロアを研究すると，ガウス『整数論』第七章「円周等分方程式論」やラグランジュの有名な論文「方程式の代数的解法に関する省察」（1770年）をたどりながら，やがてオイラーの一連の諸論文へと導かれていった．万事がこんなふうであった．

近代数学史は1801年のガウスの作品『整数論』とともに新時代に入ったと見られるが，十八世紀の数学者オイラーは十九世紀に入ってもなお依然として数学の始祖であり続けたのである．十九世紀のみにとどまらず，かつて「現代数学」と呼ばれたことのある二十世紀の数学（もう少し厳密に言うと，1933年ころを境に数学の世界に現われた新しい波）をも包摂し，近代数学の全史においてオイラーはガウスとともに双璧をなす大数学者である．「オイラーを読め．オイラーはわれらみなの師だ」とラプラスは語ったと言われるが，この言葉は二十一世紀を迎えた今日もなお生きて働いていると見てよいであろう．

このような次第でオイラーの数学的世界への扉は一指の余地もないほどに固く閉ざされていたとは言えないものの，解析学三部作に象徴されるオイラーの解析学の本体の姿はなおほの暗く，しかも全容を概観することなくして三部作の一端を解明することもまたおぼつかない業であった．氷山の一角をくずすためには氷山の全容の観察が不可欠である．そこで『無限解析序説』の翻訳のためにいきおいオイラー全集の研究を余儀なくされることとなり，三部作に手がかりを求めつつ，多岐にわたる諸論文の訳読を進めていった．この一連の探究の中から，日本評論社の数学誌「数学セミナー」への連載（13回）を経て，

『dxとdyの解析学　オイラーに学ぶ』（平成12年10月．日本評論社）

という一冊の書物が生まれた．このたびの訳書『オイラーの無限解析』の参考書として，真っ先に挙げておきたいと思う．

2.　『無限解析序説』のテキストについて

オイラー全集を参照すると『無限解析序説』第一巻に該当するのは第一系列第八巻（第二巻は第一系列第九巻）であり，入手も容易である．そこでこれを当面のテキストにして作業を開始した．1748年に刊行された原書の初版を直接見ることは当初より望まれたが，所在地の探索がむずかしく，長らく実現が危ぶまれた．完訳が間近に迫ったころ，ようやく金沢工業大学ライブラリーセンター内の「工学の曙文庫」に収録されていることがわかり，マイクロフィルムとその引伸しを手に入れることができた．これでテキストはふたつになった．初版テキストの素朴な印刷に比して，全集版は活字も大きく，数式の配置もゆったりとしていて，はるかにきれいに作られている．しかし全集版に散在する疑問点を明らかにするには初版テキストを参照するほかはなく，実際にこの手続きを踏むことにより疑問はおおむね解消したのである．翻訳の底本として筆頭に挙げるべきテキストはやはり1748年に刊行された初版であり，全集版は補助テキストと見るのが至当であろう．訳書『オイラーの無限解析』はあくまでも初版からの翻訳であることをここに明記しておきたいと思う．

ふたつのテキストを対比すると細かい箇所でさまざまな異同が見られた．得失に配慮して適宜取捨選択を行なったが，数式は基本的に全集版にならって配置した．数式にドイツ文字 $\mathfrak{A}, \mathfrak{B}, \mathfrak{C}, \cdots, \mathfrak{a}, \mathfrak{b}, \mathfrak{c}, \cdots$ が出ているところがあるが，これも全集版の流儀であり，初版テキストではラテン文字 $A, B, C, \cdots, a, b, c, \cdots$ が使われている．本文中，［§122］（§168）などのように，先行する諸節を参照するよう指示されることも多い．このうち［§122］のような鍵括弧付きの指示は全集版で追加されたものであり，（§168）のような丸括弧の指示は初版の踏襲である．

数学史の書物では『無限解析序説』のタイトル中の「無限解析」は「無限小解析」として語られることがある（正しく「無限解析」とされている文献もある）が，原書名は

　　　「Introductio in analysin infinitorum」

というラテン文である．これを一語一語そのまま訳出すれば「無限の解析学への序」というふうになるのであるから，「無限小」の解析学とするのはやはり誤謬と見なけ

ればならないであろう．この誤訳はおそらく仏訳書の書名に起因して流布したのであろうと思う．オイラー全集Ｉ－8（第一系列第八巻）に付されている参考文献表を参照すると，これまでに二種類の仏訳書が刊行された模様である．ひとつは

「Introduction à l'analyse des infiniment petits」（1786年．第一巻のみ）

であり，もうひとつは

「Introduction à l'analyse infinitésimale」（1796年，1797年）

である．語句がいくぶん異なるが，どちらも「無限小の解析学への序」という意味のタイトルである．

オイラーの「無限解析」というのは，変化量の変域が有限の範囲を逸脱して，無限に大きくなったり無限に小さくなったりするときに生起する諸現象をひとつひとつ摘んでいこうとする試みなのであるから，このままではまだ「無限小解析」ではありえない．「無限解析」が真に「無限小解析」へと変容するためには，単に変化量の大きさが無限の世界に移行するだけでは足りず，変化量の無限小変分，すなわち微分を作る手続きを具体的に記述していかなければならない．それが遂行されたとき，ぼくらは初めて微分計算と積分計算の世界に沈潜することが可能になり，三部作の他の二部，すなわち『微分計算教程』と『積分計算教程』が成立するのである．「無限小解析」というのは微分計算と積分計算の総称にほかならない．

ぼくらはオイラー自身がそうしたように「無限解析」と「無限小解析」を厳密に区別して諒解するようつねに留意しなければならないが，それはそれとして「無限解析」が「無限小解析」の入り口であることもまた端的な事実である．現に『無限解析序説』の初版に付されている扉絵を観察すると，天使に見守られながら無限解析を学んでいるとおぼしいふたりの女性（足元に置かれている書物に目をやると「微分計算」「正弦表」という語句が読み取れる）の背後に大きな門が開かれていて，その上部には

「ANALYSE DES INFINIMENT-PETITS」すなわち「無限小解析」という語句がフランス語で明記されているのである．無限小解析の扉を開く鍵は無限解析である．仏訳書のタイトルはこの意を汲んだ意訳と見るのが至当であろう．

仏訳書は復刻版が出ている模様だが，入手することができなかった（フランスの出版社「ACL-カンガルー出版」の最近のカタログに『無限解析序説』の第二巻のみ，掲載されている）．

『無限解析序説』には二種類の独訳書も存在する．刊行年はそれぞれ1788年，1885

年と記録されている．1788年版のほうは全二巻の完訳だが，1885年版は第一巻のみの翻訳書である．書名はどちらも同一で，

「Einleitung in die Analysis des Unendlichen」

となっているが，これはラテン文の原書名そのままの逐語訳であるからまぎれる余地はない．1885年版のほうは1983年にドイツの出版社シュプリンガー社から復刻版が刊行された．この書物は五年前の時点ですでに絶版になっていて手に入らなかったが，杉浦光夫先生にお借りして参照することができた．杉浦先生のご好意に心から感謝したいと思う．この独訳書では原書のラテン文が内容と構文の双方にわたってきわめて緻密にドイツ文に移されていて，原書の訳出をすすめていくうえで非常に参考になった．独訳書の支援を受けられなかったなら，『無限解析序説』の翻訳はなお遷延したことであろう．この間の事情はガウスの著作『整数論』の翻訳のときと同じである．

　仏訳書（十八世紀）と独訳書（十九世紀）に比して英訳書の出現は大きく遅れ，原書初版出版後240年目の1988年，独訳書と同じシュプリンガー社からようやく刊行された．タイトルは

「Introduction to analysis of the infinite」

で，原書そのままの逐語訳である．この英訳書は当初各方面から歓迎され，『無限解析序説』はこれでだいぶ敷居が低くなったという声も間々聞かれたが，全般的に見て原文の意から大幅に逸脱した訳文（大意が通じればよいであろうという程度の極端な意訳）であり，諸記号と述語の恣意的な変更や，誤訳や抜け落ちも目についた．不備が多く，この英訳書を読んでもそれだけでは決してオイラーを読んだことにはならないであろう．このあたりの状況もまたガウスの『整数論』の場合と同様であった．

　『無限解析序説』第一巻の初版テキストの編成は次の通りである．

　　扉絵1枚

　　表紙（タイトル，著者名などが書かれている．）

　　マイランの肖像（ジャン・ジャック・ドルトゥス・ド・マイランはフランスの科学学士院会員．1678～1771年）

　　マイランの紹介記事（Ⅰ～Ⅱ頁）

　　ブスケによるマイランへの献詞（Ⅱ～Ⅵ頁．マルク・ミシェル・ブスケは『無

訳者あとがき

限解析序説』の刊行者．ブスケが『無限解析序説』をマイランに献詞まで添えて謹呈した理由は不明である．）

オイラーによる緒言（VII〜XIII頁）

第一巻の目次（XIV頁）

第二巻の目次（XV〜XVI頁）

本文（1〜320頁．第1頁はタイトルと第一巻の内容紹介記事．第2頁は白紙．本文の実質は318枚．）

数表1枚（第16章のために附された数表で，274頁と275頁の間にはさまれている．）

訳書『オイラーの無限解析』ではマイランの肖像，献詞，第二巻の目次は省略した．また，数表は第16章の途中（284〜285頁）に掲載した．訳書の本文は343頁であるから，ほぼ原書の通りの分量である．

3．オイラーの「緒言」より

『無限解析序説』の数学的内容を概観するには，オイラー自身による「緒言」に聴くのがよいと思う．以下しばらくの間，鍵括弧内の言葉は「緒言」からの引用である．

「私はひとつながりの数章をさいて，多くの無限級数の性質とその総和を探究した．」

「それらの級数のうちのいくつかには，無限解析の支援を受けなければほとんど究明不能のように見えるというほどの性質が備わっている．たとえば，その総和を表示するのに対数や円弧が用いられるような級数はその種の級数の仲間である．」

『無限解析序説』では多種多様な無限級数の総和が確定されていて，この書物に特異な彩りを与えている．対数と円弧については特に次のように語られている．

「対数や円弧は双曲線や円の面積を通じて表示されるのであるから，超越的な量

であり，無限解析で取り扱われるのが普通の姿である．」

「しかし私は冪から出発して指数量へと歩を進めた．」

「対数を表示するのに使われる習慣が確立されているあらゆる無限級数もまた，この道筋の中から取り出されてくるのである．」（第6章「指数量と対数量」と第7章「指数量と対数量の級数表示」参照）

「冪から出発して指数量へと歩を進めた」と言われているが，ここで表明されているのは対数関数を指数関数の逆関数と見ようとする視点である．これはオイラーの創意である．

「私は円弧の考察に向かった．この種の量は対数とはまったく別種のものではあるが，言わばぴんと張られたひもで［対数と］結ばれていて，一方の量が虚量になると見れば，即座にもう一方の量へと移っていくのである．」（第8章「円から生じる超越量」参照）

虚変化量の世界では円関数すなわち三角関数と対数関数は不思議な関係で結ばれている．その種の公式として「オイラーの公式」は名高いが，これは第8章に出ている．第14章「角の倍化と分割」では三角関数の倍角の公式が記述されていて，ガウスの『整数論』第7章「円周等分方程式論」に基本的な契機を与えている．

「私は任意の弧と，その正弦と余弦とを，無限級数を用いて表示した．」

「こんなふうにして私はこの種の量を対象にして多種多様な表示式 ——— それらは有限表示式だったり，無限表示式だったりする ——— を手に入れた．」（第10章「みいだされた因子を利用して無限級数の総和を確定すること」と第11章「弧と正弦の他の無限表示式」参照）

「今度は視点を変換し，無限に多くても意に介さないことにして，いくつかの因子を一堂に集めて掛け合わせて積を作り，それをいかにして無限級数に展開するかという問題を考察した．」

「この研究は数えきれないほど多くの級数の発見への道を開いたが，そればかり

ではない．級数はこんなふうにして無限個の因子から成る積へと分解されていくのであるから，正弦，余弦，それに正接の対数値の算出をきわめて容易に可能にしてくれる非常に快適な数値表示式がみいだされたことになるのである．」（第15章「諸因子の積の展開を遂行して生じる級数」）

第10〜11章と第15章に登場する各種の無限表示式は『無限解析序説』第一巻の圧巻で，この書物に事寄せてよく語られるのもこのあたりの記述である．

「私は同じ泉から，数の分割に関連して提出される多くの問題の解決を汲み上げた．」（第16章「数の分割」）

「同じ泉」というのは，無限積を無限級数に展開する手順を教える基本原理を指す言葉である．

4． オイラーに学ぶ微分積分学

実数の連続性の認識に基礎を求め，論理展開のかなめを極限概念に頼ろうとする今日の解析学の視点から見れば，有限の世界と無限の世界を自在に往還するオイラーの議論には曖昧さが感じられ，不安感を禁じえないことであろう．だが，オイラーにはオイラーに固有の論理の体系があるのであり，それ自体としては別段論理的に破綻しているわけではない．近代解析の流儀に慣れたぼくらの目にどれほど不可解に映じようとも，オイラーはつねに正確な結果に到達しているのであり，それはオイラーの論理体系の精密さを示す何にもまさる証左と見なければならないのである．真にオイラーを理解しようと欲するならば，敢然と今日の目を捨て去って，どこまでもオイラーに追随して読み進んでいくのがよいと思う．

数学は歴史的に展開していく学問であるから，ひとまず源流にさかのぼる姿勢を堅持するならば学習上の困難は消失し，どのような理論もやすやすと本質をとらえることができるであろう．微積分の場合，源流と見られるのはニュートンとライプニッツであり，オイラーの無限小解析はこの二人の数学者が発見し，創造した土台の上に建設された．そこでオイラーはしばしば，解析学において，ユークリッドが幾何学において為し遂げたことと同じことをしたと言われるのである．ユークリッドの『原論』が今日もなお変わらずに幾何の最良のテキストであり続けているように，オイラーは

微積分の源流へとぼくらを誘う永遠の道標（みちしるべ）である．『オイラーの無限解析』は「オイラーに学ぶ微積分」の世界への強力な第一着手をぼくらの手に手渡してくれるであろう．

平成13年（2001年）5月4日
郷里の山村にて
父とともに

高瀬正仁

参考文献

1．高瀬正仁『ガウスの遺産と継承者たち　ドイツ数学史の構想』（1990年．海鳴社）
オイラーの初期の楕円積分論への言及が見られる．

2．高瀬正仁『dxとdyの解析学　オイラーに学ぶ』（2000年．日本評論社）
オイラーの解析学三部作を中心に据えて，オイラーの無限小解析の世界を語る．

3．『ガウス整数論』（1995年．高瀬正仁訳．朝倉書店．数学史叢書）
ガウスの著作『整数論』に寄せる註釈の形をとって，オイラーの数論の諸相が語られている．

4．『アーベル／ガロア楕円関数論』（1998年．高瀬正仁訳．朝倉書店．数学史叢書）
アーベルの楕円関数論の根幹に影響を及ぼしたのはガウスの『整数論』第7章「円周等分方程式論」だが，歴史的にはオイラーの楕円積分論から説き起こされていて，具体的な記述様式はルジャンドルに学んでいる．

5．カジョリ『初等数学史』（1997年．復刻版．小倉金之助補訳．共立出版）
フロリアン・カジョリ（1859～1930年）はスイス生まれの数学史家である．原書は1896年刊行．1917年，増補改訂版（第二版）刊行．この第二版を底本にして，1928年，小倉金之助と井手彌門による翻訳書が刊行された．その後，改訂改版が重ねられた（1955年，改訳．1970年，新版）．事項と人名の双方にわたって内容は豊富である．古い訳書ではあるが，日本で手に入る数学史の通史としてはもっとも基本的である．

6．小堀憲『数学の歴史5　18世紀の数学』（1979年．共立出版）
オイラーも含めて18世紀の数学が概観されている．

7．ペートル・ベックマン『πの話』（1973年．田尾陽一，清水韶光共訳．蒼樹書房）
オイラーの数学について詳しい記述がある．

8．峰田周一『中学生全集16　偉大な数学者たち』（1950年．筑摩書房）
卓抜な数学者列伝だが，古い本であり，入手しがたい．［追記．最近(2006年)，ちくま学芸文庫に収録された．］

著 者：レオンハルト・オイラー（Leonhard Euler, 1707-1783）
　　　スイスのバーゼルに生まれる．ペテルブルグやベルリンのアカデミーで活躍．フェルマの数論を継承して近代数論への道を開くとともに，ライプニッツの無限小解析を展開して解析の世界の諸相を明らかにした．後年のガウス，ヒルベルトと並び称される偉大な数学者である．

訳 者：高瀬　正仁　（たかせ　まさひと）
　　　数学者・数学史家．専攻は多変数関数論と近代数学史．
　　　昭和26年1月23日，群馬県勢多郡東村に生れる．文芸誌「カンナ」元同人，「五人」元同人，「平成十年代」同人．
　　　著書：『評伝岡潔　星の章』『評伝岡潔　花の章』（海鳴社），『dx と dy の解析学』（日本評論社）など．
　　　訳書：『ガウス整数論』『アーベル／ガロア　楕円関数論』（朝倉書店），『オイラーの解析幾何』『ルジャンドル　数の理論』（海鳴社）など．
　　　古典的著作の優れた翻訳をはじめ数々の執筆活動を通して，数学文化の普及に貢献したことにより2009年度日本数学会出版賞を受賞．

オイラーの無限解析

2001年 6月20日　第 1 刷発行
2009年 7月30日　第 3 刷発行

発行所　㈱海鳴社　http://www.kaimeisha.com/

〒101-0065 東京都千代田区西神田 2-4-6
phone: 03-3262-1967　fax: 03-3234-3643
E メール：kaimei@d8.dion.ne.jp
振替口座：東京 00190-31709
組版：海鳴社　　印刷・製本：㈱シナノ

JPCA
本書は日本出版著作権協会（JPCA）が委託管理する著作物です．本書の無断複写などは著作権法上での例外を除き禁じられています．複写（コピー）・複製，その他著作物の利用については事前に日本出版著作権協会（電話 03―3812―9424，e-mail:info@e-jpca.com）の許諾を得てください．

出版社コード：1097
ISBN 4-87525-202-1

© 2001 in Japan by Kaimei Sha
落丁・乱丁本はお買い上げの書店でお取替えください

―――――――――――(海鳴社)―――――――――――

オイラーの無限解析

L. オイラー著・高瀬正仁訳／「オイラーを読め，オイラーこそ我らすべての師だ」とラプラス。「鑑賞に耐え得る芸術的」と評されるラテン語の原書第1巻の待望の翻訳。B5判356頁、5000円

オイラーの解析幾何

L. オイラー著・高瀬正仁訳／本書でもって有名なオイラーの『無限解析序説』の完訳！ 図版149枚を援用しつつ、曲線と関数の内的関連を論理的に明らかにする。B5判510頁、10000円

評伝　岡潔　〈星の章〉

高瀬正仁／日本の草花の匂う伝説の数学者・岡潔。その「情緒の世界」の形成から「日本人の数学」の誕生までの経緯を綿密に追った評伝文学の傑作。46判550頁、4000円

評伝　岡潔　〈花の章〉

高瀬正仁／数学の世界に美しい日本的情緒を開花させた「岡潔」。その思索と発見の様相を晩年にいたるまで克明に描く。「星の章」につづく完結編。46判544頁、4000円

数の理論

A-M.ルジャンドル著・高瀬正仁訳／ルジャンドルが語るオイラーの数論。フェルマからオイラー、そしてラグランジュへと流れる17、8世紀の数論の大河。B5判518頁、8000円

ハミルトンと四元数　〈人・数の体系・応用〉

堀源一郎／幾何学や三体問題，剛体の力学、幾何光学、ローレンツ変換などに四元数を適用・展開……ここに具体的に例示し、四元数の入門書として、読者に供する。A5判360頁、3000円

三角形と円の幾何学　〈数学オリンピック幾何問題完全攻略〉

安藤哲哉／円や三角形の冠する基本的で重要な定理であるが、国内の教科書でほとんど取り上げられていないものを扱う。新しい視点、新しい知見を提供する。A5判214頁、2000円

―――――――――――(本体価格)―――――――――――

既刊書 ご案内

㈱ 海鳴社 かいめいしゃ

〒101-0065　東京都千代田区西神田 2-4-6
TEL 03-3262-1967　　Fax 03-3234-3643
http://www.kaimeisha.com
E-mail: kaimei@d8.dion.ne.jp

＊送料無料
＊ISBN は 978-4- の後を< >にて表示しました
＊価格は本体価格です　　　　　　　　　(2011. 11. 30)

なるほど虚数　理工系数学入門
村上雅人／物理学・工学の基本と虚数の関係を簡潔に解説する中で、微分方程式、量子力学、フーリエ級数などがわかりやすく説かれる。「使える」数学。　A5判180頁、1800円　<87525-197-2>

なるほど微積分
村上雅人／好評の前著の姉妹版。文系でも微積分の必要性が高まってきている今日、高校生から読めるように微積分の根本から説き起こす。例題多数。　A5判296頁、2800円　<87525-200-9>

なるほど線形代数
村上雅人／関孝和がみつけ、量子力学にまで応用される線形代数。概念の煩雑さを整理して論理を丁寧に展開＝独学に便宜をはかった。　A5判246頁、2200円　<87525-201-6>

なるほどフーリエ解析
村上雅人／フーリエ級数展開の手法と、それがフーリエ変換へと発展した過程を詳説し、これら手法が具体的にどのように応用されるかを紹介。　A5判248頁、2400円　<87525-203-0>

なるほど複素関数
村上雅人／複素関数が虚構の学問ではなく、実際に、理工系の幅広い分野で応用される重要な学問である。解法の困難な実数積分に応用されていて重宝である。A5判310頁、2800円 <87525-206-1>

なるほど統計学
村上雅人／統計分析の手法とその数学的な意味を同時に学習できる。また、統計処理がどういうものであるかを身近な例を使って紹介した。　A5判318頁、2800円　<87525-210-8>

なるほど確率論
村上雅人／発展の途上のこの分野の現代的な確率論の入門書。多くの例題を集めて、確率論の基本を理解できるように工夫した。
A5判310頁、2800円　<87525-213-9>

なるほどベクトル解析
村上雅人／ロケットの打ち上げも3次元のベクトルで制御する必要がある。まず2次元ベクトルでベクトル解析がどのようなものかを体験し、次元を拡張する。A5判318頁、2800円 <87525-215-3>

なるほど回帰分析
村上雅人／回帰分析とその背後にある統計学を、系統的に整理。とくに理系の場合は実験データを多くするのが不可能な場合が多く、統計的検証は重要である。A5判238頁、2400円 <87525-216-0>

なるほど熱力学
村上雅人／現象論的で難解であったこれまでの解説書と異なり、数学的考察と自由エネルギーを中心に展開したユニークでわかりやすい入門書。　A5判288頁、2800円　<87525-222-1>

なるほど微分方程式
村上雅人／微分方程式は数学を何かに応用する基本となっている。式の展開を省略せず、高校生でも理解できるように工夫をこらしている。　A5判334頁、3000円 <87525-224-5>

なるほど量子力学Ⅰ　　行列力学入門
村上雅人／工学や化学・生物学などで量子力学なしに語れない分野は多岐にわたるが、その教育は時間数も少なくお粗末。本格的な基礎教程。A5判328頁、3000円 <87525-229-0>

なるほど量子力学Ⅱ　　波動力学入門
村上雅人／シュレーディンガー方程式によって水素原子の電子構造が明らかになる。その解明過程を詳細に解説。ラゲール陪関数やルジャンドル陪関数を展開。A5判328頁、3000円 <87525-235-1>

なるほど量子力学Ⅲ　　磁性入門
村上雅人／ミクロ世界の磁性を扱う。とくに量子力学を適用した結果、古典力学では説明できなかった強磁性という性質に焦点をあてた類書のない入門書。　A5判260頁、2800円　<87525-249-8>

モスクワの数学ひろば
モスクワ独立大学における高校生向けの公開講座。わかることの楽しさと、わからないことを考える楽しさを！

1 歴史篇　(近刊)

2 幾何篇　ゲイドマン、サビトフ、スミルノフ著
ユークリッドの平面幾何、空間幾何、閉曲面の位相幾何(トポロジー)を扱う。A5判、200頁、2000円 <87525-238-2>

3 代数篇　パラモノヴァ、ヴィンベルク、コーハシ著
対称性を数学的に考え利用すると、どのようなことができるか。またルーク数をも紹介。A5判160頁、1800円 <87525-239-9>

4 解析篇　チホミロフ、シュービン著
微積分と自然法則、微分方程式の初歩、古典物理学の重要な概念などを紹介。A5判160頁、1800円　<87525-240-5>

三角形と円の幾何学　数学オリンピック幾何問題完全攻略

安藤哲哉／円や三角形の冠する基本的で重要な定理であるが、国内の教科書でほとんど取り上げられていないものを扱う。新しい視点、新しい知見を提供する。A5判214頁、2000円 <87525-234-4>

ゲーデルの世界　完全性定理と不完全性定理

廣瀬健・横田一正／「記念碑以上のもの」(ノイマン)であるゲーデルの業績は数学以外の世界にも衝撃を与えている。ゲーデルの生涯と二つの定理を詳述。46判220頁、1800円 <87525-106-4>

数学・基礎の基礎

廣瀬健／数学とは何か、その基礎的な問いかけに対する回答。数学の傍流であった基礎論が現代数学上、数々の具体的成果を上げ変貌してきた様相を俯瞰する。46判240頁、2000円 <87525-174-3>

よくわかる　実践統計　医療の実際を中心に

中村義作／とにかく解りやすい。しかも本書で実際に統計を使いこなせるようになる。数学上の予備知識は一切不要。著者が教壇に立った経験上、実証済み。A5判216頁、2000円 <87525-112-5>

オイラーの無限解析　　<87525-202-3>

L. オイラー著・高瀬正仁訳／「オイラーを読め、オイラーこそ我らすべての師だ」とラプラス。鑑賞に耐え得る芸術的と評されるラテン語の原書第1巻の待望の翻訳。B5判356頁、5000円

オイラーの解析幾何　　<87525-227-6>

L. オイラー著・高瀬正仁訳／本書でもって有名なオイラーの『無限解析序説』の完訳！　図版149枚を援用しつつ、曲線と関数の内的関連を論理的に明らかにする。B5判510頁、10000円

評伝　岡潔　星の章

高瀬正仁／日本の草花の匂う伝説の数学者・岡潔。その「情緒の世界」の形成から「日本人の数学」の誕生までの経緯を綿密に追った評伝文学の傑作。　46判550頁、4000円 <87525-214-6>

評伝　岡潔　花の章

高瀬正仁／数学の世界に美しい日本的情緒を開花させた「岡潔」。その思索と発見の様相を、晩年にいたるまで克明に描く。「星の章」につづく完結編。　46判544頁、4000円　<87525-218-4>

数の理論

A-M. ルジャンドル著・高瀬正仁訳／ルジャンドルが語るオイラーの数論。フェルマからオイラー、そしてラグランジュへと流れる17、8世紀の数論の大河。B5判518頁、8000円 <87525-245-0>

ハミルトンと四元数　人・数の体系・応用　<87525-243-6>

堀源一郎／幾何学や三体問題，剛体の力学、幾何光学、ローレンツ変換などに四元数を適用・展開……ここに具体的に例示し、四元数の入門書として、読者に供する。　A5判360頁、3000円

聖史式 積み重ね型物理学入門　力学編　<87525-233-7>

松野聖史／高校時代、物理の授業は楽しかったが成績は赤点。なぜできないのか…大学院まで追求し、物理学を積み重ねの学問として整理・紹介した自信の入門書。　A5判304頁、2000円

量子力学　観測と解釈問題　<87525-204-7>

高林武彦著・保江邦夫編／著者のライフワークともいえる量子力学における物理的実体と解釈の問題が真正面から論議されている。研究者必読の書である。　A5判200頁、2800円

熱学史　第2版　<87525-191-0>

高林武彦／難解な熱学の概念はどのようにして確立されてきたのか。その歴史は熱学の理解助け、入門書として多くの支持を得てきた。待望の改訂復刻版。　46判256頁、2400円

物理学に基づく環境の基礎理論　冷却・循環・エントロピー

勝木渥／われわれはなぜ水を、食べ物を必要とするのか。それは地球の環境に通じる問題である。現象論でない環境科学の理論構築を目指した力作。　A5判288頁、2400円　<87525-190-3>

ようこそ ニュートリノ天体物理学へ　<87525-211-5>

小柴昌俊／一般の読者を相手に、ノーベル賞受賞の研究を中心に講演・解説したもの。素粒子の入門書であり、最新の天体物理学への招待状でもある。　新書判128頁口絵16頁、520円

唯心論物理学の誕生　<87525-184-2>

中込照明／ライプニッツのモナド論をヒントに観測問題をついに解決！　意志・意識を物理学の範疇に取り込んだ新しい究極の物理学。コペルニクス的転換の書。　46判196頁、1800円

ナノの世界が開かれるまで　<87525-219-1>

五島綾子・中垣正幸／1mを地球の直径にまで拡大しても1ナノはやっとビー玉程度。この最先端技術＝ナノテクノロジーを産み出してきた化学の歴史と未来への展望。A5判256頁、2500円

元素を知る事典　先端材料への入門　<87525-220-7>

村上雅人編著／先端材料を探るための基本＝元素を、徹底的に調べ上げ、まとめた。村上ゼミの成果であり、研究者必携の書である。　A5判278頁、3000円

量子力学と最適制御理論　確率量子化と確率変分学への誘い

保江邦夫／最小作用の原理は原子以下の微視的スケールでも基本法則として成り立つ（著者）！　それを基盤に量子力学を根底から記述し直した力作。B5判240頁、5000円　<87525-244-3>

保江邦夫　驚きの──合気3部作完成！

合気開眼　ある隠遁者の教え

キリストの活人術を今に伝える──それは「合気＝愛魂」「武術＝活人術」である。その奥義に物心両面から迫り、ついに「合気の原理」を解明。46判232頁＋口絵24頁、1800円 <87525-247-4>

唯心論武道の誕生　野山道場異聞　DVD付

著者の求道の旅は新たな境地へ──それは人間の持つ神秘の数々、稽古で学ぶことができた武道の秘奥、神の恩寵とでもいえる出会いの連鎖にほかならない。　A5判288頁、口絵24頁、2800円
<87525-259-7>

脳と刀　精神物理学から見た剣術極意と合気

物理学者が捉えた合気と夢想剣の極意。秘伝書解読から出発し、脳の最新断層撮影実験を繰り返し、ついに物理学・脳科学・武道の新地平を開く！　46判266頁、口絵12頁、2000円 <87525-262-7>

ボディーバランス・コミュニケーション　<87525-256-6>
──身体を動かすことから始める自分磨き──

宗由貴監修／山崎博通・治部眞里・保江邦夫著／少林寺拳法から生まれた「力と愛」の活用バランス。まったく新しい身体メソッド。身近な人間関係から本当の幸せ体験へ。　46判224頁、1600円

武道の達人　柔道・空手・拳法・合気の極意と物理学

保江邦夫／空気投げ、本部御殿手の技、少林寺拳法の技などは力ではなく、理にかなった動きであった！　数々の秘伝が明かされる。
46判224頁、1800円　<87525-241-2>

路傍の奇跡　何かの間違いで歩んだ物理と合気の人生 <87525-275-7>

保江邦夫／世界的に有名なヤスエ方程式の発見譚。
《本書より》：心配になった僕は再度計算をチェックしてみたが、どこにもミスはない。シュレーディンガー方程式は単に最小作用の法則から派生的に導かれる浅いレベルの基本原理…　2000円

塩田剛三の世界 <87525-277-1>

塩田剛三・塩田泰久共著／多数相手の乱闘、道場破りやボクサーらの挑戦を切り抜け、養神館合気道を創設・発展させてきた剛三。武の第一人者にまで上りつめた波瀾の生涯と武の極意。1800円

合気道三年教本　合気道星辰館道場・編著

第1巻＊初年次初級編／慣性力を活かす　A5判192頁、1800円
第2巻＊二年次中級編／呼吸力を活かす　A5判216頁、1800円
第3巻＊三年次上級編／中心力を活かす　A5判208頁、1800円
　1巻＜ 87525-279-5 ＞　2巻＜ 87525-280-1 ＞
　3巻＜ 87525-281-8 ＞

川勝先生の物理授業　全3巻　A5判、平均260頁

川勝 博／これが日本一の物理授業だ！　愛知県立旭が丘高校で、物理の授業が大好きと答えた生徒が、なんと60％！　しかも単に楽しい遊びに終わることなく、実力も確実につけさせる。本書は実際の講義を生徒が毎時間交代でまとめたものである。

上巻：力学 編　2400円　<87525-179-8>
中巻：エネルギー・熱・音・光編　2800円　<87525-180-4>
下巻：電磁気・原子物理 編　2800円　<87525-181-1>

叢書：技術文明を考える

日本の技術発展再考　　　　　　　　　<87525-135-4>
　　　　　荒川 泓　　　　　　　　　46判242頁、2000円
科学文明の暴走過程　　　　　　　　　<87525-136-1>
　　　　　吉岡 斉　　　　　　　　　46判234頁、2000円
車 の 誕 生　　　　　　　　　　　　<87525-138-5>
　　　　　荒川 紘　　　　　　　　　46判194頁、2000円
世界を動かす技術＝車　　　　　　　　<87525-157-6>
　　　　　荒川 紘　　　　　　　　　46判220頁、2000円
情報生産のための技術論　　　　　　　<87525-142-2>
　　　　　高田誠二　　　　　　　　　46判174頁、2000円

解読　関　孝和　　天才の思考過程　<87525-251-1>

杉本敏夫／天才とはいえその思考過程が理解できないはずはないという信念から研究はスタート。関独特の漢文で書かれた数学と格闘し推理を巡らせた長年の成果。A5判816頁、16,000円

我らの時代のための哲学史　<87525-263-4>

――トーマス・クーン／冷戦保守思想としてのパラダイム論――
スティーヴ・フラー著、中島秀人監訳、梶雅範・三宅苞訳／ギリシャ以来の西洋哲学の総決算。学問することの意味を問い、現代の知的生産の在り様を批判した欧米で評判の書。A5判686頁、5800円

科学と科学者の条件　<87525-126-2>

荒川紘／バーネット：科学とはギリシャ人の方法で思考することである。ではギリシャとは？――アナクシマンドロスに最初の自然科学者を見、アカデメイアの復権を模索。46判342頁、2800円

びじゅある物理　<87525-273-3>

藤原忠雄／危険を顧みず、なんでもやってみないと気が済まない、という遺伝子？を受け継いだ熱血先生の激痛・爆笑の体験的実践物理授業論・教育論。予習してきた者は立たせるとか…。2000円

構造主義生物学とは何か　多元主義による世界解読の試み

池田清彦／ソシュールの言語論に基づき構造の恣意性を中心概念として人文・社会・自然科学にわたる壮大な演繹体系を構築。　柴谷篤弘・序。46判304頁、2500円　<87525-120-0>

構造主義と進化論

池田清彦／前掲書の姉妹版。進化という動的現象を構造主義の立場からどう捉えるのか。ギリシャの時代に遡り、未来の科学を先取りする。論争の書。　46判284頁、2200円　<87525-128-6>

地球の海と生命　海洋生物学序説　<87525-087-6>

西村三郎／熱帯の海、白夜の氷海、魔の藻海、はたまた深海底に生物が入り込み、独特の生物的自然を形成。その30億年の海洋生物群集の歴史を俯瞰。46判296頁、折込地図2葉、2500円

森に学ぶ　エコロジーから自然保護へ　<87525-154-5>

四手井綱英／70年にわたる大きな軌跡。地に足のついた学問ならではの柔軟で大局を見る発想は、環境問題に確かな視点を与え、深く考えさせる。　46判242頁、2000円

みちくさ生物哲学　<87525-193-4>

――フランスからよせる「こころ」のイデア論――

大谷　悟／思考するのはヒトだけではない。プラナリアにも「こころ」はある。大脳生理学と哲学・心理学等を結び付けた、理系・文系の垣根を取り払うこころみ。　46判216頁、1800円

心はどこまで脳にあるか　脳科学の最前線　<87525-253-5>

大谷　悟／眉唾ものの超常現象の中にも、説明できない不思議な現象が確かに存在し、研究・観察されている。脳と心の問題を根底から追った第一線からの報告。46判264頁、1800円

東洋の知で心脳問題は解けるか　量では駄目である　<87525-283-2>

大谷　悟／道元の「量では駄目である」をキーワードに、サルトルやベルクソンらの助けをかりながら、東洋の知を駆使して「心脳問題」の深奥にせまる会心作。　46判、176頁、1800円

有機畑の生態系　家庭菜園をはじめよう　<87525-199-6>

三井和子／有機の野菜はなぜおいしいのか。有機畑は雑草が多いが、その役割は？　数々の疑問を胸に大学に入りなおして解き明かしていく「畑の科学」。　46判214頁、1400円

越境する巨人　ベルタランフィ　一般システム論入門

M.デーヴィドソン、鞠子英雄・酒井孝正訳／現代思想の記念碑的存在＝ベルタランフィの思想と生涯。理系・文系を問わず未来を開拓するための羅針盤。46判350頁、3400円　<87525-195-8>

ウォームービー・ガイド　映画で知る　戦争と平和

田中昭成／あらゆる角度から戦争映画を分析。映画を通して戦争を体験し、そこから何を学ぶか…読者に問いかける。46判420頁、2800円　<87525-246-7>

戦場の疫学　<87525-226-9>

常石敬一／まじめな研究者達が総力戦の下で人体実験を含め細菌兵器の開発・実践に突き進んでいくさまを、科学史の立場から明らかにした。著者30年近くの研究成果。46判226頁、1800円

STOP! 自殺　世界と日本の取り組み　<87525-231-3>

本橋豊・高橋祥友・中山健夫・川上憲人・金子善博／秋田の6町で自殺を半減させた著者。世界の取り組みを探り、社会と個人の両面からの働きかけを力説する。46判296頁、2400円

動物たちの日本史　<87525-250-4>

中村禎里／日本人の動物観に影響を与えた史実や文学作品を広く渉猟。さらに河童伝説を訪ね九州へ、また狸と狐の関係を探りに佐渡へと足をのばす。好エッセイ集。46判264頁、2400円

HQ論：人間性の脳科学　精神の生物学本論　<87525-193-4>

澤口俊之／人間とは何か … IQでもEQでもない、HQ (Humanity Quotient: 人間性知性＝超知性) こそが人間を、人生を決定づける。渾身の力を込めたライフワーク。46判366頁、本体3000円

必然の選択　地球環境と工業社会　<87525-172-9>

河宮信郎／曲がり角に立つ工業社会。地球規模の包容力からみて、あらゆる希望的エネルギー政策は、原理的に不可能であることを立証。人類生存の方策は？　46判240頁、2000円

産学連携と科学の堕落　<87525-232-0>

シェルドン・クリムスキー著、宮田由紀夫訳／大学が企業の論理に組み込まれ、「儲かる」ものにしか目が向かず、「人々のため」の科学は切り捨てられる…現状報告！　A5判268頁、2800円

破　局　人類は生き残れるか　<87525-236-8>

粟屋かよ子／我々は今、立ち止まらなければならない。人類の暴走によって、地球が廃墟と化す具体的なプログラムが明らかになってきた。著者の生涯をかけた訴え。46判248頁、1800円

不思議な水の物語　トンネル光子と調律水　（上・下巻）

鈴木俊行／体にいいはずの沖縄海洋深層水で体調不良に！　毒では？　研究の結果驚くべき調律水にいきつく。作物の増産、鮮魚の保存、環境改善など「世界を変える」可能性を秘めた数々の事実を紹介。実体験を基にした物語。

上・1600円 <87525-257-3>、下・1600円 <87525-258-0>

バウンダリー叢書

さあ数学をはじめよう <87525-260-3>

村上雅人／もしこの世に数学がなかったら？ こんなとんちんかんな仮定から出発した社会は、さあ大変！ 時計はめちゃくちゃ、列車はいつ来るかわからない…ユニークな数学入門。1400円

オリンピック返上と満州事変 <87525-261-0>

梶原英之／満州事変、満州国建国、2.26事件と、動乱の昭和に平和を模索する動き――その奮闘と挫折の外交秘史。嘉納治五郎・杉村陽太郎・広田弘毅らの必死の闘いを紹介。1600円

合気解明 フォースを追い求めた空手家の記録

炭粉良三／合気に否定的だった一人の空手家が、その後、合気の実在を身をもって知ることになる。不可思議な合気の現象を空手家の視点から解き明かした意欲作！ 1400円 <87525-264-1>

分子間力物語 <87525-265-8>

岡村和夫／生体防御機構で重要な役目をする抗体、それは自己にはない様々な高分子を見分けて分子複合体を形成する。これはじつは日常に遍在する分子間力の問題であったのだ！ 1400円

どんぐり亭物語 子ども達への感謝と希望の日々

加藤久雄／問題行動を起こす子はクラスの宝――その子たちを核にして温かいクラス作りに成功！ 不登校児へのカウンセリング等で、復帰率8割に達するという。1600円 <87525-267-2>

英語で表現する大学生活 入学から卒論まで

盛香織／入学式に始まり、履修科目の選択、サークル活動や大学祭や飲み会など大学のイベントを英語でどう表現するか。英語のレベルアップに。1400円 <87525-268-9>

永久(とわ)に生きるとは シュメール語のことわざを通して見る人間社会 <87525-271-9>

室井和夫／我々は、進歩したのであろうか。人と人の関係、家族、男女の問題、そして戦争などの格言を読むと、この四千年は何だったのか。バビロニア数学の研究者による労作。1400円

合気真伝 フォースを追い求めた空手家のその後

炭粉良三／好評の前著『合気解明』発刊後、精進を重ねた著者にはさらなる新境地が…。不思議な合気の新しい技を修得するに至り、この世界の「意味」に迫る。1400円 <87525-272-6>

合気流浪 ファオースに触れた空手家に蘇る時空を超えた教え

炭粉良三／技の恒常性を求めて原初の合気に戻ろうと決意。神戸稽古会を脱会した著者は、関東某市の師から合気がけのコツを学び、予定調和の舞台裏に迫る。 1400円 <87525-278-8>

四六判並製

バウンダリー叢書

はじめての整数論 <87525-274-0>

村上雅人／前著『さあ数学をはじめよう』の主人公が、整数論に挑戦。初歩から徐々に整数論の森へと奥深く探検する。わかりやすいと評判の著者による整数論の入門書。2000円

謎の空手・氣空術 合気空手道の誕生 <87525-285-6>

畑村洋数／空手の威力を捨て去ることによって相手を倒す「氣空の拳」。本来目に見えぬ、身体が動く以前に勝負を決する合気を空手に応用、その存在を世に問う。保江邦夫監修 1600円

骨董　もう一つの楽しみ <87525-282-5>

西岡　正／見つける、使う、そして「知る」！ それは書の海にただよう楽しみ、未知の世界が開けゆく楽しみであり、古人と語り合う至福のひとときでもある。46判208頁、1800円

まじめな　とんでもない世界 <87525-255-9>

奥　健夫／宇宙に広がる意識のさざなみ——われわれの意識とこの宇宙とが深く密接につながっている。そんな世界・物理学がまじめに、現実味をおびて語られている。1800円

《復刻版》和算ノ研究　方程式論 <87525-276-4>

加藤平左エ門著　佐々木力解説／和算の近代西欧数学的解説者・加藤平左エ門による和算史入門書。点竄術成立の詳細、関孝和の方程式論の卓越性の解明など簡明に記述。7000円

自然現象と心の構造　非因果的連関の原理　<87525-061-6>
C.G. ユング、W. パウリ／河合隼雄・村上陽一郎訳／精神界と物質界を探求した著者たちによるこの世界と科学の認識を論じた異色作。46 判 270 頁、口絵 6 頁、2000 円

子ども時代の内的世界　非因果的連関の原理　<87525-097-5>
F.G. ウイックス著、秋山さと子他訳／両親の無意識が子どもにいかに破壊的な影響を与えているか。現代の子どもの問題を考える豊かな示唆に富むユング絶賛の書。　46 判 372 頁、2500 円

たった2つ直せば――日本人英語で大丈夫　<87525-208-5>
村上雅人／多くの日本人は英語が下手だといわれるのは、実はちょっとしたコツを教えられていなかったから。通じる英語への近道を、日本人の立場から著す。　新書判 160 頁、660 円

第3の年齢を生きる　<87525-221-4>
――高齢化社会・フェミニズムの先進国スウェーデンから――
P・チューダー＝サンダール著、訓覇法子訳／人生は余裕のできた50歳から！　この最高であるはずの日々にあなたは何に怯え引っ込みがちなのか。評判のサードエイジ論。46 判 254 頁、1800 円

胞衣（えな）の生命（いのち）　<87525-192-7>
中村禎里／後産として産み落とされる胎盤や膜はエナといわれ、けがれたものとみる一方で新生児の分身ともみなされ、その処遇に多くの伝承や習俗を育んできた。46 判 200 頁、1800 円

犬にきいた犬のこと　ラスティ、野辺山の二年　<87525-194-1>
河田いこひ／ちょっと注意深く観察すれば犬はいろんなことを語りかけ、幸せを与えてくれる。野辺山の四季を背景に犬と人間の共生のあり方をつづったエッセイ。46 判 176 頁 1400 円

寅さんの民俗学　戦後世相史断章　<87525-176-7>
新谷尚紀／現代の民話とも言える「寅さん」シリーズに、激動する世相がはっきりと刻印されている。楽しくも哀しい、ドラマさながらの生きている民俗学。　46 判 190 頁、1165 円

ビスマルク　生粋のプロイセン人・帝国創建の父　<87525-170-5>
E・エンゲルベルク著、野村美紀子訳／日本以上に複雑な分裂国家ドイツの維新を、緻密な計算と強固な意志で遂行し、20世紀世界の構図を築く。国際的評判の伝記。A 5 判 800 頁、10000 円

複雑系とオートポイエシスにみる文学構想力　一般様式理論
梶野　啓／物質・生命・精神の各次元を超えて、宇宙のすべてが、共通の8基本モードを内在させていることを、文学の発想システムの比較検討からから証明。46 判 190 頁、1600 円 <87525-183-5>

《ニュー・レトリック叢書》　大沼雅彦監修
――言語の可能性を探る――各巻 46 判 250 頁程度

錯誤のレトリック　　　　　　　　　　<87525-146-0>
芝原宏治／人は無意識に、ときには意図的に、錯誤を重ねる――その実例を通して認識の体系に迫る。　　　2330 円

ことわざのレトリック　　　　　　　　<87525-150-7>
武田勝昭／ことわざは便利で、人々に訴え、多用される。しかし、社会的に悪用された多くの例も存する。　　2330 円

空間のレトリック　　　　　　　　　　<87525-158-3>
瀬戸賢一／内外・上下などの空間認識が日常言語にどれほど大きな、決定的な影響をあたえていることか。　　2500 円

語りのレトリック　　　　　　　　　　<87525-188-0>
山口治彦／ジョーク・漫画・推理小説など、身近な語りにもことばの規則性が宿っている。その仕組みを探る。　2400 円

ことばは味を超える　　美味しい表現の探求
瀬戸賢一編著／味を伝えることばは少ない。そこで人は、触覚・嗅覚・視覚などあらゆる手段を用いて美味しさを伝えようと知恵を絞る。味の言語学入門。46 判 316 頁、2500 円　<87525-212-2>

味ことばの世界
瀬戸賢一他著／好評の前著の姉妹版。ことばで味わうにとどまらず、脳で味わい、心で味わい、体で味わい、比喩で味わい、語りで味わい、文学で味わう。　46 判 256 頁、2500 円　<87525-223-8>

認識のレトリック
瀬戸賢一／ことば・認識・行動を軸に人々の生の姿を描き出す、ニューレトリックの新しい展開。話題作『レトリックの宇宙』の増補改訂版。　46 判 252 頁、2000 円　<87525-182-8>

ステップ式　質的研究法　　TAE の理論と応用
得丸さと子／教育学、心理学、社会学、看護学などで、質的研究の重要性が認識されつつある。ジェンドリンの理論構築法 TAE を、質的研究法として応用。A5 判 232 頁、2400 円 <87525-182-8>

文化精神医学の贈物　　台湾から日本へ　<87525-217-7>
林　憲／日本・台湾・韓国・英語圏など、半世紀以上にわたる精神症状の疫学的比較・分析の総まとめ。われわれの文化・社会・家族関係などを考えさせてくれる。　46 判 216 頁、1800 円

笑ってわかるデリバティブ　金融工学解剖所見

保江邦夫／画・北村好朗／デリバティブのつくり方を伝授。数学抜きで、金融工学の要諦を身近な例でもって分かりやすく、面白く解説する。46判216頁、1200円　<87525-196-5>

うそつきのパラドックス　論理的に考えることへの挑戦

山岡悦郎／論理的に正しく考えていくと、矛盾に導かれる──このうそつきのパラドックスに取り組んだ天才達の足跡を考え楽しむための入門書。46判248頁、1800円　<87525-205-4>

沈黙と自閉　分裂病者の現象学的治療論　<87525-119-4>

松尾　正／フッサール現象学から斬新な他者論を展開、精神療法における沈黙の意義を例証。従来の分裂病観に根底的批判を投じた論争の書。46判276頁、2000円

占いと神託　<87525-100-2>

M.ローウェ・C.ブラッカー編、島田裕巳他訳／宗教と呪術の狭間で研究対象とされることのない領域。チベット、中国、日本など世界各地を例に考察。46判376頁、口絵12頁、2800円

親子関係の進化　子ども期の心理発生的歴史学　<87525-133-0>

L.ドゥモース、宮澤康人他訳／西洋の子育てを子殺し様態から助力的様態への歴史進化の過程と捉え、闇に葬られた子どもたちの姿を蘇らせた刺激的な本。46判290頁、2800円

やわらかい環境論　街と建物と人びと　<87525-121-7>

乾　正雄／建築学の立場から都市環境、生活環境の改変を提案。さまざまな国のさまざまな考え方を具体的に紹介し、日本人の環境に関する見解と生活の質を問う。46判226頁、1800円

EU野菜事情　ホウレンソウを中心に　<87525-254-2>

三井和子／EUではレタスとホウレンソウについて硝酸イオン濃度の上限を設定。実は野菜の硝酸イオン濃度は、おいしさと環境への優しさのバロメーターだった。46判208頁、1800円

突発出現ウイルス　<87525-189-7>

S.モース編著、佐藤雅彦訳／インフルエンザ、エイズ、エボラ出血熱…突発的に人類に襲いかかる新型ウイルス。その謎と防疫対策を考える際の基本図書。　A5判530頁、6000円

脳死・臓器移植Q&A 50　ドナーの立場で"いのち"を考える

臓器移植法を問い直す市民ネットワーク編著・山口研一郎監修
脳死は人の死ではない！　その回復例や様々な「生きている」徴候を示し、誰もが抱く臓器移植の疑問点を根底から問う。
〈87525-284-9〉46判224頁、1800円

アカデミック・ハザード　象牙の塔殺人事件

トーマス・神村著／これは、内部告発か……迫真のドラマ！　アメリカで教育を受け、日本の大学で職を得た主人公が目にしたものは…およそ学問とは無縁の、欲望と利権の渦巻く闇社会であった。
46判248頁、1000円 <87525-242-9>

南アフリカらしい時間 <87525-266-5>

植田智加子著／ケープタウンのレストラン街の下宿から、子連れで大統領の鍼治療に通う日々。シングルマザーとなった著書とこの町の人びととのやりとり…。46判240頁、1800円

パリ　かくし味 <87525-270-2>

蜷川讓著／精神の祖国・知の旅にようこそ！　ロランが闘い、キムラら画家達が苦悩し、またリルケや森有正らの自由への息吹が満ちている街・パリをご案内。46判232頁、1800円

残部僅少本

夢仕掛け人・秋山仁　日本グラフ理論誕生史談
加納幹雄／1165円 <87525-163-7>

DNAからみた人類の起原と進化　分子人類学序説　[増補版]
長谷川政美／2500円 <87525-187-3>

東京樹木めぐり
岩槻邦男／1600円 <87525-187-3>

植物のくらし　人のくらし
沼田眞／2000円 <87525-156-9>

野生動物と共存するために
R．ダスマン著、丸山直樹他訳／2330円 <87525-103-3>

ぼくらの環境戦争　インターネットで調べる化学物質
よしだまさはる／1400円 <87525-198-9>

知性の脳構造と進化　精神の生物学序説
澤口俊之／2200円 <87525-127-9>

自然のかくし絵　サイエンスからアートへ
岩波洋造／1650円 <87525-246-7>

元気です、広島　市民が創る平和な未来
秋葉忠利／1800円 <87525-228-3>

アートぬり絵　バイオアート入門
岩波洋造／2400円 <87525-248-1>

電子マネーの全貌
足立宗三郎／3000円 <87525-178-1>

内なる異性　アニムスとアニマ
E．ユング著、笠原嘉他訳／1500円 <87525-062-3>

父親は子どもに何ができるか
岡宏子編／1500円 <87525-159-0>

科学と日常性の文脈
村上陽一郎／1400円 <87525-073-8>

人間化 考える心と詩的言語の誕生
　　　　　　　小嶋謙四郎／2000円 <87525-166-8>
内蔵助（くらのすけ）、蜩（ひぐらし）の構え
　　　　　　　津名道代／2800円 <87525-209-2>
日本女性解放思想の起源　ポスト・フェミニズム試論
　　　　　　　山下悦子／1600円 <87525-124-8>
ガンは治るか　治療と研究の最前線
　　　　　　　読売新聞大阪本社科学部／1500円 <87525-152-1>
ここまできた 生と死の選択
　　　　　　　読売新聞大阪本社社会部〈いのち〉取材班／1650円 <87525-148-4>
学習障害児と家族のために　みんなのMBD［新装版］
　1部・両親へ<87525-167-5>　2部・子供たちへ<87525-168-2>
　　　　　　　R. ガードナー著, 上野一彦訳／各1200円
カフェ・タケミツ　私の武満音楽
　　　　　　　岩田隆太郎／2670円 <87525-149-1>
家族の構造・機能・感情 家族史研究の新展開
　　　　　　　M. アンダーソン著, 北本正章／1600円 <87525-123-1>
報道が教えてくれない アメリカ弱者革命
　　　　　　　堤 未果／1600円 <87525-230-7>
＜知＞のパトグラフィー　近代文学から現代を見る
　　　　　　　吉本隆明・町沢静夫／1400円 <87525-149-1>

MONAD BOOKS

　　　　　1）〜50）は46判並製平均90頁、各500円、
　　　　　51）以降は定価は個別に表示

2）和合　治久　昆虫の生体防御　食細胞の不思議
　　　　　　異物を自己とどう見分け、排除するか
5）掘越・渡部　好アルカリ性微生物　その発見と応用
　　　　　　常識を破った微生物群の発見とその応用
7）長谷川真理子　野生ニホンザルの育児行動
　　　　　　利他行動の観察と繁殖戦略を考える
13）高山　純　ミクロネシアの先史文化
　　　　　　その起源を求めて
14）東條　栄喜　中国物理論史の伝統
　　　　　　中国の自然観物質観の史的発展をスケッチ
15）荒川　紘　日時計＝最古の科学装置
　　　　　　天＝太陽の運行。暦と時刻の装置の意味
17）林　一　薬学のためのアリバイ工作
　　　　　　日本近代薬学の性格——薬学不在を衝く
27）淵・廣瀬　第五世代コンピュータの計画
　　　　　　マシンの基本原理とそれを凌駕する戦略

28) 松本　弘　ガンはここまでわかった
　　　　有力視されている最新の研究をレポート
29) 野村総一郎　うつ病の動物モデル
　　　　人間的な精神病を動物に再現できるか？
31) 道家　紀志　植物のミクロな闘い
　　　　緑と食糧を確保する上での基礎研究
32) 秋道　智彌　魚と文化　サタワル島民族魚類誌
　　　　魚・海・人の文化を民族分類から考察
42) 笠松　章　不確実性時代の精神医学
　　　　患者と医師の共通主観から精神医学へ
44) 澤井　繁男　ユートピアの憂鬱
　　　　カンパネッラ『太陽の都市』の成立
46) 後藤　秀機　神経軸索輸送の医学
　　　　神経の成長・発達を司る軸索輸送と病
47) 上野　佳也　縄文コミュニケーション
　　　　考古学のソフト面＝縄文人の心性を追及
49) 野林　正路　山野の思考
　　　　かまぼこやテンプラなどの日常語の認識の法則

53) 中村　禎里　魔女と科学者その他　（1000円）
　　　　近代科学と魔女裁判、ウォレスとダーウィン、ほか
58) 一松　信　$\sqrt{2}$ の 数 学　無理数を見直す（1000円）
　　　　$\sqrt{2}$ を題材に、広大な数学を垣間見せてくれる60)
60) 桜井　邦朋　太陽放射と地球温暖化　（1000円）
　　　　太陽の明るさの変動と環境激変の最新の科学

●品切　1) 中村義作／エッシャーの絵から結晶構造へ◆ 3) 石川元／家族絵画療法◆ 4) 畑中正一／レトロウイルスと私◆ 6) 熊倉徹雄／鏡の中の自己◆ 8) 渡辺弘之／土壌動物のはたらき◆ 9) 佐藤光源／覚せい剤中毒◆ 10) 丸山顯德／沖縄の民話と他界観◆ 11) 林正樹／新しい生理活性物質◆ 12) 小原嘉明／搾取する性とされる性◆ 16) 斎藤学／女性とアルコール依存症◆ 18) 大平健／分裂病 vs 失語症◆ 19) 小川泰／形の物理学◆ 20) 赤沢威／採集狩猟民の考古学◆ 21) 河宮信郎／エントロピーと工業社会の選択◆ 22) 青木健一／利他行動の生物学◆ 23) 中村隆一／病気と障害、そして健康◆ 24) 小林・越川／こころと物質との接点◆ 25) 市橋秀夫／空間の病い◆ 26) 廣瀬・淵／第五世代コンピュータの文化◆ 30) 村上陽一郎／非日常性の意味と構造◆ 33) 河本英夫／自然の解釈学◆ 34) 上野佳也／こころの考古学◆ 35) 上野千鶴子／資本制と家事労働◆ 36) 南光進一郎／超男性 XYY の話◆ 37) 城田安幸／仮面性の進化論◆ 38) 田井慎吾／水のエントロピー学◆ 39) 松岡悦／出産の文化人類学◆ 40) 小川了／トリックスター◆ 41) 杉山政則／薬をつくる微生物◆ 43) 飯島吉晴／笑いと異装◆ 45) 鈴木善次／随想・科学のイメージ◆ 48) 瀬戸　賢一／レトリックの宇宙◆ 51) 栗田稔／幾何学の思想と教育◆ 52) 鞠子英雄／システムと認識◆ 54) 桑村哲生／魚の子育てと社会◆ 55) 池内了／泡宇宙論◆ 56) 柳川・古田／RNA ワールド◆ 57) 安藤洋美／統計学けんか物語◆ 59) 高瀬正仁／ガウスの遺産と継承者たち

既刊書ご案内

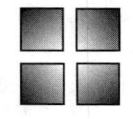

海鳴社

〒101-0065　東京都千代田区西神田 2-4-6
Tel　03-3262-1967　　Fax　03-3234-3643
http://www.kaimeisha.com
Email: info@kaimeisha.com

* 送料無料
*ISBN は 978-4- の後を <　　> で表示しました。
* 価格は本体価格です。　　　　　（2020. 1.）

なるほど虚数　理工系数学入門
村上雅人／物理学・工学の基本と虚数の関係を簡潔に解説する中で、微分方程式、量子力学、フーリエ級数などがわかりやすく説かれる。「使える」数学。　A5判180頁、1800円　<87525-197-2>

なるほど微積分
村上雅人／好評の前著の姉妹版。文系でも微積分の必要性が高まってきている今日、高校生から読めるように微積分の根本から説き起こす。例題多数。　A5判296頁、2800円　<87525-200-9>

なるほど線形代数
村上雅人／関孝和がみつけ、量子力学にまで応用される線形代数。概念の煩雑さを整理して論理を丁寧に展開＝独学に便宜をはかった。　A5判246頁、2200円　<87525-201-6>

なるほどフーリエ解析
村上雅人／フーリエ級数展開の手法と、それがフーリエ変換へと発展した過程を詳説し、これら手法が具体的にどのように応用されるかを紹介。　A5判248頁、2400円　<87525-203-0>

なるほど複素関数
村上雅人／複素関数は虚構の学問ではなく、実際に、理工系の幅広い分野で応用される重要な学問である。解法の困難な実数積分に応用されていて重宝である。　A5判310頁、2800円　<87525-206-1>

なるほど統計学
村上雅人／統計分析の手法とその数学的な意味を同時に学習できる。また、統計処理がどういうものであるかを身近な例を使って紹介した。A5判318頁、2800円　<87525-210-8>

なるほど確率論
村上雅人／発展途上のこの分野の現代的な確率論入門書。多くの例題を集めて、確率論の基本を理解できるように工夫した。　A5判310頁、2800円　<87525-213-9>

なるほどベクトル解析
村上雅人／ロケットの打ち上げも3次元のベクトルで制御する必要がある。まず2次元ベクトルでベクトル解析がどのようなものかを体験し、次元を拡張する。A5判318頁、2800円<87525-215-3>

なるほど回帰分析
村上雅人／回帰分析とその背後にある統計学を、系統的に整理。とくに理系の場合は実験データを多く採るのが不可能な場合が多く、統計的検証は重要である。　A5判238頁、2400円<87525-216-0>

なるほど熱力学
村上雅人／現象論的で難解であったこれまでの解説書と異なり、数学的考察と自由エネルギーを中心に展開したユニークでわかりやすい入門書。　A5判288頁、2800円　<87525-222-1>

なるほど微分方程式
村上雅人／微分方程式は数学を何かに応用する基本となっている。式の展開を省略せず、高校生でも理解できるように工夫をこらしている。
A5判 334頁、3000円 <87525-224-5>

なるほど量子力学I　行列力学入門
村上雅人／工学や化学・生物学などで量子力学なしに語れない分野は多岐にわたるが、その教育は時間数も少なくお粗末。本格的な基礎教程。
A5判 328頁、3000円 <87525-229-0>

なるほど量子力学II　波動力学入門
村上雅人／シュレーディンガー方程式によって水素原子の電子構造が明らかになる。その解明過程を詳細に解説。ラゲール陪関数やルジャンドル陪関数を展開。 A5判 328頁、3000円 <87525-235-1>

なるほど量子力学III　磁性入門
村上雅人／ミクロ世界の磁性を扱う。とくに量子力学を適用した結果、古典力学では説明できなかった強磁性という性質に焦点をあてた類書のない入門書。 A5判 260頁、2800円 <87525-249-8>

なるほど電磁気学
村上雅人／電荷間に働くクーロンの法則から出発し、電場と磁場の基礎と、これらの類似点と相違点を明らかにする。 A5判 352頁、3000円 <87525-300-6>

なるほど整数論
村上雅人／数学の天才たちが魅了され、挫折した整数の世界。それは実に多様、魅惑にあふれた世界である。その初等整数論の一端を紹介。
A5判 346頁、3000円 <87525-315-0>

なるほど力学
村上雅人／基本をしっかり修得したうえで、順序立てて物事を考える、この基本姿勢に徹して力学の素晴らしさと魅力を紹介。A5判 368頁、3000円 <87525-319-8>

なるほど解析力学
村上雅人／解析力学はいかに有用であるか。また、ラグランジアンやハミルトニアンに、どのような物理的意味があるのか、独自の視点から解説。 A5判 234頁、2400円 <87525-325-9>

なるほど統計力学
村上雅人／統計力学によってミクロとマクロの融合がなされ、熱力学の本質さえもが明らかになっていく。また、固体物理学への導入としても重要な側面を持っている。 A5判 272頁、2800円 <87525-329-7>

なるほど物性論
村上雅人／電気伝導性をも含めた個体の性質を理解するために、電子は粒子性だけでなく波であるという量子力学の考えを基礎として、固体内の電子の挙動を明らかにする。A5判 360頁、3000円 <87525-340-2>

なるほど統計力学 応用編
村上雅人／実際問題を解く過程で、その背景やある条件下での分配関数をいかに構築し系の解析にどのように応用するかを経験。曖昧であった点などの理解が進むことを期待。A5判260頁、2800円 <87525-345-7>

なるほど生成消滅演算子
村上雅人／難解な「場の量子論」への入門の入門書。初学者が戸惑う生成消滅演算子はどのような経緯で導入されたか、その基礎から応用までを説明。　A5判270頁、2800円 <87525-349-5>

ゲーデルの世界　完全性定理と不完全性定理
廣瀬健・横田一正／「記念碑以上のもの」(ノイマン)であるゲーデルの業績は数学以外の世界にも衝撃を与えている。ゲーデルの生涯と二つの定理を詳述。　46判220頁、1800円 <87525-106-4>

数学・基礎の基礎
廣瀬　健／数学とは何か、その基礎的な問いかけに対する回答。数学の傍流であった基礎論が現代数学上、数々の具体的成果を上げ変貌してきた様相を俯瞰する。　46判240頁、2000円 <87525-174-3>

よくわかる実践統計　医療の実際を中心に
中村義作／とにかく解りやすい。しかも本書で実際に統計を使いこなせるようになる。数学上の予備知識は一切不要。著者が教壇に立った経験上、実証済み。　A5判216頁、2000円 <87525-112-5>

オイラーの無限解析
L. オイラー著・高瀬正仁訳／「オイラーを読め，オイラーこそ我らすべての師だ」とラプラス。鑑賞に耐え得る芸術的と評されるラテン語の原書第1巻の待望の翻訳。B5判356頁、5000円 <87525-202-3>

オイラーの解析幾何
L. オイラー著・高瀬正仁訳／本書でもって有名なオイラーの『無限解析序説』の完訳！　図版149枚を援用しつつ、曲線と関数の内的関連を論理的に明らかにする。　B5判510頁、10000円 <87525-227-6>

ピタゴラスからオイラーまで　読む授業
坂江　正／なるほどそうだったのか…紀元前から近代までの数学を一望。それは、高校数学の総決算であり、大学数学への入門書でもある。中学卒業したてから読める。A5判520頁、2700円 <87525-344-0>

三角形と円の幾何学　数学オリンピック幾何問題完全攻略
安藤哲哉／円や三角形に関する基本的で重要な定理であるが、国内の教科書でほとんど取り上げられていないものを扱う。新しい視点、新しい知見を提供する。　A5判214頁、2000円 <87525-234-4>

*********** モスクワの数学ひろば ********
モスクワ独立大学における高校生向けの公開講座。わかることの楽しさと、わからないことを考える楽しさを！

2 幾何篇　ゲイドマン、サビトフ、スミルノフ著・蟹江幸博訳
ユークリッドの平面幾何、空間幾何、閉曲面の位相幾何（トポロジー）を扱う。　A5判、200頁、2000円 <87525-238-2>

3 代数篇　パラモノヴァ、ヴィンベルク、コーハシ著・武部尚志訳
対称性を数学的に考え利用すると、どのようなことができるか。またルーク数をも紹介。　A5判160頁、1800円 <87525-239-9>

4 解析篇　チホミロフ、シュービン著・田邊　晋訳
微積分と自然法則、微分方程式の初歩、古典物理学の重要な概念などを紹介。A5判160頁、1800円　<87525-240-5>
****

評伝　岡潔　星の章
高瀬正仁／日本の草花の匂う伝説の数学者・岡潔。その「情緒の世界」の形成から「日本人の数学」の誕生までの経緯を綿密に追った評伝文学の傑作。　46判550頁、4000円 <87525-214-6>

評伝　岡潔　花の章
高瀬正仁／数学の世界に美しい日本的情緒を開花させた「岡潔」。その思索と発見の様相を、晩年にいたるまで克明に描く。「星の章」につづく完結編。　46判544頁、4000円　<87525-218-4>

数の理論
A-M. ルジャンドル著・高瀬正仁訳／ルジャンドルが語るオイラーの数論。フェルマからオイラー、そしてラグランジュへと流れる17、8世紀の数論の大河。　B5判518頁、8000円 <87525-245-0>

四元数の発見
矢野　忠／ハミルトンが四元数を考案した創造の秘密に迫る。また回転との関係を詳述。A5判214頁、2000円 <87525-314-3>

聖史式積み重ね型物理学入門　　力学編
松野哲史／高校時代、物理の成績は赤点。なぜできないのか…大学院まで追求した自信の入門書。A5判304頁、2000円 <87525-233-7>

ようこそニュートリノ天体物理学へ
小柴昌俊／一般の読者を相手に、ノーベル賞受賞の研究を中心に講演・解説したもの。素粒子の入門書であり、最新の天体物理学への招待状でもある。　　新書判128頁口絵16頁、520円 <87525-211-5>

ナノの世界が開かれるまで
五島綾子・中垣正幸／1mを地球の直径にまで拡大しても1ナノはやっとビー玉程度。この最先端技術＝ナノテクノロジーを産み出してきた化学の歴史と未来への展望。　　A5判256頁、2500円 <87525-219-1>

元素を知る事典　　先端材料への入門
村上雅人編著／先端材料を探るための基本＝元素を、徹底的に調べ上げ、まとめた。村上ゼミの成果であり、研究者必携の書である。　A5判278頁、3000円 <87525-220-7>

量子力学と最適制御理論　　確率量子化と確率変分学への誘い
保江邦夫／最小作用の原理は原子以下の微視的スケールでも基本法則として成り立つ（著者）！　それを基盤に量子力学を根底から記述し直す。
　B5判240頁、5000円　<87525-244-3>

****

川勝先生の物理授業　全3巻 A5判、平均260頁

川勝 博／これが日本一の物理授業だ！　愛知県立旭が丘高校で、物理の授業が大好きと答えた生徒が、なんと60％！　しかも単に楽しい遊びに終わることなく、実力も確実につけさせる。本書は実際の講義を生徒が毎時間交代でまとめたものである。

　　上巻：力学 編　2400円　<87525-179-8>
　　中巻：エネルギー・熱・波・光編　2800円 <87525-180-4>
　　下巻：電磁気・原子物理 編　2800円　<87525-181-1>
****

川勝先生の初等中等理科教育法講義

川勝 博／読み・書き・そろばん――この基本的素養＝リテラシーは、江戸時代から近代にかけて日本が世界に誇るものであり、今日に至る。しかし、現代はそれに加えて科学の素養を必要とするが、これは残念ながら先進国中、最下位に近い！　日本の高校物理教育に大きな影響を与えた著者が、20年をかけて教員の卵を相手に初等中等教育に取り組んだ成果を、ここに集約。

　　第1巻　講義編／上　2500円　<87525-311-2>
　　第2巻　講義編／下　2500円　<87525-312-9>
****

解読 関　孝和　　　天才の思考過程

杉本敏夫／天才とはいえその思考過程が理解できないはずはないという信念から研究はスタート。関独特の漢文で書かれた数学と格闘し推理を巡らせた長年の成果。　A5判816頁、16,000円 <87525-251-1>

《復刻版》和算ノ研究　方程式論

加藤平左エ門著　佐々木力解説／和算の近代西欧数学的解説者・加藤平左エ門による和算史入門書。点竄術成立の詳細、関孝和の方程式論の卓越性の解明など簡明に記述。　A5判512頁、7000円 <87525-276-4>

オリバー・ヘヴィサイド

　　――ヴィクトリア朝における電気の天才・その時代の業績と生涯
P・ナーイン著、高野善永訳／マックスウェルの方程式を今日知られる形にした男。独身・独学の貧しい奇人が最高レベルの仕事をし、権力者や知的エリートと堂々と論争。　A5判562頁、5000円 <87525-288-7>

びじゅある物理

藤原忠雄／危険を顧みず、なんでもやってみないと気が済まない、という遺伝子？を受け継いだ熱血先生の激萌・爆笑の体験的実践物理授業論・教育論。
　A5判204頁、2000円 <87525-273-3>

まじめな　とんでもない世界

奥　健夫／宇宙に広がる意識のさざなみ――われわれの意識とこの宇宙とが深く密接につながっている。そんな世界・物理学がまじめに、現実味をおびて語られている。　46判136頁、カラー42頁1800円 <87525-255-9>

谷口少年、天文学者になる　銀河の揺り籠＝ダークマター説を立証

谷口義明／ダークマターの検出に世界で初めて成功！　天文学の世界の実情を紹介。進路選択の参考に。46判220頁、1600円 <87525-323-5>

銀河宇宙観測の最前線
―― 「ハッブル」と「すばる」の壮大なコラボ

谷口義明／日本が誇る光学・赤外線望遠鏡「すばる」。その真価が国際プロジェクト「コスモス」を通じて世界の天文界にとどろいた。著者らの血の滲むような努力と、深宇宙における銀河宇宙進化の研究を、ドキュメント風に伝える。　46判246頁、1600円<87525-332-7>

宇宙を見た人たち　現代天文学入門
二間瀬敏史／暗黒物質、超新星爆発など驚天動地の現代天文学を築いてきた巨人たち――その活躍を、時代背景・生い立ち・人柄などを交え、生き生きと伝える。　46判272頁、1800円<87525-335-8>

琵琶湖は呼吸する
熊谷道夫・浜端悦治・奥田昇／琵琶湖はいかにして誕生したか。いま琵琶湖に起きている環境異変とは？　琵琶湖をめぐる科学探検物語。　46判214頁、1800円<87525-321-1>

構造主義と進化論
池田清彦／進化という動的現象を構造主義の立場からどう捉えるのか。ギリシャの時代に遡り、未来の科学を先取りする。論争の書。　46判284頁、2200円<87525-128-6>

地球の海と生命　海洋生物学序説
西村三郎／熱帯の海、白夜の氷海、魔の藻海、はたまた深海底に生物が入り込み、独特の生物的自然を形成。その30億年の海洋生物群集の歴史を俯瞰。　46判296頁、折込地図2葉、2500円<87525-087-6>

DNAからみた人類の起原と進化　分子人類学序説(増補版)
長谷川政美／ミトコンドリアDNA分子時計に加え、新たに核ＤＮＡデータからヒトとアフリカ類人猿の分岐年代を考察。進展著しい分子人類学の成果。　46判304頁、本体2500円／＜87525-102-6＞

森に学ぶ　エコロジーから自然保護へ
四手井綱英／70年にわたる大きな軌跡。地に足のついた学問ならではの柔軟で大局を見る発想は、環境問題に確かな視点を与え、深く考えさせる。46判242頁、2000円<87525-154-5>

みちくさ生物哲学 ――フランスからよせる「こころ」のイデア論
大谷悟／思考するのはヒトだけではない。プラナリアにも「こころ」はある。大脳生理学と哲学・心理学等を結び付けた、理系・文系の垣根を取り払うこころみ。　46判216頁、1800円<87525-193-4>

心はどこまで脳にあるか　脳科学の最前線
大谷悟／眉唾ものの超常現象の中にも、説明できない不思議な現象が確かに存在し、研究・観察されている。脳と心の問題を根底から追った第一線からの報告。　46判264頁、1800円<87525-253-5>

東洋の知で心脳問題は解けるか　量では駄目である
大谷悟／道元の「量では駄目である」をキーワードに、サルトルやベルクソンらの助けをかりながら、東洋の知を駆使して「心脳問題」の深奥にせまる会心作。　46判176頁、1800円<87525-283-2>

心はいつ脳に宿ったのか　　神経生理学の源流を訪ねて
小島比呂志・奥野クロエ／古代エジプトから量子力学の応用まで、「心」のありかを探る壮大な歴史。　A5判348頁、3500円 <87525-334-1>

有機畑の生態系　　家庭菜園をはじめよう
三井和子／有機の野菜はなぜおいしいのか。有機畑は雑草が多いが、その役割は？　数々の疑問を胸に大学に入りなおして解き明かしていく「畑の科学」。46判214頁、1400円 <87525-199-6>

ＥＵ野菜事情　　ホウレンソウを中心に
三井和子／EUではレタスとホウレンソウについて硝酸イオン濃度の上限を設定。実は野菜の硝酸イオン濃度は、おいしさと環境への優しさのバロメーターだった。46判208頁、1800円 <87525-254-2>

越境する巨人 ベルタランフィ　　一般システム論入門
M.デーヴィドソン著、鞠子英雄・酒井孝正訳／現代思想の記念碑的存在＝ベルタランフィの思想と生涯。理系・文系を問わず未来を開拓するための羅針盤。46判350頁、3400円 <87525-195-8>

必然の選択　　地球環境と工業社会
河宮信郎／曲がり角に立つ工業社会。地球規模の包容力からみて、あらゆる希望的エネルギー政策は、原理的に不可能であることを立証。人類生存の方策は？　46判240頁、2000円 <87525-172-9>

産学連携と科学の堕落
シェルドン・クリムスキー著、宮田由紀夫訳／大学が企業の論理に組み込まれ、「儲かる」ものにしか目が向かず、「人々のため」の科学は切り捨てられる…現状報告！　A5判268頁、2800円 <87525-232-0>

破　局　　人類は生き残れるか
粟屋かよ子／我々は今、立ち止まらなければならない。人類の暴走によって、地球が廃墟と化す具体的なプログラムが明らかになってきた。著者の生涯をかけた訴え。46判248頁、1800円 <87525-236-8>

やわらかい環境論　　街と建物と人びと
乾　正雄／建築学の立場から都市環境、生活環境の改変を提案。さまざまな国のさまざまな考え方を具体的に紹介し、日本人の環境に関する見解と生活の質を問う。46判226頁、1800円<87525-121-7>

突発出現ウイルス
S.モース編著、佐藤雅彦訳／インフルエンザ、エイズ、エボラ出血熱…突発的に人類に襲いかかる新型ウイルス。その謎と防疫対策を考える際の基本図書。A５判530頁、6000円<87525-189-7>

＊＊＊＊＊＊＊＊＊＊＊＊＊＊＊＊＊＊＊＊＊＊＊＊＊＊＊
《叢書：技術文明を考える》

科学文明の暴走過程
　　　　　　　吉岡　斉／46判234頁、2000円 <87525-136-1>

車 の 誕 生
　　　　　　　荒川　紘／46判194頁、2000円 <87525-138-5>

世界を動かす技術＝車
　　　　　　　荒川　紘／46判220頁、2000円 <87525-157-6>

情報生産のための技術論
　　　　　　　高田誠二／46判174頁、2000円 <87525-142-2>
＊＊＊＊＊＊＊＊＊＊＊＊＊＊＊＊＊＊＊＊＊＊＊＊＊＊＊

アートぬり絵　　バイオアート入門

岩波洋造／植物の顕微鏡下の世界――それは人智を超えた美の世界でもあった。植物学者の著者が顕微鏡写真に色をつけたところ、その傑作に周囲が驚いた。大人のぬり絵。B5判164頁、2400円 <87525-248-1>

地球を脅かす化学物質　発達障害やアレルギー急増の原因

木村‐黒田純子／国産の野菜だから安心？　意外にも日本は農薬多用国。ミツバチの大量死で問題になった浸透性のネオニコチノイド系農薬は、人間には大丈夫なのか？　46判208頁、1500円 <87525-341-9>

マダガスカル島の自然史
　　　　　　　　　　　分子統計学が解き明かした巨鳥進化の謎

長谷川政美／著者が開拓してきた分子系統樹推定の手法で、巨鳥（象鳥＝エピオルニス科の鳥）の進化の道筋を明かす。ガラパゴス諸島とは異なるマダガスカルの自然史。　A5判240頁、2800円 <87525-342-6>

<<バウンダリー叢書>>

さあ数学をはじめよう
村上雅人／もし数学がなかったら？　こんなとんちんかんな仮定から出発した社会は、さあ大変！　時計はめちゃくちゃ、列車はいつ来るかわからない…ユニークな数学入門。1400円 <87525-260-3>

分子間力物語
岡村夫夫／生体防御機構で重要な役目をする抗体、それは自己にはない様々な高分子を見分けて分子複合体を形成する。これは実は日常に偏在する分子間力の問題であったのだ！ 1400円 <87525-265-8>

はじめての整数論
村上雅人／前著『さあ数学をはじめよう』の主人公が、整数論に挑戦。初歩から徐々に整数論の森へと奥深く探検する。わかりやすいと評判の著者による整数論の入門書。2000円 <87525-274-0>

エッシャーの絵から結晶構造へ（増補版）
福田宏・中村義作／好評のモナドブックス①の増補版。エッシャーの絵を糸口に、家紋における対称図形を調べ上げ、繰り返し模様の本質に迫る。話題のフラクタルとパータイリングにも言及する。1,200円 <87525-296-2>

わかってしまう相対論　　簡単に導ける $E=mc^2$
福士和之／特殊相対論を本格的に解説して $E=mc^2$ を導出し、ついでに4次元空間やタキオンで遊んでみよう。　1600円 <87525-298-6>

わかってしまう量子論
福士和之／物理愛好家への贈り物。何から何まで常識はずれの量子論だが、これが概ね正しいことは間違いないのだ。著者の軽快な語り口でわかりやすく量子論を解説する。1600円 <87525-309-9>

オリンピック返上と満州事変
梶原英之／満州事変、満州国建国、2.26事件……動乱の昭和に平和を模索する動き──その奮闘と挫折の外交秘史。嘉納治五郎・杉村陽太郎・広田弘毅らの必死の闘いを紹介。　1600円 <87525-261-0>

合気解明　　フォースを追い求めた空手家の記録
炭허良三／合気に否定的だった一人の空手家が、その後、合気の実在を身をもって知ることになる。不可思議な合気の現象を空手家の視点から解き明かした意欲作！　1400円　<87525-264-1>

どんぐり亭物語　　子ども達への感謝と希望の日々
加藤久雄／問題行動を起こす子はクラスの宝──その子の子たちを核にして温かいクラス作りに成功！　不登校児へのカウンセリング等で、登校復帰率8割に達するという。　1600円　<87525-267-2>

心の青空のとりもどし方
加藤久雄／不登校児を学校に！　3か月待ちの評判のカウンセリング。「すべての人の心の奥底には〈立ち直る力〉があることを、何千人ものセッションの中で僕は確信している」（＝著者）　1500円 <87525-337-2>

英語で表現する大学生活　　入学から卒論まで
盛 香織／入学式に始まり、履修科目の選択、サークル活動や大学祭や飲み会など大学のイベントを英語でどう表現するか。英語のレベルアップに。　　1400円 <87525-268-9>

永久に生きるとは　　シュメール語のことわざを通して見る人間社会
室井和男／我々は、進歩したのであろうか。人と人の関係、家族、男女の問題、そして戦争などの格言を読むと、この四千年は何だったのか。バビロニア数学の研究者による労作。　1400円<87525-271-9>

合気真伝　　フォースを追い求めた空手家のその後
炭粉良三／好評の前著『合気解明』発刊後、精進を重ねた著者にはさらなる新境地が…。不思議な合気の新しい技を修得するに至り、この世界の「意味」に迫る。　1400円 <87525-272-6>

合気流浪　　フォースに触れた空手家に蘇る時空を超えた教え
炭粉良三／技の恒常性を求めて原初の合気に戻ろうと決意。神戸稽古会を脱会した著者は、関東某市の師から合気がけのコツを学び、予定調和の舞台裏に迫る。　1400円 <87525-278-8>

続　謎の空手・氣空術　　秘技「結び」、そして更なる深淵へ
畑村洋数／前著から2年。氣空術の知名度は日を追って高まり、多くの武道家の要望に応えるために、さらにもう一歩踏み込んだ（技術論を含む）解説を試みる。保江邦夫監修　1600円<87525-302-0>

合気深淵　　フォースを追い求めた空手家に舞い降りた青い鳥・眞法
炭粉良三／奥儀を求める旅も終りに近づいた。新しい境地・ありえない事実を同志ともども経験し、冠光寺眞法は確たる地位を獲得。未来の道を示す。　1600円 <87525-289-4>

ユング心理学から見た　子どもの深層
秋山さと子／子どもに特有な世界の表現を身につけて、実際に子どもたちと一つの世界を共有し、理解しあった人たちの体験的な話を集めた本である。　1400円 <87525-294-8>

内なる異性　　アニムスとアニマ
E.ユング著、笠原嘉・吉本千鶴子訳／男女とは外面的人格を指す。反対の性の人格要素が、内面的人格としてわれわれの内に潜む。アニマとは男性の内なる女性、アニムスとは女性の内なる男性である。　1,200円 <87525-293-1>

合気解体新書　　冠光寺眞法修業叙説
炭粉良三／「自分」とは一体何かの追求からはじめ、「愛魂」のメカニズムを探る。謎の「業捨」体験、愛とＵＦＯの関わり、インド旅行記など、著者の集大成。　2,000円<87525-295-5>

琉球秘伝・女踊りと武の神髄
宮城隼夫／合気道と共通する武道が琉球にあった。その琉球秘伝武道のこころに迫った一冊。　1400円 <87525-307-5>

零式活人術
炭粉良三／「奇跡」なのか、著者の「活人術」。骨折を一週間で直し、医者は感嘆の声をあげた。その事実の説明と解明。　1500円 <87525-316-7>

零式活人術　Ⅱ
炭粉良三／二人の患者・桂川雄太と母親のその後の治療を追う。さらに零式活人術の科学的仮説を提出。　1500円 <87525-322-8>

氣空の拳　空手と合気の融合
小磯庸幸・高萩英樹／剛の空手を捨て大の男を倒す？　「やらせ」ではないのか…信じられなかった著者たちは必死になって謎の解明に取り組む。氣空術入門の書。　2000円 <87525-324-2>

日本の心を伝える空手家　銘苅拳一（めかるけんいち）
炭粉良三／空手の源流を求める沖縄出身の空手家の中国行脚は、逆に日本の武の神髄を乞う真剣な人々の熱烈歓迎となる。そして門弟はじつに800万人に！　銘苅の数奇な半生と空手による国際親善の実例を紹介。　1200円 <87525-326-6>

** 保江邦夫　驚きの合気3部作完成！ **

合気開眼　　　ある隠遁者の教え
キリストの活人術を今に伝える——それは「合気＝愛魂」「武術＝活人術」である。その奥義に物心両面から迫り、ついに「合気の原理」を解明。　46判232頁＋口絵24頁、1800円 <87525-247-4>

唯心論武道の誕生　　　野山道場異聞　DVD付
著者の求道の旅は、新たな境地へ——それは人間の持つ神秘の数々、稽古で学ぶことができた武道の秘奥、神の恩寵ともいえる出会いの連鎖。
　A5判288頁、口絵24頁、2800円 <87525-259-7>

脳と刀　精神物理学から見た剣術極意と合気
物理学者が捉えた合気と夢想剣の極意。秘伝書解読から出発し、脳の最新断層撮影実験を繰り返し、ついに物理学・脳科学・武道の新地平を開く！　46判266頁、口絵12頁、2000円 <87525-262-7>
****

武道の達人　　　柔道・空手・拳法・合気の極意と物理学
保江邦夫／空気投げ、本部御殿手の技、少林寺拳法の技などは力ではなく、理にかなった動きであった！　数々の秘伝が明かされる。　46判224頁、1800円　<87525-241-2>

路傍の奇跡　　　何かの間違いで歩んだ物理と合気の人生
保江邦夫／《本書より》心配になった僕は再度計算をチェックしてみたが、どこにもミスはない。シュレーディンガー方程式は単に最小作用の法則から派生的に導かれる浅いレベルの基本原理にすぎない…
46判270頁、2000円 <87525-275-7>

合気の道　　　武道の先に見えたもの
保江邦夫／合気習得の秘伝。それは他力による右脳の活性化だった！そこに到る道はトンデモない道だった！　時空を超えた、しかし確たる絆＝足跡を辿る道。　46判184頁、1800円 <87525-292-4>

合気眞髄　　　愛魂、舞祈、神人合一という秘法
保江邦夫／神が降りたとしか考えられない著者の秘法＝武の眞髄！それをだれでもが修得可能な技法として公開。　46版288頁　2000円 <87525-310-5>

合気の秘訣　　　物理学者による目から鱗の技法解明
保江邦夫／湯川博士のいう素領域を意志とか魂といった形而上学的入れ物として理解すれば、合気の奥義が物理学として把握できるではないか！　A5判箱入200頁、3600円 <87525-318-1>

合気・悟り・癒しへの近道　マッハゴーグルが世界を変える
保江邦夫／だれでもが短時間で、合気の達人になれる……そんな技法の発見譚とその応用。　46判160頁、1500円 <87525-328-0>

合気完結への旅　　　透明な力は外力だった
保江邦夫・浜口隆之／保江の辿った道を細部にわたって回想。その結果「合気」の修練やメカニズム等に関して、もうこれ以上論じる必要がない終着地点に……。　46判232頁、1800円 <87525-339-6>

神代到来　誰もが手にする神通力と合気

保江邦夫／あなたは、この本を信じますか？　それともトンデモナイ！ですか？　著者の驚くべき超常体験を切々と綴った本書は、ひょっとして現代の福音書なのか……　46判280頁、1800円 <87525-343-3>

神の物理学　　甦る素領域理論

保江邦夫著・松井守男画／無から築きあげたこの世界の成り立ちの全貌。湯川の素領域理論をもとに、ニュートン以来の物理学を組み替える！
46判192頁、2,000円 <87525-336-5>

僕は一生をかけて「神」を見つけたのかもしれない

保江邦夫／湯川秀樹の素領域理論を、形而上学にまで拡張。「霊性」を物理法則の俎上に乗せる！　46判200頁、1,800円 <87525-347-1>

ボディーバランス・コミュニケーション
　　　　　　　——身体を動かすことから始める自分磨き——

宗由貴監修／山崎博通・治部眞里・保江邦夫著／少林寺拳法から生まれた「力と愛」の活用バランス。まったく新しい身体メソッド。身近な人間関係から本当の幸せ体験へ。　46判224頁、1600円<87525-256-6>

自立力育成のためのボディーバランス・コミュニケーション

保江邦夫監修／山崎博通著／少林寺拳法と瞑想から生まれた、心と体のバランスと自己実現のための新しいメソッド。　46判208頁　1600円 <87525-308-2>

塩田剛三の世界

塩田剛三・塩田泰久／多数相手の乱闘、道場破りやボクサーらの挑戦を切り抜け、養神館合気道を創設・発展させてきた剛三。武の第一人者にまで上りつめた波瀾の生涯と武の極意。　A5判224頁、口絵6頁、1800円 <87525-277-1>

塩田剛三の合気道人生

塩田剛三・塩田泰久／小柄な体で戦中・戦後を自由奔放に駆け抜けた波瀾の人生を赤裸々に綴る。武を追求する者に本書はおおいに参考になろう。
　46判208頁、口絵8頁　1800円<87525-291-7>

合気道三年教本
合気道星辰館道場・編著

第1巻＊初年次初級編／慣性力を活かす
A5判192頁、1800円 < 87525-279-5 >

第2巻＊二年次中級編／呼吸力を活かす
A5判216頁、1800円 < 87525-280-1 >

第3巻＊三年次上級編／中心力を活かす
A5判208頁、1800円 <87525-281-8>

ビスマルク　　　生粋のプロイセン人・帝国創建の父
E・エンゲルベルク著、野村美紀子訳／日本以上に複雑な分裂国家ドイツの維新を、緻密な計算と強固な意志で遂行し、20世紀世界の構図を築く。国際的評判の伝記。A5判800頁、10000円<87525-170-5>

文化と宗教　基礎用語事典
――授業、講義、キャリアのための101の基本概念

B-I. ヘーメル、T. シュライエック編著　岡野治子、砿智樹、岡野薫訳／世界至るところで生起している熱い議論の中心――文化と宗教、を一流の学者が解説。世界を知るとともに、人生を豊かにさせてくれる。
46判箱入316頁、3600円<87525-317-4>

漱石の個人主義　　自我・女・朝鮮
関口すみ子／「私は人間を代表すると同時に私自身を代表している――漱石」 江戸から帝都東京へ――この精神的社会的怒涛の時代に「個人主義」を掲げ、自己・他者・社会を文学を通して追求・表現した漱石。その作品群を読み解く。「韓国併合」前途の漱石について新たな見方を提示。
46判312頁、2500円＜87525-333-4＞

科学と科学者の条件
荒川 紘／バーネット：科学とはギリシャ人の方法で思考することである。ではギリシャとは？――アナクシマンドロスに最初の自然科学者を見、アカデメイアの復権を模索。46判342頁、2800円<87525-126-2>

いじめ・不登校ゼロ作戦　名物校長からの応援歌
大沼謙一／教育現場で悩める教師たちや、子育てに不安を抱える保護者達に贈る、読むと元気が湧いてくる小学校・名物校長の実践記。　　46判208頁、1400円<87525-327-3>

依存症からの脱出　　つながりを取り戻す
信濃毎日新聞取材班／依存症は心の弱い人がかかる病ではない。ネット依存から、薬物、アルコール、ギャンブル依存まで、周りの人の助けで回復への道を歩む人たちに初めて光を当てた感動のルポルタージュ。
46判276頁、1800円<87525-338-9>

「倭国」の誕生　崇神王朝論
仲島岳／ここまでわかった「倭国」論＝古代日本論。古墳時代の「渡来民」が科学的に実証され始めた――「古代天皇制」がヤマト（三輪山西麓）でどう開かれていったのか。謎解き論考。　46判254頁、2000円<87525-348-8>

原子理論の社会史　　ゾンマーフェルトとその学派を巡って
M. エッケルト著、金子昌嗣訳／現代物理学の源流——ローレンツ、ボーア、アインシュタイン、ハイゼンベルグなどとの交流を、激動する歴史の中で捉える。　46判464頁、3800円　<87525-290-0>

戦場の疫学
常石敬一／まじめな研究者達が総力戦の下で人体実験を含め細菌兵器の開発・実践に突き進んでいくさまを、科学史の立場から明らかにした。著者30年近くの研究成果。　46判226頁、1800円<87525-226-9>

動物たちの日本史
中村禎里／日本人の動物観に影響を与えた史実や文学作品を広く渉猟。さらに河童伝説を訪ね九州へ、また狸と狐の関係を探りに佐渡へと足をのばす。好エッセイ集。　46判264頁、2400円<87525-250-4>

会津藩士の慟哭を超えて　　未来を教育に託す
荒川　紘／己を厳しく律しつつも苦渋をなめざるを得なかった会津藩士。多くは教育に未来を託し、自立した人間の育成をめざす。
46判366頁、2800円<87525-320-4>

STOP! 自殺　　世界と日本の取り組み
本橋豊・高橋祥友・中山健夫・川上憲人・金子善博／秋田の六町で自殺を半減させた著者。世界の取り組みを探り、社会と個人の両面からの働きかけを力説する。　46判296頁、2400円<87525-231-3>

ひっくり返る地球　　自転軸は公転軸を目指す
原憲之介／昔の赤道付近で氷河の跡が…何故だ！ ひょっとして地球はひっくり返っていたのでは？　その力学的根拠を明らかにする。厳密な理論に基づく革新的新説。　　A5判224頁、2000円<87525-299-3>

ウンチ学博士のうんちく
長谷川政美／江戸時代以降つい最近まで、日本は世界に誇る糞尿のリサイクルを成し遂げ、街を清潔に保っていた。世界のトイレ事情、糞尿の経済、腸内細菌と健康など民俗学から分子生物学まで、ウンチのうんちく満載。　46判256頁、2000円<87525-346-4>

第3の年齢を生きる
——高齢化社会・フェミニズムの先進国スウェーデンから
P・チューダー＝サンダール著、訓覇法子訳／人生は余裕のできた50歳から！　この最高であるはずの日々にあなたは何に怯え引っ込みがちなのか。評判のサードエイジ論。　46判254頁、1800円 <87525-221-4>

親子関係の進化　　子ども期の心理発生的歴史学
L. ドゥモース、宮澤康人他訳／西洋の子育てを子殺し的様態から助力的様態への歴史進化の過程と捉え、闇に葬られた子どもたちの姿を蘇らせた刺激的な本。　46判290頁、2800円 <87525-133-0>

脳死・臓器移植Q＆A50　　ドナーの立場で"いのち"を考える
臓器移植法を問い直す市民ネットワーク編著・山口研一郎監修／脳死は人の死ではない！　その回復例や様々な「生きている」徴候を示し、誰もが抱く臓器移植の疑問点を根底から問う。46判224頁、1800円<87525-284-9>

不妊を語る　　19人のライフストーリー
白井千晶／「自然妊娠できないから10人産んでも不妊です」「産みたいより親になりたかった」etc.　不妊当事者だけでなく助産師、看護師、医師など医療関係者必読の書。　A5判320頁、2800円 <87525-287-0>

前立腺がんを生きる　　体験者48人が語る
NPO法人　健康と病いの語りディペックス・ジャパン編著／そこには患者にしか語れない言葉がある。住む地域、年齢、がんの病期がさまざまな前立腺がん患者48人の体験談を通じて前立腺がんと向き合う。　A5判272頁、2400円 <87522-297-9>

うつ病治療と現代アメリカ社会　　日本は何を学べるか
川西結子／インタビューの中で明かされるうつ病患者たちの人生。精神医療を通して見える現代アメリカ社会。日本はそこから何を学べるか。　46判232頁、1800円 <87525-286-3>

自然現象と心の構造　　非因果的連関の原理
C.G. ユング,W. パウリ／河合隼雄・村上陽一郎訳／精神界と物質界を探求した著者たちによるこの世界と科学の認識を論じた異色作。　46判270頁、口絵6頁、2000円<87525-061-6>

子ども時代の内的世界
F.G. ウイックス著, 秋山さと子他訳／両親の無意識が子どもにいかに破壊的な影響を与えているか。現代の子どもの問題を考える豊かな示唆に富むユング絶賛の書。　46判372頁、2500円<87525-097-5>

ステップ式 質的研究法　　TAEの理論と応用
得丸さと子／教育学、心理学、社会学、看護学などで、質的研究の重要性が認識されつつある。ジェンドリンの理論構築法TAEを、質的研究法として応用。　A5判232頁、2400円<87525-269-6>

文化精神医学の贈物　　台湾から日本へ
林　憲／日本・台湾・韓国・英語圏など、半世紀以上にわたる精神症状の疫学的比較・分析の総まとめ。われわれの文化・社会・家族関係などを考えさせてくれる。　46判216頁、1800円<87525-217-7>

沈黙と自閉　　分裂病者の現象学的治療論
松尾　正／フッサール現象学から斬新な他者論を展開、精神療法における沈黙の意義を例証。従来の分裂病観に根底的批判を投じた論争の書。
46判276頁、2000円<87525-119-4>

《ニュー・レトリック叢書》
◆大沼雅彦監修 ——言語の可能性を探る——各巻46判250頁程度

錯誤のレトリック
芝原宏治／人は無意識に、時には意図的に、錯誤を重ねる——その実例を通して認識の体系に迫る。 46判252頁、2330円 <87525-146-0>

語りのレトリック
山口治彦／ジョーク・漫画・推理小説など身近な語りにもことばの規則性が宿っている。その仕組みを探る。 46判238頁、2400円<87525-188-0>
****

ことばは味を超える　　美味しい表現の探求
瀬戸賢一編著／味を伝えることばは少ない。そこで人は、触覚・嗅覚・視覚などあらゆる手段を用いて美味しさを伝えようと知恵を絞る。味の言語学入門。　46判316頁、2500円 <87525-212-2>

味ことばの世界
瀬戸賢一他著／好評の前著の姉妹版。ことばで味わうにとどまらず、脳で味わい、心で味わい、体で味わい、比喩で味わい、語りで味わい、文学で味わう。　46判256頁、2500円 <87525-223-8>

認識のレトリック
瀬戸賢一／ことば・認識・行動を軸に人々の生の姿を描き出す、ニューレトリックの新しい展開。話題作『レトリックの宇宙』の増補改訂版。 46判252頁、2000円 <87525-182-8>

たった2つ直せば——日本人英語で大丈夫
村上雅人／多くの日本人は英語が下手だといわれるのは、実はちょっとしたコツを教えられていなかったから。通じる英語への近道を、日本人の立場から著す。　新書判160頁、660円 <87525-208-5>

****

大学生のための英語の新マナビー
瀬戸賢一監修/46判並製/各巻約240頁/ 各1400円
英語の辞書の編纂や英語教育で実績のある著者達が、大学生の学びを全力サポート。伴走してゴールまで導きます。長年の成果を効率よく配置し、本気の人に応えます。

第1巻　　単語ナビ
　　　　　　宮畑一範・瀬戸賢一/＜87525-303-7＞
第2巻　　構文ナビ
　　　　　　瀬戸賢一・西谷工平・L.Dante/＜87525-304-4＞
第3巻　　文法ナビ
　　　　　　小森道彦・土屋知洋/＜87525-305-1＞
第4巻　　作文・会話ナビ
　　　　　　松本真治・D.Teuber/＜87525-306-8＞

****

不思議な水の物語　　　トンネル光子と調律水(上・下巻)
鈴木俊行／体にいいはずの沖縄海洋深層水で体調不良に！ 毒では？ 研究の結果驚くべき調律水にいきつく。作物の増産、鮮魚の保存、環境改善など「世界を変える」可能性を秘めた数々の事実を紹介。実体験を基にした物語。
　　　上・46判248頁、カラー口絵4頁、1600円 <87525-257-3>、
　　　下・46判252頁、カラー口絵4頁、1600円 <87525-258-0>

胞衣(えな)の生命
中村禎里／後産として産み落とされる胎盤や膜はエナといわれ、穢れたものとみる一方で新生児の分身ともみなされ、その処遇に多くの伝承や習俗を育んできた。　46判200頁、1800円 <87525-192-0>

犬にきいた犬のこと　　ラスティ、野辺山の二年
河田いこひ／ちょっと注意深く観察すれば犬はいろんなことを語りかけ、幸せを与えてくれる。野辺山の四季を背景に犬と人間の共生のあり方をつづったエッセイ。　46判176頁1400円 <87525-194-1>

人体　5億年の記憶　　解剖学者・三木成夫の世界
布施英利／【養老孟司推薦：人の心と体が、5億年の歳月を経て成立したことを忘れるな。ヒトとは何か、それを知ったつもりでいる現代人の驕りへの警世の思想を三木成夫は持っていた。その三木の世界を理解するための必読の書である。著者の解説が素晴らしい。】　46判246頁2000円 <87525-330-3>

複雑系とオートポイエシスにみる文学構想力　一般様式理論
梶野 啓／物質・生命・精神の各次元を超えて、宇宙のすべてが、共通の8基本モードを内在させていることを、文学の発想システムの比較検討から証明。　46判190頁、1600円 <87525-183-5>

笑ってわかるデリバティブ　金融工学解剖所見
保江邦夫／画・北村好朗／デリバティブのつくり方を伝授。数学抜きで、金融工学の要諦を身近な例でもって分かりやすく、面白く解説する。　46判216頁、1200円　<87525-196-5>

骨董　もう一つの楽しみ
西岡 正／見つける、使う、そして「知る」！　それは書の海に漂う楽しみ、未知の世界が開けゆく楽しみであり、古人と語り合う至福のひとときでもある。　46判208頁、1800円 <87525-282-5>

アカデミック・ハザード　象牙の塔殺人事件
トーマス・神村／これは、内部告発か……迫真のドラマ！　アメリカで教育を受け、日本の大学で職を得た主人公が目にしたものは…およそ学問とは無縁の、欲望と利権の渦巻く闇社会であった。　46判248頁、1000円 <87525-242-9>

ウォームービー・ガイド　映画で知る戦争と平和
田中昭成／あらゆる角度から戦争映画を分析。映画を通しての戦争体験から何を学ぶか…読者に問いかける。　46判420頁、2800円 <87525-246-7>

南アフリカらしい時間
植田智加子／ケープタウンのレストラン街の下宿から、子連れで大統領の鍼治療に通う日々。シングルマザーとなった著書とこの町の人びととのやりとり…。　46判240頁、1800円 <87525-266-5>

パリ　かくし味
蜷川 譲／精神の祖国・知の旅にようこそ！　ロランが闘い、キムラら画家達が苦悩し、またリルケや森有正らの自由への息吹が満ちている街・パリをご案内。　46判232頁、1800円 <87525-270-2>

温泉の秘密
飯島裕一／サイエンス・ライターで温泉通の新聞記者が、温泉のもつ多彩な魅力と謎解きに挑む。温泉は知れば知るほどたのしくなる。
46判176頁口絵8頁1600円＜87525-331-0＞

うそつきのパラドックス　論理的に考えることへの挑戦
山岡悦郎／論理的に正しく考えていくと、矛盾に導かれる――このうそつきのパラドックスに取り組んだ天才達の足跡を考え楽しむための入門書。
46判248頁、1800円　<87525-205-4>

残部僅少本

寅さんの民俗学　　　　　　　　　　　新谷尚紀／1165円 <87525-176-7>
夢仕掛け人・秋山仁　　　　　　　　　加納幹雄／1165円 <87525-163-7>
東京樹木めぐり　　　　　　　　　　　岩槻邦男／1600円 <87525-187-3>
植物のくらし 人のくらし　　　　　　　沼田 眞／2000円 <87525-156-9>
ぼくらの環境戦争　　よしだまさはる／1400円 <87525-198-9>
自然のかくし絵　　　　　　　　　　　岩波洋造／1650円 <87525-246-7>
元気です、広島　　　　　　　　　　　秋葉忠利／1800円 <87525-228-3>
電子マネーの全貌　　　　　　　　　足立宗三郎／3000円 <87525-178-1>
父親は子どもに何ができるか　　　　　岡宏子編／1500円 <87525-159-0>
人間化　　　　　　　　　　　　　小嶋謙四郎／2000円 <87525-166-8>
内蔵助、蛸の構え　　　　　　　　　　津名道代／2800円 <87525-209-2>
日本女性解放思想の起源　　　　　　　山下悦子／1600円 <87525-124-8>
ガンは治るか　　　読売新聞大阪本社科学部／1500円 <87525-152-1>
ここまできた 生と死の選択 読売新聞大阪本社会部《いのち》取材班／1650円 <87525-148-4>
学習障害児と家族のために みんなのMBD［新装版］ R. ガードナー著, 上野一彦訳／
　1部・両親へ<87525-167-5> 　2部・子供たちへ<87525-168-2>　各1200円
家族の構造・機能・感情 M. アンダーソン著, 北本正章／1600円 <87525-123-1>
ことわざのレトリック　　　　　　　　武田勝昭／2330円 <87525-150-7>
報道が教えてくれないアメリカ弱者革命　堤 未果／1600円 <87525-230-7>
<知>のパトグラフィー　　　　　　吉本隆明・町沢静夫／1400円 <87525-149-1>

MONAD BOOKS

　1)～50)は46判並製平均90頁、各500円、51)以降は定価は個別に表示
2) 和合 治久　昆虫の生体防御　食細胞の不思議
　　　　　　　異物を自己とどう見分け、排除するか
5) 掘越・渡部　好アルカリ性微生物　その発見と応用
　　　　　　　常識を破った微生物群の発見とその応用
7) 長谷川真理子　野生ニホンザルの育児行動
　　　　　　　利他行動の観察と繁殖戦略を考える
13) 高山 純　ミクロネシアの先史文化
　　　　　　　その起源を求めて
14) 東條 栄喜　中国物理論史の伝統
　　　　　　　中国の自然観物質観の史的発展をスケッチ
15) 荒川 紘　日時計＝最古の科学装置
　　　　　　　天＝太陽の運行。暦と時刻の装置の意味
17) 林 一　薬学のためのアリバイ工作
　　　　　　　日本近代薬学の性格──薬学不在を衝く
27) 淵・廣瀬　第五世代コンピュータの計画
　　　　　　　マシンの基本原理とそれを凌駕する戦略
28) 松本 弘　ガンはここまでわかった
　　　　　　　有力視されている最新の研究をレポート
29) 野村総一郎　うつ病の動物モデル
　　　　　　　人間的な精神病を動物に再現できるか？
31) 道家 紀志　植物のミクロな闘い
　　　　　　　緑と食糧を確保する上での基礎研究
32) 秋道 智彌　魚と文化　サタワル島民族魚類誌
　　　　　　　魚・海・人の文化を民族分類から考察

42) 笠松　　章　不確実性時代の精神医学
　　　　　　　　患者と医師との共通主観から精神医学へ
44) 澤井　繁男　ユートピアの憂鬱
　　　　　　　　カンパネッラ『太陽の都市』の成立
46) 後藤　秀機　神経軸索輸送の医学
　　　　　　　　神経の成長・発達を司る軸索輸送と病
47) 上野　佳也　縄文コミュニケーション
　　　　　　　　考古学のソフト面＝縄文人の心性を追求
49) 野林　正路　山野の思考
　　　　　　　　かまぼこやテンプラなどの日常語の認識の法則
53) 中村　禎里　魔女と科学者その他　（1000円）
　　　　　　　　近代科学と魔女裁判、ウォレスとダーウィン他
58) 一松　　信　√2の数学　無理数を見直す　（1000円）
　　　　　　　　√2を題材に広大な数学を垣間見せてくれる。
60) 桜井　邦朋　太陽放射と地球温暖化　（1000円）
　　　　　　　　太陽の明るさの変動と環境激変の最新の科学

●品切
4) 畑中正一／レトロウイルスと私◆ 6) 熊倉徹雄／鏡の中の自己◆ 8) 渡辺弘之／土壌動物のはたらき◆ 9) 佐藤光源／覚せい剤中毒◆ 10) 丸山顯徳／沖縄の民話と他界観◆ 11) 林正樹／新しい生理活性物質◆ 12) 小原嘉明／搾取する性とされる性◆ 16) 斎藤学／女性とアルコール依存症◆ 18) 大平健／分裂病 vs 失語症◆ 19) 小川泰／形の物理学◆ 20) 赤沢威／採集狩猟民の考古学◆ 21) 河宮信郎／エントロピーと工業社会の選択◆ 22) 青木健一／利他行動の生物学◆ 23) 中村隆一／病気と障害、そして健康◆ 24) 小林・越川／こころと物質との接点◆ 25) 市橋秀夫／空間の病い◆ 26) 廣瀬・淵／第五世代コンピュータの文化◆ 30) 村上陽一郎／非日常性の意味と構造◆ 33) 河本英夫／自然の解釈学◆ 34) 上野佳也／こころの考古学◆ 35) 上野千鶴子／資本制と家事労働◆ 36) 南光進一郎／超男性XYYの話◆ 37) 城田安幸／仮面性の進化論◆ 38) 田井慎吾／水のエントロピー学◆ 39) 松岡悦／出産の文化人類学◆ 40) 小川了／トリックスター◆ 41) 杉山政則／薬をつくる微生物◆ 43) 飯島吉晴／笑いと異装◆ 45) 鈴木善次／随想・科学のイメージ◆ 48) 瀬戸　賢一／レトリックの宇宙◆ 51) 栗田稔／幾何学の思想と教育◆ 52) 鞠子英雄／システムと認識◆ 54) 桑村哲生／魚の子育てと社会◆ 55) 池内了／泡宇宙論◆ 56) 柳川・古田／RNAワールド◆ 57) 安藤洋美／統計学けんか物語◆ 59) 高瀬正仁／ガウスの遺産と継承者たち